工业机器人编程及操作

（ABB机器人）（第3版）

杨 旗 海渡教研中心 主编

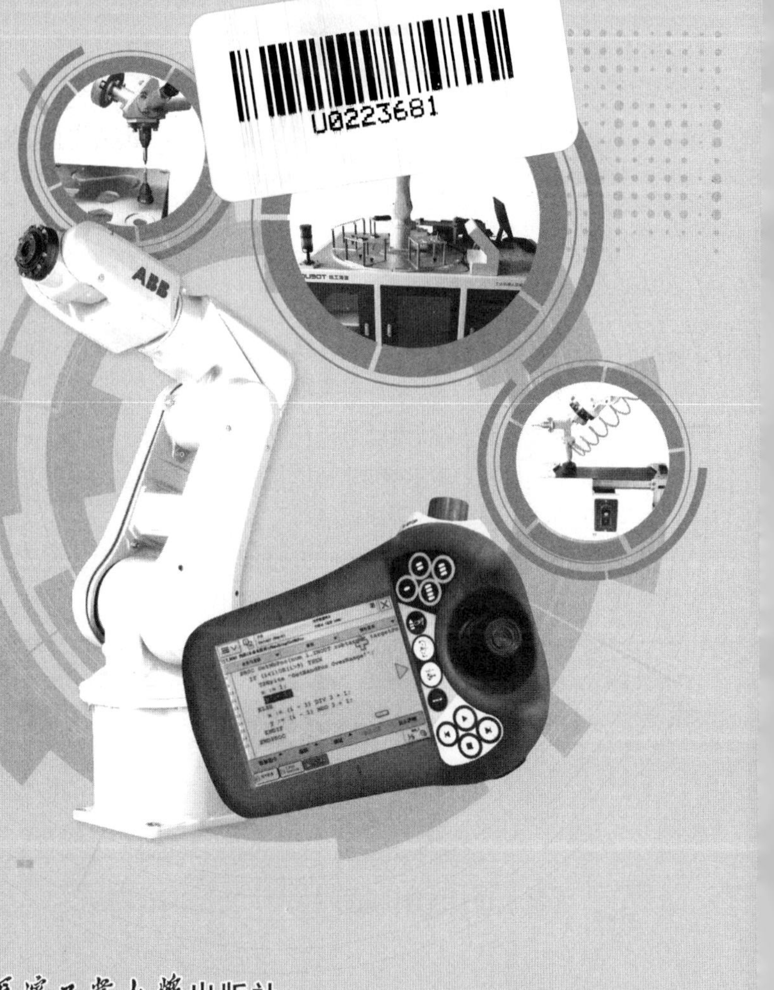

http://www.irobot-edu.com

教学视频+电子教案+技术交流论坛

哈爾濱工業大學出版社
HARBIN INSTITUTE OF TECHNOLOGY PRESS

内 容 简 介

本书基于 ABB 工业机器人，从机器人应用中需掌握的技能出发，由浅入深、循序渐进地介绍 ABB 机器人编程及操作知识。其内容从安全操作注意事项切入，配合丰富的实物图片，系统介绍 ABB IRB 120 工业机器人和示教器的基本知识，以及手动操纵机器人和零点校准的方法、工具及工件坐标系定义、I/O 配置及相关应用、指令与编程、离线仿真等。基于实际项目案例，深入解剖各个实训项目，灵活分配指令及任务，让读者学得充实，学得轻松，易于接受。本书还简单介绍了离线仿真知识，讲解了机器人虚拟系统的创建、编程及调试，通过学习本书，读者对机器人的编程及操作会更熟悉，理解也更深刻。

本书图文并茂，通俗易懂，具有很强的实用性和可操作性，既可作为普通高等院校和中高职院校工业机器人相关专业的教材，又可作为工业机器人培训机构用书，同时可供相关行业的技术人员参考使用。

本书配套有丰富的教学资源，读者可向作者咨询相关机器人实训装备，也可通过书末所附“教学资源获取单”索取相关数字教学资源。咨询邮箱：edubot@hitrobotgroup.com。

图书在版编目（CIP）数据

工业机器人编程及操作：ABB 机器人 / 杨旗，海渡教研中心主编. — 3 版. —哈尔滨：哈尔滨工业大学出版社，2024.7

ISBN 978-7-5767-1352-7

Ⅰ. ①工… Ⅱ. ①杨… ②海… Ⅲ. ①工业机器人-程序设计 Ⅳ. ①TP242.2

中国国家版本馆 CIP 数据核字（2024）第 100092 号

策划编辑　王桂芝　刘　威
责任编辑　陈雪巍　林均豫
出版发行　哈尔滨工业大学出版社
社　　址　哈尔滨市南岗区复华四道街 10 号　邮编 150006
传　　真　0451-86414749
网　　址　http://hitpress.hit.edu.cn
印　　刷　辽宁新华印务有限公司
开　　本　787 mm×1 092 mm　1/16　印张 21.25　字数 504 千字
版　　次　2017 年 9 月第 1 版　2024 年 7 月第 3 版
　　　　　2024 年 7 月第 1 次印刷
书　　号　ISBN 978-7-5767-1352-7
定　　价　69.80 元

编 委 会

序　一

现阶段，我国制造业面临资源短缺、劳动成本上升等压力，而工业机器人的应用与推广将极大地提高生产效率和产品质量，降低生产成本和资源消耗，有效地提高我国工业制造竞争力。我国《机器人产业发展规划（2016—2020 年）》强调，机器人是先进制造业的关键支撑装备和未来生活方式的重要切入点。广泛采用工业机器人，对促进我国先进制造业的崛起，有着十分重要的意义。“机器换人，人用机器”的新型制造方式有效推进了工业转型升级。

工业机器人作为集众多先进技术于一体的现代制造业装备，自诞生至今已经取得了长足进步。当前，新科技革命和产业变革正在兴起，全球工业竞争格局面临重塑，世界各国紧抓历史机遇，纷纷出台了一系列国家战略：美国的“再工业化”战略、德国的“工业 4.0”计划、欧盟的“2020 增长战略”，以及我国推出的《“十四五”智能制造发展规划》《“十四五”机器人产业发展规划》。这些国家都以先进制造业为重点战略，并将机器人作为智能制造的核心发展方向。伴随机器人技术的快速发展，工业机器人已成为柔性制造系统（FMS）、自动化工厂（FA）、计算机集成制造系统（CIMS）等先进制造业的关键支撑装备。

随着工业化和信息化的快速推进，我国工业机器人市场已进入高速发展时期。中研普华产业研究院发布的《2024—2029 年工业机器人市场发展现状调查分析及供需格局预测报告》预测：“2024 年中国工业机器人市场规模将超过 700 亿元，并有望达到 726.42 亿元。”“中国仍是全球最大的工业机器人市场，工业机器人装机量全球第一。”然而，现阶段我国机器人技术人才匮乏，与巨大的市场需求严重不协调。党的二十大报告指出，“坚持把发展经济的着力点放在实体经济上，推进新型工业化，加快建设制造强国”，工业机器人为“十大战略性新兴产业”之一。从国家战略层面而言，推进智能制造的产业化发展，工业机器人技术人才的培养极其重要。

目前，结合国家职业教育改革，许多应用型本科、职业院校和技工院校纷纷开设工业机器人相关专业。但作为一门专业知识面很广的实用型学科，机器人专业普遍存在师资力量缺乏、配套教材资源不完善、工业机器人实训装备不系统、技能考核体系不完善等问题，导致无法培养出企业需要的专业机器人技术人才，严重制约了我国机器人技术的推广和智能制造业的发展。浙江海渡智能装备有限公司依托哈尔滨工业大学在机器人方向的研究实力，顺应形势需要，产、学、研、用相结合，组织企业专家和一线科研人员开展了一系列企业调研，面向企业需求，联合高校教师共同编写了“工业机器人技术专业‘十四五’系列教材”。

该系列图书具有以下特点：

（1）循序渐进，系统性强。该系列图书从工业机器人的入门实用、技术基础、实训指导，到工业机器人的编程与高级应用，由浅入深，有助于系统学习工业机器人技术。

（2）配套资源，丰富多样。该系列图书配有相应的电子课件、视频等教学资源，以及配套的工业机器人教学装备，构建了立体化的工业机器人教学体系。

（3）通俗易懂，实用性强。该系列图书言简意赅，图文并茂，既可用于应用型本科、职业院校和技工院校的工业机器人应用型人才培养，也可供从事工业机器人操作、编程、运行、维护与管理等工作的技术人员参考学习。

（4）覆盖面广，应用广泛。该系列图书介绍了国内外主流品牌机器人的编程、应用等相关内容，顺应国内机器人产业人才发展需要，符合制造业人才发展规划。

“工业机器人技术专业‘十四五’系列教材”结合实际应用，教、学、用有机结合，有助于读者系统学习工业机器人技术和强化、提高实践能力。本系列图书的出版发行，必将提高我国工业机器人专业的教学效果，全面促进我国工业机器人技术人才的培养和发展，大力推进我国智能制造产业变革。

中国工程院院士 蔡鹤皋

序　二

自出现至今短短几十年中，机器人技术的发展取得长足进步，伴随产业变革的兴起和全球工业竞争格局的全面重塑，机器人产业发展越来越受到世界各国的高度关注，主要经济体纷纷将发展机器人产业上升为国家战略，提出“以先进制造业为重点战略，以‘机器人’为核心发展方向”，并将此作为保持和重获制造业竞争优势的重要手段。

作为人类在利用机械进行社会生产史上的一个重要里程碑，工业机器人是目前技术发展最成熟且应用最广泛的一类机器人。工业机器人现已广泛应用于汽车及零部件制造，电子、机械加工，模具生产等行业以实现自动化生产线，并参与焊接、装配、搬运、打磨、抛光、注塑等生产制造过程。工业机器人的应用，既保证了产品质量，提高了生产效率，又避免了大量工伤事故，有效推动了企业和社会生产力发展。作为先进制造业的关键支撑装备，工业机器人影响着人类生活和经济发展的方方面面，已成为衡量一个国家科技创新和高端制造业水平的重要标志。

伴随着工业大国相继提出机器人产业政策，工业机器人产业迎来了快速发展态势。当前，随着劳动力成本上涨，生产方式向柔性、智能、精细转变，中国制造业转型升级迫在眉睫。全球新一轮科技革命和产业变革与中国制造业转型升级形成历史性交汇，中国已经成为全球最大的机器人市场。大力发展工业机器人产业，对于打造我国制造业新优势、推动工业转型升级、加快制造强国建设、改善人民生活水平具有深远意义。

我国工业机器人产业迎来爆发性的发展机遇，然而，现阶段我国工业机器人领域人才储备数量严重不足，对企业而言，从工业机器人的基础操作维护人员到高端技术人才普遍存在巨大缺口，缺乏经过系统培训、能熟练安全应用工业机器人的专业人才。工业是立国之本，制造业是强国之基，需要有与时俱进的职业教育和人才培养配套资源。

“工业机器人技术专业‘十四五’系列教材”由浙江海渡智能装备有限公司联合众多高校和企业共同编写完成。该系列图书依托哈尔滨工业大学的先进机器人研究技术，综合企业实际用人需求，结合“重实践、轻理论”教育方式。该系列图书涵盖了国际主流品牌和国内主要品牌机器人的入门实用、实训指导、技术基础、高级编程等子系列，注重循序渐进与系统学习，强化培养学生的工业机器人专业技术能力和实践操作能力。该系列图书既可作为应用型本科、中高职院校工业机器人技术或机器人工程专业的教材，也可作为机电一体化、自动化专业开设工业机器人相关课程的教学用书。

该系列教材“立足工业，面向教育”，有助于推进我国工业机器人技术人才的培养和发展，助力中国智造。

中国科学院院士 韩杰才

第 3 版前言

机器人是先进制造业的重要支撑装备，也是未来智能制造业的关键切入点，工业机器人作为机器人家族中的重要一员，是目前技术最成熟、应用最广泛的一类机器人。作为衡量一个国家科技创新和高端制造发展水平的重要标志，工业机器人的研发和产业化应用被很多发达国家作为抢占未来制造业市场、提升科技产业竞争力的重要途径。在汽车、电子电气、工程机械等众多领域大量使用工业机器人自动化生产线，在保证产品质量的同时改善了工作环境，提高了社会生产效率，有力推动了企业和社会生产力发展。

当前，随着我国劳动力成本上涨，生产方式向柔性、智能、精细转变，构建新型智能制造体系迫在眉睫，全球对工业机器人的需求呈现大幅增长。大力发展工业机器人产业，对于打造我国制造业新优势，推动工业转型升级，加快制造强国建设，改善人民生活水平具有深远意义。

在全球范围内的制造产业战略转型期，我国工业机器人产业迎来爆发性的发展机遇，然而，现阶段我国工业机器人领域人才供需失衡，缺乏经系统培训的、能熟练安全使用和维护工业机器人的高水平专业人才。《制造业人才发展规划指南》提出：把人才作为实施制造业发展战略的重要支撑，加大人力资本投资，改革创新教育与培训体系；大力培养技术技能紧缺人才，支持基础制造技术领域人才培养；提升制造业人才关键能力和素质。因此，为了更好地推广工业机器人技术运用和加速推进人才培养，亟须编写一套系统的工业机器人技术教材。

本书基于 ABB 工业机器人，从机器人应用中需掌握的基础技能出发，由浅入深、循序渐进地介绍了 ABB 机器人编程及操作知识。书中配有丰富的实物图片，以 ABB IRB 120 为典型产品，系统介绍了 ABB 机器人和示教器的基本知识，以及手动操纵机器人和零点校准的方法、工具及工件坐标系定义、I/O 配置及相关应用、指令与编程、离线仿真等。通过学习本书，读者对机器人的编程及操作会更熟悉，理解也更深刻。

鉴于机器人技术专业具有知识面广、实操性强等显著特点，为了提高教学效果，在教学方法上，建议重视实操演练、小组讨论；在学习过程中，建议结合本书配套的教学辅助资源，如仿真软件、实训设备、教学课件及视频素材、教学参考与拓展资料等。以上资源可通过书末所附“教学资源获取单”获取。

由于编者水平有限，书中难免存在不足，敬请读者批评指正。任何意见和建议可反馈至 E-mail: edubot@hitrobotgroup.com。

编　者

2024 年 3 月

目　录

项目 7 基础实训项目 ……157

项目 8 模拟激光雕刻轨迹项目 ……189

项目 1　ABB 机器人简介

项目描述

工业机器人是集机械、电子、控制、计算机、传感器等多学科先进技术于一体的现代制造业重要的自动化装备。自从 1962 年美国研制出世界上第一台工业机器人以来，机器人技术及其产品发展很快，已成为柔性制造系统（FMS）、自动化工厂（FA）、计算机集成制造系统（CIMS）的自动化工具。

本项目首先介绍 ABB 发展历程，然后介绍 ABB 机器人的应用领域和应用前景，最后介绍 ABB 机器人产品系列。通过本项目的学习，读者可了解机器人的基本概念。

任务 1.1　ABB 发展历程

任务描述

了解 ABB 集团企业发展和 ABB 机器人发展历程。

知识准备

1.1.1　ABB 集团企业发展

ABB 集团总部位于瑞士苏黎世，位列全球 500 强，由瑞典的阿西亚公司和瑞士的布朗勃法瑞公司于 1988 年合并而成。作为电力和自动化技术领域的领导企业，ABB 集团下设五大业务部门，分别为电力产品部、电力系统部、离散自动化与运动控制部、低压产品部和过程自动化部，业务遍布 100 多个国家。其企业文化为“用电力和效率创造美好世界（Power and productivity for a better world）”。

❋ ABB 机器人简介

1.1.2　ABB 机器人发展历程

➢ 1974 年：向瑞典南部一家小型机械工程公司交付全球首台微型计算机控制电动工业机器人 IRB 6。

➢ 1983 年：推出新型控制系统 S2，该系统具有出色的人机界面（HMI），采用菜单式编程，配备工具中心点（TCP）控制功能和操纵杆，可实现多轴控制。

➢ 1994 年：推出控制系统 S4，该系统使用方便、具有易用性（Windows 人机界面），采用全动态模型（控制性能十分突出）和 Flexible Rapid 编程语言。

➢ 2004 年：推出新型机器人控制器 IRC 5，该控制器采用模块化结构设计，是一种全新的按照人机工程学原理设计的 Windows 界面装置。

➢ 2015 年：推出全球首款真正实现人机协作的双臂工业机器人 YuMi。

任务 1.2　ABB 机器人的应用领域和应用前景

任务描述

了解 ABB 机器人的应用领域和应用前景。

知识准备

1.2.1　ABB 机器人的应用领域

20 世纪 60 年代初人类创造了第一台工业机器人，在 60 多年的时间中，工业机器人技术得到了迅速发展。目前，工业机器人已广泛应用于汽车及汽车零部件制造业、机械加工（如焊接、打磨）行业、电子电气行业、橡胶及塑料工业、食品工业、木材与家具制造业等领域。在工业生产中，弧焊机器人、点焊机器人、分拣机器人、装配机器人、喷漆机器人及搬运机器人等工业机器人都已被大量采用。ABB 机器人应用领域如图 1.1 所示。

汽车及汽车零部件制造业

焊接

打磨

图 1.1　ABB 机器人应用领域

食品工业

喷涂

搬运

续图 1.1

1.2.2 ABB 机器人的应用前景

1. 以汽车行业和电子电气行业为主要驱动

汽车行业和电子电气行业是工业机器人用量较大的行业。自从 2020 年以来，汽车行业和电子电气行业的工业机器人使用量持续增长，如图 1.2 所示。因此，ABB 机器人的未来发展应充分利用该优势，以汽车行业和电子电气行业为主要驱动。

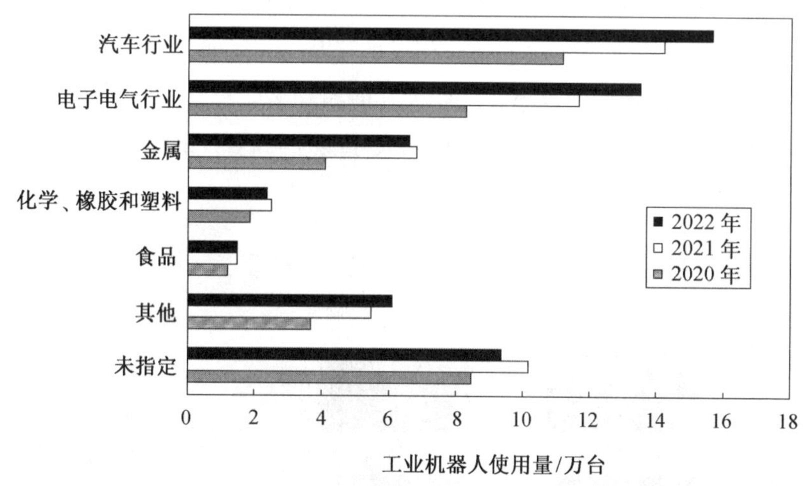

图 1.2 全球工业机器人年使用量

2. 充分利用日益巨大的机器人市场

我国是迄今为止全球最大的机器人市场。2022 年，我国新机器人年安装量达到 290 258 台，较 2021 年增长了 5%。

2016～2026 年世界新机器人安装量如图 1.3 所示。2022 年全球工厂安装了 553 052 台新工业机器人，新工业机器人安装量创历史新高，同比增长 5%。根据中国电子学会及国际机器人联合会（IFR）预测，到 2026 年，新工业机器人安装量将会达到 71.8 万台。因此，ABB 机器人的发展应充分利用日益巨大的机器人市场。

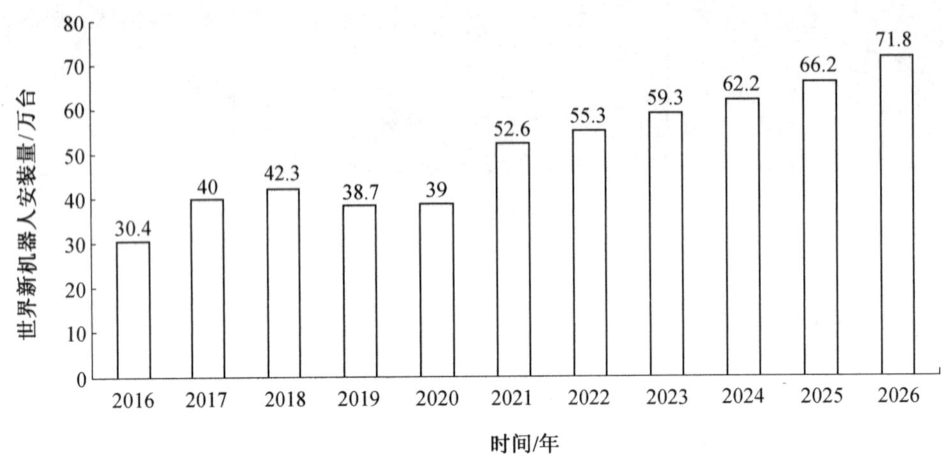

图 1.3　2016～2026 年世界新机器人安装量

3. 积极解决机器人市场的人才瓶颈

在工业 4.0 时代背景下，教育面临更多非传统领域的挑战，除了通过学校课堂的教授，还可以通过在线教育平台中的视频授课等模式，积极开展与知名院校之间的校企合作，共同推进机器人教育事业的发展，以解决机器人市场的人才瓶颈问题（图 1.4）。

工业机器人自动化应用人才紧缺

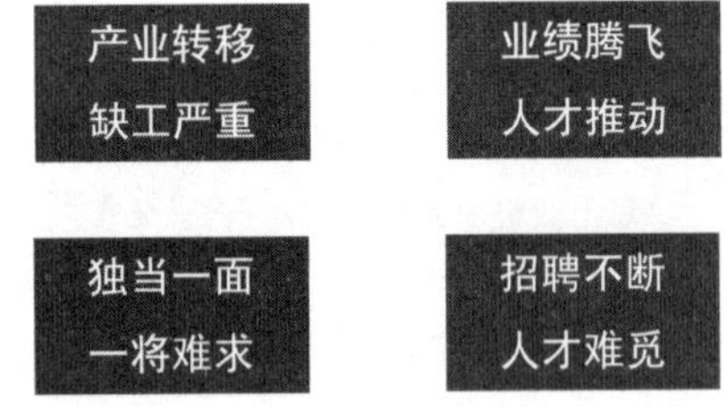

图 1.4　人才瓶颈

任务1.3　ABB机器人产品系列

任务描述

了解ABB机器人的产品系列，包括各系列的结构、特点及主要应用等。

知识准备

ABB机器人产品包括通用六轴、四轴、Delta、SCARA、双臂协作等多个构型，负载范围为3～800 kg，其典型产品见表1.1。

表1.1　ABB机器人典型产品

序号	机器人	特点及主要应用
1	通用六轴机器人IRB 120	特点： ➢ 紧凑轻量，易于集成 ➢ 快速，精准，敏捷 ➢ 占地面积小 **主要应用**：装配、上下料、物料搬运、包装/涂胶等
2	四轴机器人IRB 260	特点： ➢ 可靠性强——正常运行时间长 ➢ 速度快——操纵周期短 ➢ 精度高——零件生产质量稳定 ➢ 功能强——适用范围广 ➢ 坚固耐用——适合恶劣生产环境 **主要应用**：包装、堆垛、拆垛、物料搬运、上下料、机床管理等

续表 1.1

序号	机器人	特点及主要应用
3	Delta 并联机器人 IRB 360	特点： ➢ 灵活性高 ➢ 占地面积小 ➢ 精度高 ➢ 负载大 **主要应用：**流水线包装、搬运、拾料等
4	SCARA 机器人 IRB 910SC	特点： ➢ 台面安装 ➢ 易于集成 ➢ 自定义接口 ➢ 模块化设计 **主要应用：**电子行业搬运、装配等
5	双臂协作机器人 IRB 14000	特点： ➢ 具有柔性机械手 ➢ 基于相机的工件定位系统 ➢ 占地面积小 **主要应用：**协作型小件装配等

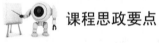

课程思政要点

结合国家发展战略和政策，分析工业机器人在推动国家经济发展、提升产业竞争力和促进社会进步中的作用，增强国家意识和全局观念。

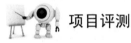

首先，工业机器人是国家实现制造强国战略的重要支撑。通过推动工业机器人技术研发和应用，可提高制造业的自动化和智能化水平，降低对低成本劳动力的依赖，优化产业结构，增强国家整体经济实力和竞争力。

其次，工业机器人对于提升产业竞争力具有关键作用。通过采用工业机器人技术，企业可以大幅提高生产效率和产品质量，降低生产成本，增强市场竞争力。同时，工业机器人的应用还可以带动相关产业链，如机器人零部件制造、系统集成、软件开发等的发展，形成完整的产业生态，提升整个产业链的竞争力。

最后，工业机器人对于促进社会进步也具有积极意义。工业机器人的广泛应用可以创造更多的就业机会，减轻人力资源压力。同时，工业机器人技术也可以在医疗、养老、教育等公共服务领域得到应用，提高服务质量和效率，改善民生福祉。

项目评测

1. 简述ABB机器人的发展历程。
2. 简述工业机器人的应用领域。
3. 谈谈自己对工业机器人应用前景的看法。
4. ABB机器人典型产品中最小的是哪个型号？

项目 2　IRB 120 机器人初步认识

项目描述

本项目主要讲解 IRB 120 机器人主要技术参数及安装方式。由 IRB 120 机器人组成入手，介绍 IRB 120 机器人本体、控制器及主要技术参数，最后介绍其常见安装方式、所有配件及本体、电缆连接。

任务 2.1　IRB 120 机器人介绍

任务描述

了解 IRB 120 机器人的组成、本体、控制器及主要技术参数。

知识准备

2.1.1　IRB 120 机器人组成

❋ IRB 120 机器人介绍

目前工业机器人主要由 3 部分组成：操作机、控制器和示教器。图 2.1 所示为 IRB 120 机器人组成。

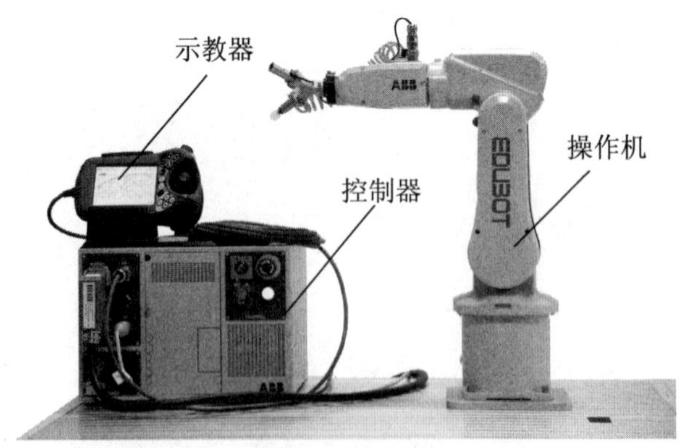

图 2.1　IRB 120 机器人组成

各组成部分功能如下：

➢ **操作机**。操作机又称工业机器人本体，是工业机器人的机械主体，是用来完成规定任务的执行机构。

➢ **控制器**。控制器用来控制工业机器人按规定要求动作，是工业机器人的核心部分，它类似于人的大脑，控制着工业机器人的全部动作。

➢ **示教器**。示教器是工业机器人的人机交互接口，针对工业机器人的所有操作基本上都是通过示教器来完成的，如机器人的点动控制、编写和测试运行机器人程序、设定和查阅机器人状态设置及位置等。

2. 1. 2　IRB 120 机器人本体

IRB 120 机器人属于小型通用工业六轴机器人。该机器人本体共有 6 个轴，每个轴均由单独的电机驱动，是目前工业应用领域最常见的构型，其各轴名称如图 2.2 所示。

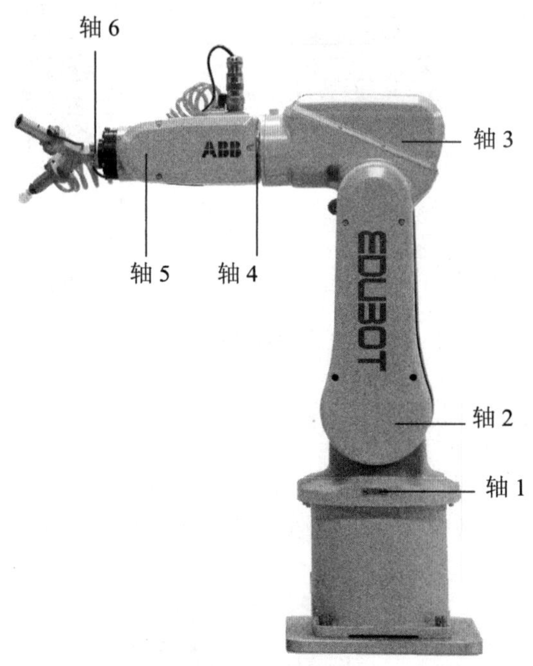

图 2.2　IRB 120 机器人各轴名称

IRB 120 机器人本体基座上包含 4 路集成气源接口（最大压力为 0.5 MPa）、编码器电缆接口、动力电缆接口和 10 路集成信号接口，如图 2.3 所示。

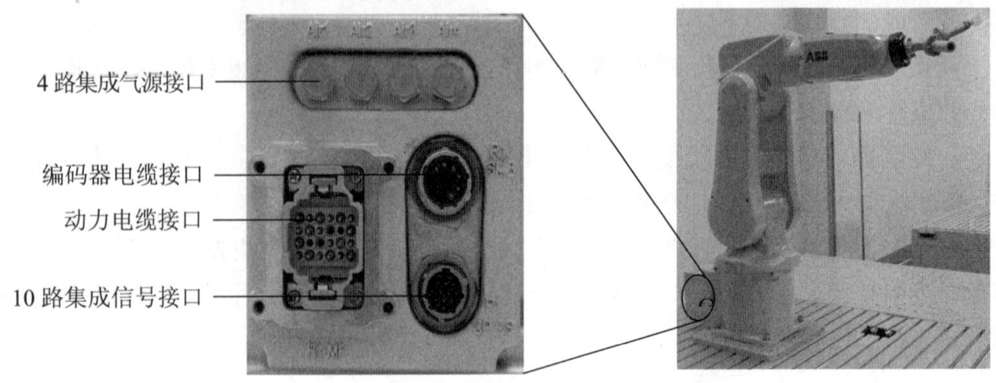

图 2.3　机器人本体基座接口

IRB 120 机器人轴 4 上方包含 10 路集成信号接口和 4 路集成气源接口，如图 2.4 所示。

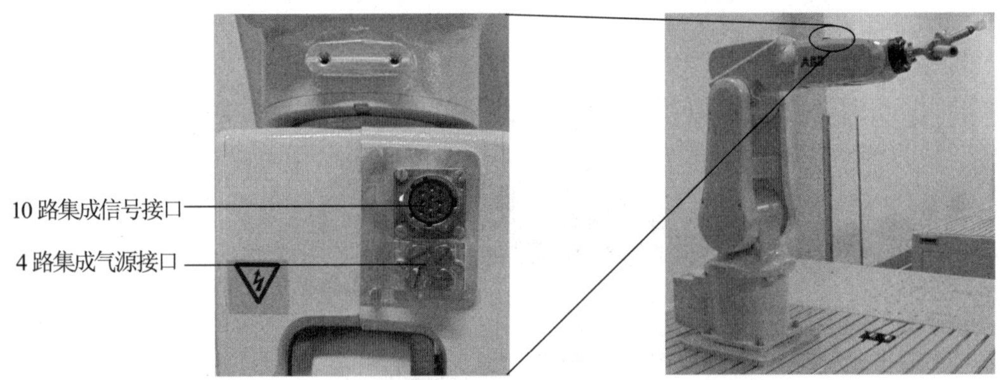

图 2.4　IRB 120 机器人轴 4 上方接口

2. 1. 3　IRB 120 机器人控制器

IRB 120 机器人控制器分为标准型和紧凑型两种，本书以 IRC 5 紧凑型(IRC 5 compact)控制器为例，其面板布局分为按钮面板、电缆接口面板、电源接口面板 3 部分，如图 2.5 所示。

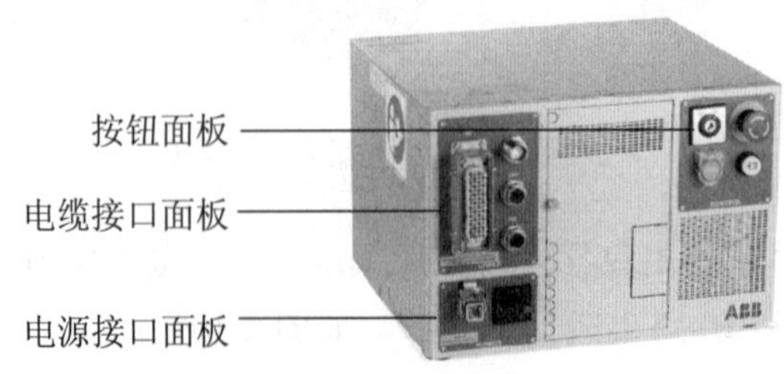

图 2.5　IRC 5 紧凑型控制器面板布局

其面板各部分介绍见表 2.1。

表 2.1　IRC 5 紧凑型控制器面板各部分介绍

面板	图片	说明
按钮面板		**模式选择旋钮**：用于切换机器人工作模式
		急停按钮：在任何工作模式下，按下急停按钮，机器人立即停止，无法运动
		上电/复位按钮：发生故障时，使用该按钮对控制器内部状态进行复位；在自动模式下，按下该按钮，机器人电机上电，按键灯常亮
		制动闸按钮：机器人制动闸释放单元；通电状态下按下该按钮，可用手旋转机器人任何一个轴
电缆接口面板		**XS4**：示教器电缆接口，用于连接机器人示教器
		XS41：外部轴电缆接口，用于连接外部轴电缆信号
		XS2：编码器电缆接口，用于连接外部编码器
		XS1：电机动力电缆接口，用于连接机器人驱动器
电源接口面板		**XP0:** 电源电缆接口，用于给控制器供电
		电源开关：控制器电源开关。ON 为开；OFF 为关

2.1.4　IRB 120 机器人主要技术参数

IRB 120 机器人是 ABB 集团于 2009 年 9 月推出的一款小型多用途机器人，本体质量为 25 kg，额定负荷为 3 kg，工作范围为 580 mm，其规格、特性和性能见表 2.2。

表 2.2　IRB 120 机器人规格、特性和性能

规　　格			
型号	工作范围	额定负荷	手臂荷重
IRB 120	580 mm	3 kg	0.3 kg
特　　性			
集成信号源	手腕设 10 路集成信号接口		
集成气源	手腕设 4 路集成气源接口（最大压力为 0.5 MPa）		
重复定位精度	±0.01 mm		
机器人安装角度	任意角度		
防护等级	IP30		
控制器	IRC 5 紧凑型		
性　　能			
1 kg 拾料节拍	0.58 s		
TCP 最大速度	6.2 m/s		
TCP 最大加速度	28 m/s^2		
加速时间	0.07 s		

注：手臂荷重指机器人小臂上安装设备的最大总质量，即表中指 IRB 120 机器人小臂上安装设备的总质量不能超过 0.3 kg。

IRB 120 机器人工作空间如图 2.6 所示。

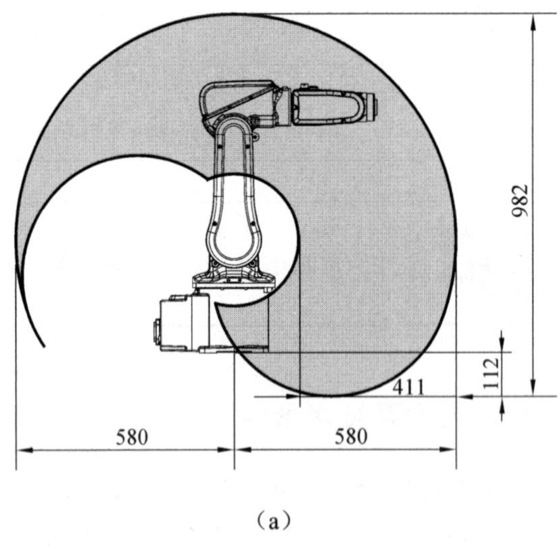

（a）

图 2.6　IRB 120 机器人工作空间（尺寸单位：mm）

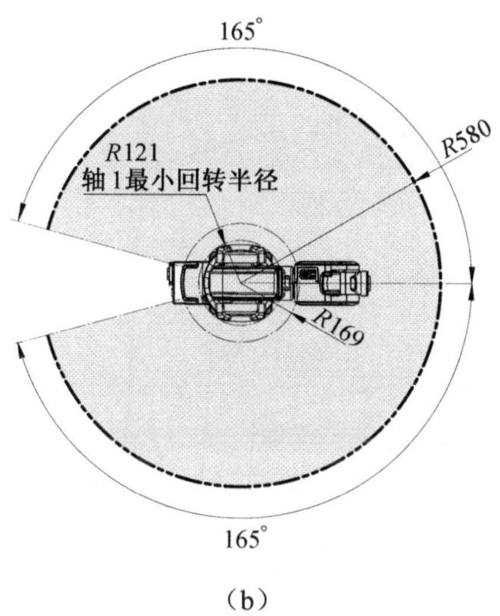

（b）

续图 2.6

IRB 120 机器人运动范围及最大速度见表 2.3。

表 2.3　IRB 120 机器人运动范围及最大速度

轴	运动范围	最大速度/[（°）· s^{-1}]
轴 1	−165°～+165°	250
轴 2	−110°～+110°	250
轴 3	−90°～+70°	250
轴 4	−160°～+160°	320
轴 5	−120°～+120°	320
轴 6	−400°～+400°	420

由于 IRB 120 机器人加装工具后其重心将会转移，从而导致负荷减小，因此在设计时应当合理考虑工具的质量和重心，以保证机器人稳定运行。工具重心位置与负荷的关系如图 2.7 所示，其中 *Z* 距离指工具重心与机器人轴 6 法兰平面的距离，*L* 距离指工具重心与机器人轴 6 重心线的距离。

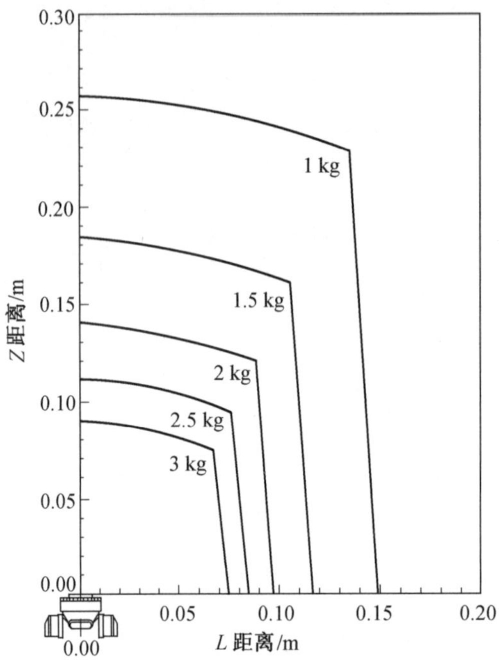

图 2.7　工具重心位置与负荷的关系

任务 2.2　IRB 120 机器人安装

任务描述

了解 IRB 120 机器人的常见安装方式、所有配件及本体、电缆连接等。

知识准备

2.2.1　IRB 120 机器人常见安装方式

工业机器人有 4 种常见的安装方式，如图 2.8 所示。IRB 120 机器人本体支持各种角度的安装，在非地面安装时需要设置相关参数以优化机器人运动性能。

※ IRB 120 机器人安装

（a）地面安装 0°（垂直）

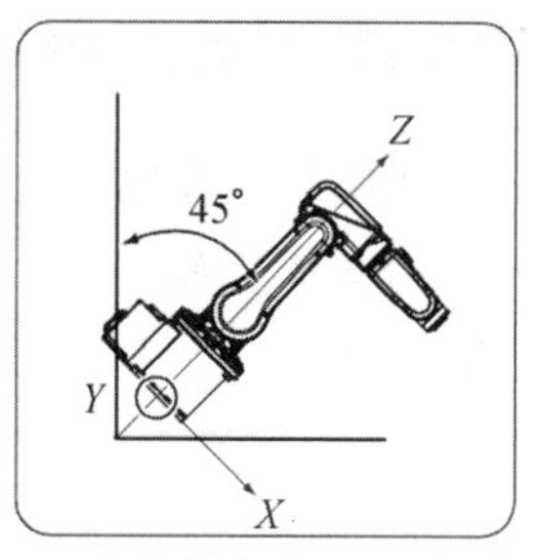

（b）安装角度为 45°（倾斜）

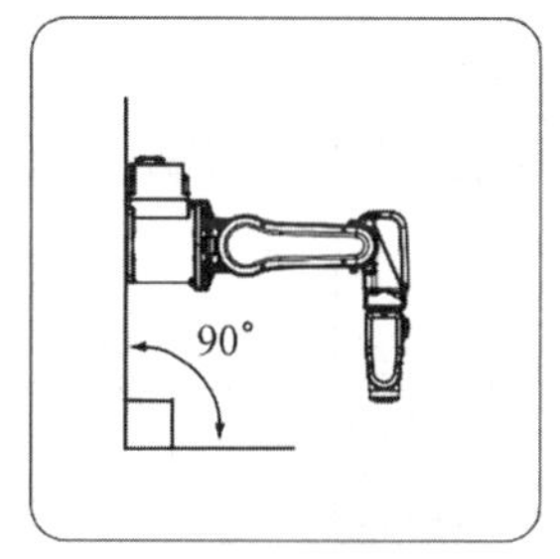

（c）安装角度为 90°（壁挂）

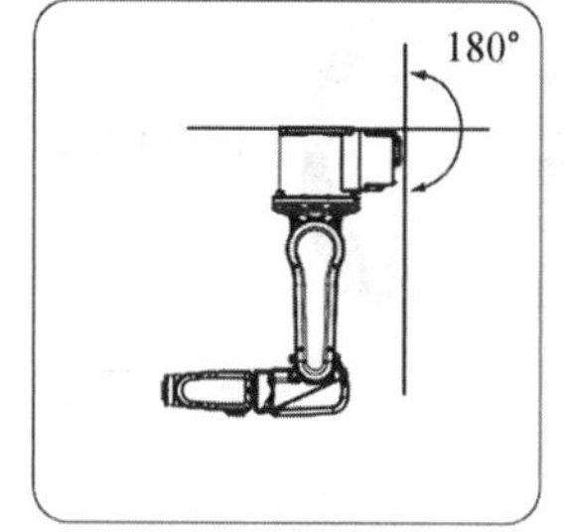

（d）安装角度为 180°（悬挂）

图 2.8　工业机器人常见安装方式

2.2.2　IRB 120 机器人所有配件及本体

IRB 120 机器人完整装箱图如图 2.9 所示，其配件如图 2.10 所示。

图 2.9　完整装箱图

（a）资料光盘

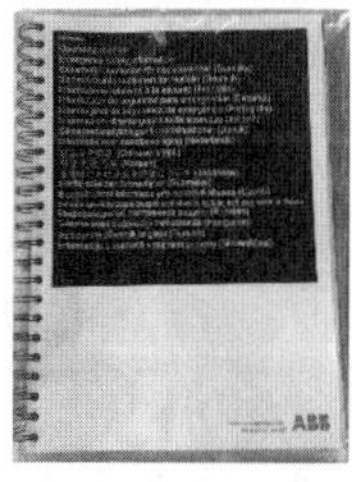

（b）说明书

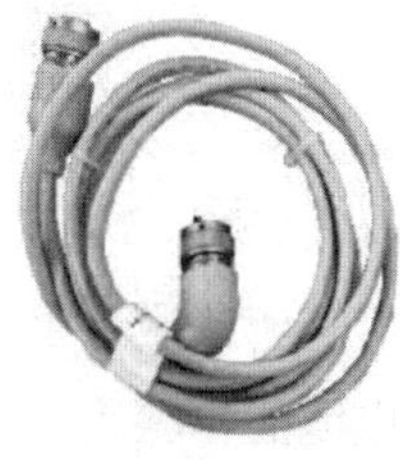

（c）编码器电缆

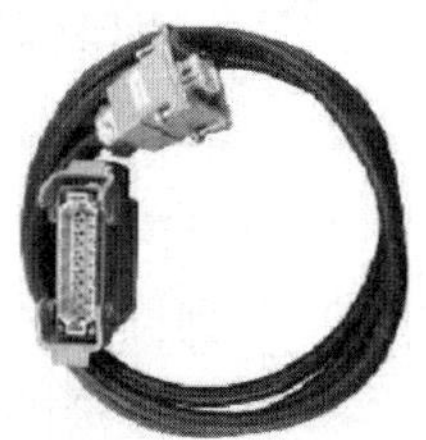

（d）电机动力电缆

图 2.10　IRB 120 机器人配件

2.2.3 IRB 120 机器人电缆连接

IRB 120 机器人电缆主要包括电机动力电缆、编码器电缆、示教器电缆和电源电缆，各电缆作用及连接点见表 2.4。

表 2.4 各电缆作用及连接点

序号	图片	名称	作用	控制器连接点	机器人连接点
1		电机动力电缆	将机器人电机的电源和控制装置与控制器连接	XS1	R1.MP
2		编码器电缆	将机器人伺服电机编码器接口板数据传送给控制器	XS2	R1.SMB
3		示教器电缆	将示教器和控制器连接	XS4	—
4		电源电缆	AC 220 V/50 Hz 电源进线	XP0	—

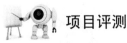

项目评测

1. 如何安全使用机器人？
2. 如何固定机器人？有哪些注意事项？
3. 简述连接机器人电缆的步骤。
4. 简述机器人通电前的检查事项。
5. 简述机器人 6 个轴的位置。

6. IRB 120 机器人的工作空间是多大？各个轴的运动范围是多少？

7. IRB 120 机器人的额定负荷是多少？

项目 3　认识示教器

项目描述

要想掌握机器人的应用，应先熟练地使用示教器。本章针对机器人示教器进行重点介绍，为后续的机器人手动操纵及编程调试学习奠定基础。本章首先介绍示教器结构及手持方法；其次介绍示教器界面，并对示教器主菜单进行讲解；最后介绍示教器常用操作，以方便读者真正熟悉示教器的使用。

任务 3.1　示教器结构及手持方法

任务描述

了解机器人示教器功能、参数和结构，熟悉示教器各物理按键功能和示教器手持方法。

知识准备

3.1.1　示教器简介

示教器（FlexPendant）是一种手持式操作装置，用于执行与操作机器人系统相关的许多任务，如运行程序、手动操纵机器人移动、修改机器人程序等，也可用于备份与恢复、配置机器人、查看机器人系统信息等。示教器可在恶劣的工业环境下持续运作，其触摸屏易于清洁，且防水、防油、防溅锡。示教器详细参数见表 3.1。

※ 示教器初识

表 3.1 示教器详细参数

屏幕尺寸	6.5 in 彩色触摸屏
屏幕分辨率	640×480
质量	1.0 kg
防护等级	标配：IP54
按键数量	12 个
支持语言种类	20 种（支持简体中文）
是否支持操纵杆	支持
是否支持 USB 内存	支持
是否配备紧急停止按钮	是
是否支持热插拔	支持
是否配备触摸笔	是
是否支持左右手使用	支持

注：1 in≈2.54 cm。

3. 1. 2 示教器结构

示教器外形结构如图 3.1 所示，示教器各物理按键功能如图 3.2 所示。

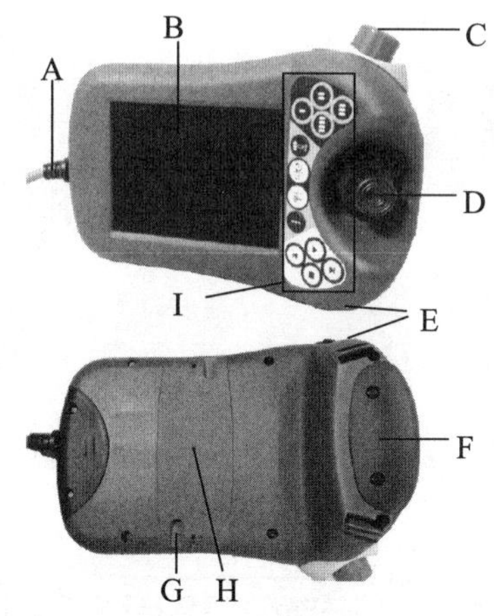

图 3.1 示教器外形结构

A—电缆线连接器；B—触摸屏；C—紧急停止按钮；D—操纵杆；E—USB 接口；F—使能按钮；G—触摸笔；H—重置按钮；I—按键区

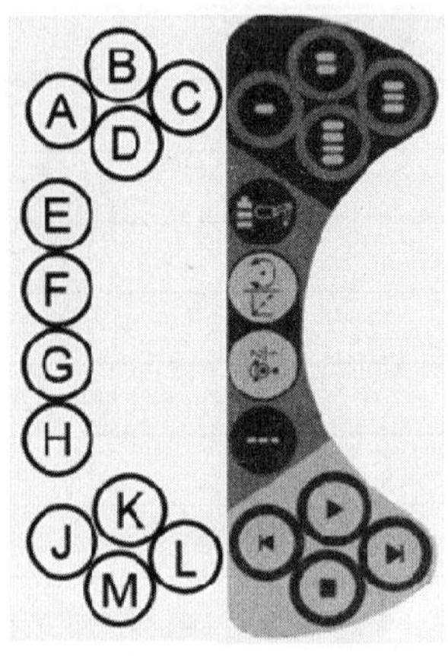

图 3.2　示教器各物理按键功能

A～D—自定义按键；E—选择机械单元；F、G—选择操纵模式；H—切换增量；J—步退执行程序；K—执行程序；L—步进执行程序；M—停止执行程序

3.1.3　示教器手持方法

操作示教器时，通常会手持该设备。惯用右手者用左手持设备，右手在触摸屏上执行操作；而惯用左手者可以将显示器旋转 180°，用右手持设备。正确的示教器手持方法如图 3.3 所示。

图 3.3　正确的示教器手持方法

任务 3.2　示教器界面及主菜单

任务描述

了解示教器界面，熟悉示教器主菜单和主菜单各部分功能。

知识准备

3.2.1　示教器界面

机器人开机完成后示教器进入图 3.4 所示界面。控制面板界面如图 3.5 所示。

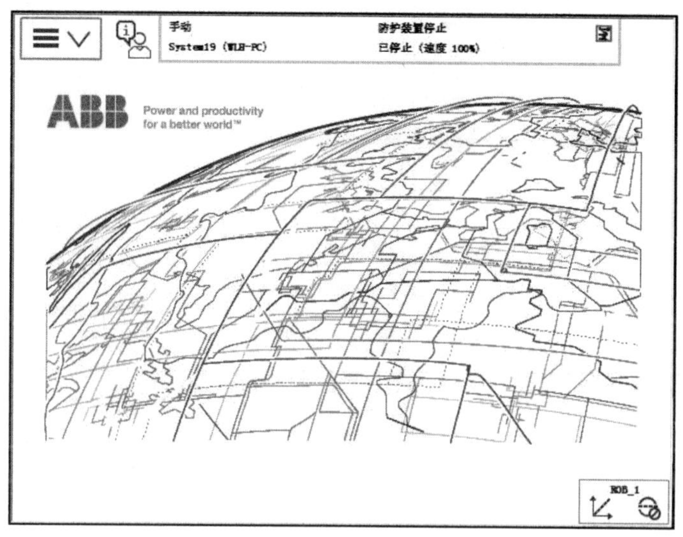

图 3.4　开机完成界面

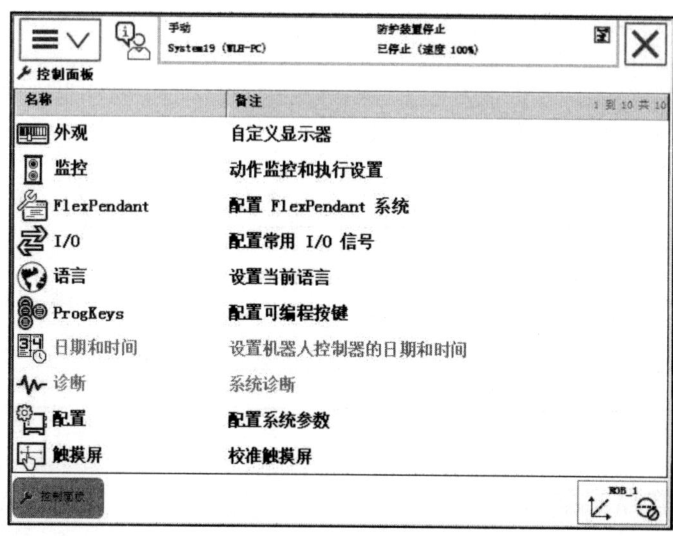

图 3.5　控制面板界面

示教器界面各部分功能见表 3.2。

表 3.2 示教器界面各部分功能

序号	图例	说明
1		**主菜单**：显示机器人各个功能的主菜单界面
2		**操作员窗口**：机器人与操作员交互界面，显示当前状态信息
3		**关闭按钮**：关闭当前窗口按钮
4	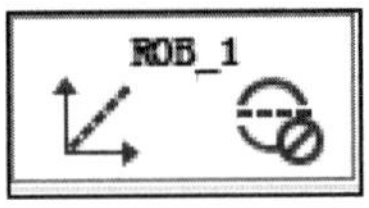 ROB_1	**快速设置菜单**：快速设置机器人功能界面，如设置速度、运行模式、增量等
5	 手动 System19 (WLH-PC) 防护装置停止 已停止（速度 100%）	**状态栏**：显示机器人当前状态，如工作模式、电机状态、报警信息等
6	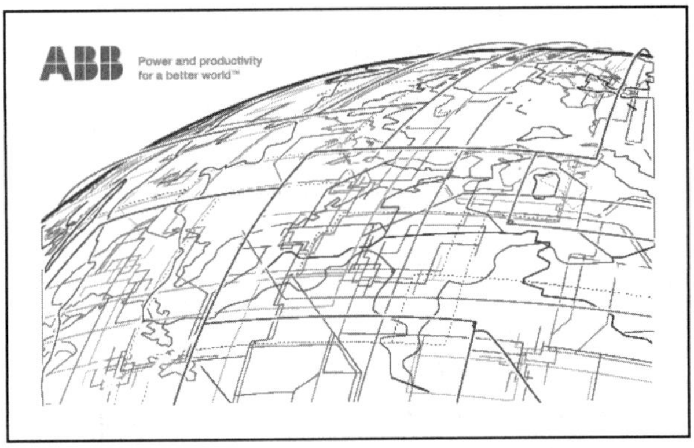 ABB Power and productivity for a better world™	**主界面**：示教器人机交互的主要窗口，根据不同的状态显示不同的信息
7	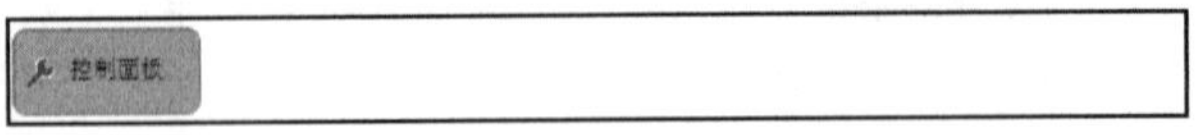 控制面板	**任务栏**：当前打开界面的任务列表，最多支持打开 6 个界面

3.2.2 示教器主菜单

点击【主菜单】按钮，弹出示教器主菜单，如图 3.6 所示。

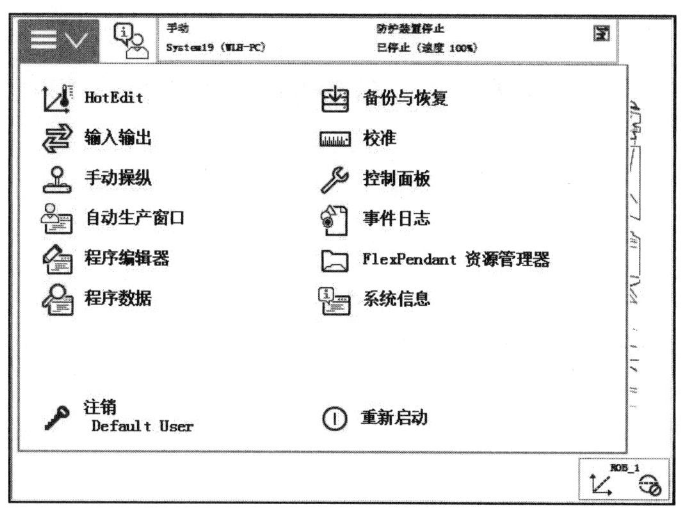

图 3.6　示教器主菜单

示教器主菜单各部分功能见表 3.3。

表 3.3　示教器主菜单各部分功能

序号	图例	功能
1	HotEdit	用于对编写的程序中的点做一定的补偿
2	输入输出	用于查看并操作 I/O 信号
3	手动操纵	用于查看并配置手动操纵属性
4	自动生产窗口	用于自动运行时显示程序界面
5	程序编辑器	用于对机器人进行编程调试
6	程序数据	用于查看并配置变量数据
7	备份与恢复	用于对系统数据进行备份与恢复
8	校准	用于对机器人机械零点进行校准
9	控制面板	用于对系统参数进行配置
10	事件日志	用于查看系统所有事件
11	FlexPendant 资源管理器	用于对系统资源、备份文件等进行管理
12	系统信息	用于查看系统控制器属性以及硬件和软件信息
13	注销 Default User	用于退出当前用户权限
14	重新启动	用于重新启动系统

任务 3.3　示教器常用操作

任务描述

本任务介绍示教器的常用操作，包括语言选择、预留功能键设置、触摸屏校准、触摸屏锁定、系统备份与恢复等。

※ 示教器常用操作

知识准备

3.3.1　语言选择

示教器语言选择的操作步骤见表 3.4。

表 3.4　示教器语言选择的操作步骤

序号	图片示例	操作步骤
1	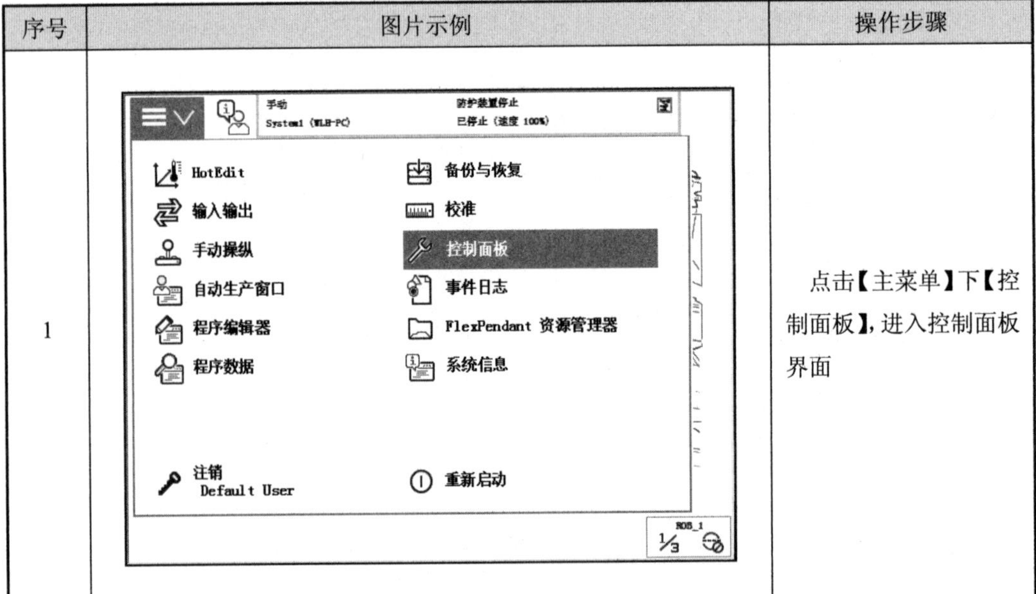	点击【主菜单】下【控制面板】，进入控制面板界面

续表 3.4

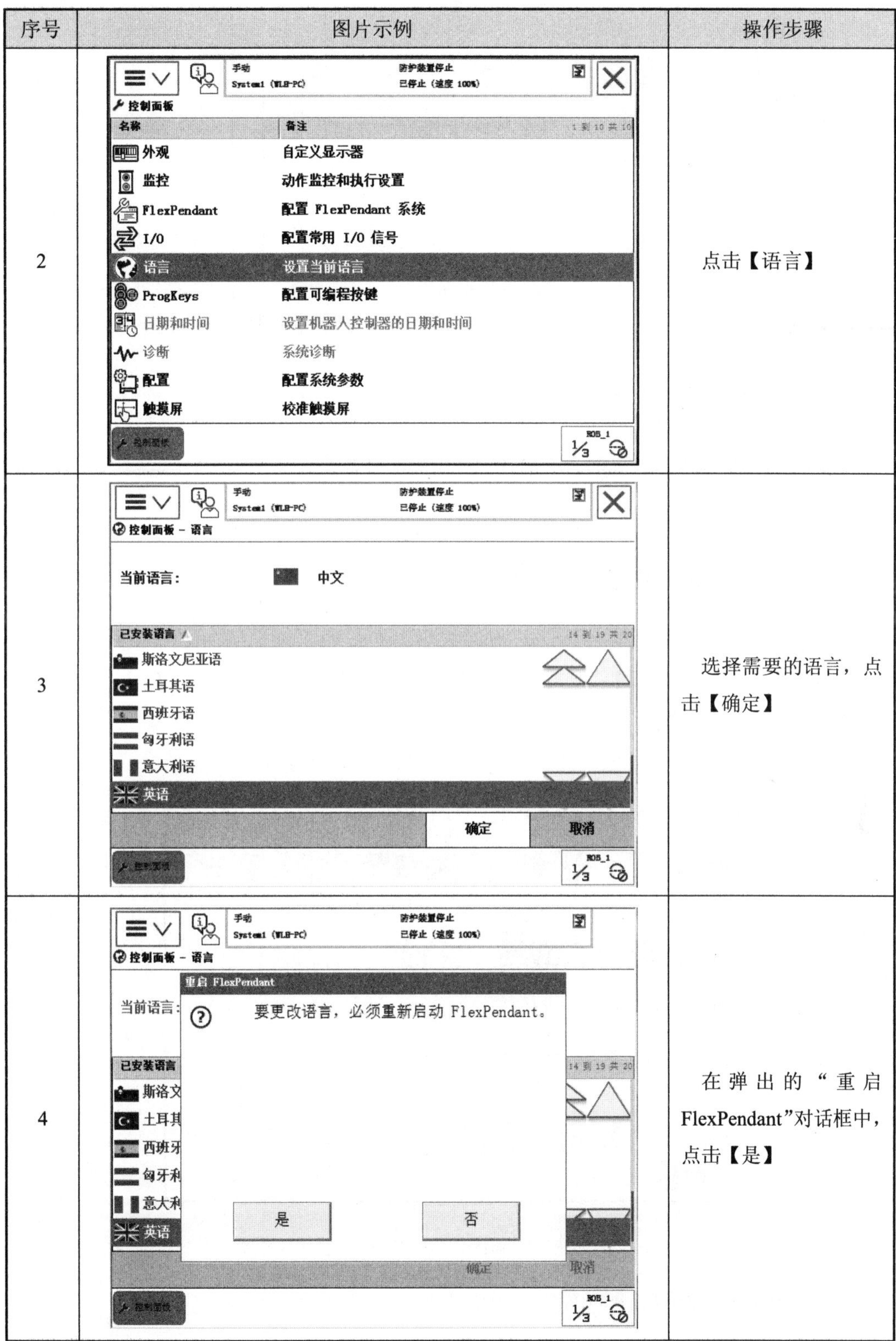

序号	图片示例	操作步骤
2		点击【语言】
3		选择需要的语言，点击【确定】
4		在弹出的“重启 FlexPendant”对话框中，点击【是】

续表 3.4

序号	图片示例	操作步骤
5	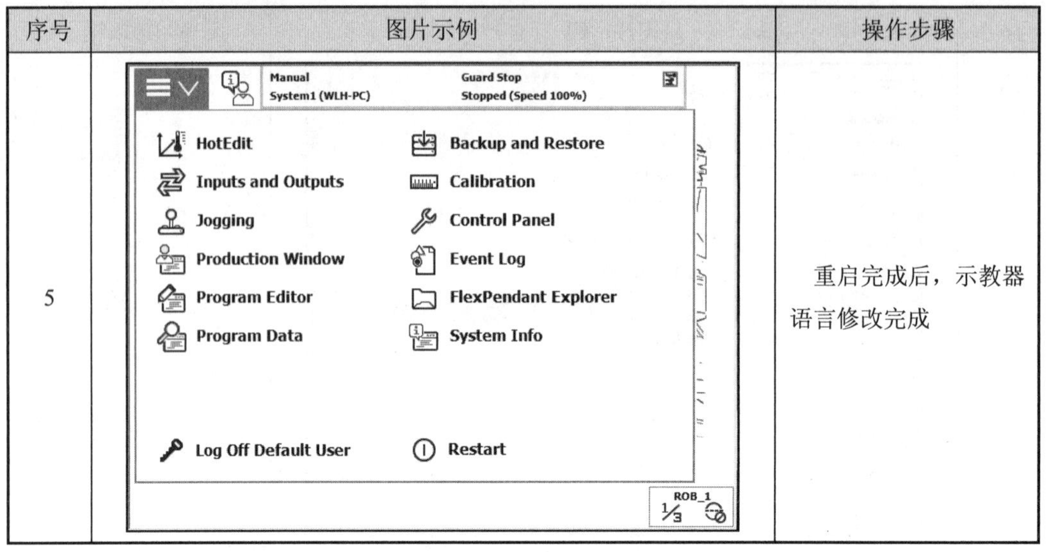	重启完成后，示教器语言修改完成

3.3.2 预留功能键设置

示教器预留了 4 个可编程按键，可以根据需要配置为多种功能，实现 I/O 操作等。点击【主菜单】下【控制面板】，进入控制面板界面，然后点击【ProgKeys】，进入可编程按键配置界面，如图 3.7 所示。

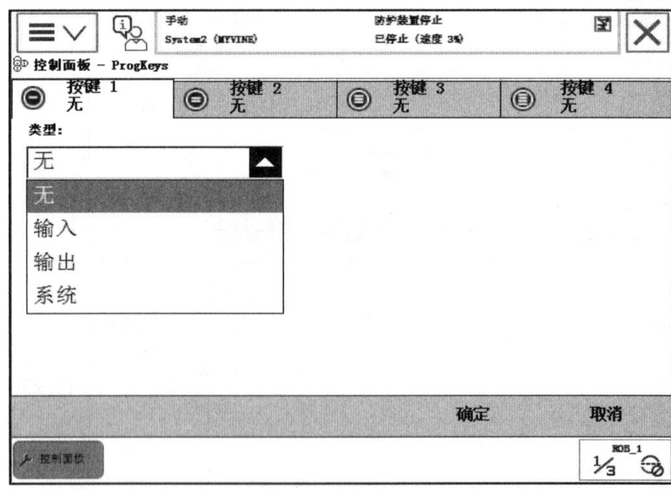

图 3.7 可编程按键配置界面

可编程按键配置界面各项功能说明见表 3.5。

表 3.5 可编程按键配置界面各项功能说明

序号	功能	说明
1	输入	设定对应按键为输入功能
2	输出	设定对应按键为输出功能
3	系统	设定对应按键为系统功能

表 3.5 中输出功能配置界面如图 3.8 所示。

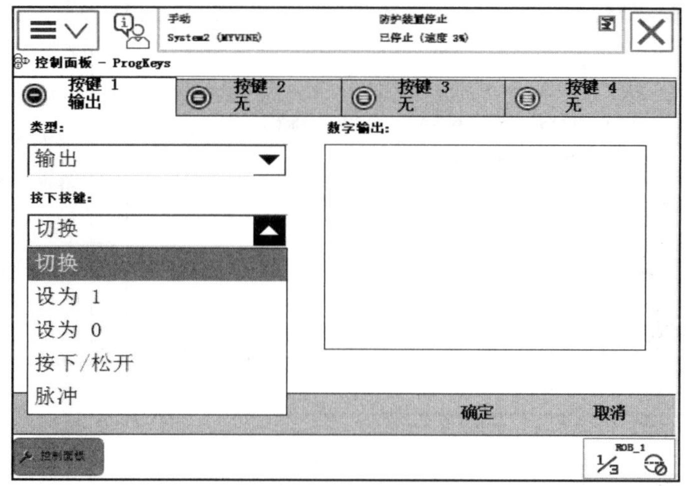

图 3.8 输出功能配置界面

输出功能配置界面各项功能说明见表 3.6。

表 3.6 输出功能配置界面各项功能说明

序号	功能	说明
1	切换	设定输出值为 0、1 交替
2	设为 1	设定输出值为 1
3	设为 0	设定输出值为 0
4	按下/松开	设定按下时输出值为 1，松开时输出值为 0
5	脉冲	设定为输出一个脉冲

3.3.3 触摸屏校准

如果触摸屏出现点击错位，就需要进行触摸屏校准。在校准过程中需要准确地点击校准点，以达到满意结果。触摸屏校准的操作步骤见表 3.7。

表 3.7 触摸屏校准的操作步骤

序号	图片示例	操作步骤
1	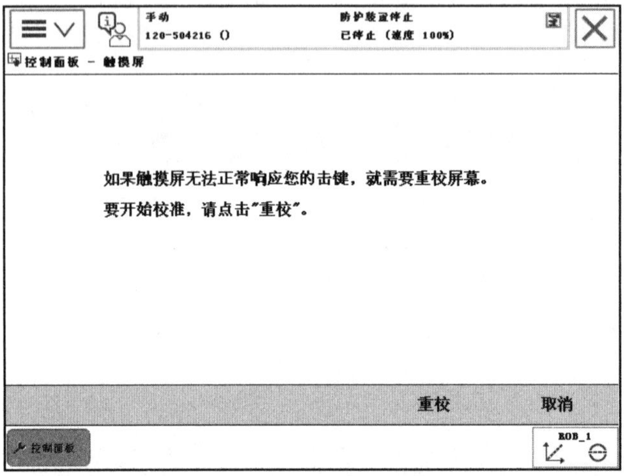 手动 120-504216 () 防护装置停止 已停止（速度 100%） 控制面板 - 触摸屏 如果触摸屏无法正常响应您的击键，就需要重校屏幕。要开始校准，请点击"重校"。 重校 取消 控制面板 ROB_1	点击【主菜单】下【控制面板】，进入控制面板界面，然后点击【触摸屏】，进入触摸屏校准界面，点击【重校】
2	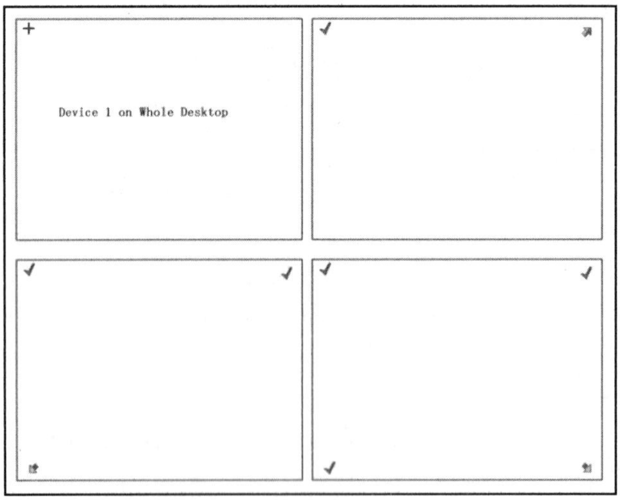 Device 1 on Whole Desktop	根据提示完成 4 个点的校准

续表 3.7

序号	图片示例	操作步骤
3	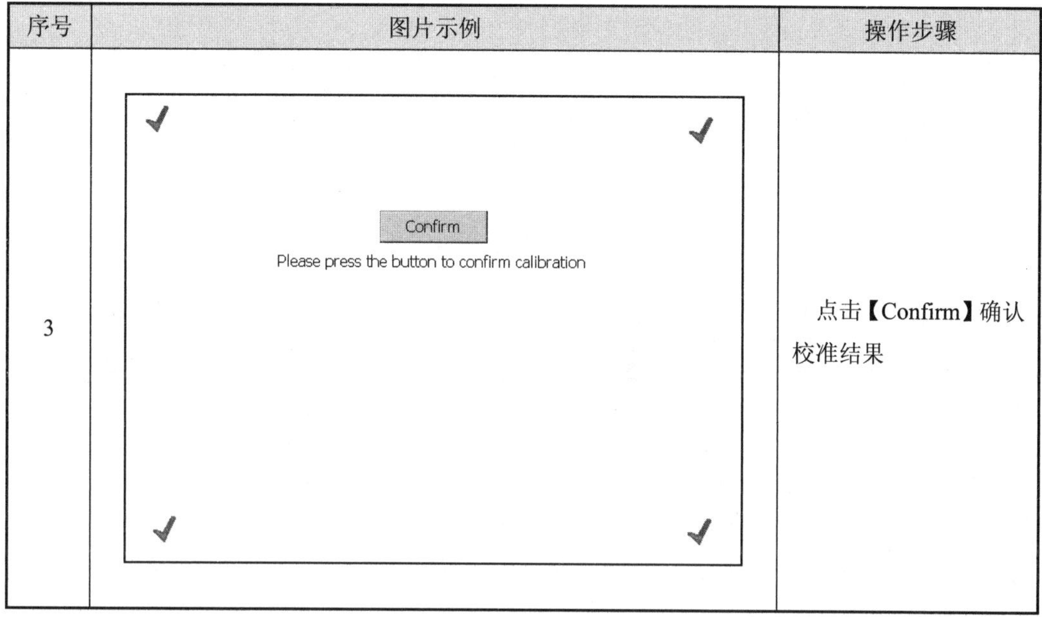	点击【Confirm】确认校准结果

3.3.4　触摸屏锁定

当需要防止触摸屏误操作时，可通过触摸屏锁定功能实现。触摸屏锁定的操作步骤见表 3.8。

表 3.8　触摸屏锁定的操作步骤

序号	图片示例	操作步骤
1		点击【主菜单】下【锁定屏幕】

续表 3.8

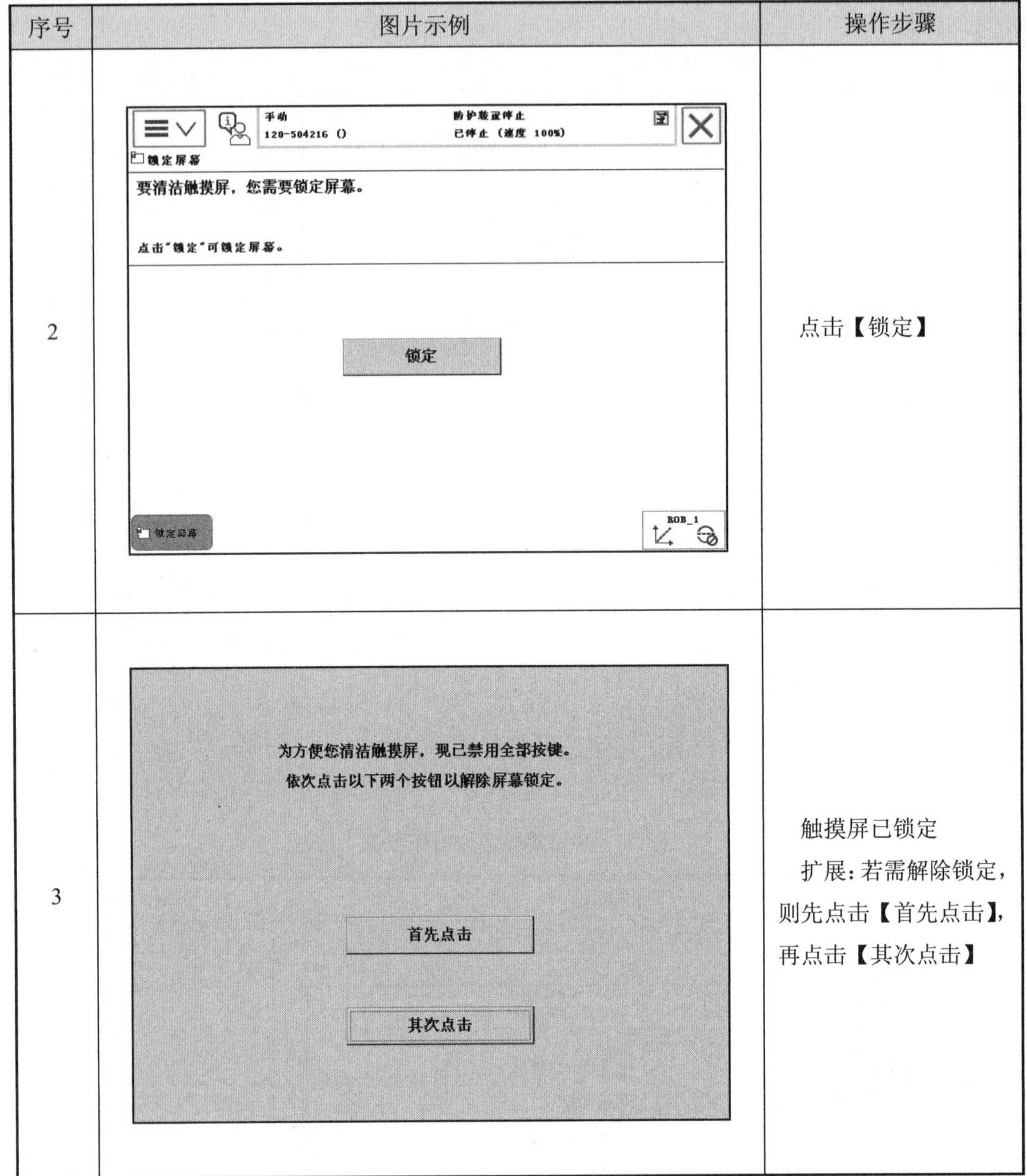

序号	图片示例	操作步骤
2	手动 120-504216 () 防护装置停止 已停止（速度 100%） 锁定屏幕 要清洁触摸屏，您需要锁定屏幕。 点击"锁定"可锁定屏幕。 锁定 锁定屏幕 ROB_1	点击【锁定】
3	为方便您清洁触摸屏，现已禁用全部按键。 依次点击以下两个按钮以解除屏幕锁定。 首先点击 其次点击	触摸屏已锁定 扩展：若需解除锁定，则先点击【首先点击】，再点击【其次点击】

3.3.5　系统备份与恢复

当完成机器人调试工作后，需要进行系统备份，以方便后续维护。当机器人出现问题时，需要返回到机器人正常工作程序，这可以通过系统恢复来实现。

系统备份的操作步骤见表 3.9。

表 3.9 系统备份的操作步骤

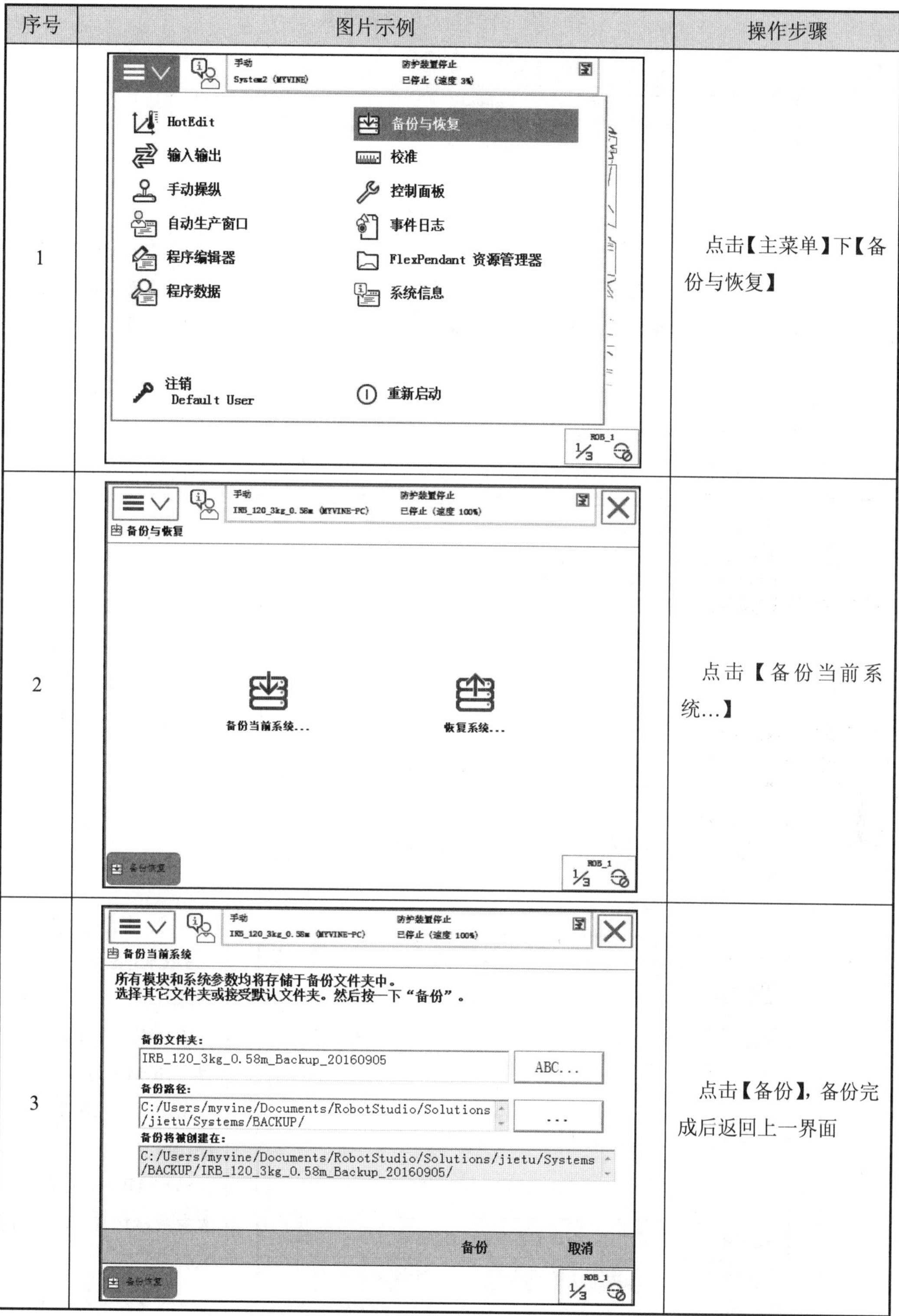

序号	图片示例	操作步骤
1		点击【主菜单】下【备份与恢复】
2		点击【备份当前系统...】
3		点击【备份】，备份完成后返回上一界面

系统恢复的操作步骤见表 3.10。

表 3.10　系统恢复的操作步骤

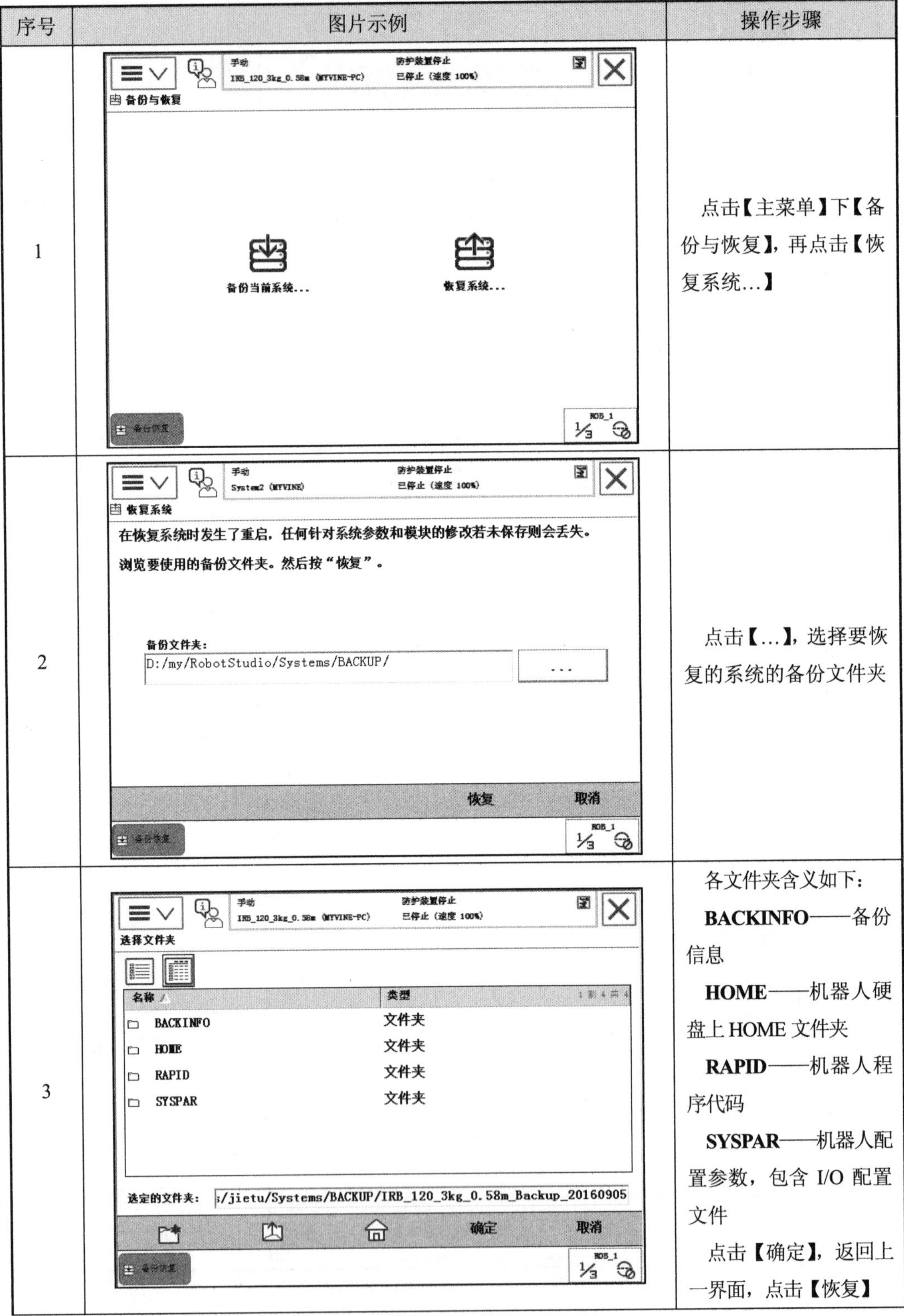

序号	图片示例	操作步骤
1		点击【主菜单】下【备份与恢复】，再点击【恢复系统…】
2		点击【…】，选择要恢复的系统的备份文件夹
3		各文件夹含义如下： **BACKINFO**——备份信息 **HOME**——机器人硬盘上 HOME 文件夹 **RAPID**——机器人程序代码 **SYSPAR**——机器人配置参数，包含 I/O 配置文件 点击【确定】，返回上一界面，点击【恢复】

续表 3.10

序号	图片示例	操作步骤
4	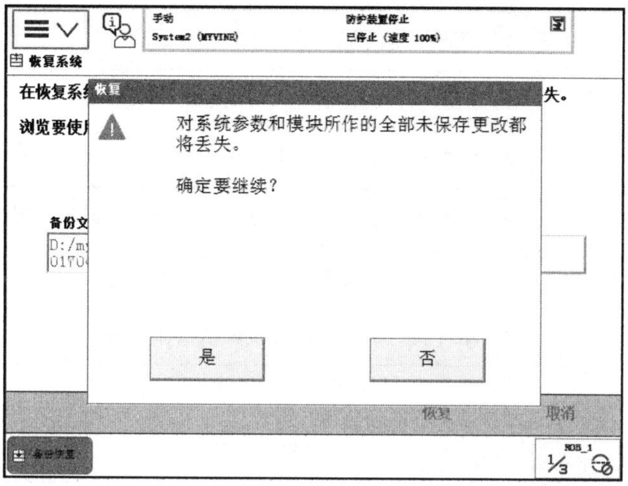	点击【是】，控制器即对所选择的系统进行恢复
5		等待系统恢复完成，机器人将重新启动，等待机器人重启完成

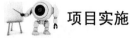

项目实施

项目要求：能够说明实训台上示教器中各物理按键功能，完成示教器软件界面的切换操作。请结合表 3.11 所示工业机器人示教器操作报告书完成项目要求。

表 3.11　工业机器人示教器操作报告书

题目名称		
学习主题	工业机器人示教器操作	
重点/难点	示教器各物理按键功能、示教器软件界面操作	
训练目标	主要知识能力指标	（1）熟悉示教器各物理按键功能。 （2）掌握示教器软件界面操作
	相关能力指标	（1）能够正确制订学习计划，养成独立学习的习惯。 （2）能够阅读工业机器人相关技术手册与说明书。 （3）培养良好的职业素养及团队协作精神
参考资料/学习资源	图书馆内相关书籍、工业机器人相关网站等	
学生准备	熟悉工业机器人系统，准备教材、笔、笔记本、练习纸等	
教师准备	熟悉教学标准、机器人实训设备说明，演示实验，讲授内容，设计教学过程、记分册	
学习步骤	明确任务	教师提出任务
	分析过程（学生借助参考资料、教材和教师的引导，自己制订学习计划，并拟定检查、评价标准）	打开操作台电源开关，启动工业机器人
		正确手持示教器
		操作各物理按键，观察工业机器人和实训台的动作
		操作示教器主界面并观察结果
		对上述工业机器人示教器操作进行总结报告
	检查	在整个过程中，学生依据拟定的评价标准检查自己是否符合要求地完成了任务
	评价	由学习小组、教师评价学生的学习情况并给出建议

项目评价

请完成表 3.12 所示项目评价表。

表 3.12　项目评价表

<table>
<tr><td>姓名</td><td></td><td>学号</td><td></td><td>日期</td><td></td></tr>
<tr><td>小组成员</td><td colspan="3"></td><td>教师签字</td><td></td></tr>
<tr><td>类别</td><td>项目</td><td>考核内容</td><td>得分</td><td>总分</td><td>评分标准</td></tr>
<tr><td rowspan="2">理论</td><td rowspan="2">知识准备
（100 分）</td><td>正确描述示教器各物理按键功能
（30 分）</td><td></td><td rowspan="2"></td><td rowspan="2">根据完成
情况打分</td></tr>
<tr><td>正确描述示教器界面功能和操作
方法（70 分）</td><td></td></tr>
<tr><td>评分说明</td><td colspan="5"></td></tr>
<tr><td>备注</td><td colspan="5">（1）项目评价表原则上不能出现涂改现象，若出现则必须在涂改之处签字确认。
（2）每次考核结束后，教师及时记录考核成绩</td></tr>
</table>

项目评测

1. 简述示教器界面所包含部分及各部分功能。
2. 简述示教器各物理按键的功能。
3. 如何备份系统和恢复系统？
4. 如何切换示教器语言？

项目 4　机器人操作

项目描述

本项目主要以 ABB 机器人为例，介绍工业机器人基本概念及操作方法：首先介绍工业机器人基本概念，包括工作模式、动作模式及运动参考坐标系；其次讲解手动操纵方法，并介绍转数计数器更新意义及操作步骤；然后讲解工具坐标系和工件坐标系的定义方法及过程；最后讲解快捷操作子菜单的操作方法，逐步脱离手动操纵界面来操作工业机器人。

任务 4.1　工业机器人基本概念

任务描述

通过 ABB 机器人的相关介绍，了解工业机器人的工作模式、动作模式及运动参考坐标系等概念。

知识准备

4.1.1　工作模式

1. 工作模式的分类

ABB 机器人工作模式分为手动模式和自动模式两种。

※ 工业机器人基本概念

手动模式：主要用于调试人员进行系统参数设置、备份与恢复、程序编辑调试等操作。其中，在手动减速模式下，运动速度限制在 250 mm/s 以下，要激活电机上电，必须按下使能按钮。

自动模式：主要用于工业自动化生产作业，此时 ABB 机器人使用现场总线或者系统 I/O 与外部设备进行信息交互，可以由外部设备控制运行。

2. 工作模式的切换方式

工作模式通过控制器上的切换开关（【模式选择】旋钮）进行切换，如图4.1所示。示教器状态栏显示当前工作模式。

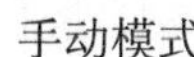

手动模式

自动模式

图4.1 工作模式切换开关

4.1.2 动作模式

1. 动作模式的分类

动作模式用于描述手动操纵时机器人的运动方式，动作模式分为3种，见表4.1。

表4.1 动作模式的分类

序号	图例	说明
1	轴 1 - 3 轴 4 -6	**单轴动作模式：**用于控制机器人各轴单独运动，便于调整机器人的位置与姿态（以下简称位姿）
2	线性	**线性动作模式：**用于控制机器人在选定的坐标系空间中进行直线运动，便于调整机器人的位置
3	重定位	**重定位动作模式：**用于控制机器人绕选定的TCP进行旋转，便于调整机器人的姿态

2. 动作模式的切换方式

动作模式有3种切换方式，见表4.2。

表 4.2　动作模式的切换方式

序号	图片示例	说明
1	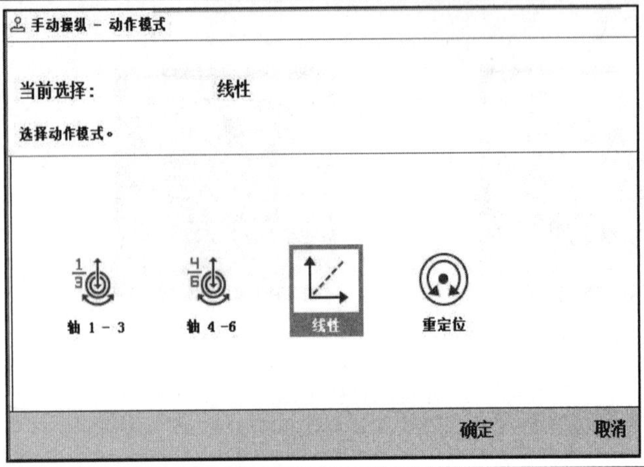 手动操纵 - 动作模式 当前选择：　线性 选择动作模式。 轴 1 - 3　轴 4 -6　线性　重定位 确定　取消	通过手动操纵界面下的动作模式选择界面进行切换
2	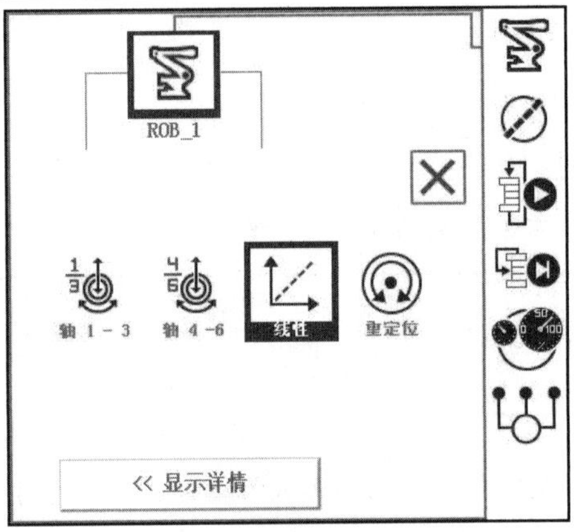 ROB_1 轴 1 - 3　轴 4 -6　线性　重定位 << 显示详情	通过快速设置菜单中机械单元下的动作模式界面进行切换
3		通过示教器上的动作模式切换按键进行快速切换

4.1.3　运动参考坐标系

1. 空间直角坐标系

空间直角坐标系是以一个固定点为原点 O，过原点 O 作 3 条互相垂直且具有相同单位长度的数轴所建立起的坐标系。3 条数轴分别称为 X 轴、Y 轴和 Z 轴，统称为坐标轴。按照各轴之间的顺序不同，空间直角坐标系分为左手坐标系和右手坐标系，机器人系统中使用的为右手坐标系，即右手大拇指指向 X 轴正方向、食指指向 Y 轴正方向、中指指向 Z 轴正方向，如图 4.2 所示。

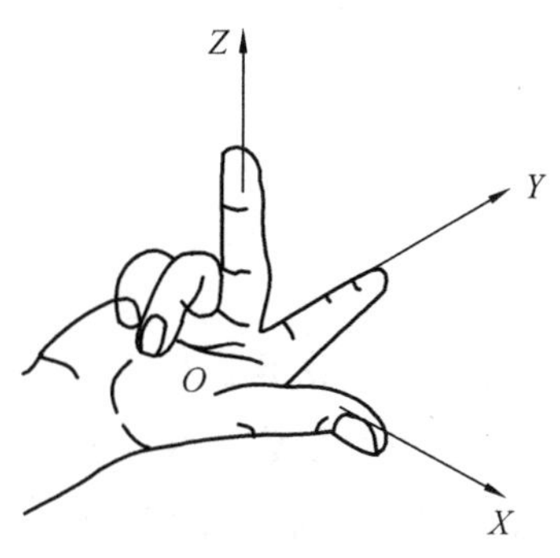

图 4.2　右手坐标系

2. 工业机器人系统中的坐标系分类

工业机器人系统中存在多种坐标系，分别适用于特定类型的移动和控制。各坐标系说明见表 4.3。

表 4.3　各坐标系说明

序号	图例	说明
1	大地坐标	**大地坐标系：** 可定义工业机器人单元，其他坐标系均与大地坐标系直接或间接相关，适用于手动控制及处理具有若干机器人或外轴移动机器人的工作站和工作单元
2	基坐标	**基坐标系：** 在机器人基座中确定相应的零点，使得固定安装的工业机器人移动具有可预测性，因此方便将工业机器人从一个位置移动到另一个位置
3	工具	**工具坐标系：** 以工业机器人法兰盘所装工具的有效方向为 Z 轴、以工具尖端点为原点所得的坐标系，方便调试人员调整机器人位姿
4	工件坐标	**工件坐标系：** 定义了工件相对于大地坐标系（或其他坐标系）的位置，方便调试人员调试与编程

任务 4.2　手动操纵

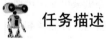

任务描述

了解 ABB 机器人手动操纵界面，能够熟练地手动操纵 ABB 机器人运动。

知识准备

4.2.1 手动操纵界面

※ 机器人手动操纵

通过示教器手动操纵界面可以查看工业机器人当前位姿、当前操纵杆方向以及选择工业机器人操纵相关参数。点击示教器【主菜单】下【手动操纵】，进入手动操纵界面，如图 4.3 所示。

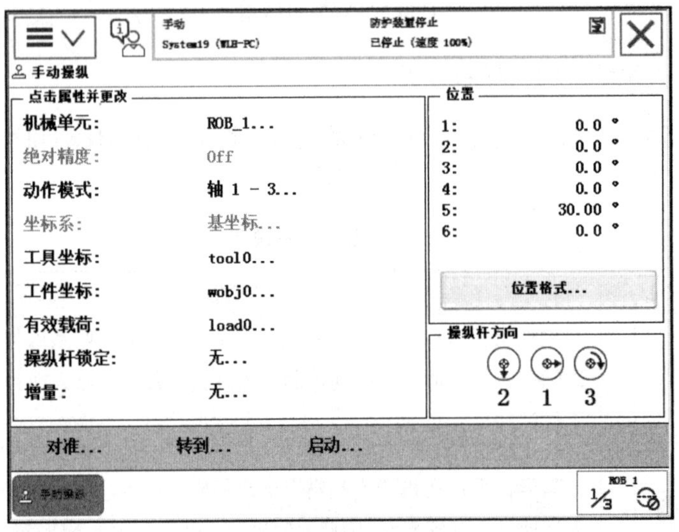

图 4.3 手动操纵界面

ABB 机器人手动操纵界面说明见表 4.4。

表 4.4 ABB 机器人手动操纵界面说明

序号	图片示例	说明
1	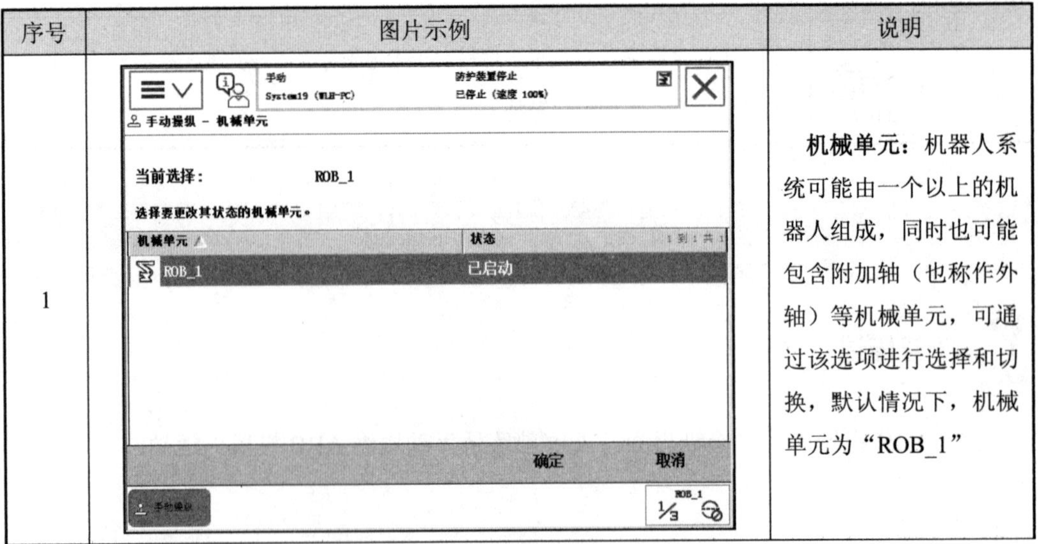	**机械单元**：机器人系统可能由一个以上的机器人组成，同时也可能包含附加轴（也称作外轴）等机械单元，可通过该选项进行选择和切换，默认情况下，机械单元为“ROB_1”

续表 4.4

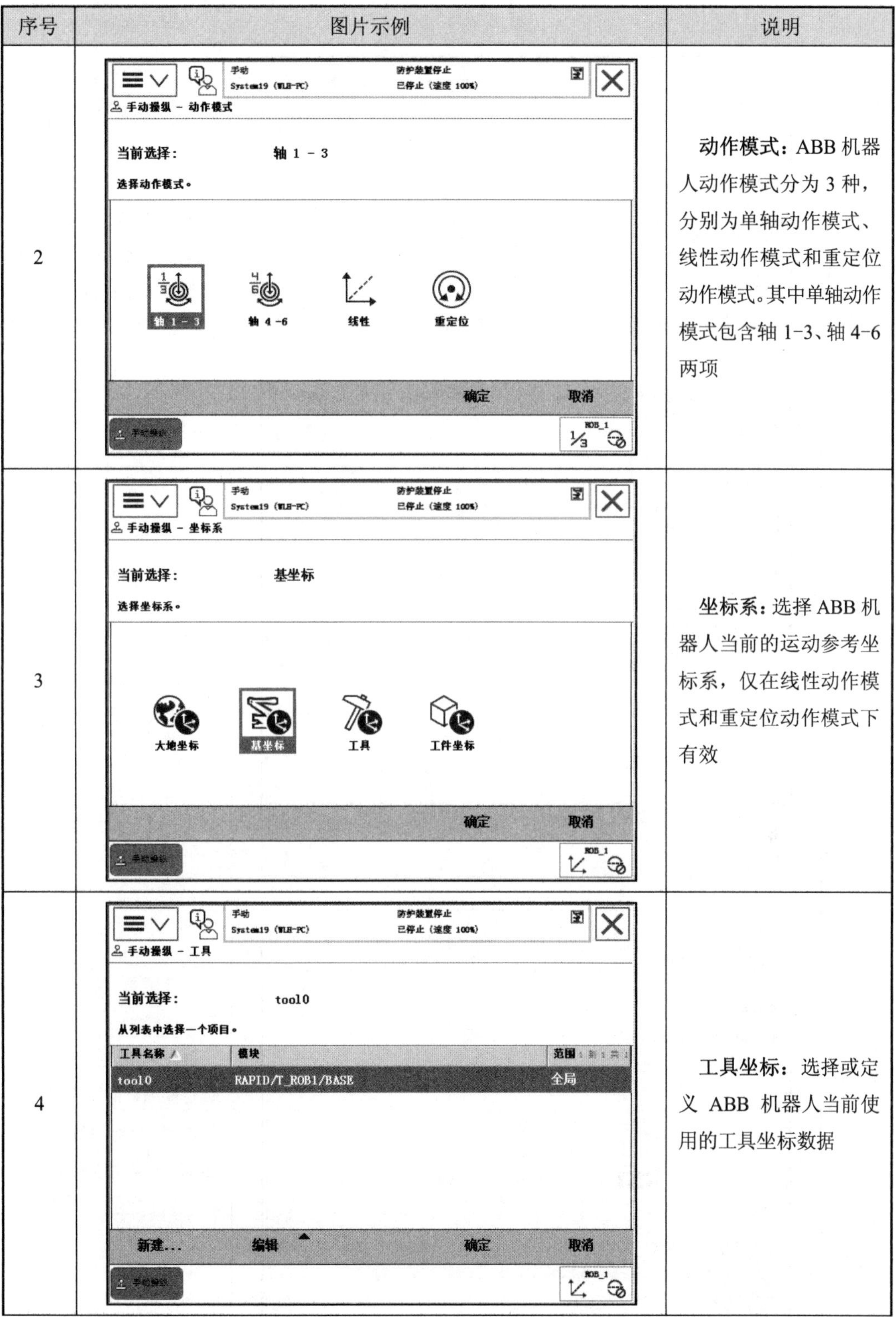

序号	图片示例	说明
2		**动作模式：**ABB 机器人动作模式分为 3 种，分别为单轴动作模式、线性动作模式和重定位动作模式。其中单轴动作模式包含轴 1-3、轴 4-6 两项
3		**坐标系：**选择 ABB 机器人当前的运动参考坐标系，仅在线性动作模式和重定位动作模式下有效
4		**工具坐标：**选择或定义 ABB 机器人当前使用的工具坐标数据

续表 4.4

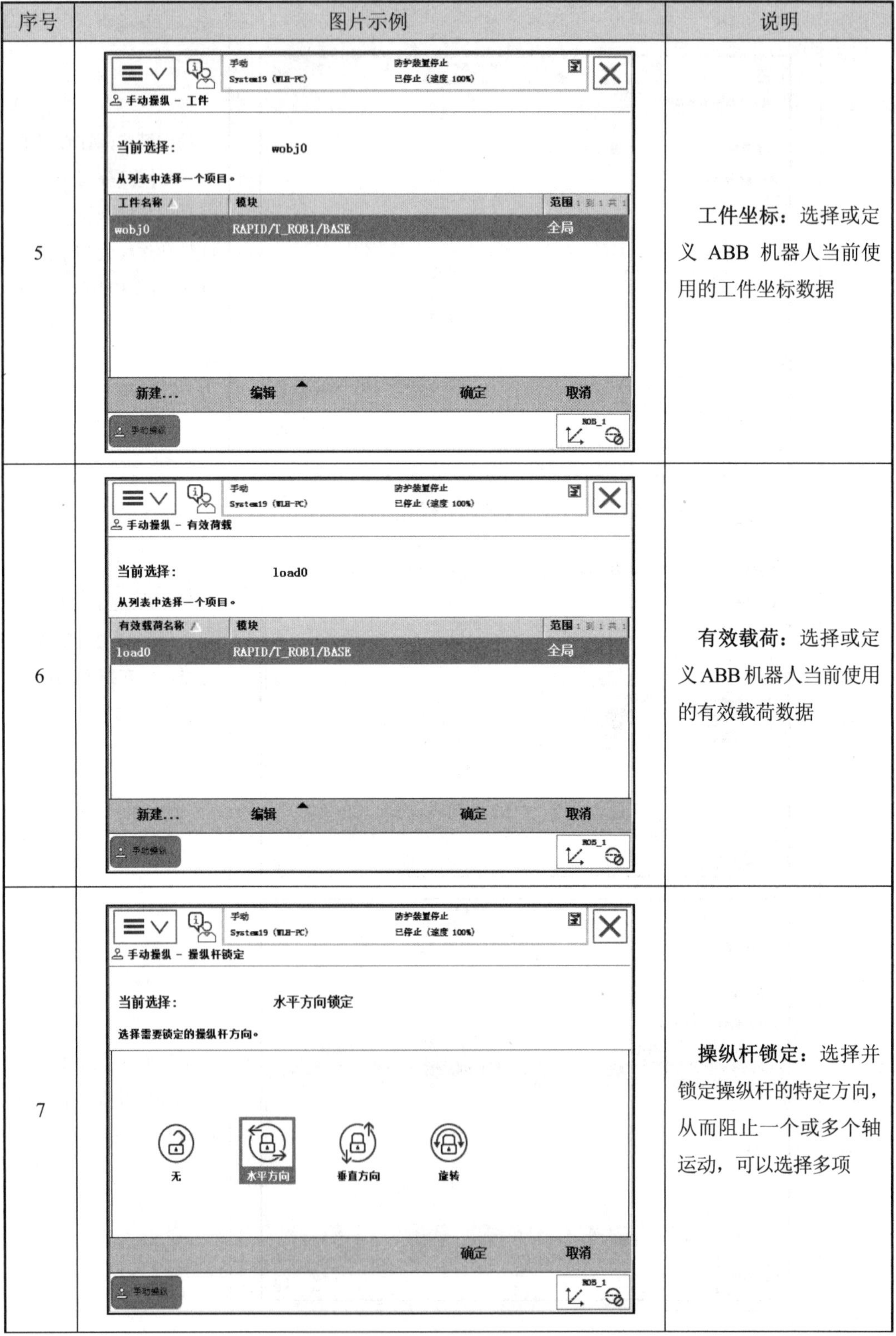

序号	图片示例	说明
5		**工件坐标**：选择或定义 ABB 机器人当前使用的工件坐标数据
6		**有效载荷**：选择或定义 ABB 机器人当前使用的有效载荷数据
7		**操纵杆锁定**：选择并锁定操纵杆的特定方向，从而阻止一个或多个轴运动，可以选择多项

续表 4.4

序号	图片示例	说明
8	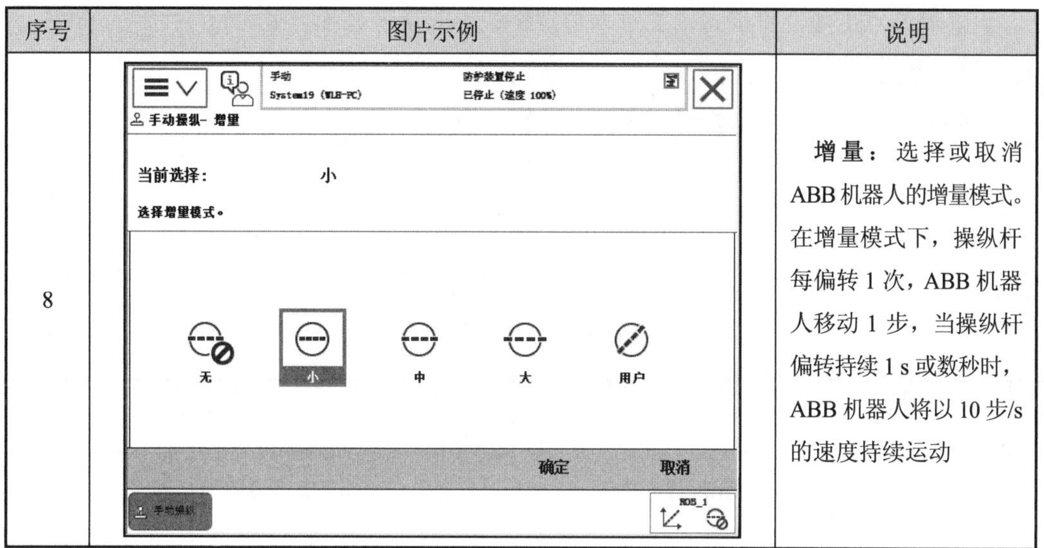	**增量**：选择或取消 ABB 机器人的增量模式。在增量模式下，操纵杆每偏转 1 次，ABB 机器人移动 1 步，当操纵杆偏转持续 1 s 或数秒时，ABB 机器人将以 10 步/s 的速度持续运动

4. 2. 2 手动操纵机器人操作

1. 单轴动作模式

单轴动作模式用于控制机器人各轴单独运动，便于调整机器人的位姿。ABB 机器人各轴分布情况及运动方向如图 4.4 所示。图中箭头所指为 ABB 机器人各轴运动的正方向，熟记 ABB 机器人各轴运动方向有助于更加安全高效地操纵 ABB 机器人。

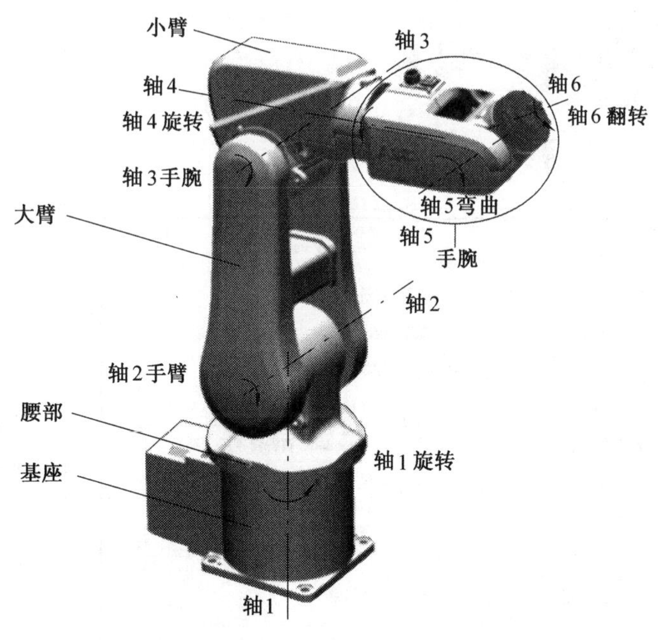

图 4.4 ABB 机器人各轴分布情况及运动方向

在单轴动作模式下，手动操纵界面中可以度数或者弧度方式显示关节角度，如图 4.5 所示。可以通过点击【位置格式...】进入位置格式界面切换显示方式。

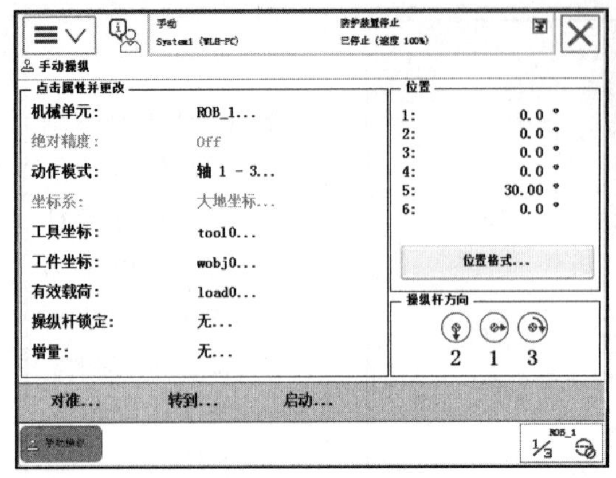

（a）度数方式显示界面

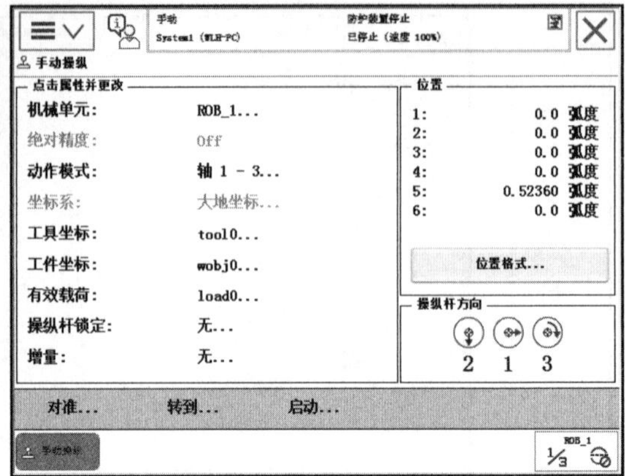

（b）弧度方式显示界面

图 4.5　关节角度显示

ABB 机器人单轴动作模式的操作步骤见表 4.5。

表 4.5　ABB 机器人单轴动作模式的操作步骤

序号	图片示例	操作步骤
1	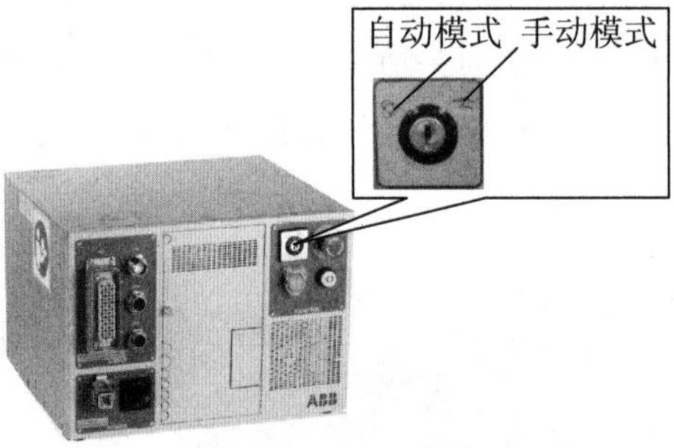	将控制器上的【模式选择】旋钮切换至“手动模式”
2	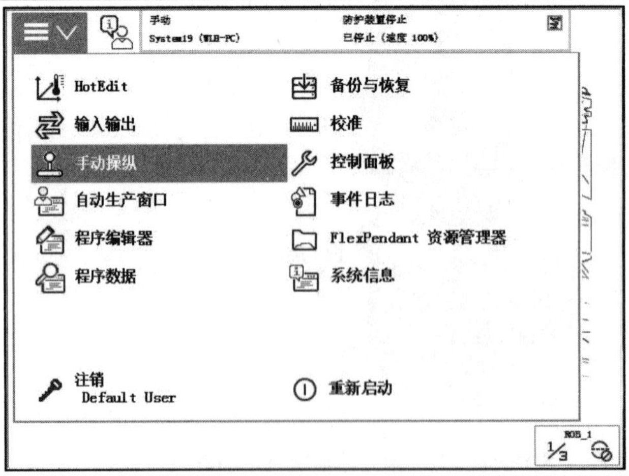	点击【主菜单】下【手动操纵】

续表 4.5

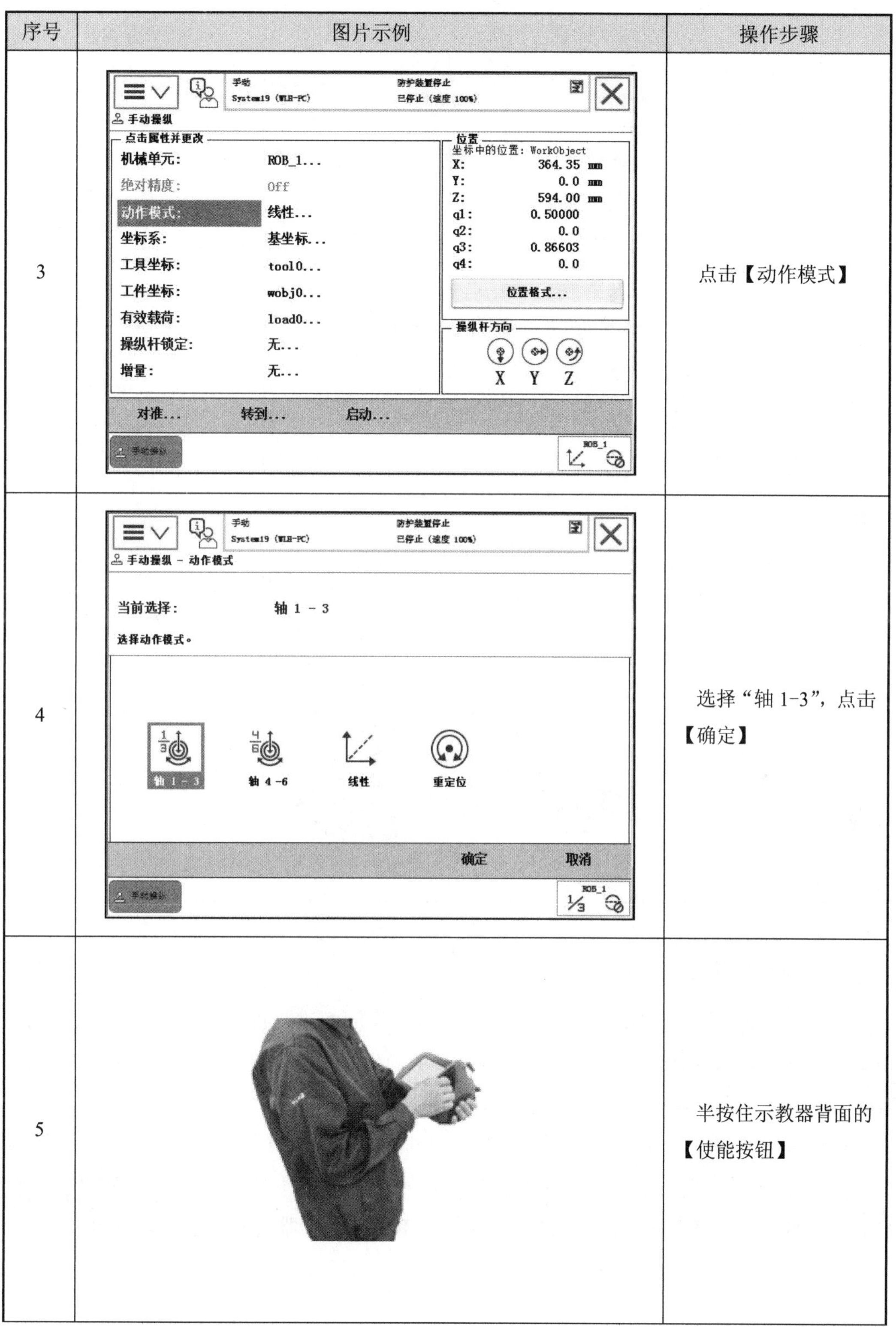

序号	图片示例	操作步骤
3		点击【动作模式】
4		选择“轴 1-3”，点击【确定】
5		半按住示教器背面的【使能按钮】

续表 4.5

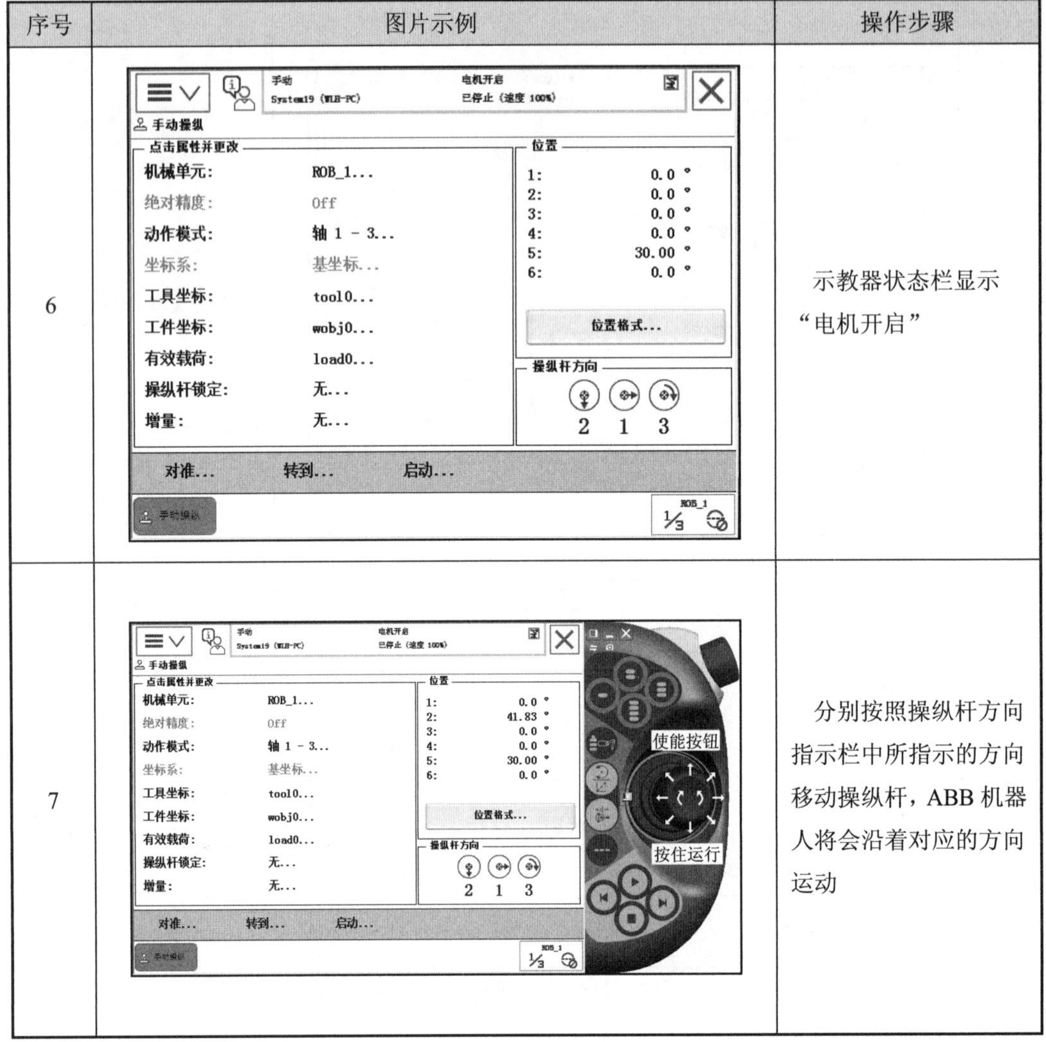

序号	图片示例	操作步骤
6		示教器状态栏显示“电机开启”
7		分别按照操纵杆方向指示栏中所指示的方向移动操纵杆，ABB 机器人将会沿着对应的方向运动

2. 线性动作模式

线性动作模式用于控制机器人在选定的坐标系空间中进行直线运动，便于调整机器人的位置。ABB 机器人在线性动作模式下可以参考的坐标系有大地坐标系、基坐标系、工具坐标系和工件坐标系 4 种，本节以基坐标系为例进行操作。

ABB 机器人基坐标系原点位于基座的中心轴与地面的交点处，当机器人水平安装且各轴角度均为 0° 时，朝向轴 6 中心线的方向为 X 轴正方向，竖直向上为 Z 轴正方向，使用右手定则即可确定 Y 轴正方向。如图 4.6 所示为 IRB 120 机器人的基坐标系方向。

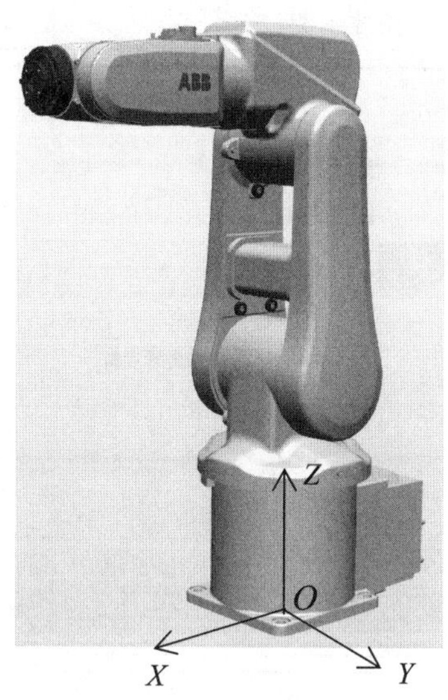

图 4.6　IRB 120 机器人的基坐标系方向

在正常配置的 ABB 机器人系统中，当操作员站在机器人的正前方、面对机器人时，使用基坐标系微动控制 ABB 机器人，操纵杆平移方向与 ABB 机器人 TCP 实际移动方向相同，即当将操纵杆拉向自己时，ABB 机器人将沿 *X* 轴正方向移动，当向两侧移动操纵杆时，ABB 机器人将沿 *Y* 轴移动。ABB 机器人线性动作模式的操作步骤见表 4.6。

表 4.6　ABB 机器人线性动作模式的操作步骤

序号	图片示例	操作步骤
1	自动模式 手动模式	将控制器上的【模式选择】旋钮切换至“手动模式”

续表 4.6

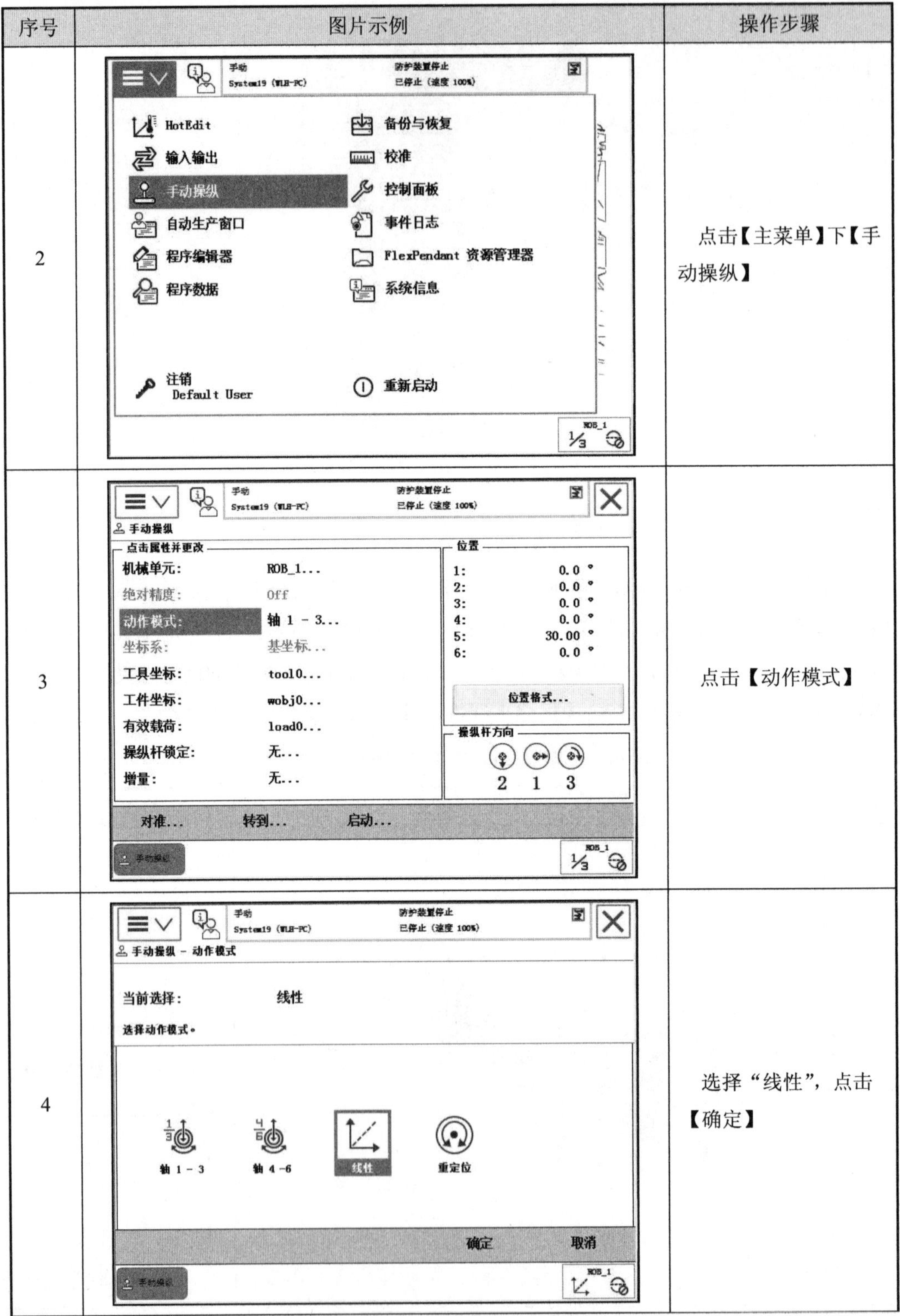

序号	图片示例	操作步骤
2		点击【主菜单】下【手动操纵】
3		点击【动作模式】
4		选择“线性”，点击【确定】

续表 4.6

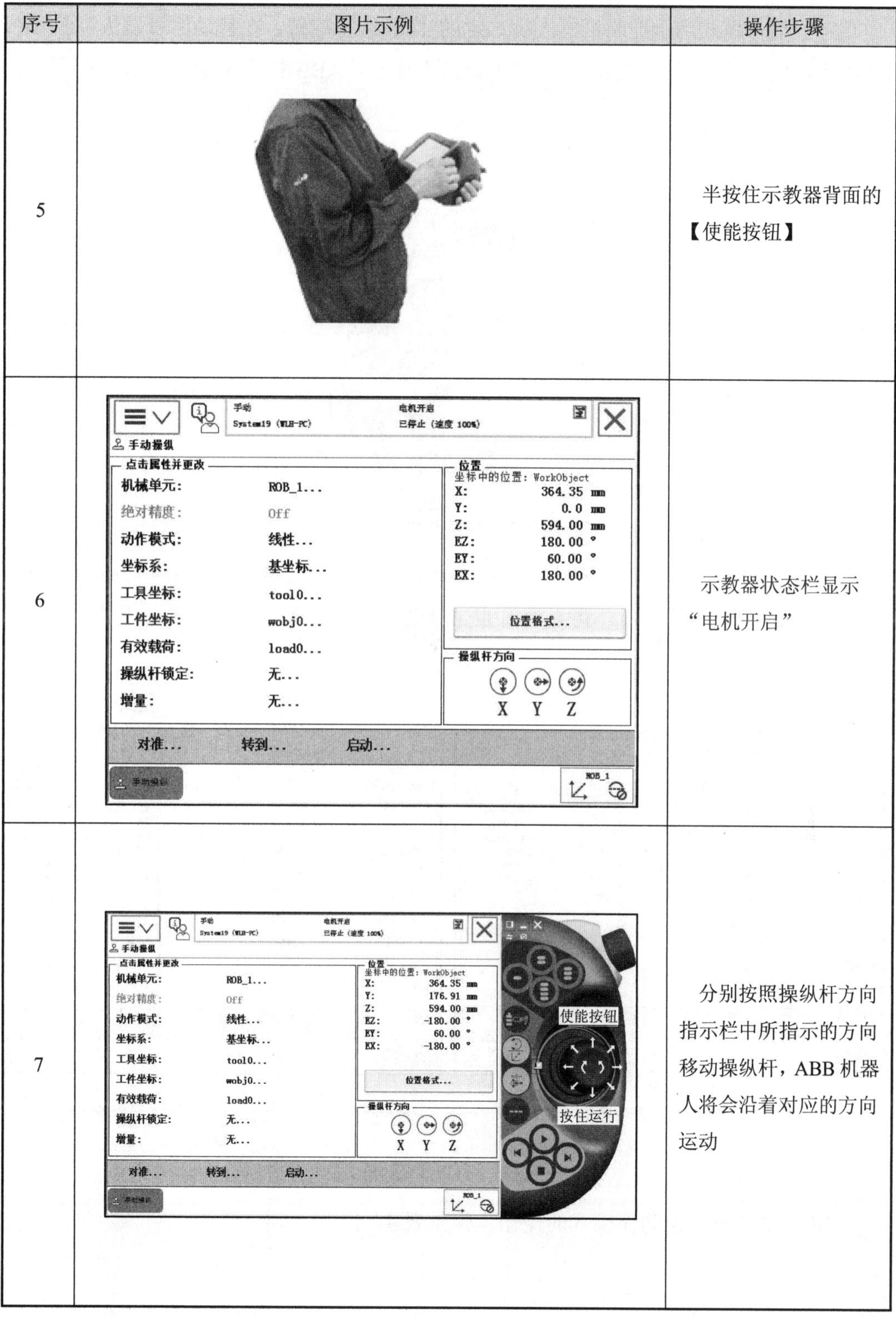

序号	图片示例	操作步骤
5		半按住示教器背面的【使能按钮】
6		示教器状态栏显示“电机开启”
7		分别按照操纵杆方向指示栏中所指示的方向移动操纵杆，ABB 机器人将会沿着对应的方向运动

3. 重定位动作模式

重定位动作模式用于控制机器人绕选定的 TCP 进行旋转，在运动时机器人 TCP 位置保持不变、姿态发生变化，因此便于调整机器人姿态。ABB 机器人 TCP 如图 4.7 所示。

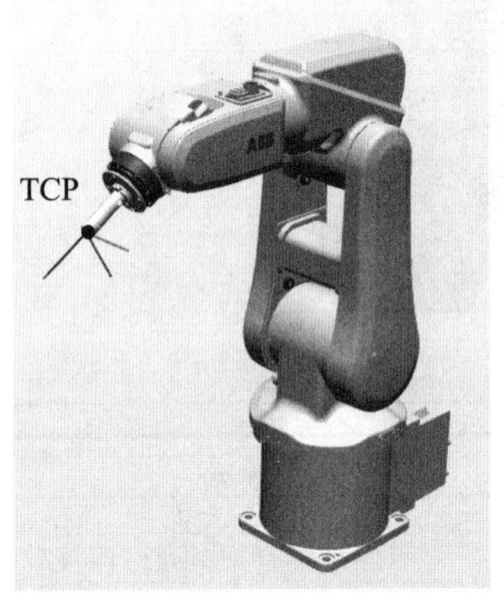

图 4.7 ABB 机器人 TCP

在线性及重定位动作模式下，手动操纵界面中可以四元数或者欧拉角方式显示机器人 TCP 姿态，如图 4.8 所示。可以通过点击【位置格式...】进入位置格式界面切换显示方式。

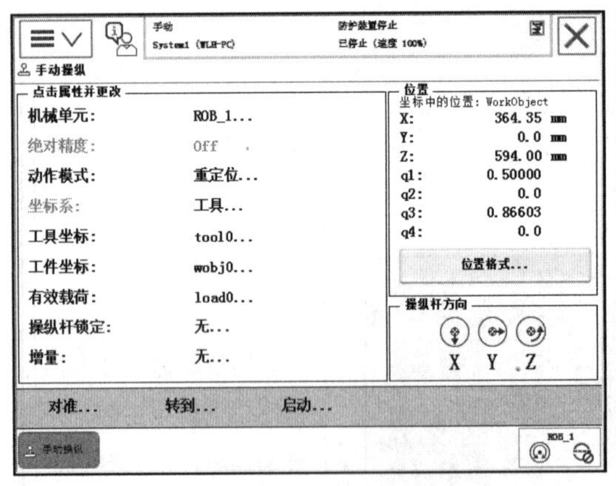

（a）四元数方式显示界面

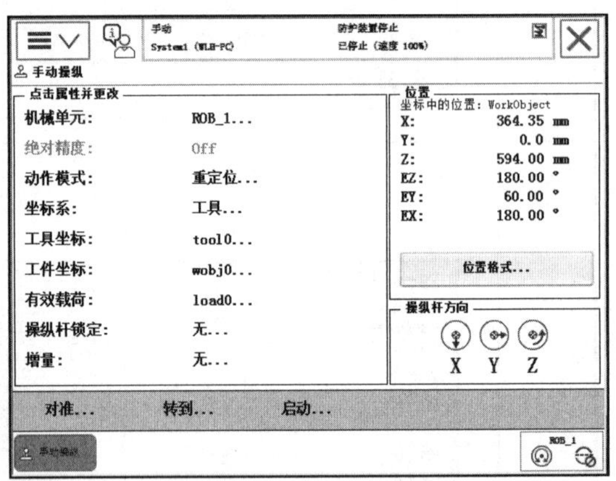

（b）欧拉角方式显示界面

图 4.8 TCP 姿态显示

ABB 机器人重定位动作模式的操作步骤见表 4.7。

表 4.7 ABB 机器人重定位动作模式的操作步骤

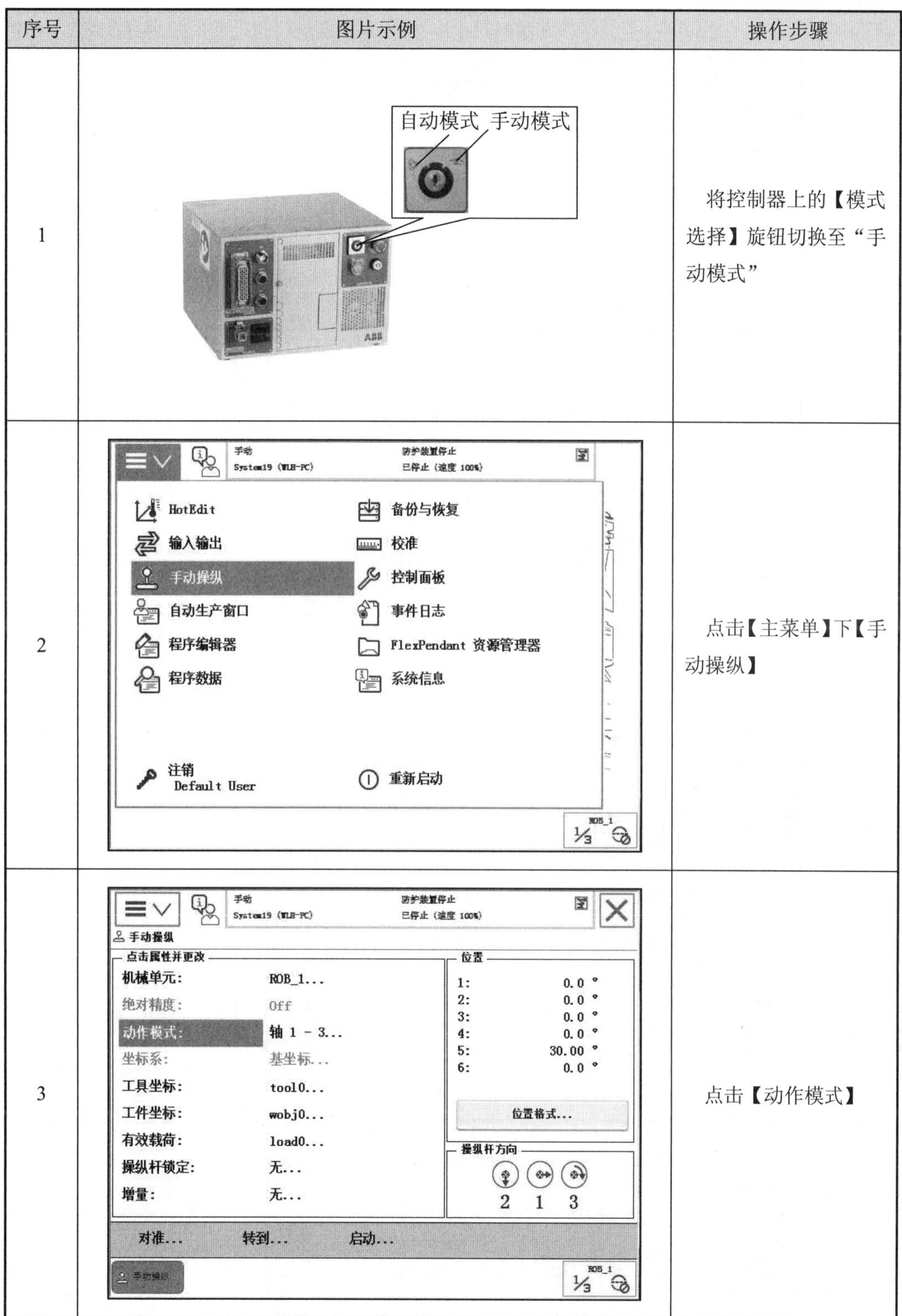

序号	图片示例	操作步骤
1		将控制器上的【模式选择】旋钮切换至“手动模式”
2		点击【主菜单】下【手动操纵】
3		点击【动作模式】

续表 4.7

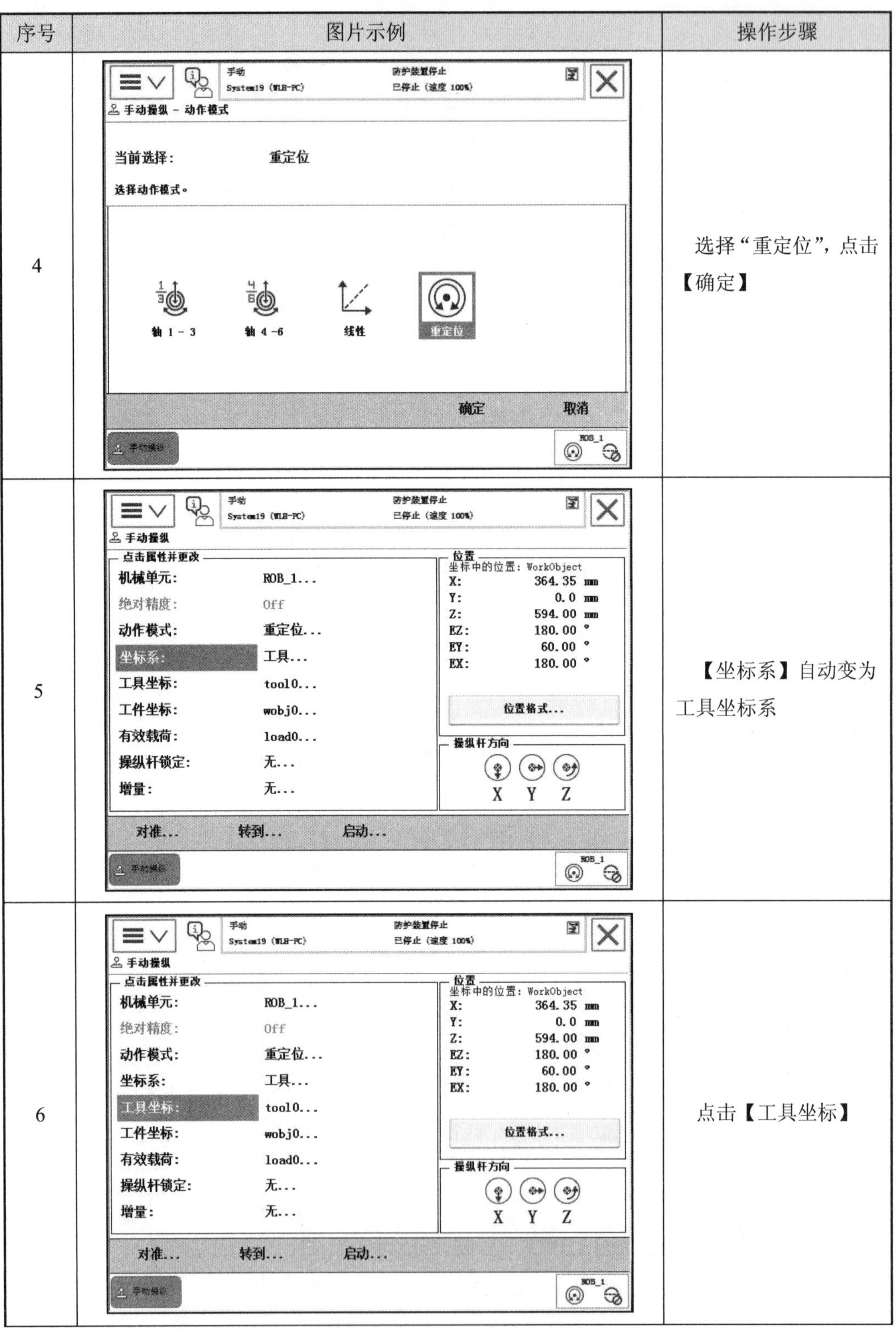

序号	图片示例	操作步骤
4		选择“重定位”，点击【确定】
5		【坐标系】自动变为工具坐标系
6		点击【工具坐标】

续表 4.7

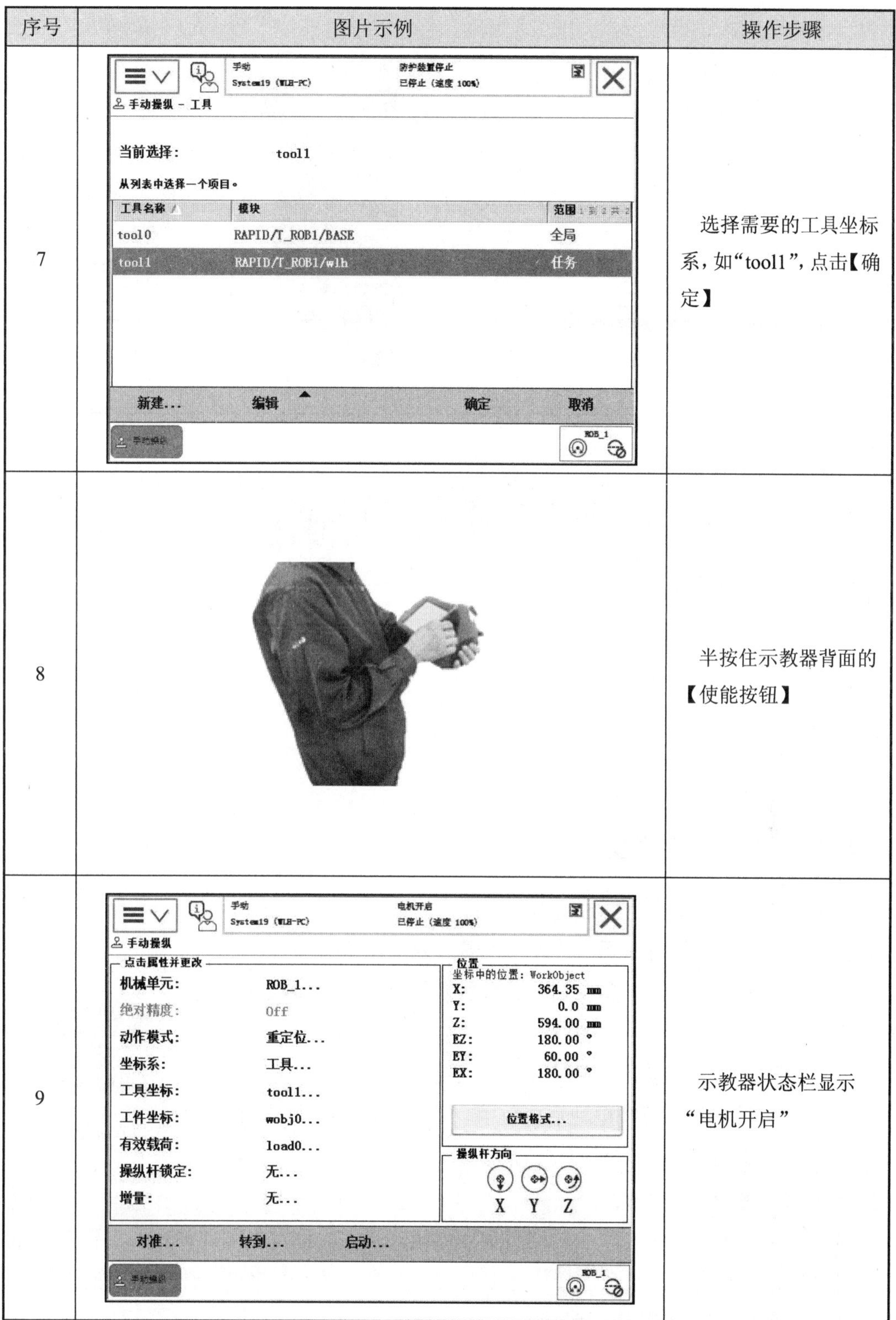

序号	图片示例	操作步骤
7		选择需要的工具坐标系，如“tool1”，点击【确定】
8		半按住示教器背面的【使能按钮】
9		示教器状态栏显示“电机开启”

续表 4.7

序号	图片示例	操作步骤
10	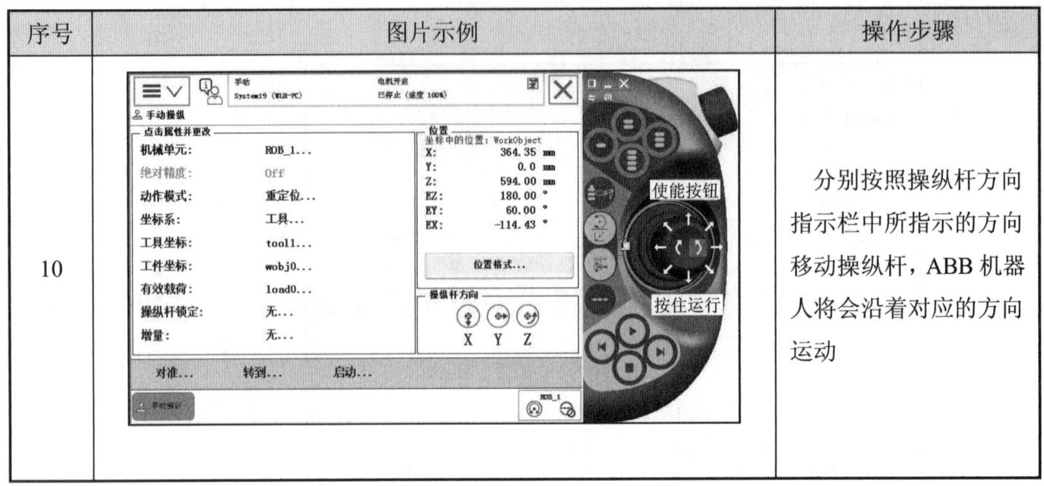	分别按照操纵杆方向指示栏中所指示的方向移动操纵杆，ABB 机器人将会沿着对应的方向运动

任务 4.3　转数计数器更新

任务描述

以 IRB 120 机器人为例，了解转数计数器更新意义，掌握转数计数器更新的操作步骤。

知识准备

4.3.1　转数计数器更新意义

转数计数器更新意义是使控制器的内部位置数据和电机编码器反馈的数据保持一致。只有在两者数据一致的情况下，才表示机器人处于正常状态。

在以下几种情况下，需要校准工业机器人零点，执行转数计数器更新操作。

※ 机器人零点校准

- 新购买的工业机器人，厂家未进行零点校准。
- 电池电量不足，更换电池后。
- 更换工业机器人本体或控制器后。
- 转数计数器数据丢失。

IRB 120 机器人本体的 6 个轴均有零点标记，其零点位置如图 4.9 所示。手动将机器人各轴零点标记对准，记录当前转数计数器数据，控制器内部将自动计算出各轴的零点位置，并以此作为各轴的基准进行控制。

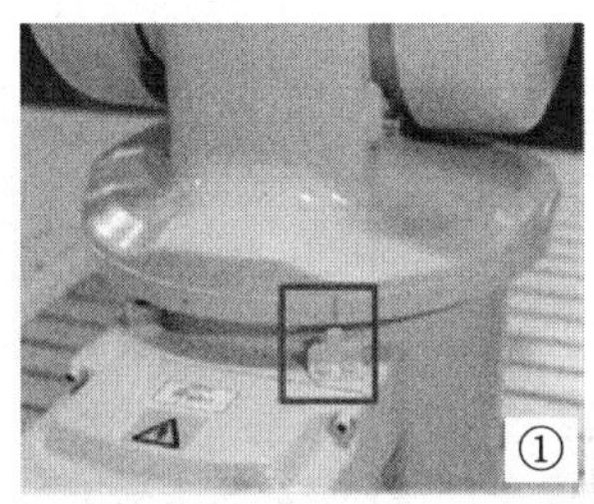

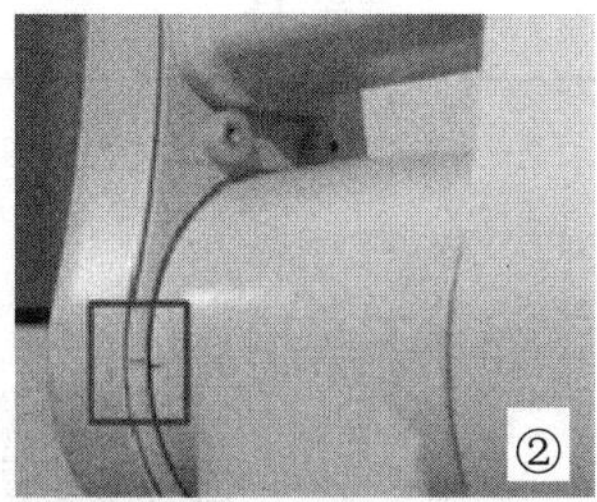

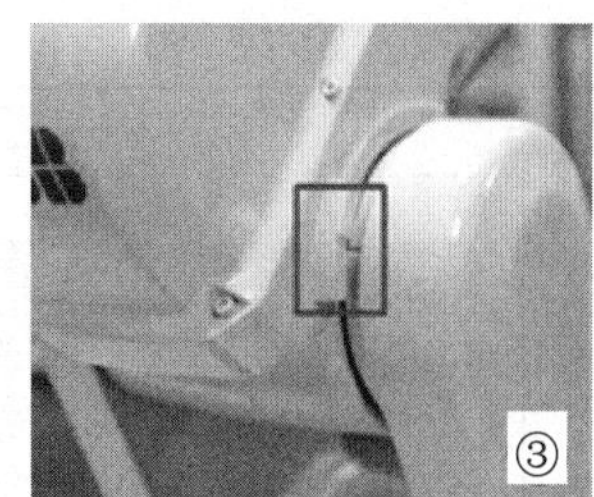

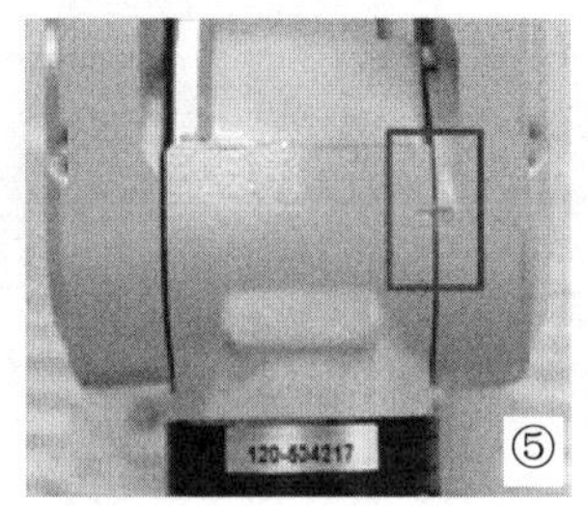

图 4.9　零点位置

①～⑥—IRB 120 机器人轴 1～6；方框标记—对应轴机械零点位置

4.3.2　转数计数器更新的操作步骤

转数计数器更新的操作步骤见表 4.8。

表 4.8　转数计数器更新的操作步骤

序号	图片示例	操作步骤
1	自动模式 手动模式	将控制器上的【模式选择】旋钮切换至“手动模式”

续表 4.8

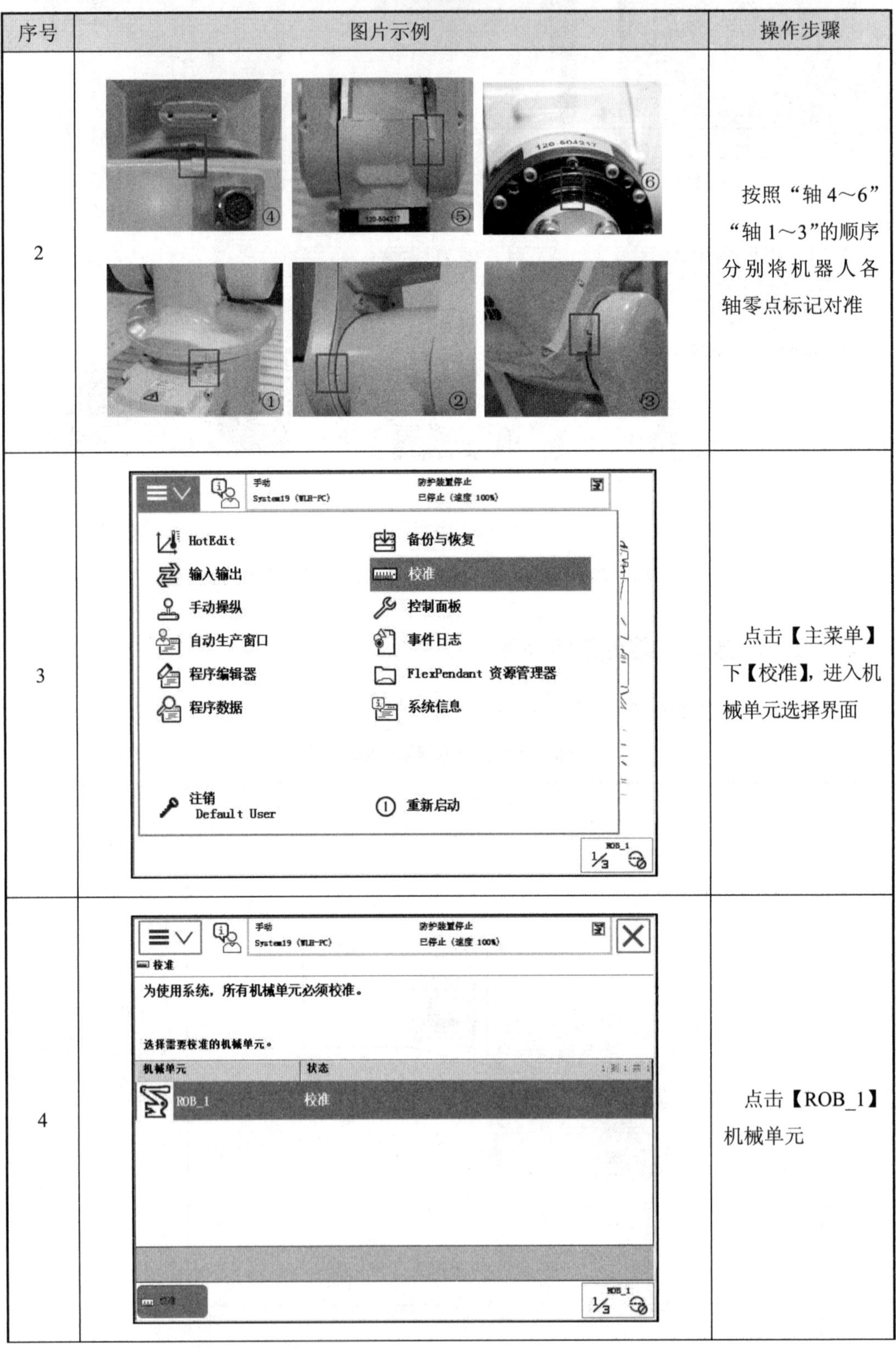

序号	图片示例	操作步骤
2		按照“轴 4～6”“轴 1～3”的顺序分别将机器人各轴零点标记对准
3		点击【主菜单】下【校准】，进入机械单元选择界面
4		点击【ROB_1】机械单元

续表 4.8

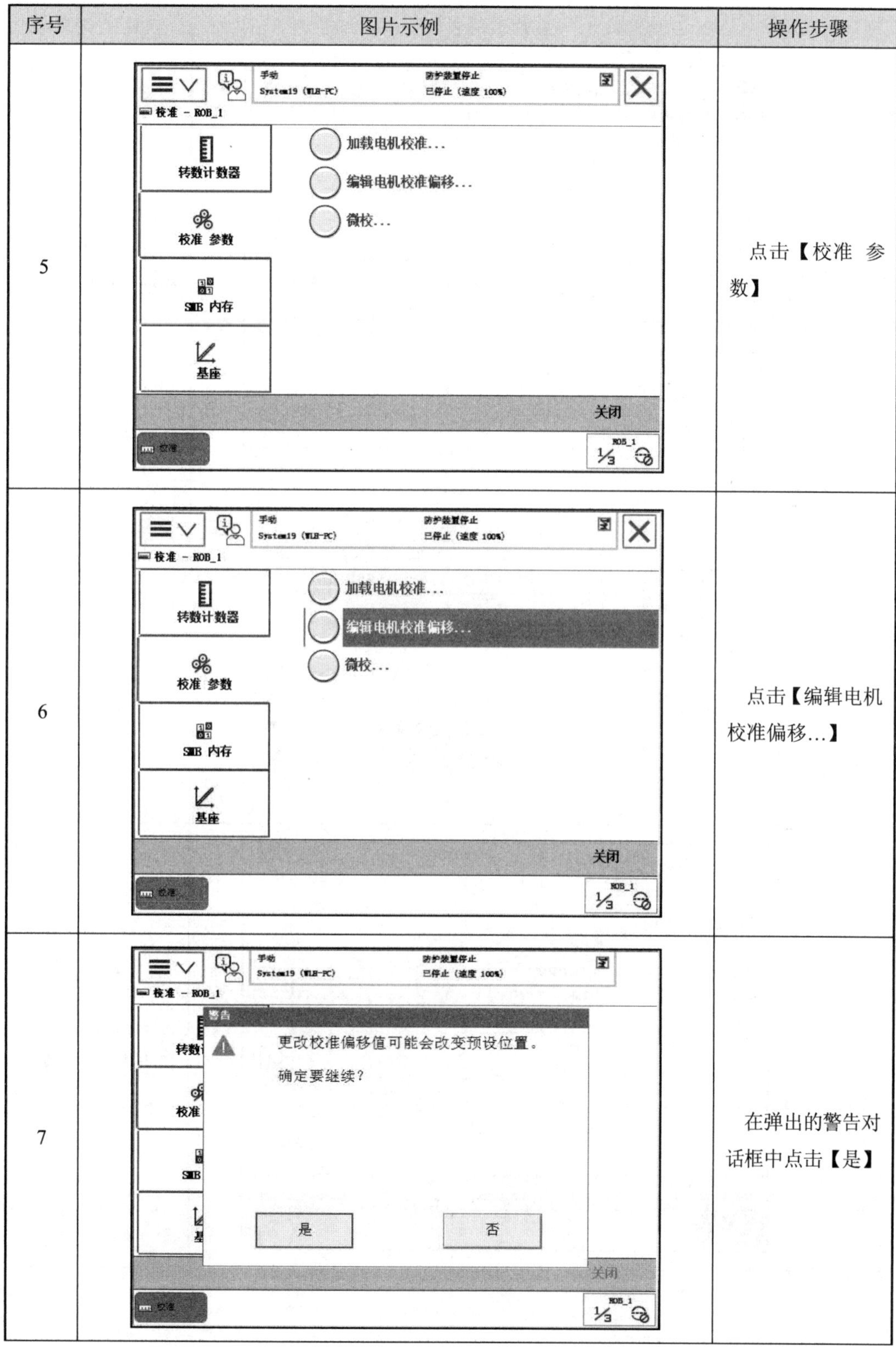

序号	图片示例	操作步骤
5		点击【校准 参数】
6		点击【编辑电机校准偏移...】
7		在弹出的警告对话框中点击【是】

续表 4.8

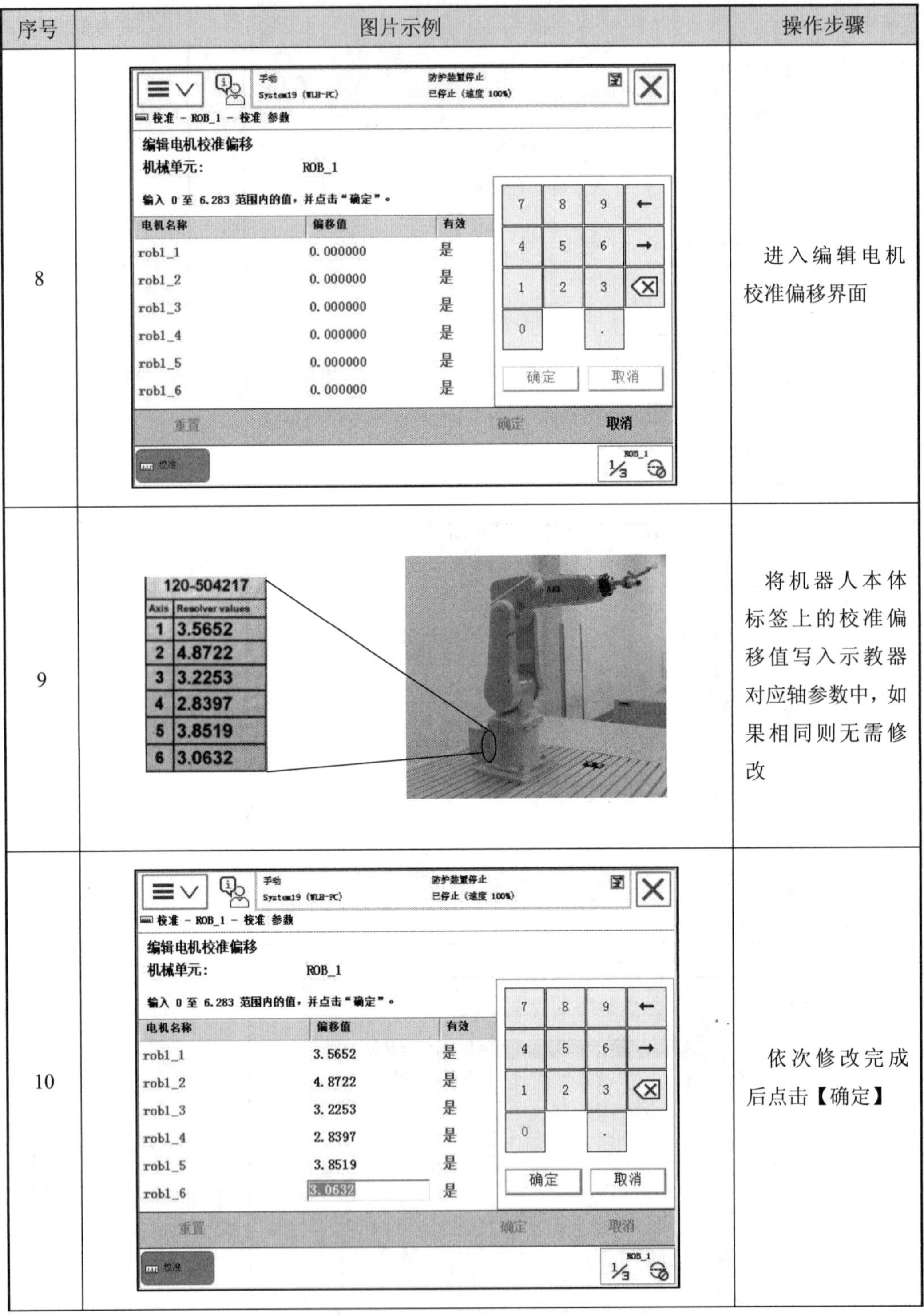

序号	图片示例	操作步骤
8		进入编辑电机校准偏移界面
9		将机器人本体标签上的校准偏移值写入示教器对应轴参数中，如果相同则无需修改
10		依次修改完成后点击【确定】

续表 4.8

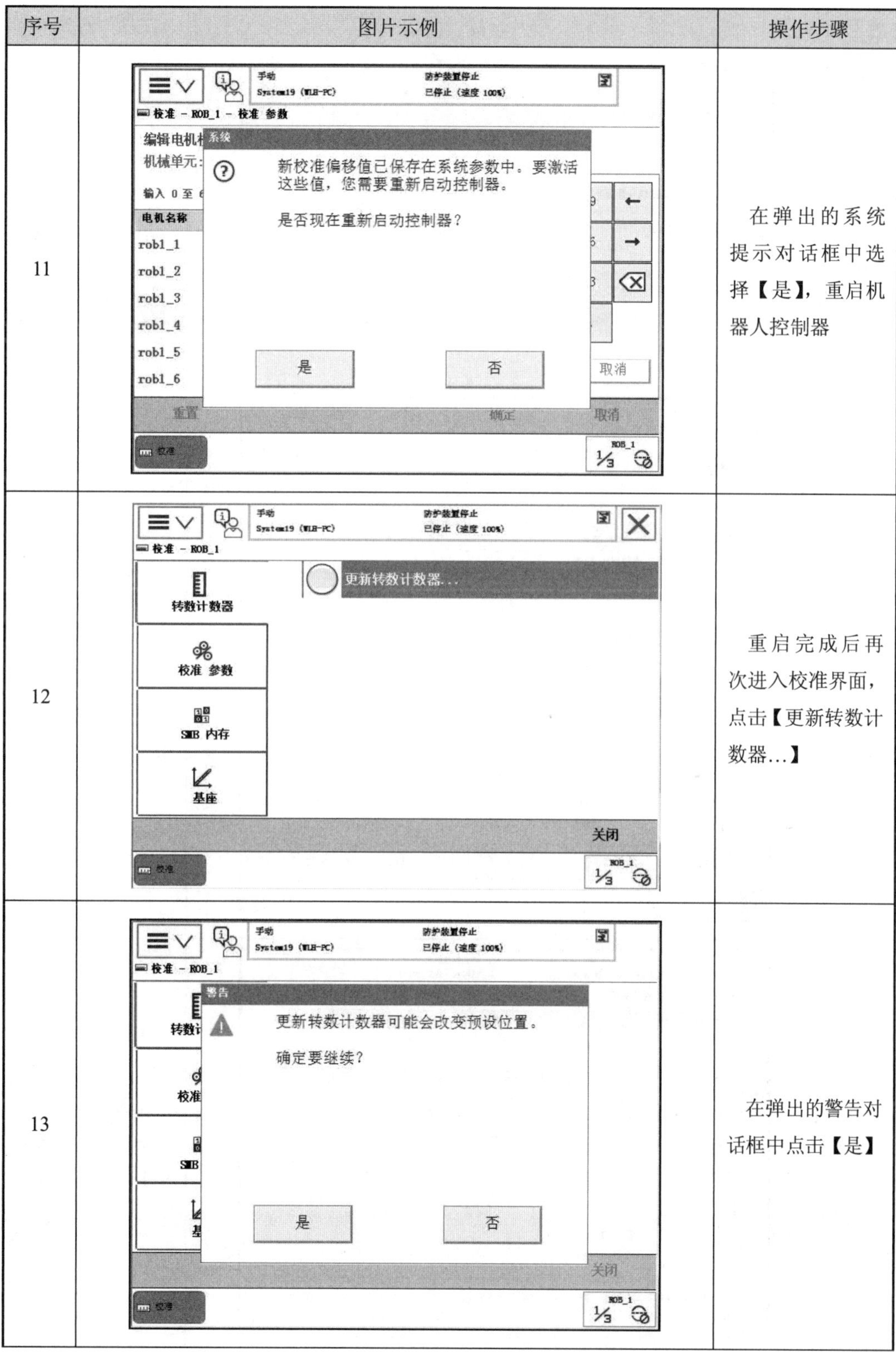

序号	图片示例	操作步骤
11		在弹出的系统提示对话框中选择【是】，重启机器人控制器
12		重启完成后再次进入校准界面，点击【更新转数计数器…】
13		在弹出的警告对话框中点击【是】

续表 4.8

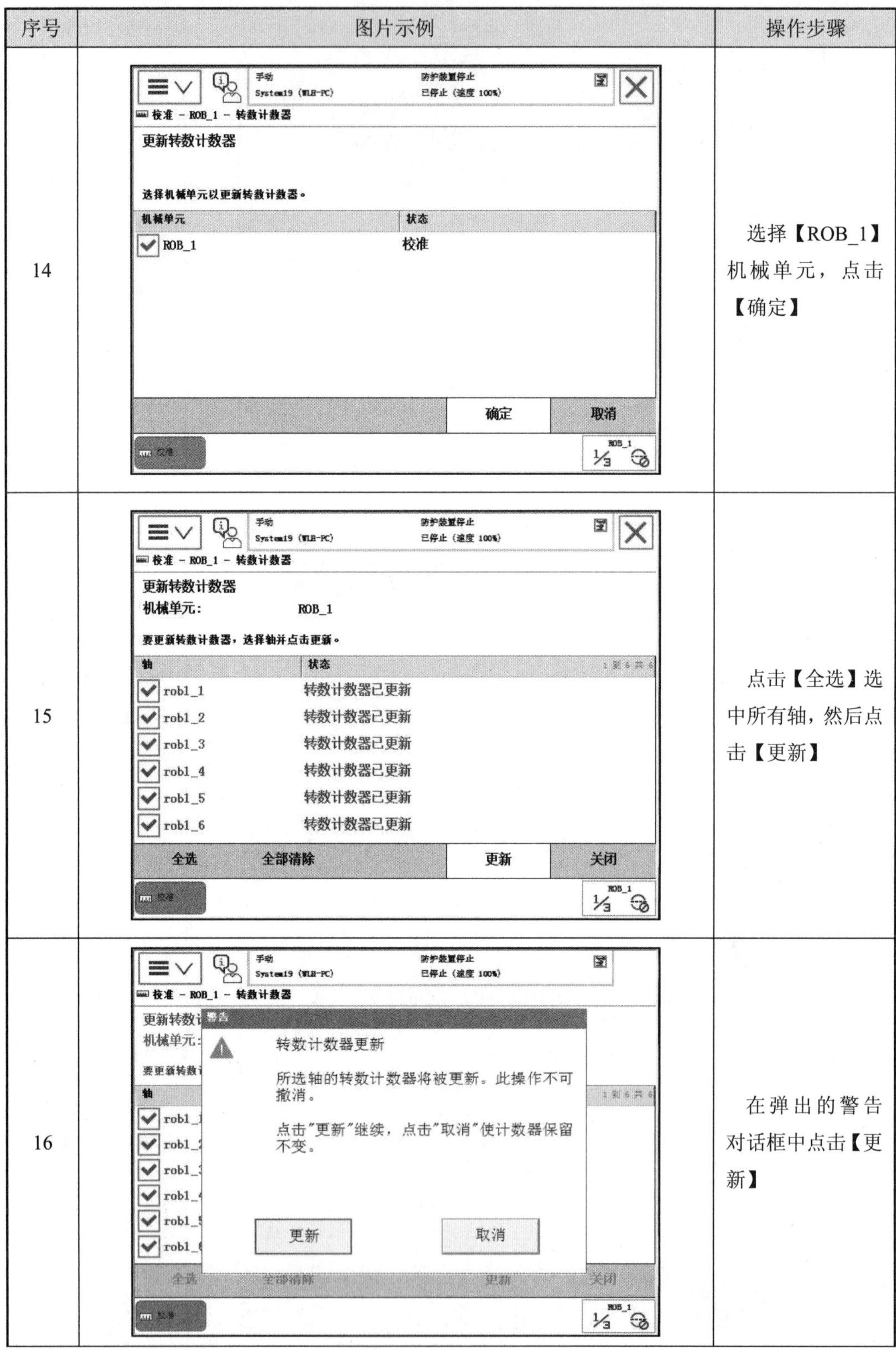

序号	图片示例	操作步骤
14		选择【ROB_1】机械单元，点击【确定】
15		点击【全选】选中所有轴，然后点击【更新】
16		在弹出的警告对话框中点击【更新】

续表 4.8

序号	图片示例	操作步骤
17	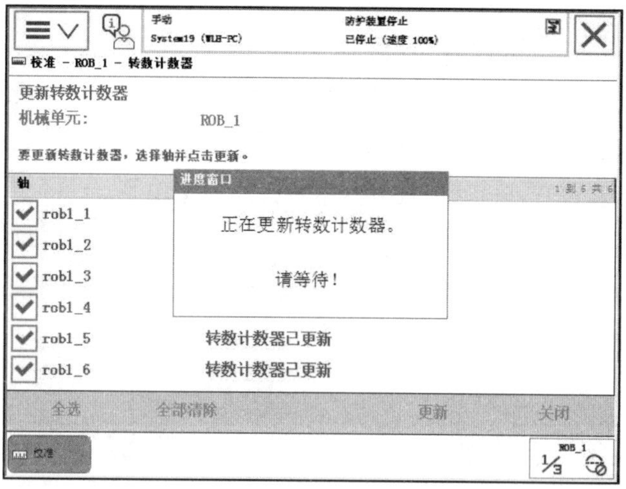 手动 System19 (WLB-PC)　防护装置停止 已停止（速度 100%） 校准 - ROB_1 - 转数计数器 更新转数计数器 机械单元：ROB_1 要更新转数计数器，选择轴并点击更新。 轴　进度窗口 正在更新转数计数器。 请等待！ rob1_1 rob1_2 rob1_3 rob1_4 rob1_5　转数计数器已更新 rob1_6　转数计数器已更新 全选　全部清除　更新　关闭 校准　ROB_1 1/3	等待转数计数器更新完成
18	 手动 System19 (WLB-PC)　防护装置停止 已停止（速度 100%） 校准 - ROB_1 - 转数计数器 更新转数计数器 转数计数器更新已成功完成。 确定 全选　全部清除　更新　关闭 校准　ROB_1 1/3	更新完成后弹出确认对话框，点击【确定】完成转数计数器更新

任务 4.4　工具坐标系定义

任务描述

以 ABB 机器人为例，了解工业机器人工具坐标系的概念及定义原理，掌握工业机器人工具坐标系的定义方法及定义过程。

知识准备

4.4.1　工具坐标系的概念

对机器人系统位置的描述和控制是以机器人的 TCP 为基准的，为机器人所装工具建立工具坐标系，可以将机器人的控制点转移到工具末端，方便手动操纵和编程调试。工具坐标系对比如图 4.10 所示。

※ 工具坐标系标定

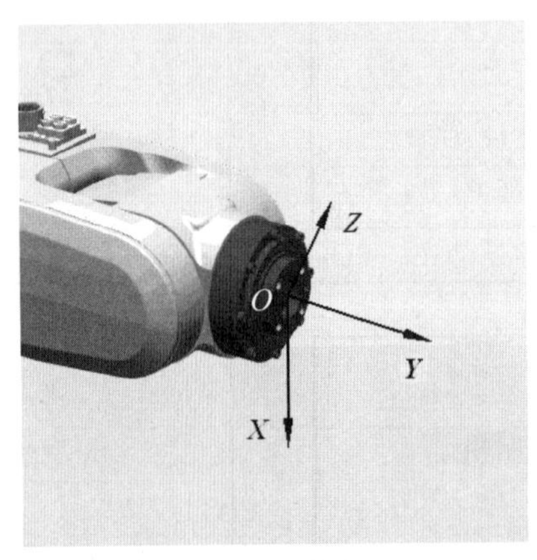

（a）默认工具坐标系

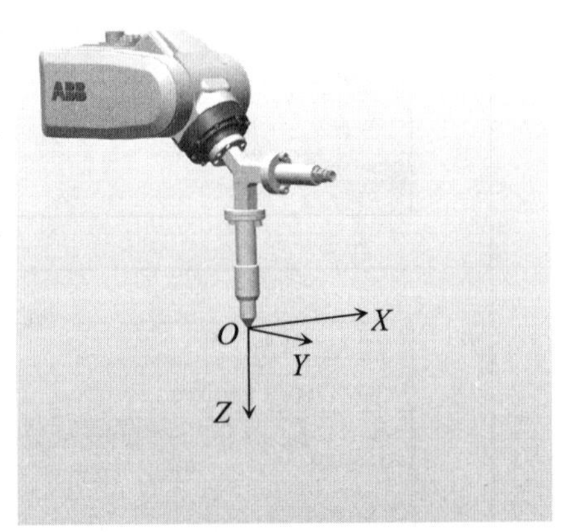

（b）自定义工具坐标系

图 4.10　工具坐标系对比

4.4.2　工具坐标系的定义原理及定义方法

1. 定义原理

（1）在机器人工作空间内找一个精确的固定点作为参考点。

（2）确定工具上的参考点。

（3）手动操纵机器人，至少采用 4 种不同的工具姿态，使机器人工具上的参考点尽可能与固定点刚好接触。

（4）通过 4 个参考点的位置数据，机器人可以自动计算出 TCP 的位置，并将 TCP 的位姿数据保存在 tooldata 程序数据中被程序调用。

2. 定义方法

机器人工具坐标系常用定义方法有 3 种：“TCP（默认方向）”“TCP 和 Z”“TCP 和 Z，X”，如图 4.11 所示。

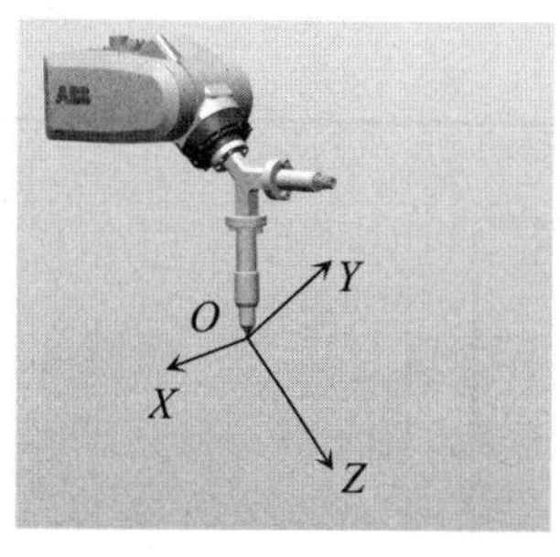

（a）TCP（默认方向）

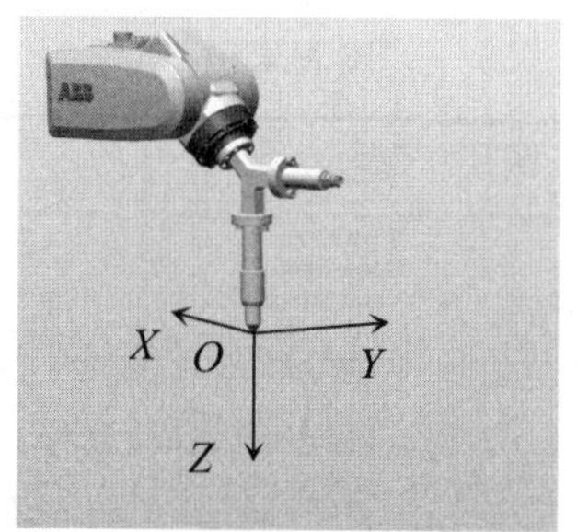

（b）TCP 和 Z

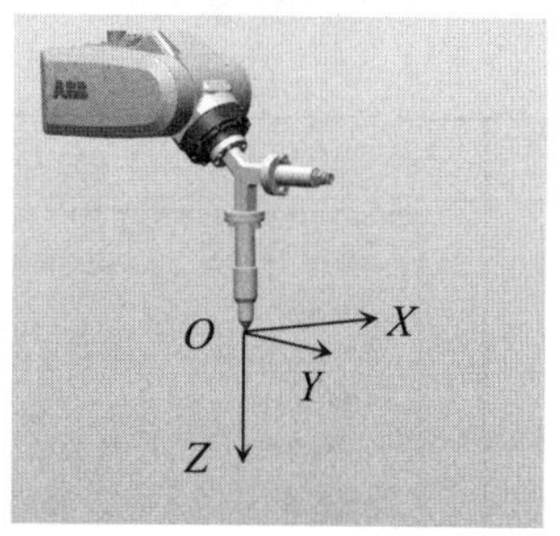

（c）TCP 和 Z，X

图 4.11　定义工具坐标系的 3 种方法

3 种工具坐标系定义方法对比见表 4.9。

表 4.9　3 种工具坐标系定义方法对比

工具坐标系定义方法	原点	坐标系方向	主要场合
TCP（默认方向）	变化	不变	工具坐标系方向与 tool0 方向一致
TCP 和 Z	变化	Z 轴方向改变	需要令工具坐标系 Z 轴方向与 tool0 的 Z 轴方向不一致时使用
TCP 和 Z，X	变化	Z 轴和 X 轴方向改变	需要更改工具坐标系 Z 轴和 X 轴方向时使用

4.4.3　工具坐标系的定义过程

1. 新建工具坐标系

新建工具坐标系的操作步骤见表 4.10。

表 4.10　新建工具坐标系的操作步骤

序号	图片示例	操作步骤
1	手动 System25 (WLB-PC) 防护装置停止 已停止（速度 100%） HotEdit　备份与恢复 输入输出　校准 手动操纵　控制面板 自动生产窗口　事件日志 程序编辑器　FlexPendant 资源管理器 程序数据　系统信息 注销 Default User　重新启动 ROB_1 1/3	在手动模式下点击【主菜单】下【手动操纵】，进入手动操纵界面

续表 4.10

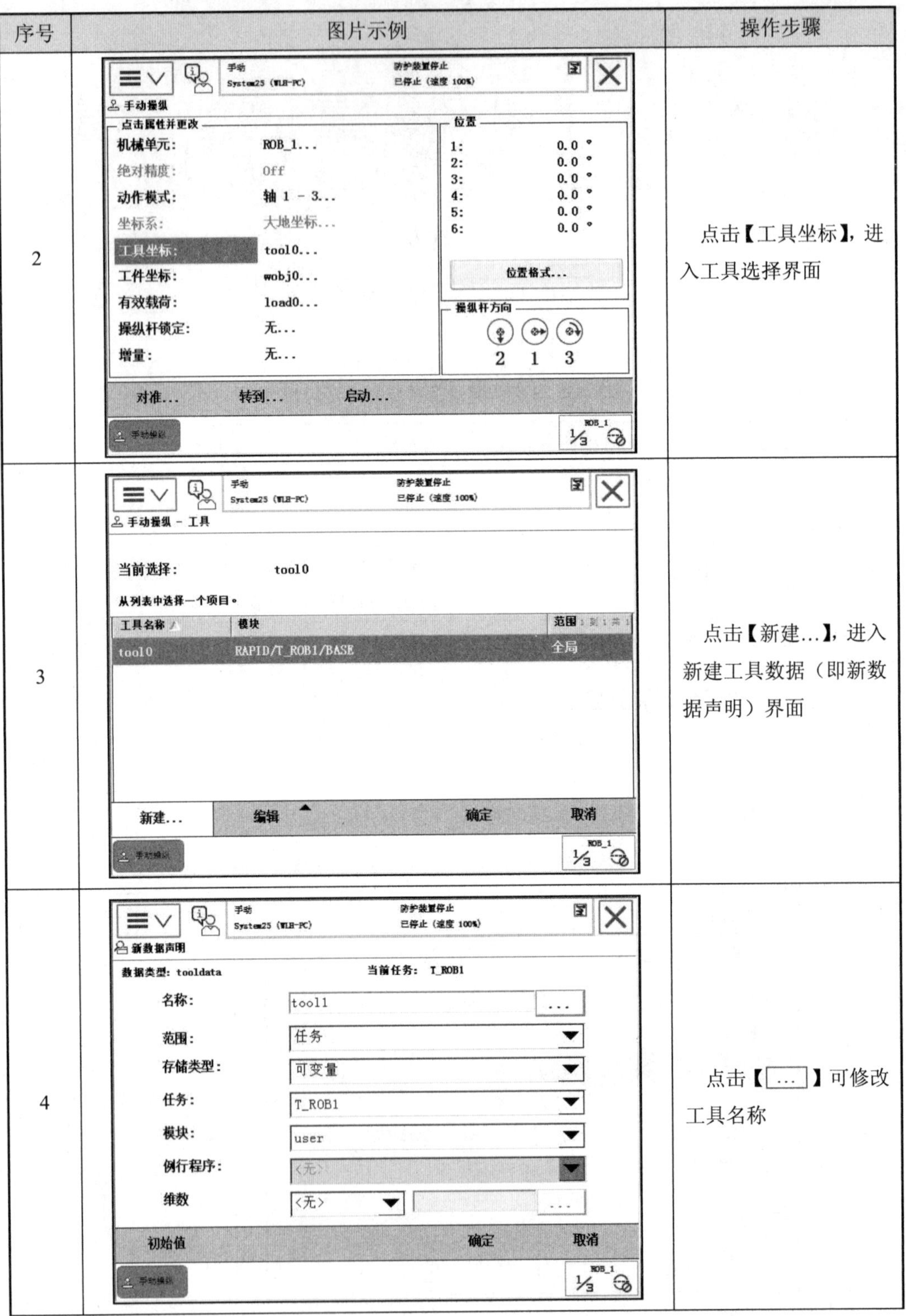

序号	图片示例	操作步骤
2		点击【工具坐标】，进入工具选择界面
3		点击【新建...】，进入新建工具数据（即新数据声明）界面
4		点击【...】可修改工具名称

续表 4.10

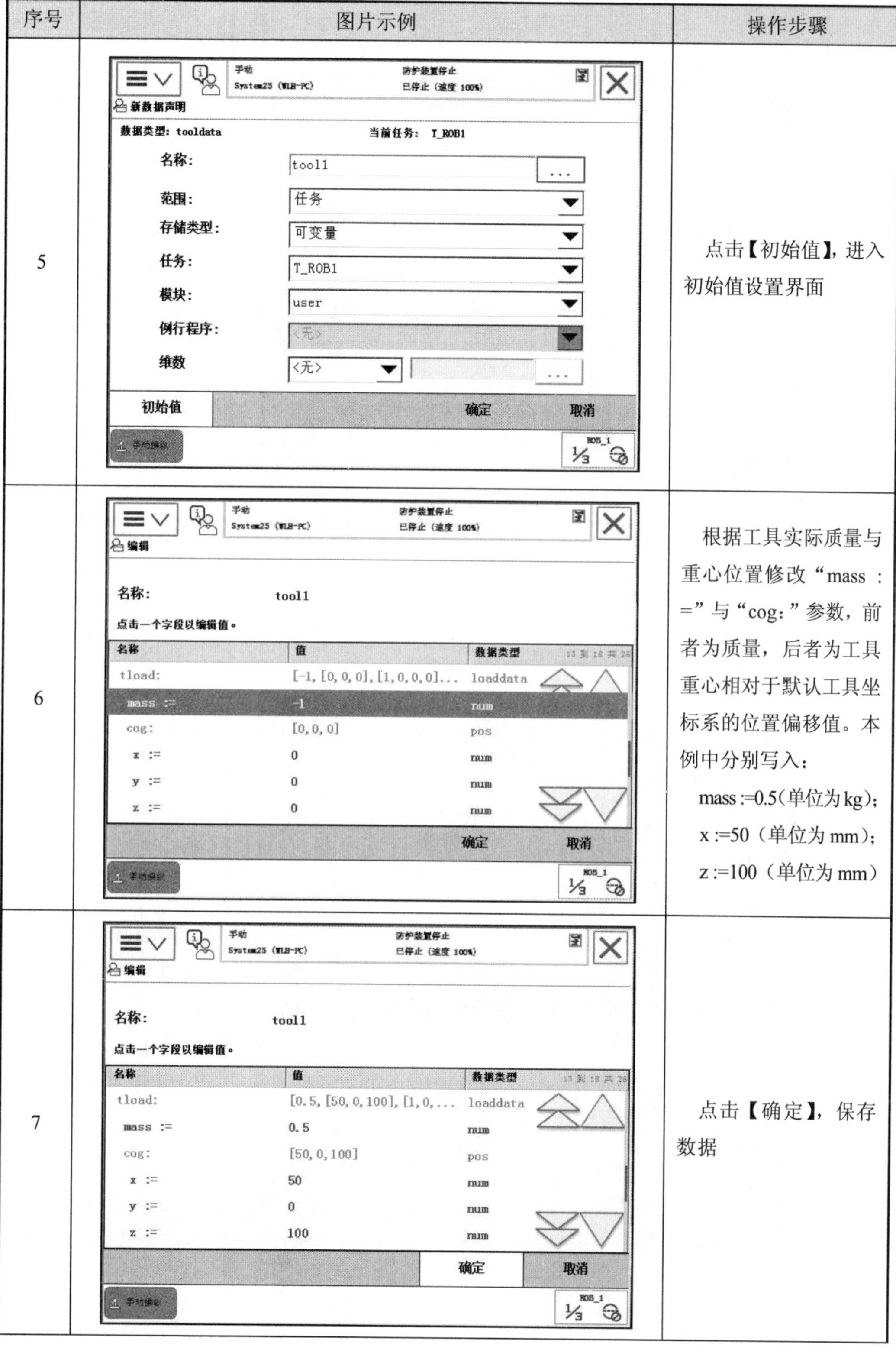

序号	图片示例	操作步骤
5		点击【初始值】，进入初始值设置界面
6		根据工具实际质量与重心位置修改“mass :=”与“cog:”参数，前者为质量，后者为工具重心相对于默认工具坐标系的位置偏移值。本例中分别写入： mass :=0.5(单位为 kg)； x :=50（单位为 mm）； z :=100（单位为 mm）
7		点击【确定】，保存数据

续表 4.10

序号	图片示例	操作步骤
8		点击【确定】，完成工具坐标系“tool1”的新建

2. 定义工具坐标系

定义工具坐标系的操作步骤见表 4.11。

表 4.11　定义工具坐标系的操作步骤

序号	图片示例	操作步骤
1	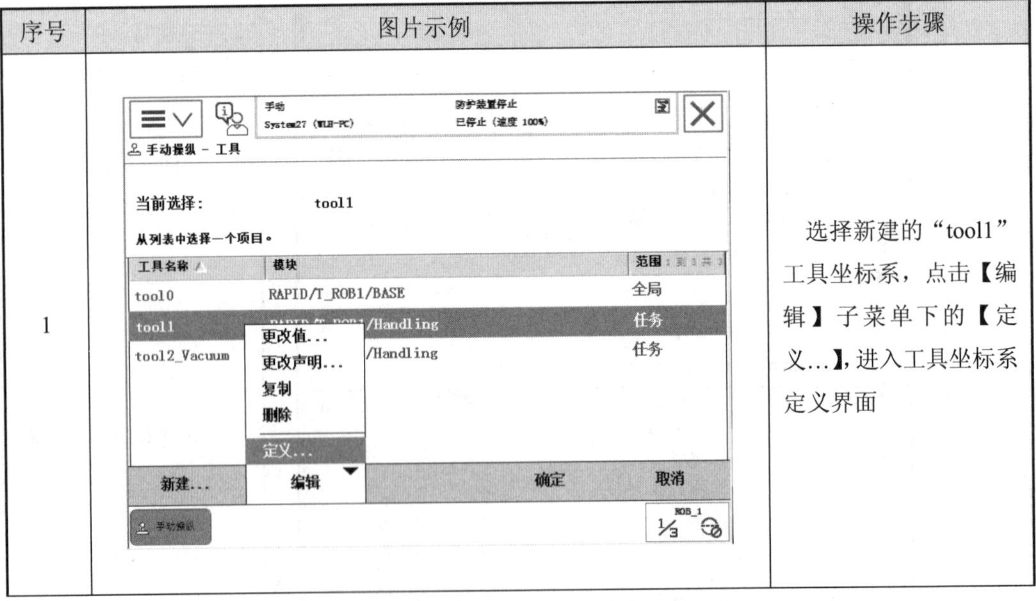	选择新建的“tool1”工具坐标系，点击【编辑】子菜单下的【定义...】，进入工具坐标系定义界面

续表 4.11

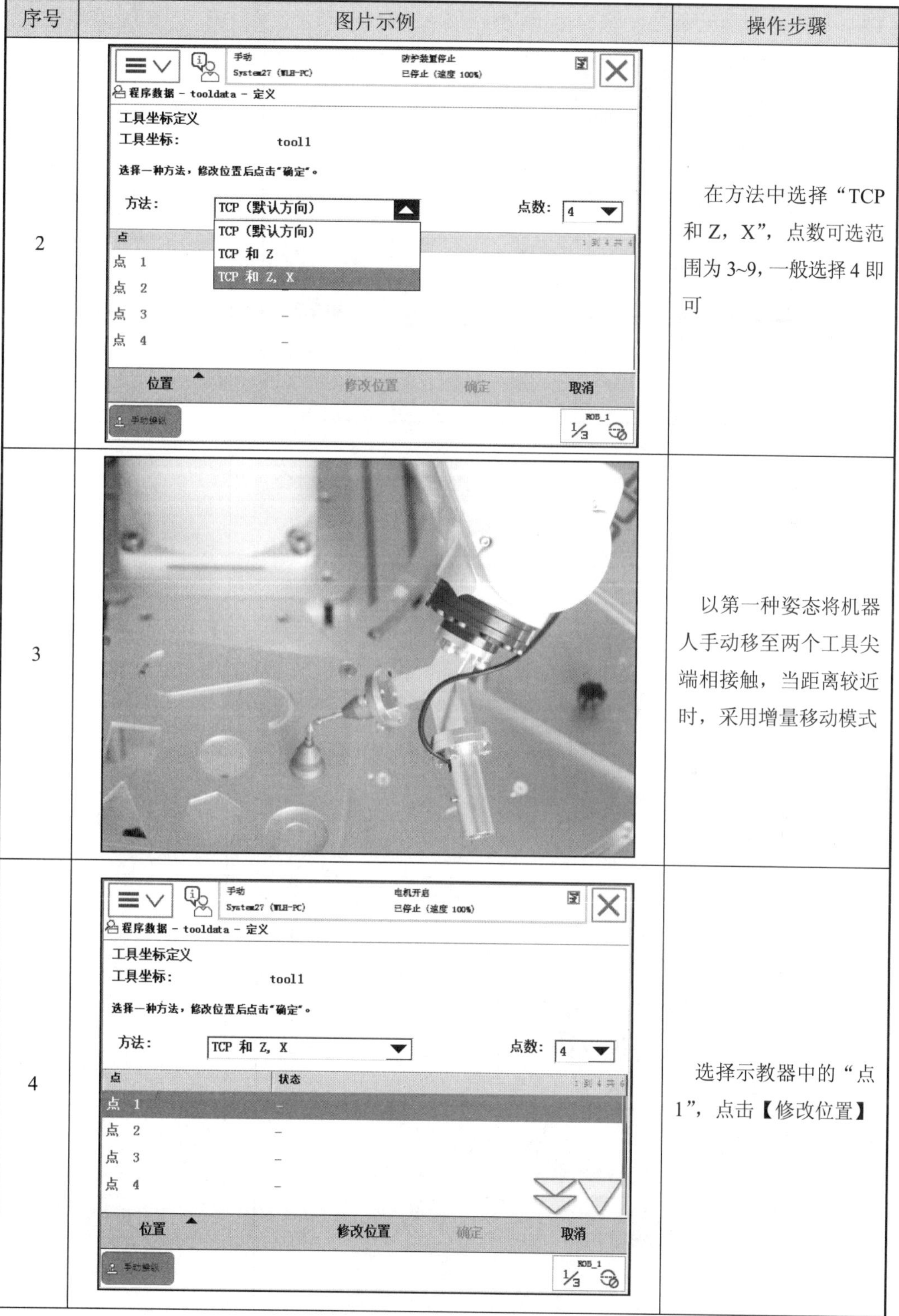

序号	图片示例	操作步骤
2		在方法中选择“TCP 和 Z，X”，点数可选范围为 3~9，一般选择 4 即可
3		以第一种姿态将机器人手动移至两个工具尖端相接触，当距离较近时，采用增量移动模式
4		选择示教器中的“点 1”，点击【修改位置】

续表 4.11

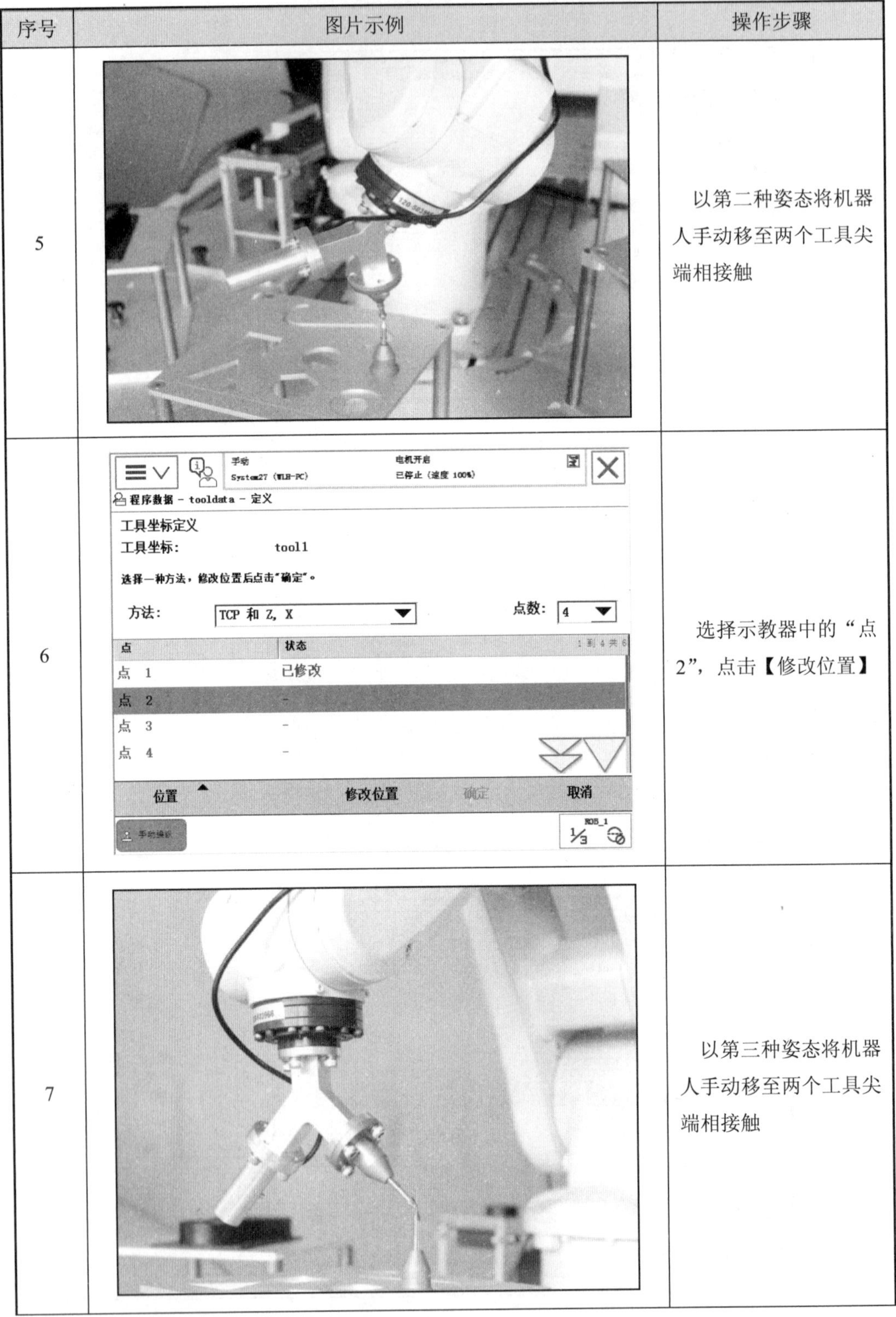

序号	图片示例	操作步骤
5		以第二种姿态将机器人手动移至两个工具尖端相接触
6		选择示教器中的“点2”，点击【修改位置】
7		以第三种姿态将机器人手动移至两个工具尖端相接触

续表 4.11

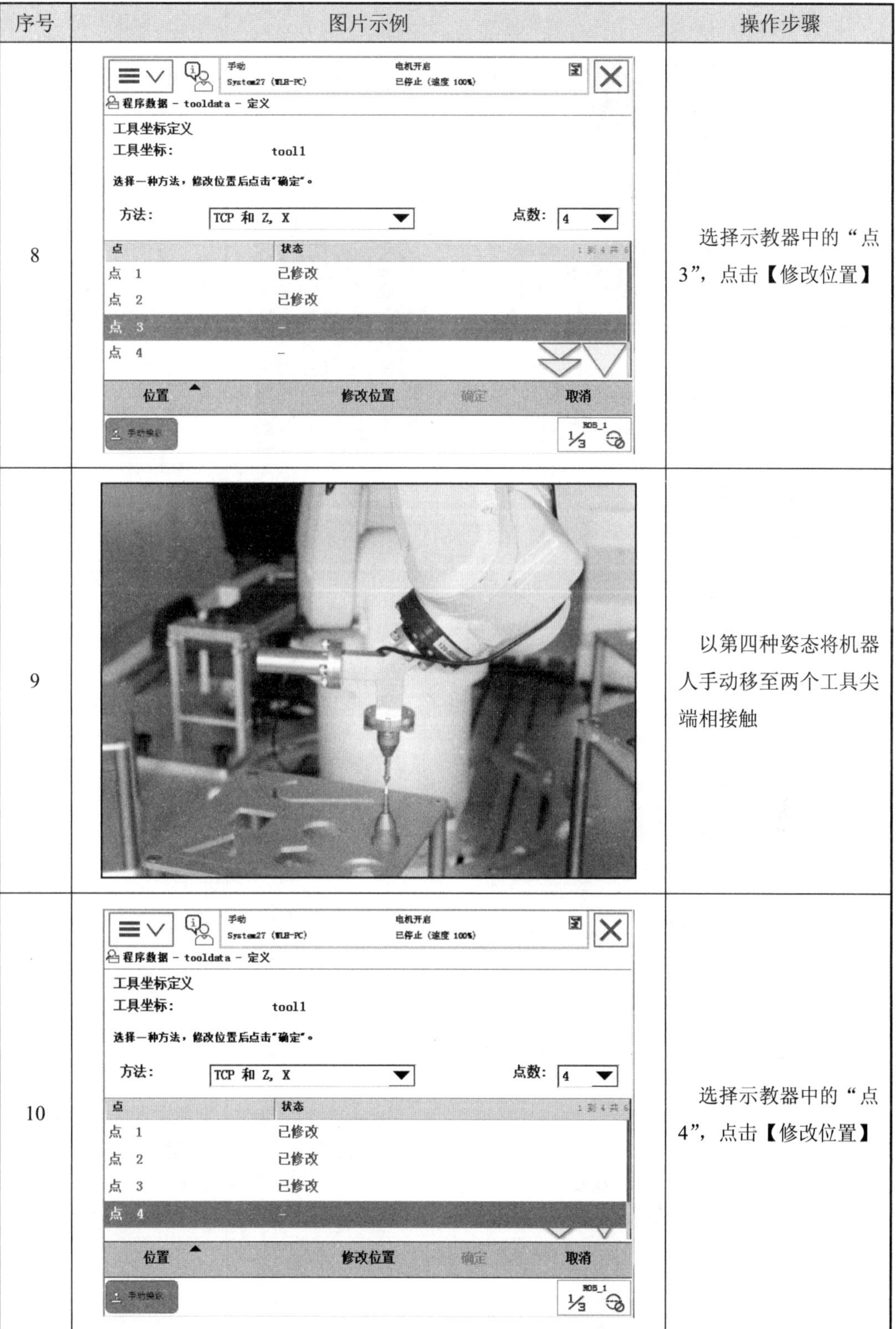

序号	图片示例	操作步骤
8		选择示教器中的“点3”，点击【修改位置】
9		以第四种姿态将机器人手动移至两个工具尖端相接触
10		选择示教器中的“点4”，点击【修改位置】

续表 4.11

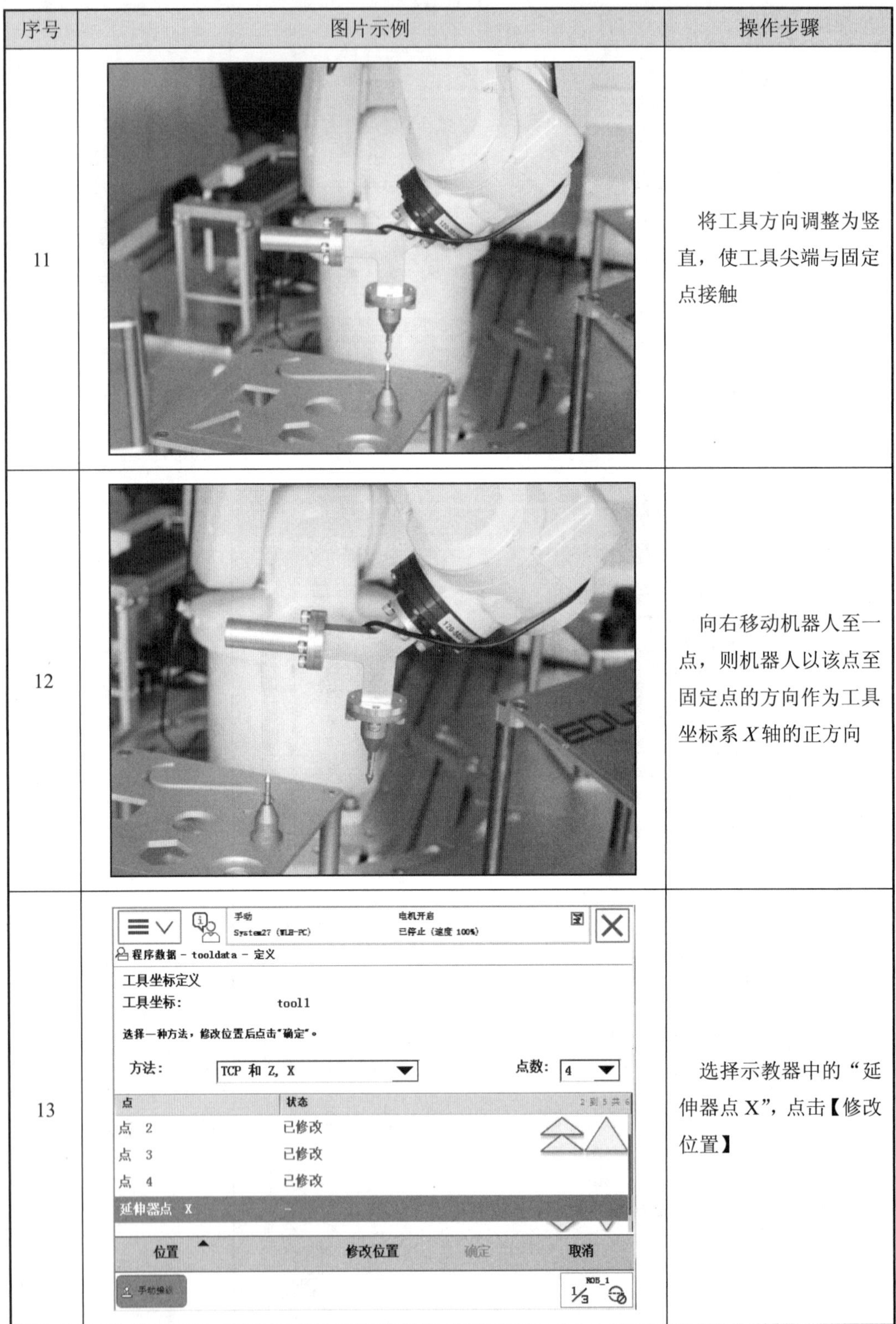

序号	图片示例	操作步骤
11		将工具方向调整为竖直，使工具尖端与固定点接触
12		向右移动机器人至一点，则机器人以该点至固定点的方向作为工具坐标系 *X* 轴的正方向
13		选择示教器中的“延伸器点 X”，点击【修改位置】

续表 4.11

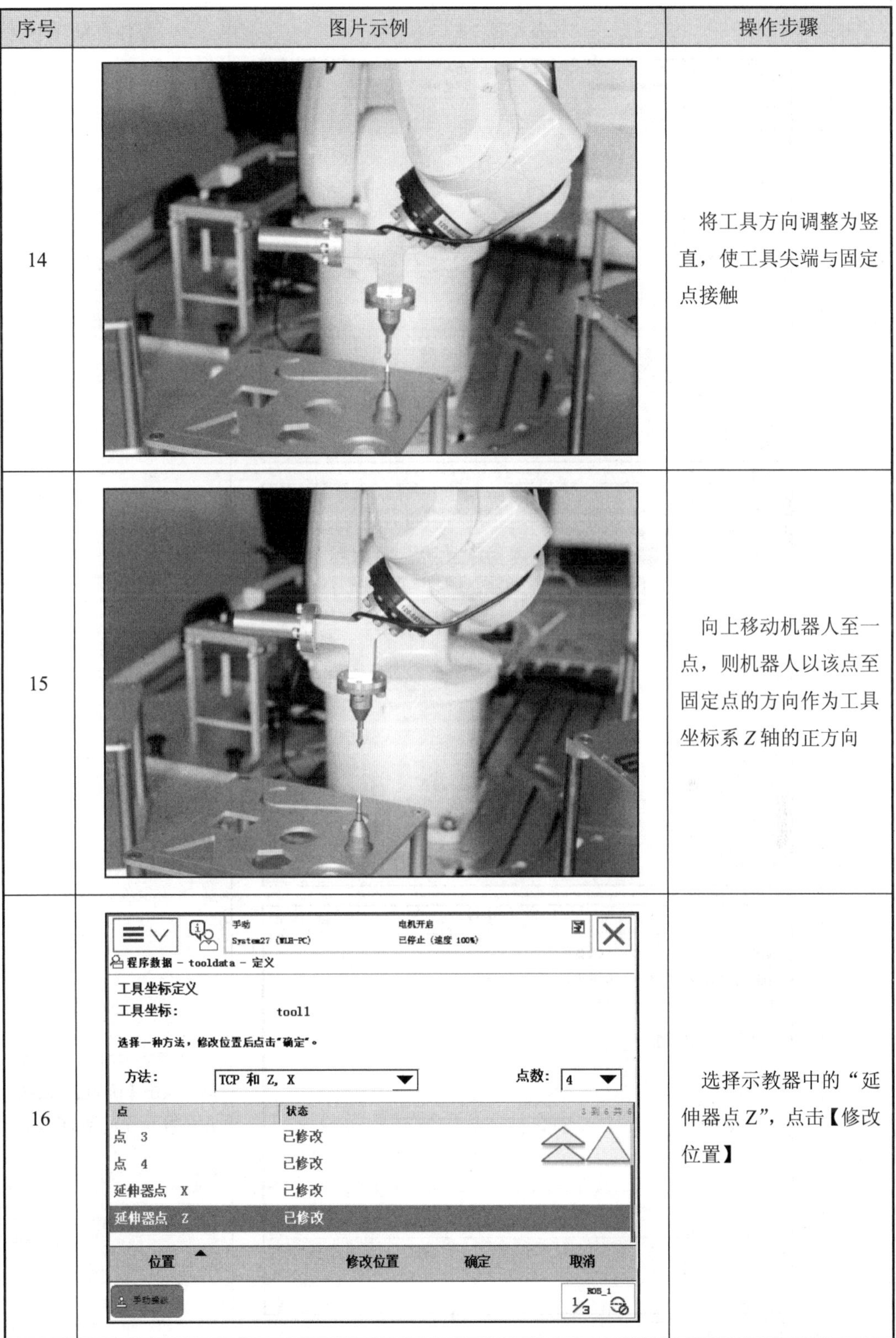

序号	图片示例	操作步骤
14		将工具方向调整为竖直，使工具尖端与固定点接触
15		向上移动机器人至一点，则机器人以该点至固定点的方向作为工具坐标系 Z 轴的正方向
16		选择示教器中的“延伸器点 Z”，点击【修改位置】

续表 4.11

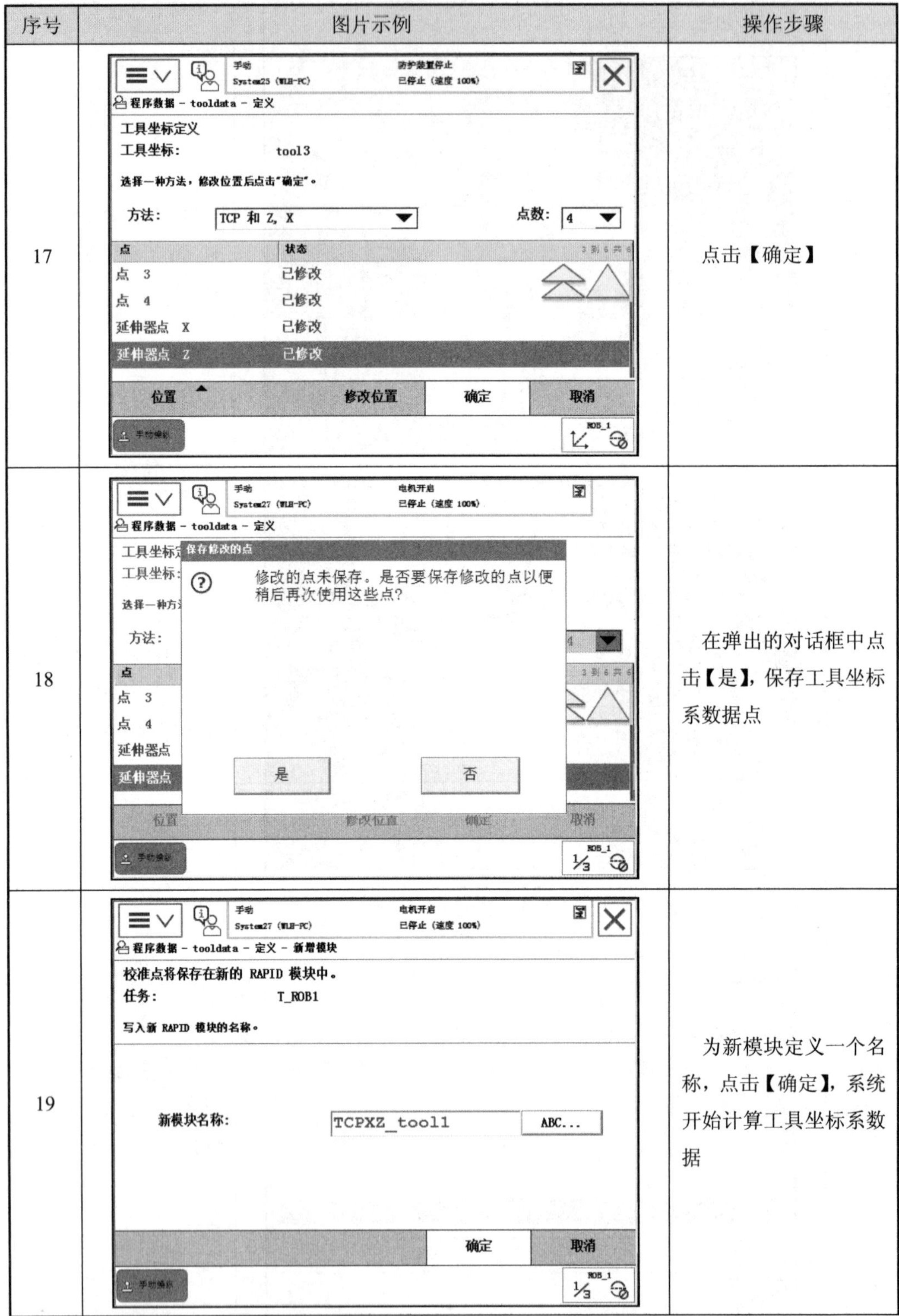

序号	图片示例	操作步骤
17		点击【确定】
18		在弹出的对话框中点击【是】，保存工具坐标系数据点
19		为新模块定义一个名称，点击【确定】，系统开始计算工具坐标系数据

续表 4.11

序号	图片示例	操作步骤
20	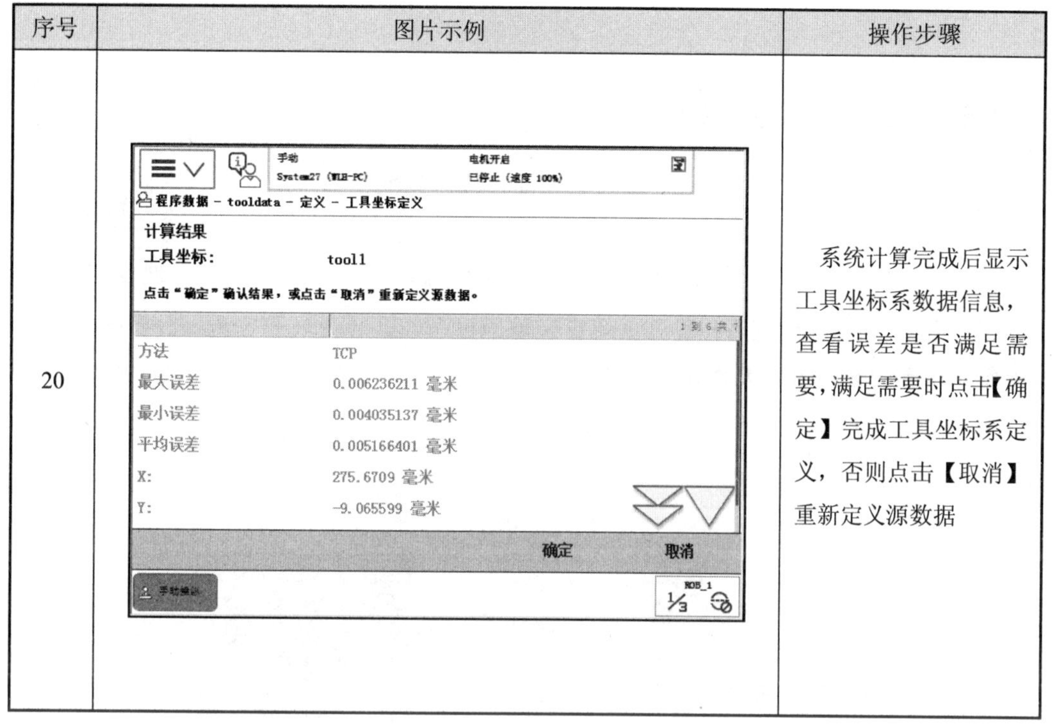	系统计算完成后显示工具坐标系数据信息，查看误差是否满足需要，满足需要时点击【确定】完成工具坐标系定义，否则点击【取消】重新定义源数据

3. 验证工具坐标系

当建好工具坐标系后，先查看所建立工具坐标系的平均误差是否在允许范围内，再选择对应的工具坐标系，通过重定位功能，让机器人沿 *X* 轴、*Y* 轴、*Z* 轴进入重定位动作模式，然后查看末端执行器的末端是否发生位移。如果末端执行器的末端没有发生位移，则建立的工具坐标系是正确的；如果末端执行器的末端发生明显位移（dx 指偏移距离），则所建立的工具坐标系不适用，需要按 4.4.3 节的定义过程重新建立工具坐标系。

任务 4.5　工件坐标系定义

任务描述

以 ABB 机器人为例，了解工业机器人工件坐标系的概念及定义原理，掌握工业机器人工件坐标系的定义方法及定义过程。

知识准备

4.5.1 工件坐标系的概念

工件坐标系用于定义工件相对于大地坐标系或者其他坐标系的位置，具有两个作用：

※ 工件坐标系标定

（1）方便用户以工件平面方向为参考手动操纵调试。

（2）当工件位置更改后，通过重新定义该坐标系，机器人即可正常作业，不需要对机器人程序进行修改。

基础模块工件坐标系示意图如图 4.12 所示。

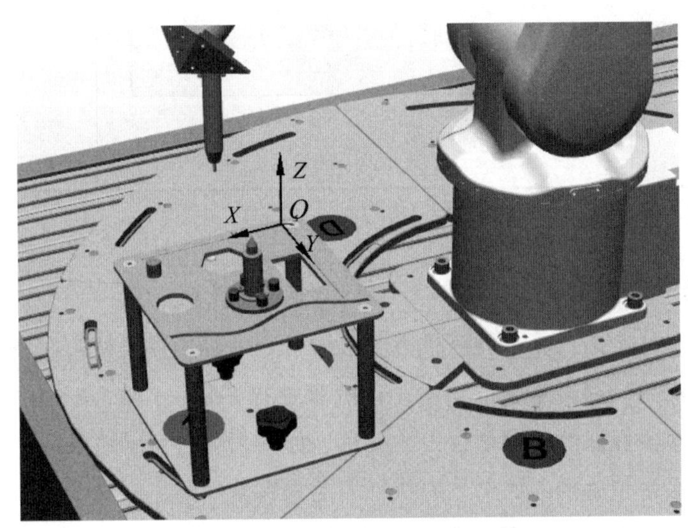

图 4.12　基础模块工件坐标系示意图

4.5.2 工件坐标系的定义原理及定义方法

以 ABB 机器人为例，其工件坐标系定义采用三点法，分别为 X 轴上第一点 X_1，X 轴上第二点 X_2，Y 轴上第三点 Y_1。所定义的工件坐标系原点为点 Y_1 与点 X_1、点 X_2 所在直线的垂足，X 轴正方向为点 X_1 至点 X_2 射线方向，Y 轴正方向为垂足至点 Y_1 射线方向，如图 4.13 所示。一般地，可以使点 X_1 与原点重合进行示教。

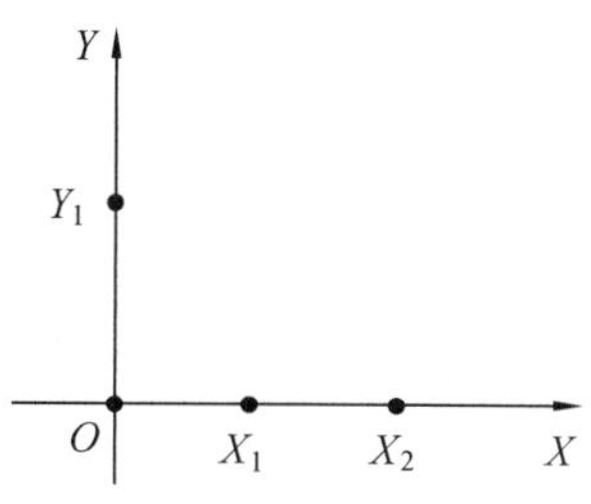

图 4.13 工件坐标系的定义

其基本步骤如下：

① 选定所用工具的工具坐标系。

② 找到工件平面内 X 轴和 Y 轴上的 3 点作为参考点。

③ 手动操纵 ABB 机器人分别至 3 个参考点，记录对应位置。

④ 通过 3 个参考点的位置数据，ABB 机器人自动计算出对应工件坐标值。

⑤ 手动操纵 ABB 机器人进行校验。

4.5.3 工件坐标系的定义过程

1. 新建工件坐标系

新建工件坐标系的操作步骤见表 4.12。

表 4.12 新建工件坐标系的操作步骤

序号	图片示例	操作步骤
1		在手动模式下点击【主菜单】下的【手动操纵】，进入手动操纵界面

续表 4.12

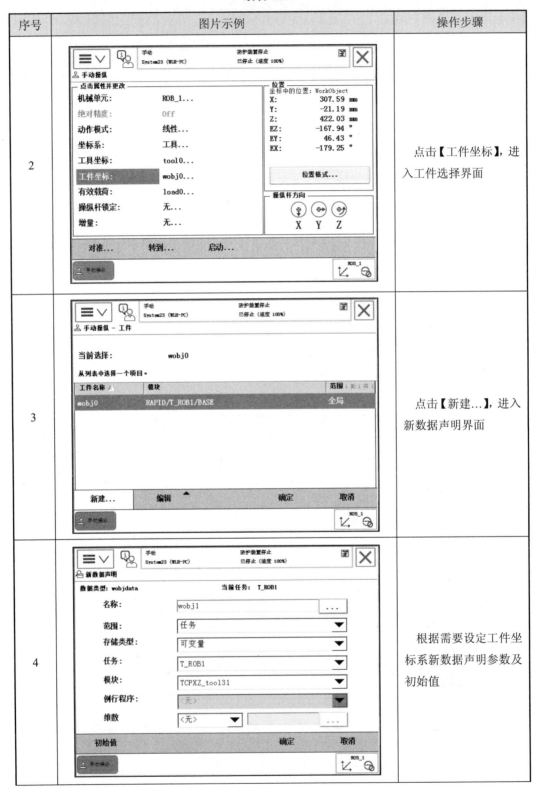

序号	图片示例	操作步骤
2	手动 System25 (WLH-PC) 防护装置停止 已停止（速度 100%） 手动操纵 点击属性并更改 机械单元: ROB_1... 绝对精度: Off 动作模式: 线性... 坐标系: 工具... 工具坐标: tool0... 工件坐标: wobj0... 有效载荷: load0... 操纵杆锁定: 无... 增量: 无... 位置 坐标中的位置: WorkObject X: 307.59 mm Y: -21.19 mm Z: 422.03 mm EZ: -167.94 ° EY: 46.43 ° EX: -179.25 ° 位置格式... 操纵杆方向 X Y Z 对准... 转到... 启动... ROB_1	点击【工件坐标】，进入工件选择界面
3	手动 System25 (WLH-PC) 防护装置停止 已停止（速度 100%） 手动操纵 - 工件 当前选择: wobj0 从列表中选择一个项目。 工件名称 模块 范围 wobj0 RAPID/T_ROB1/BASE 全局 新建... 编辑 确定 取消 ROB_1	点击【新建...】，进入新数据声明界面
4	手动 System25 (WLH-PC) 防护装置停止 已停止（速度 100%） 新数据声明 数据类型: wobjdata 当前任务: T_ROB1 名称: wobj1 ... 范围: 任务 存储类型: 可变量 任务: T_ROB1 模块: TCPXZ_tool31 例行程序: <无> 维数 <无> ... 初始值 确定 取消 ROB_1	根据需要设定工件坐标系新数据声明参数及初始值

续表 4.12

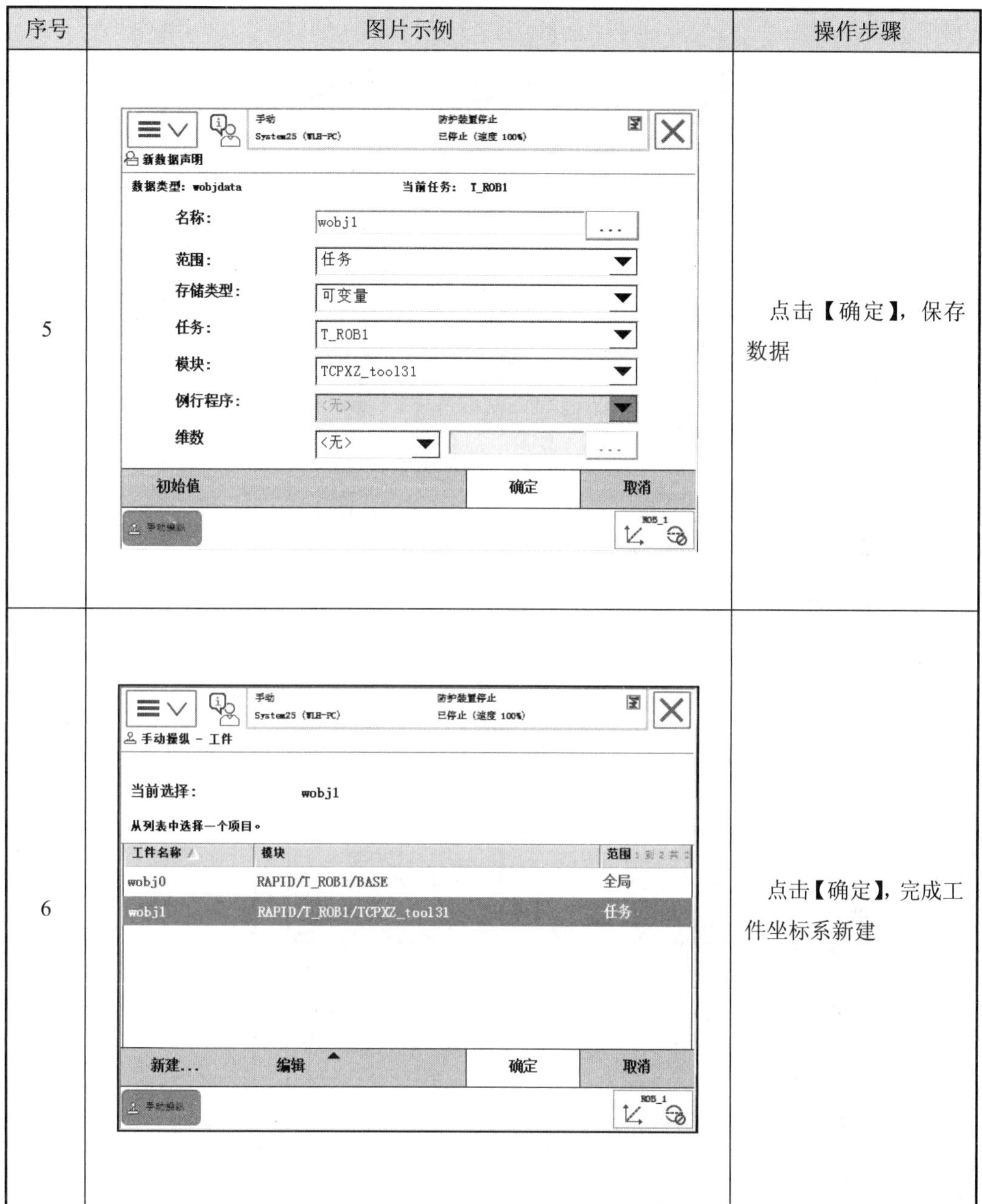

序号	图片示例	操作步骤
5		点击【确定】，保存数据
6		点击【确定】，完成工件坐标系新建

2. 定义工件坐标系

定义工件坐标系的操作步骤见表 4.13。

表 4.13　定义工件坐标系的操作步骤

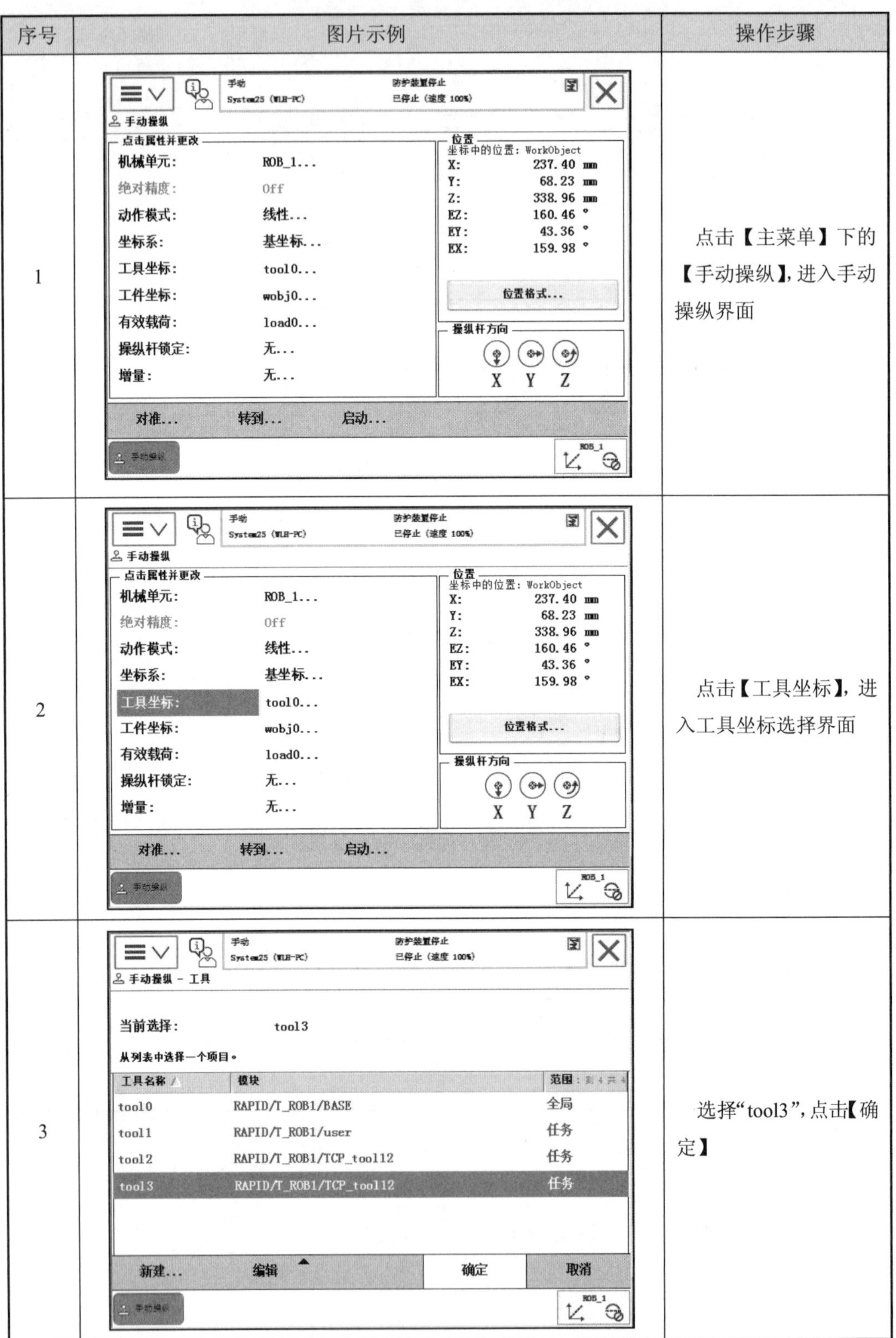

序号	图片示例	操作步骤
1		点击【主菜单】下的【手动操纵】，进入手动操纵界面
2		点击【工具坐标】，进入工具坐标选择界面
3		选择“tool3”，点击【确定】

续表 4.13

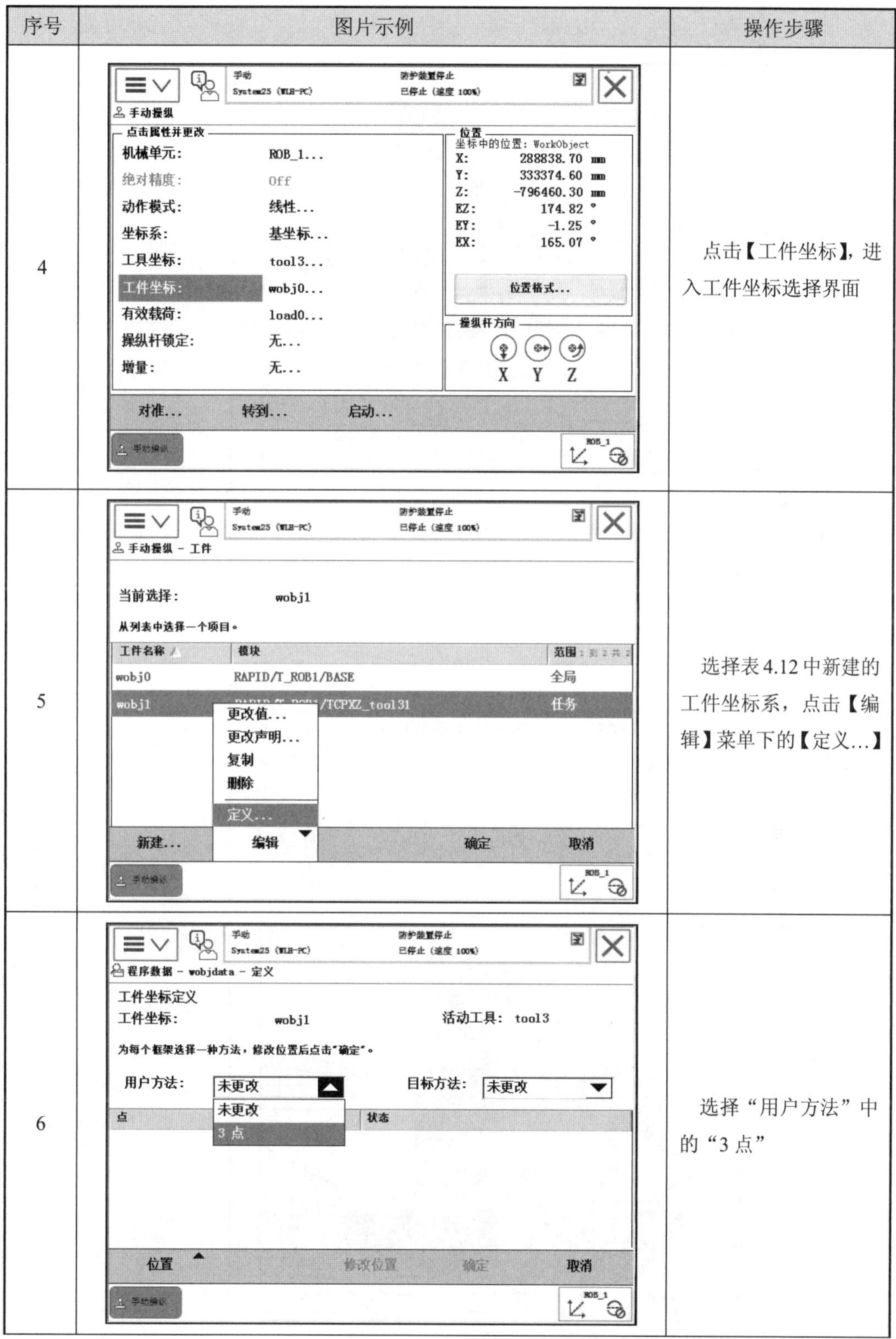

序号	图片示例	操作步骤
4		点击【工件坐标】，进入工件坐标选择界面
5		选择表 4.12 中新建的工件坐标系，点击【编辑】菜单下的【定义...】
6		选择“用户方法”中的“3 点”

续表 4.13

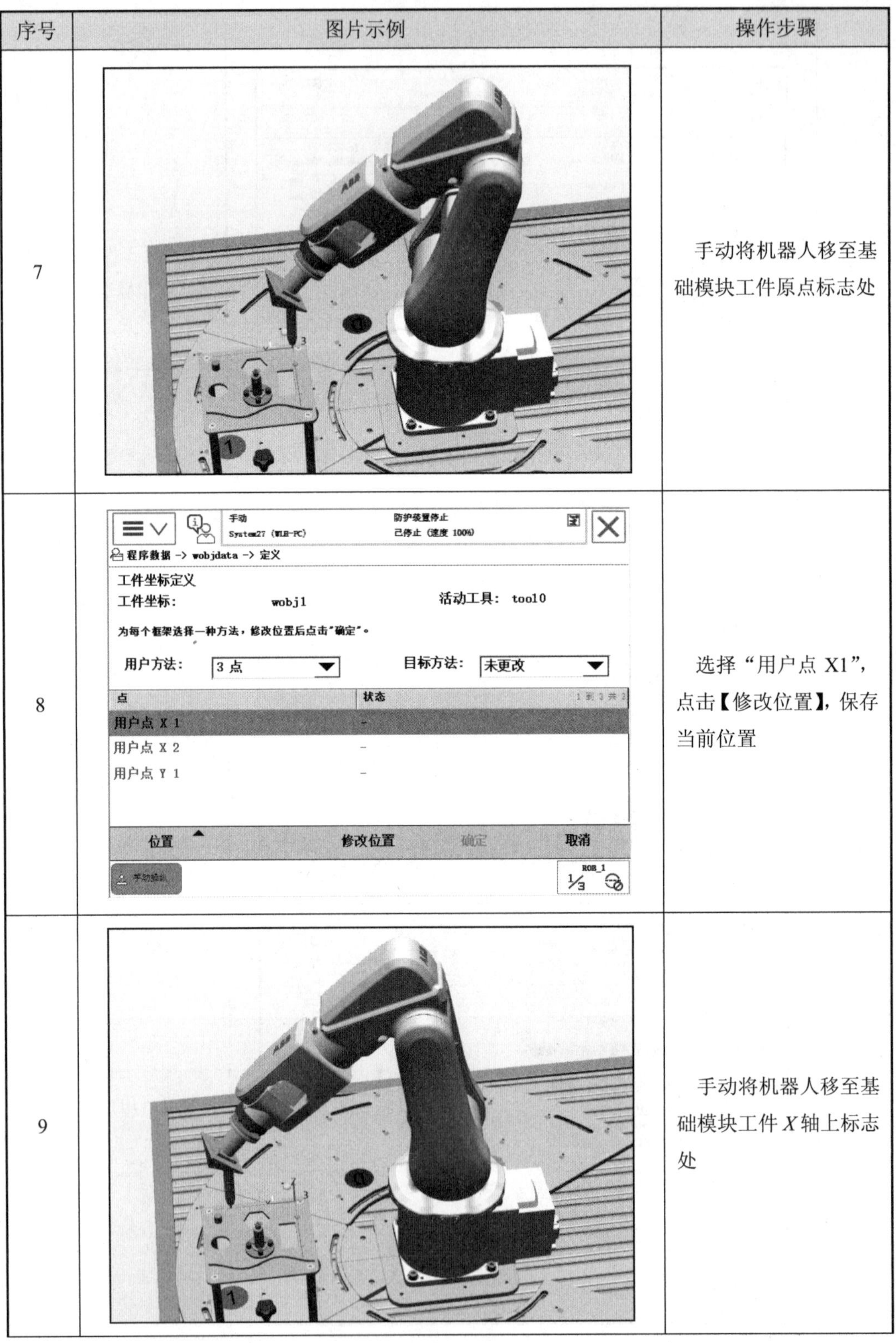

序号	图片示例	操作步骤
7		手动将机器人移至基础模块工件原点标志处
8		选择“用户点 X1”，点击【修改位置】，保存当前位置
9		手动将机器人移至基础模块工件 *X* 轴上标志处

续表 4.13

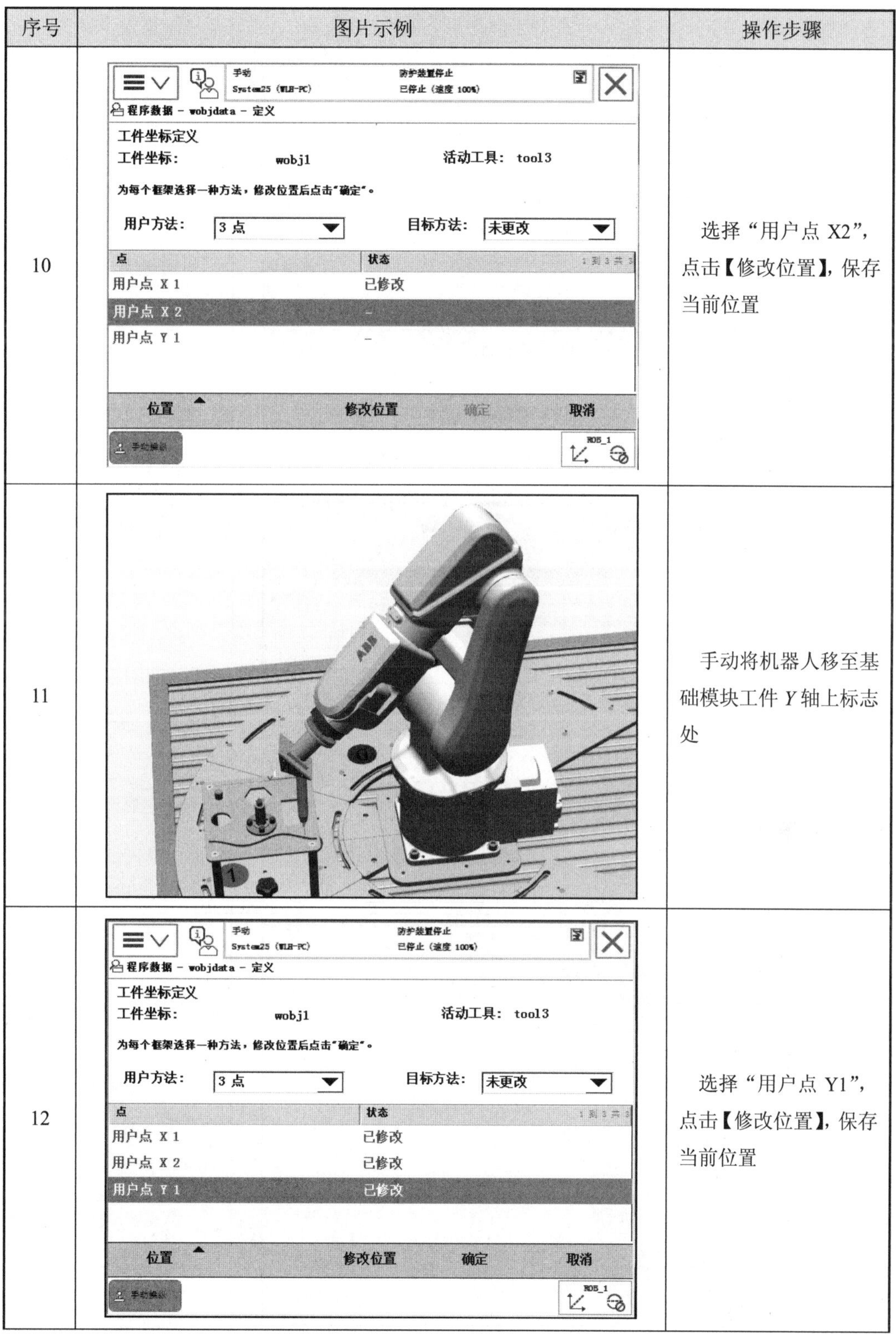

序号	图片示例	操作步骤
10		选择“用户点 X2”，点击【修改位置】，保存当前位置
11		手动将机器人移至基础模块工件 *Y* 轴上标志处
12		选择“用户点 Y1”，点击【修改位置】，保存当前位置

续表 4.13

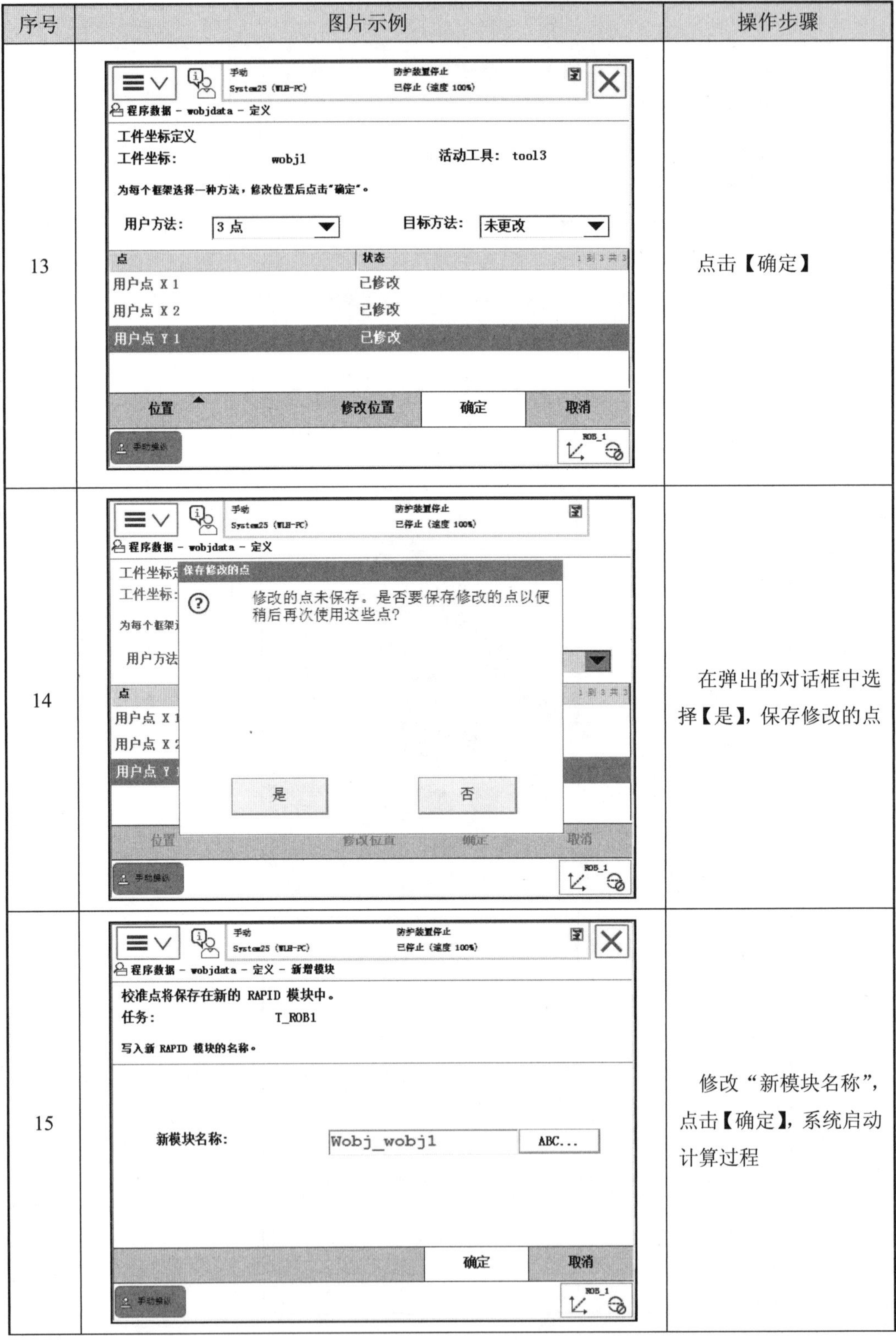

序号	图片示例	操作步骤
13		点击【确定】
14		在弹出的对话框中选择【是】，保存修改的点
15		修改“新模块名称”，点击【确定】，系统启动计算过程

续表 4.13

序号	图片示例	操作步骤
16	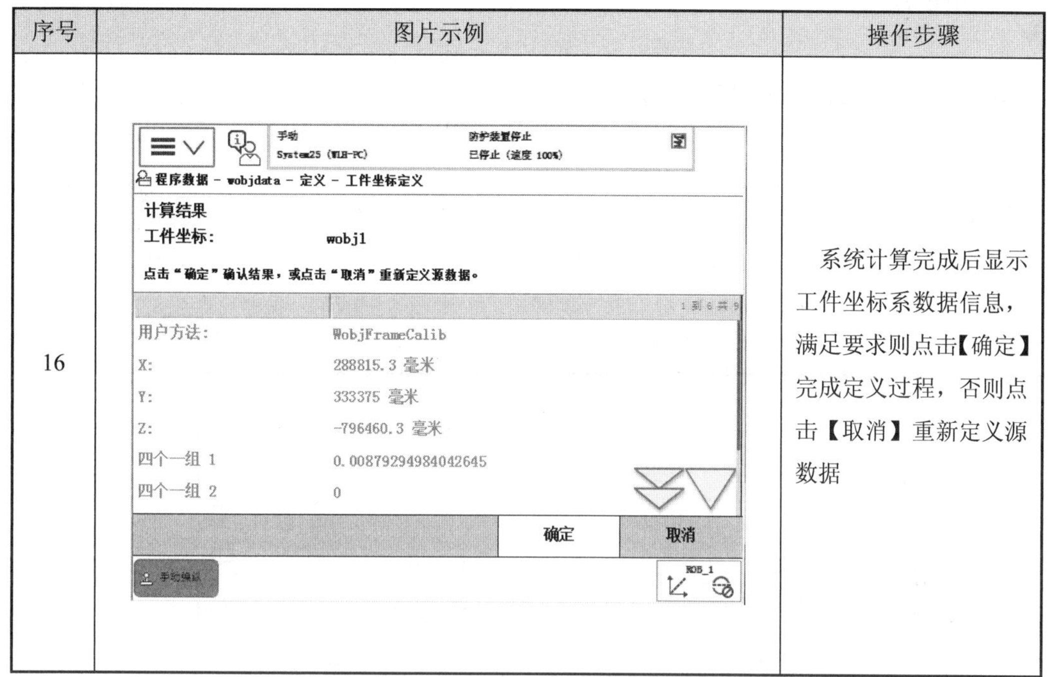	系统计算完成后显示工件坐标系数据信息，满足要求则点击【确定】完成定义过程，否则点击【取消】重新定义源数据

3. 验证工件坐标系

（1）选择所新建的工具及工件坐标系。

（2）将工具坐标系原点移至工件坐标系原点位置。

（3）在线性动作模式下，操作机器人沿 *X* 轴正方向移动，观察机器人是否沿着定义的工件坐标系 *X* 轴移动。

（4）在线性动作模式下，操作机器人沿 *Y* 轴正方向移动，观察机器人是否沿着定义的工件坐标系 *Y* 轴移动。

（5）如果第（3）步和第（4）步中机器人沿着定义的工件坐标系 *X* 轴和 *Y* 轴移动，那么所新建的工件坐标系是正确的，反之就是错误的，须重新建立。

任务 4.6　快捷操作子菜单

任务描述

了解 ABB 机器人快捷操作子菜单，并掌握其操作方法。

知识准备

4.6.1 快捷操作子菜单说明

快捷操作子菜单在手动模式下显示机器人当前的机械单元、增量和动作模式等，并且提供了比手动操纵界面更加快捷的在各个属性间进行切换的方式。熟练使用快捷操作子菜单可以更为高效地操控机器人运动。点击示教器右下角的快捷操作子菜单，示教器右边栏将弹出子菜单按钮，如图 4.14 所示。

※ 快捷操作子菜单

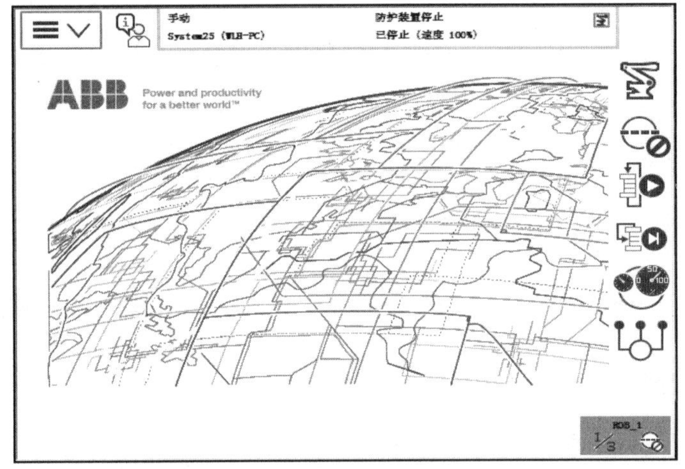

图 4.14　快捷操作子菜单

各快捷操作子菜单说明见表 4.14。

表 4.14　各快捷操作子菜单说明

序号	图例	说明
1		**机械单元：**用于选择控制的机械单元及其操作属性
2		**增量：**用于切换增量模式
3		**运行模式：**用于选择程序的运行模式，可以在“单周”和“连续”之间切换
4		**步进模式：**用于选择逐步执行程序的方式
5		**速度：**用于设置当前模式下的执行速度，显示相对于最大运行速度的百分比
6		**任务：**用于启用/停用任务，安装 Multitasking 选项后可以包含多个任务，否则仅包含一个任务

4.6.2　机械单元

点击【机械单元】子菜单，弹出子菜单详情，如图 4.15 所示。

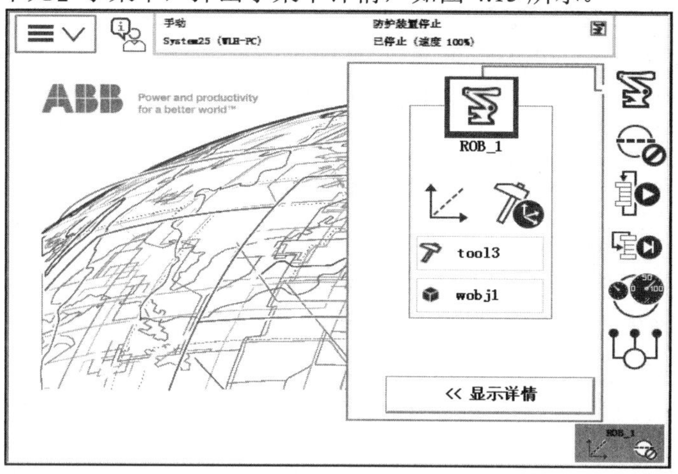

图 4.15　【机械单元】子菜单详情

【机械单元】子菜单各菜单项说明见表 4.15。

表 4.15　【机械单元】子菜单各菜单项说明

序号	图例	说明
1		用于切换动作模式
2		用于切换运动坐标系
3	tool3	用于选择工具坐标系
4	wobj1	用于选择工件坐标系

点击【显示详情】，弹出【机械单元】子菜单详情页，如图 4.16 所示。

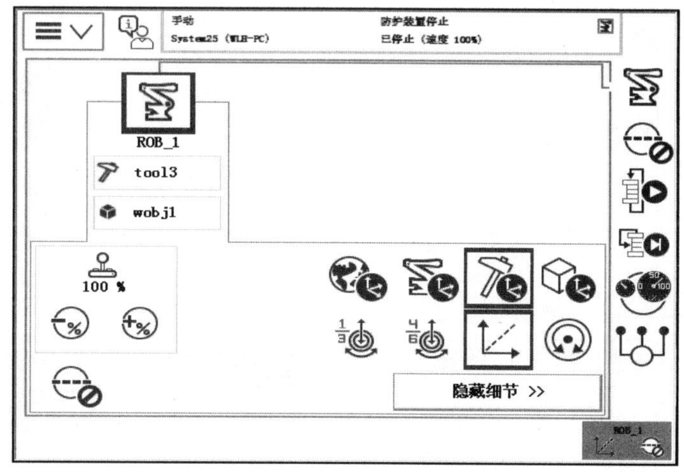

图 4.16　【机械单元】子菜单详情页

【机械单元】子菜单详情页各菜单项说明见表 4.16。

表 4.16　【机械单元】子菜单详情页各菜单项说明

序号	图例	说明
1	tool3	用于选择工具坐标系
2	wobj1	用于选择工件坐标系
3		用于选择参考坐标系
4		用于选择动作模式
5	100 %	用于切换速度
6		用于切换增量模式

4.6.3　增量

点击【增量】子菜单，弹出子菜单详情，如图 4.17 所示。

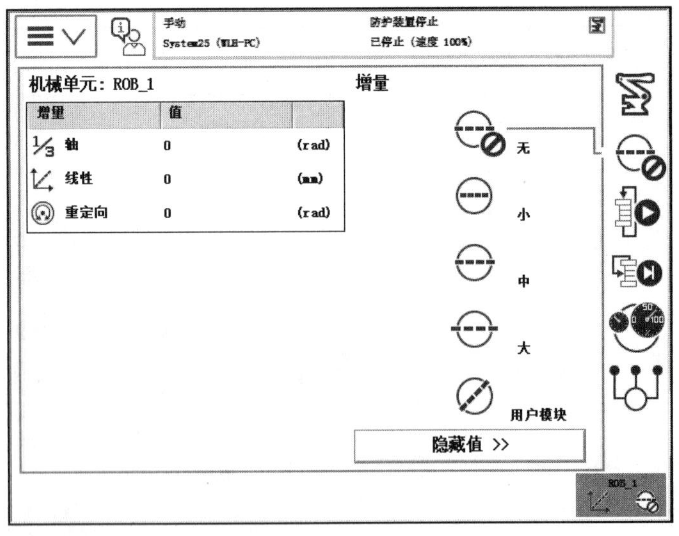

图 4.17　【增量】子菜单详情

【增量】子菜单各菜单项说明见表 4.17。

表 4.17　【增量】子菜单各菜单项说明

序号	图例	说明
1	无	没有增量
2	小	小移动
3	中	中等移动
4	大	大移动
5	用户模块	用户定义的移动

4.6.4　运行模式

点击【运行模式】子菜单，弹出子菜单详情，如图 4.18 所示。

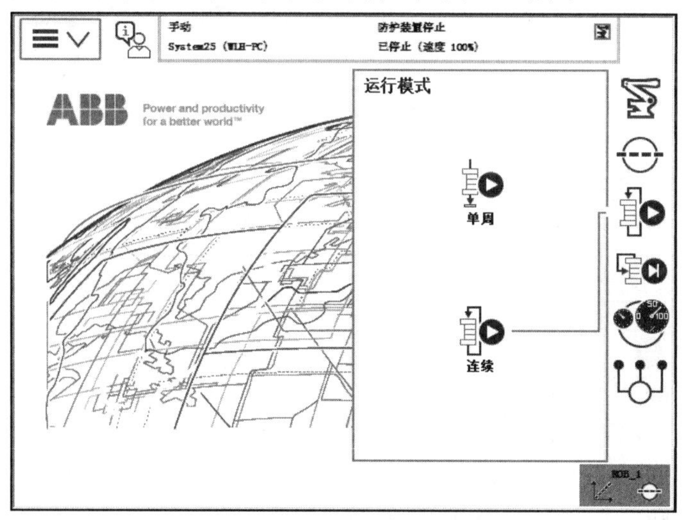

图 4.18　【运行模式】子菜单详情

【运行模式】子菜单各菜单项说明见表 4.18。

表 4.18　【运行模式】子菜单各菜单项说明

序号	图例	说明
1	单周	运行一次循环然后停止执行
2	连续	连续运行

4.6.5 步进模式

点击【步进模式】子菜单，弹出子菜单详情，如图 4.19 所示。

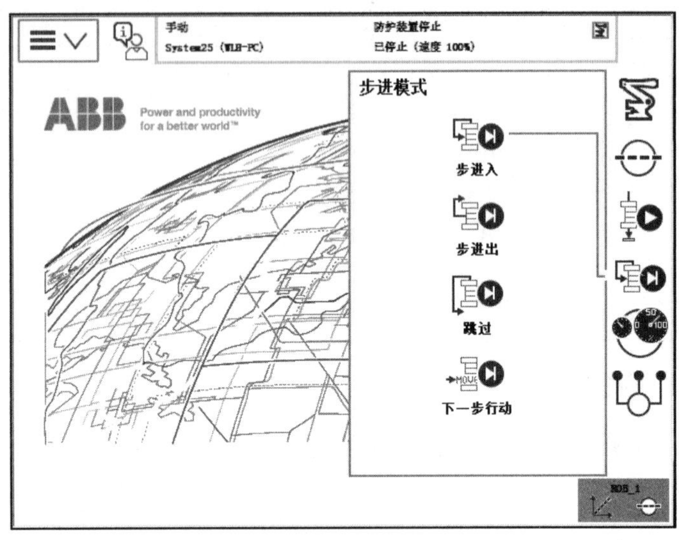

图 4.19 【步进模式】子菜单详情

【步进模式】子菜单各菜单项说明见表 4.19。

表 4.19 【步进模式】子菜单各菜单项说明

序号	图例	说明
1	步进入	单击进入已调用的例行程序并逐步执行
2	步进出	执行当前例行程序的其余部分，然后在例行程序中的下一指令处停止，无法在 main 例行程序中使用
3	跳过	一步执行调用的例行程序
4	MOVE 下一步行动	步进到下一条动作指令，在动作指令之前或之后停止，以方便执行修改位置等操作

4.6.6 速度

点击【速度】子菜单，弹出子菜单详情，如图 4.20 所示。

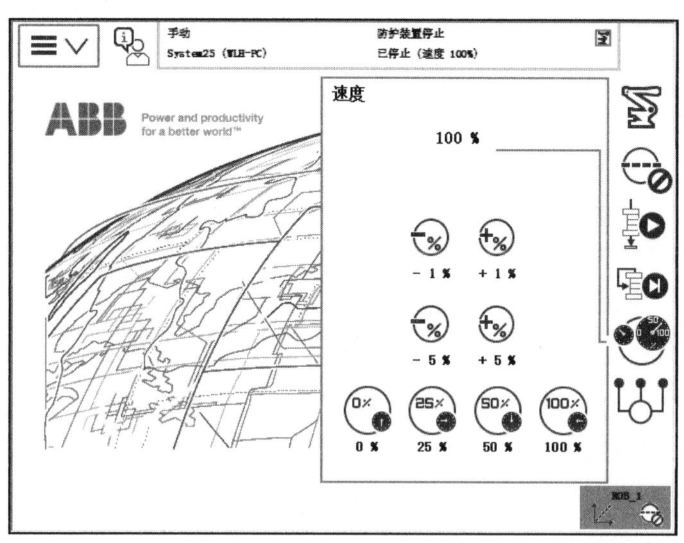

图 4.20 【速度】子菜单详情

【速度】子菜单各菜单项说明见表 4.20。

表 4.20 【速度】子菜单各菜单项说明

序号	图例	说明
1	- 1 % + 1 %	以 1%的步幅减小/增大运动速度
2	- 5 % + 5 %	以 5%的步幅减小/增大运动速度
3	0 % 25 % 50 % 100 %	将运动速度的倍率设置为 0%、25%、50%、100%

项目实施

项目要求：能够完成实训台上工业机器人操作。请结合表 4.21 所示工业机器人操作报告书完成项目要求。

表 4.21　工业机器人操作报告书

题目名称		
学习主题	工业机器人操作	
重点/难点	工业机器人工件坐标系及工具坐标系定义	
训练目标	主要知识能力指标	（1）熟练掌握工业机器人的工作模式、动作模式、运动参考坐标系等概念。 （2）熟练掌握手动操纵工业机器人运动的方法。 （3）掌握工业机器人转数计数器更新的操作步骤。 （4）掌握工业机器人工件坐标系及工具坐标系的定义方法
	相关能力指标	（1）能够正确制订学习计划，养成独立学习的习惯。 （2）能够阅读工业机器人相关技术手册与说明书。 （3）培养良好的职业素养及团队协作精神
参考资料/学习资源	图书馆内相关书籍、工业机器人相关网站等	
学生准备	熟悉工业机器人系统，准备教材、笔、笔记本、练习纸等	
教师准备	熟悉教学标准、机器人实训设备说明，演示实验，讲授内容，设计教学过程、记分册	
学习步骤	明确任务	教师提出任务
	分析过程（学生借助参考资料、教材和教师的引导，自己制订学习计划，并拟定检查、评价标准）	定义工业机器人工具坐标系
		定义工业机器人工件坐标系
		完成工业机器人转数计数器更新
		设置工业机器人工作模式、动作模式
		完成工业机器人手动操纵
	检查	根据任务要求和实际操作结果完成总结报告
	评价	在整个过程中，学生依据拟定的评价标准检查自己是否符合要求地完成了任务

项目评价

请完成表4.22所示项目评价表。

表4.22 项目评价表

<table>
<tr><td>姓名</td><td></td><td>学号</td><td></td><td>日期</td><td colspan="2"></td></tr>
<tr><td>小组成员</td><td colspan="3"></td><td>教师签字</td><td colspan="2"></td></tr>
<tr><td>类别</td><td>项目</td><td colspan="2">考核内容</td><td>得分</td><td>总分</td><td>评分标准</td></tr>
<tr><td rowspan="2">理论</td><td rowspan="2">知识准备（100分）</td><td colspan="2">正确描述工业机器人转数计数器更新意义（30分）</td><td></td><td rowspan="2"></td><td rowspan="2">根据完成情况打分</td></tr>
<tr><td colspan="2">正确描述工业机器人工件坐标系及工具坐标系的定义原理与定义方法（70分）</td><td></td></tr>
<tr><td>评分说明</td><td colspan="6"></td></tr>
<tr><td>备注</td><td colspan="6">（1）项目评价表原则上不能出现涂改现象，若出现则必须在涂改之处签字确认。
（2）每次考核结束后，教师及时记录考核成绩</td></tr>
</table>

课程思政要点

工匠精神，是指从业者对自己的产品精雕细琢、执着专注、精益求精的精神理念。从业者不仅需要具有高超的技艺和精湛的技能，而且还要有严谨、细致、专注和负责的工作态度，以及对职业的认同感、责任感、荣誉感和使命感。“工业机器人编程及操作”是一门操作性很强的课程，在机器人调试过程中，特别是在示教目标点时，对学生的专注度、耐心度、细致度都要求非常高。教师应通过示范性操作、提炼操作技巧、适当增加操作训练时长、展示学生调试成果等形式培养学生吃苦耐劳、不骄不躁，助其养成执着专注、精益求精的工匠精神。

1. 执着专注

提到工匠精神，不得不提及那些在各行各业执着专注、不断追求卓越的人物。他们无论在何时何地，都能保持对事业的热爱和专注，用心去雕琢每一个细节。例如，我国著名的钟表大师、北京手表厂高级技师孙梅堂，为了修好一块手表，长时间地专注于每个零件。正是这种执着专注的精神，不仅让他的技艺得以传承，也让我国钟表业在国际上赢得了声誉。

2. 精益求精

精益求精体现在对每一个环节、每一个细节的极致追求。在中国传统文化中，“一丝不苟”和“千锤百炼”等成语就是对这种精神的最好诠释。例如，我国的陶瓷工艺品，无论是景德镇瓷器还是宜兴紫砂壶，都成功于其精湛的工艺，正是工匠那精益求精的态度造就了精品并赢得了世界赞誉。精益求精让中国制造的产品不仅在国内市场上创造巨大的价值，还远销海外，成为中华文化的一张亮丽名片。

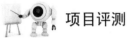

项目评测

1. ABB 机器人动作模式分为哪几种？
2. ABB 机器人运动参考坐标系分为哪几种？
3. 简述各动作模式下操纵杆的方向定义。
4. 简述机器人转数计数器更新的操作步骤。
5. 工具坐标系有哪几种常用定义方法？
6. 简述工具坐标系的定义过程。
7. 简述工件坐标系的定义过程。

项目 5　工业机器人通信

项目描述

本项目主要讲解 ABB 机器人 I/O 通信的相关内容，首先介绍 ABB 机器人常见通信方式、标准 I/O 板分类及 DSQC 652 I/O 板结构，其次介绍 I/O 信号配置，再次介绍系统 I/O 配置，最后介绍安全信号的分类及接线。

任务 5.1　I/O 硬件介绍

任务描述

了解 ABB 机器人常见通信方式、标准 I/O 板分类、DSQC 652 I/O 板结构等。

知识准备

5.1.1　ABB 机器人常见通信方式

※ I/O 硬件介绍

ABB 机器人常见通信方式分为 3 类，见表 5.1，其中 IRB 120 机器人标配 DeviceNet 总线。

表 5.1　ABB 机器人常见通信方式

机器人与计算机通信	现场总线通信	ABB 标准通信
RS232 通信 OPC Server Socket Message	DeviceNet Profibus IO Profibus DP Profinet Ethernet/IP	标准 I/O 板 PLC

IRB 120 机器人采用 IRC 5 紧凑型控制器，其内部通信接口见表 5.2。

表 5.2　IRC 5 紧凑型控制器内部通信接口

图片示例	接口	作用
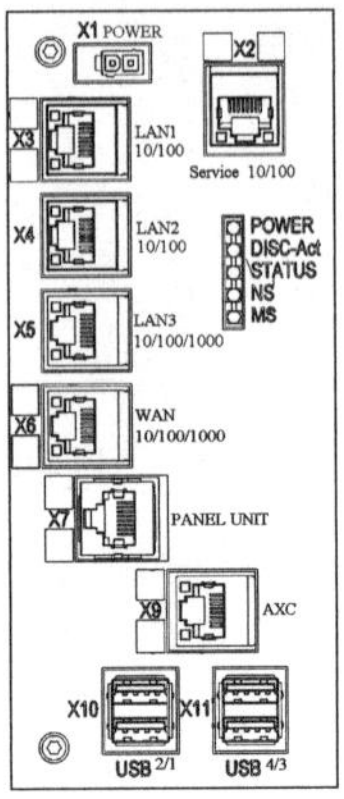	X1	电源
	X2（黄）	维修（用于控制器与计算机连接）
	X3（绿）	LAN1（用于示教器连接）
	X4	LAN2（基于 Profinet SW、以太网 IP、以太网开关的连接）
	X5	LAN3（基于 Profinet SW、以太网 IP、以太网开关的连接）
	X6	WAN（连接至工厂 WAN）
	X7（蓝）	连接至面板
	X9（红）	用于连接控制柜内的轴计算机
	X10、X11	USB 端口（四端口）

5. 1. 2　标准 I/O 板分类

标准 I/O 板分类见表 5.3，其中 IRB 120 机器人标配 DSQC 652 I/O 板。

表 5.3　标准 I/O 板分类

型号	说明
DSQC 651	分布式 I/O 模块 8 位数字量输入+8 位数字量输出+2 位模拟量输出
DSQC 652	分布式 I/O 模块 16 位数字量输入+16 位数字量输出
DSQC 653	分布式 I/O 模块 8 位数字量输入+8 位数字量输出，带继电器
DSQC 355A	分布式 I/O 模块 4 位模拟量输入+4 位模拟量输出
DSQC 377A	输送链跟踪单元

5. 1. 3　DSQC 652 I/O 板结构

DSQC 652 I/O 板如图 5.1 所示。

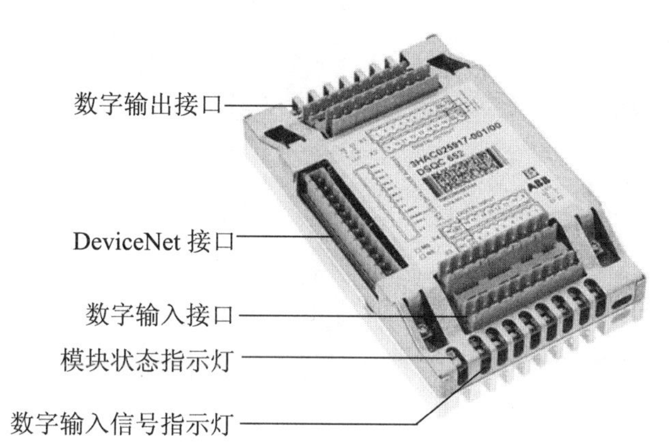

图 5.1 DSQC 652 I/O 板

DSQC 652 I/O 板是挂载在 DeviceNet 上的，地址可用范围为 10～63，其网络地址由 X5 接口端子上引脚号为 6～12 的跳线决定。如图 5.2 所示，将第 8 脚和第 10 脚的跳线剪去，2＋8=10，即该模块地址为 10。

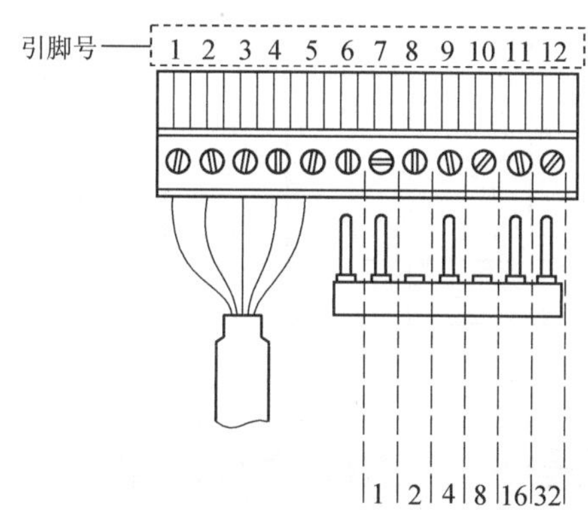

图 5.2 DeviceNet 接线图

部分引脚说明：1—0 V（黑色线）；2—CAN 信号线（低，蓝色线）；3—屏蔽线；4—CAN 信号线（高，白色线）；5—24 V（红色线）；6—GND 地址选择公共端（0 V）

IRB 120 机器人所采用的 IRC 5 紧凑型控制器 I/O 接口和电源接口如图 5.3 所示。

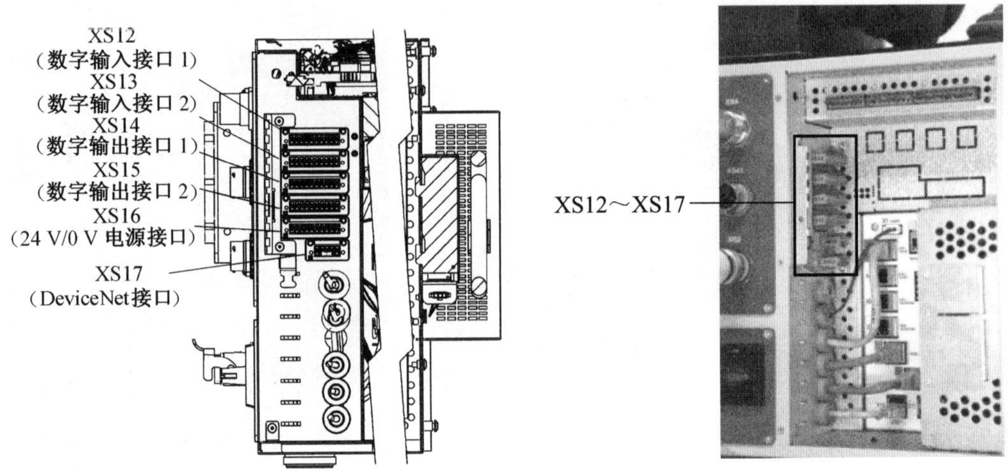

图 5.3　IRB 120 机器人所采用的 IRC 5 紧凑型控制器 I/O 接口和电源接口

IRB 120 机器人所采用 IRC 5 紧凑型控制器 I/O 接口说明见表 5.4。

表 5.4　IRB 120 机器人所采用 IRC 5 紧凑型控制器 I/O 接口说明

接口	引脚									
	针脚 1	针脚 2	针脚 3	针脚 4	针脚 5	针脚 6	针脚 7	针脚 8	针脚 9	针脚 10
XS12	0	1	2	3	4	5	6	7	0 V	—
XS13	8	9	10	11	12	13	14	15	0 V	—
XS14	0	1	2	3	4	5	6	7	0 V	24 V
XS15	8	9	10	11	12	13	14	15	0 V	24 V
XS16	24 V	0 V	24 V	0 V	—					

任务 5.2　I/O 信号配置

任务描述

标准 I/O 板安装完成后，需要对各信号进行一系列设置后才能在软件中使用，设置的过程称为 I/O 信号配置（简称 I/O 配置）。I/O 配置分为两个过程：一是将 I/O 板添加到 DeviceNet 总线上（添加 I/O 板），二是映射 I/O 信号。本任务介绍工业机器人添加 I/O 板方法以及映射 I/O 信号方法。

知识准备

5.2.1 添加 I/O 板

※ I/O 信号配置

1. I/O 板添加界面

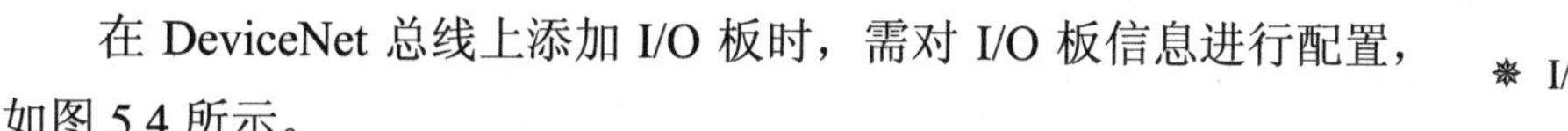

在 DeviceNet 总线上添加 I/O 板时，需对 I/O 板信息进行配置，如图 5.4 所示。

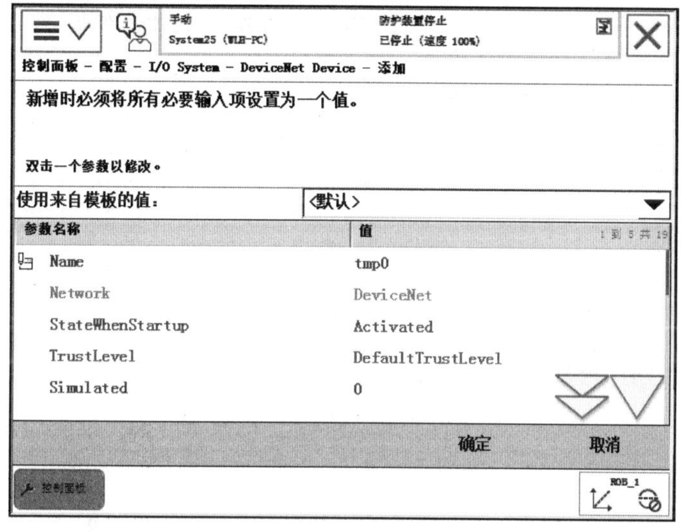

图 5.4 添加 I/O 板信息配置

在 DeviceNet 总线上添加 I/O 板时，需要配置的各项内容见表 5.5。

表 5.5 在 DeviceNet 总线上添加 I/O 板时，需要配置的各项内容

序号	图例	说明
1	Name	设置 I/O 板名称（*必设项）
2	Network	设置 I/O 板实际连接的工业网络
3	StateWhenStartup	设置 I/O 板在系统重启后的逻辑状态
4	TrustLevel	设置 I/O 板在控制器错误情况下的行为
5	Simulated	指定是否对 I/O 板进行仿真
6	VendorName	设置 I/O 板厂商名称
7	ProductName	设置 I/O 板产品名称

续表 5.5

序号	图例	说明
8	RecoveryTime	设置工业网络恢复丢失 I/O 板的时间间隔
9	Label	设置 I/O 板标签
10	Address	设置 I/O 板地址（***必设项**）
11	Vendor ID	设置 I/O 板制造商 ID
12	Product Code	设置 I/O 板产品代码
13	Device Type	设置 I/O 板设备类型
14	Production Inhibit Time (ms)	设置 I/O 板滤波时间
15	ConnectionType	设置 I/O 板连接类型
16	PollRate	设置 I/O 板采样频率
17	Connection Output Size (bytes)	设置 I/O 板输出缓冲区大小
18	Connection Input Size (bytes)	设置 I/O 板输入缓冲区大小
19	Quick Connect	指定 I/O 板是否激活快速连接

2. I/O 板添加过程

添加 I/O 板的操作步骤见表 5.6。

表 5.6 添加 I/O 板的操作步骤

序号	图片示例	操作步骤
1	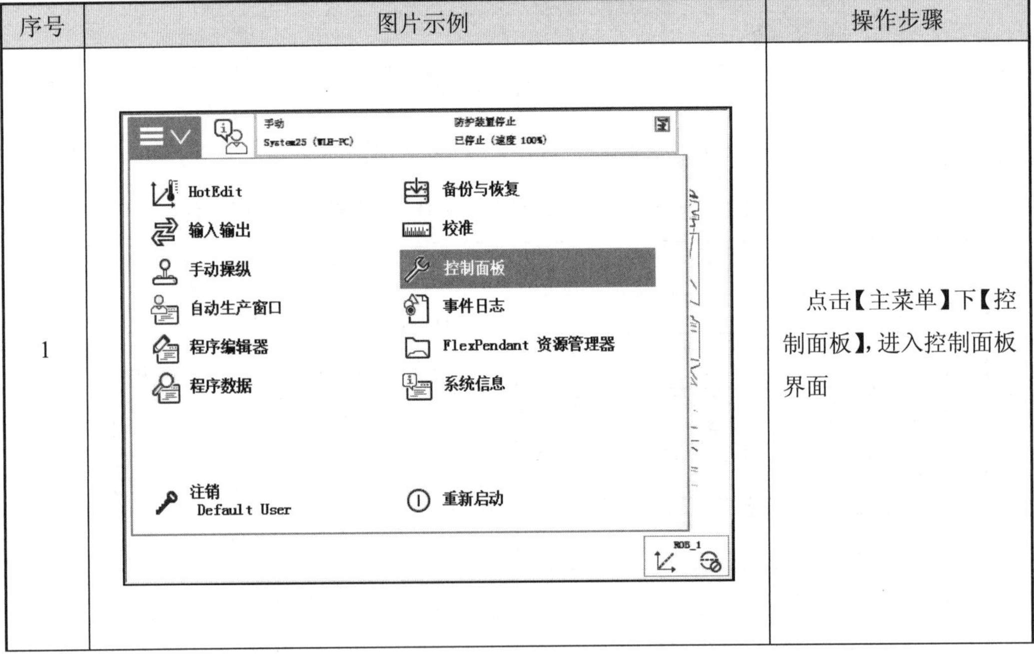	点击【主菜单】下【控制面板】，进入控制面板界面

续表 5.6

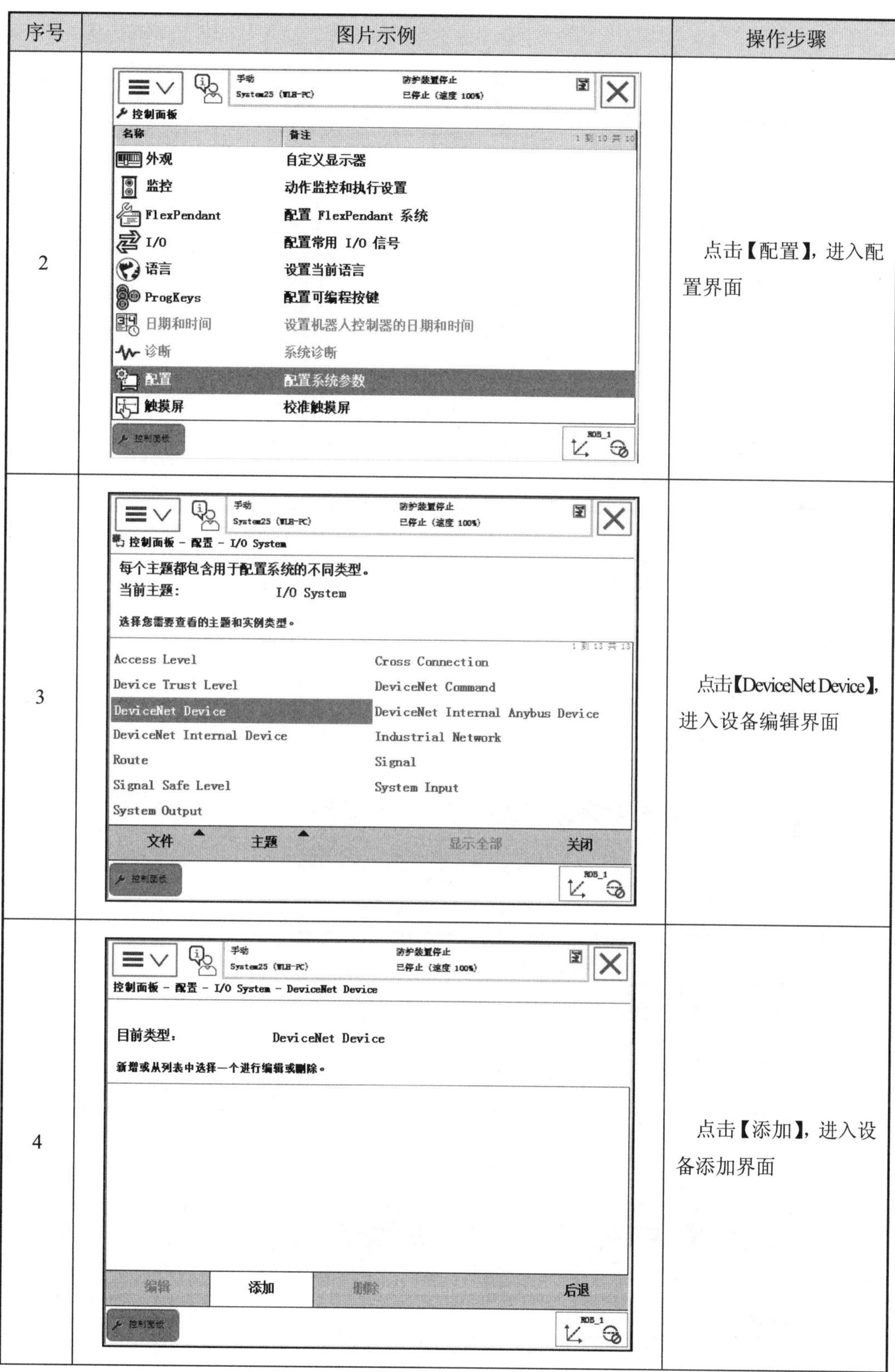

序号	图片示例	操作步骤
2		点击【配置】，进入配置界面
3		点击【DeviceNet Device】，进入设备编辑界面
4		点击【添加】，进入设备添加界面

续表 5.6

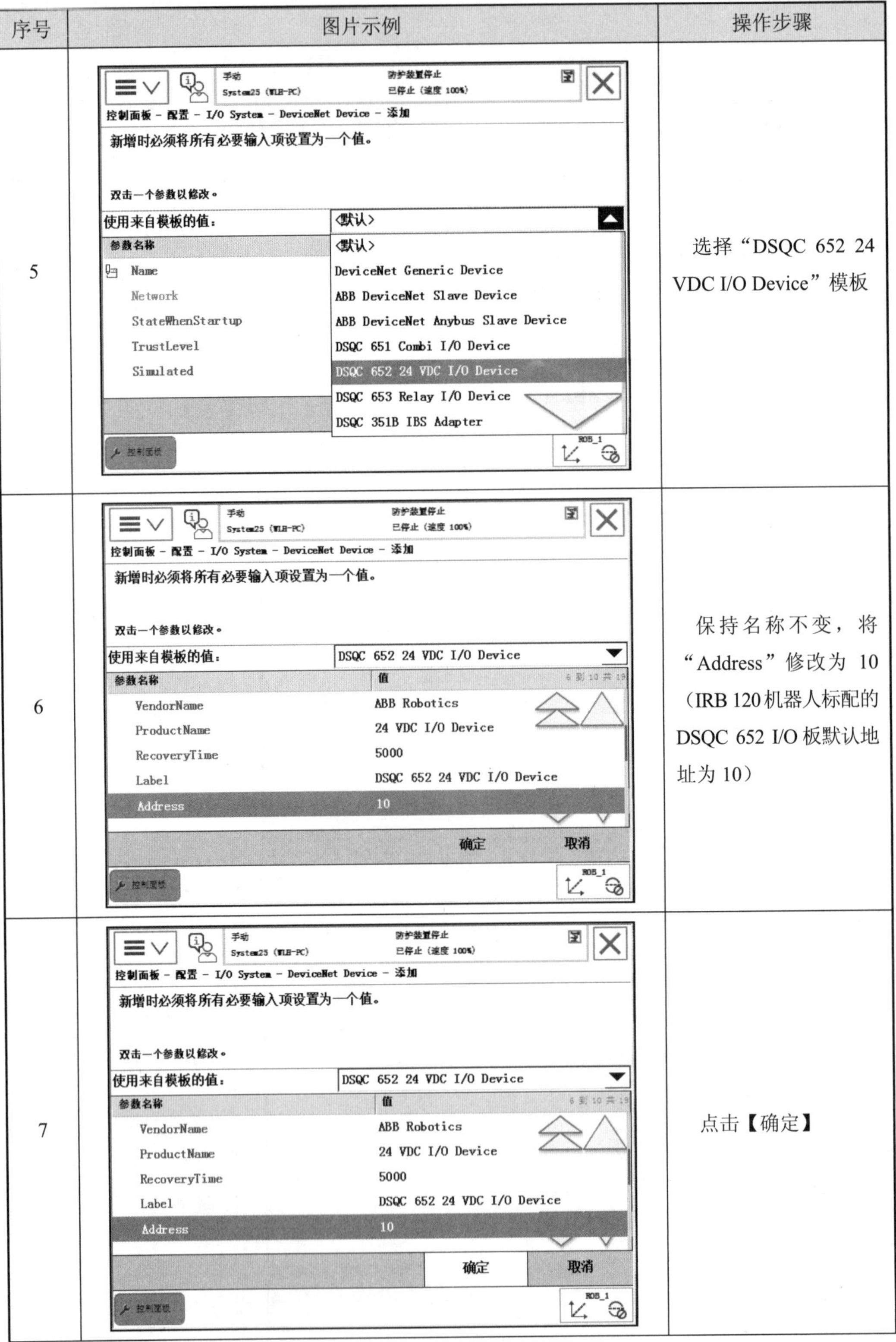

序号	图片示例	操作步骤
5		选择“DSQC 652 24 VDC I/O Device”模板
6		保持名称不变，将“Address”修改为 10（IRB 120 机器人标配的 DSQC 652 I/O 板默认地址为 10）
7		点击【确定】

续表 5.6

序号	图片示例	操作步骤
8	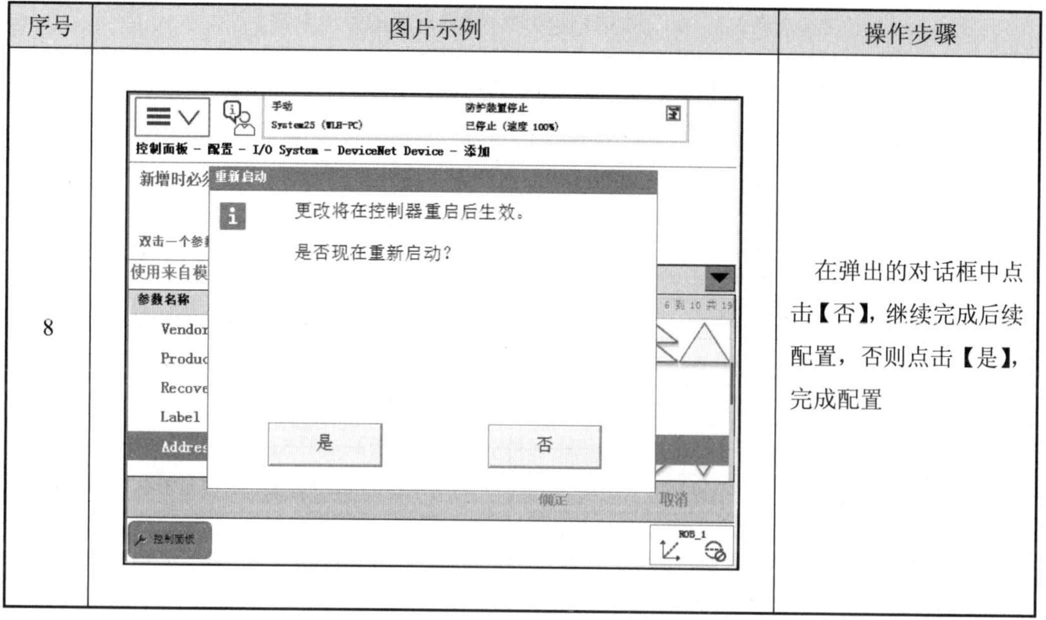	在弹出的对话框中点击【否】，继续完成后续配置，否则点击【是】，完成配置

5.2.2　映射 I/O 信号

1. I/O 信号配置界面

在映射 I/O 信号时，需要配置部分必要项，I/O 信号配置界面如图 5.5 所示。

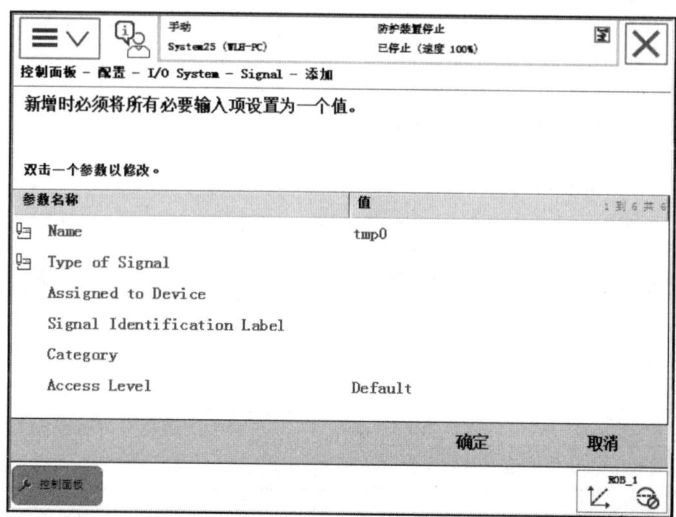

图 5.5　I/O 信号配置界面

在映射 I/O 信号时，需要配置的各项内容见表 5.7。

表 5.7　在映射 I/O 信号时，需要配置的各项内容

序号	图例	说明
1	Name	设置 I/O 信号名称（*必设项）
2	Type of Signal	设置 I/O 信号类型（*必设项）
3	Assigned to Device	设置 I/O 信号所连接的 I/O 板（*必设项）
4	Signal Identification Label	设置 I/O 信号标签
5	Device Mapping	设置 I/O 信号引脚地址
6	Category	设置 I/O 信号类别
7	Access Level	设置 I/O 信号权限等级

2. I/O 信号类型

控制器内部 I/O 信号有 6 种类型，如图 5.6 所示。

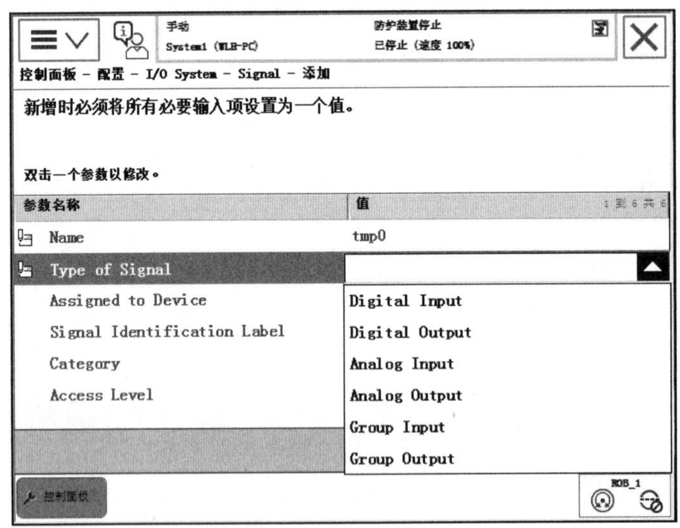

图 5.6　I/O 信号类型

I/O 信号类型说明见表 5.8。

表 5.8　I/O 信号类型说明

序号	图例	说明
1	Digital Input	数字输入信号：配置机器人单个输入点
2	Digital Output	数字输出信号：配置机器人单个输出点
3	Analog Input	模拟量输入信号：配置机器人模拟量输入点
4	Analog Output	模拟量输出信号：配置机器人模拟量输出点
5	Group Input	组输入信号：配置机器人多个连续输入点，最多配置 32 个点，取值范围为 0～31
6	Group Output	组输出信号：配置机器人多个连续输出点，最多配置 32 个点，取值范围为 0～31

3. I/O 映射过程

I/O 映射的操作步骤见表 5.9。

表 5.9　I/O 映射的操作步骤

序号	图片示例	操作步骤
1		点击【主菜单】下【控制面板】，进入控制面板界面
2		点击【配置】，进入配置界面

续表 5.9

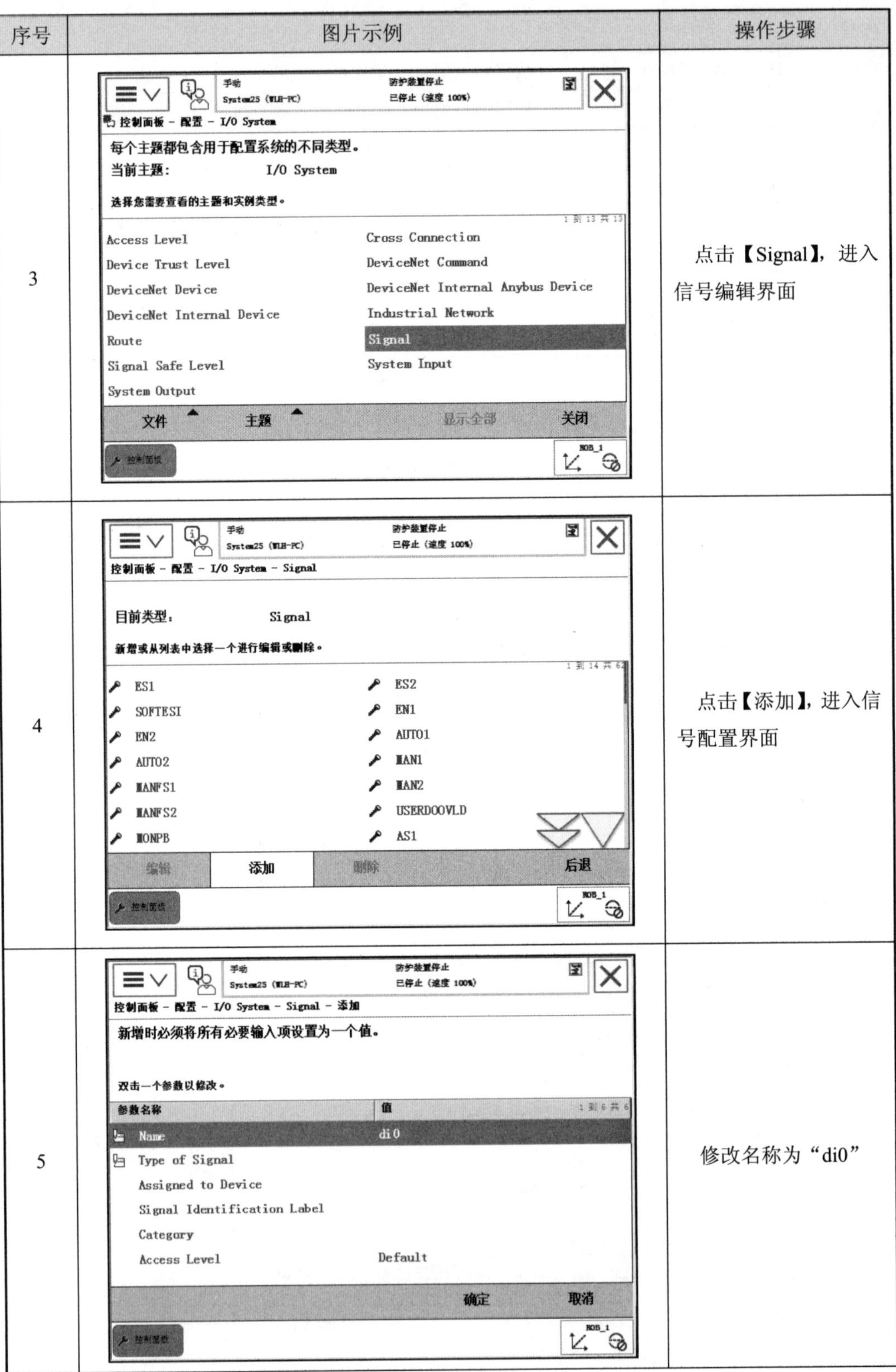

序号	图片示例	操作步骤
3		点击【Signal】，进入信号编辑界面
4		点击【添加】，进入信号配置界面
5		修改名称为“di0”

续表 5.9

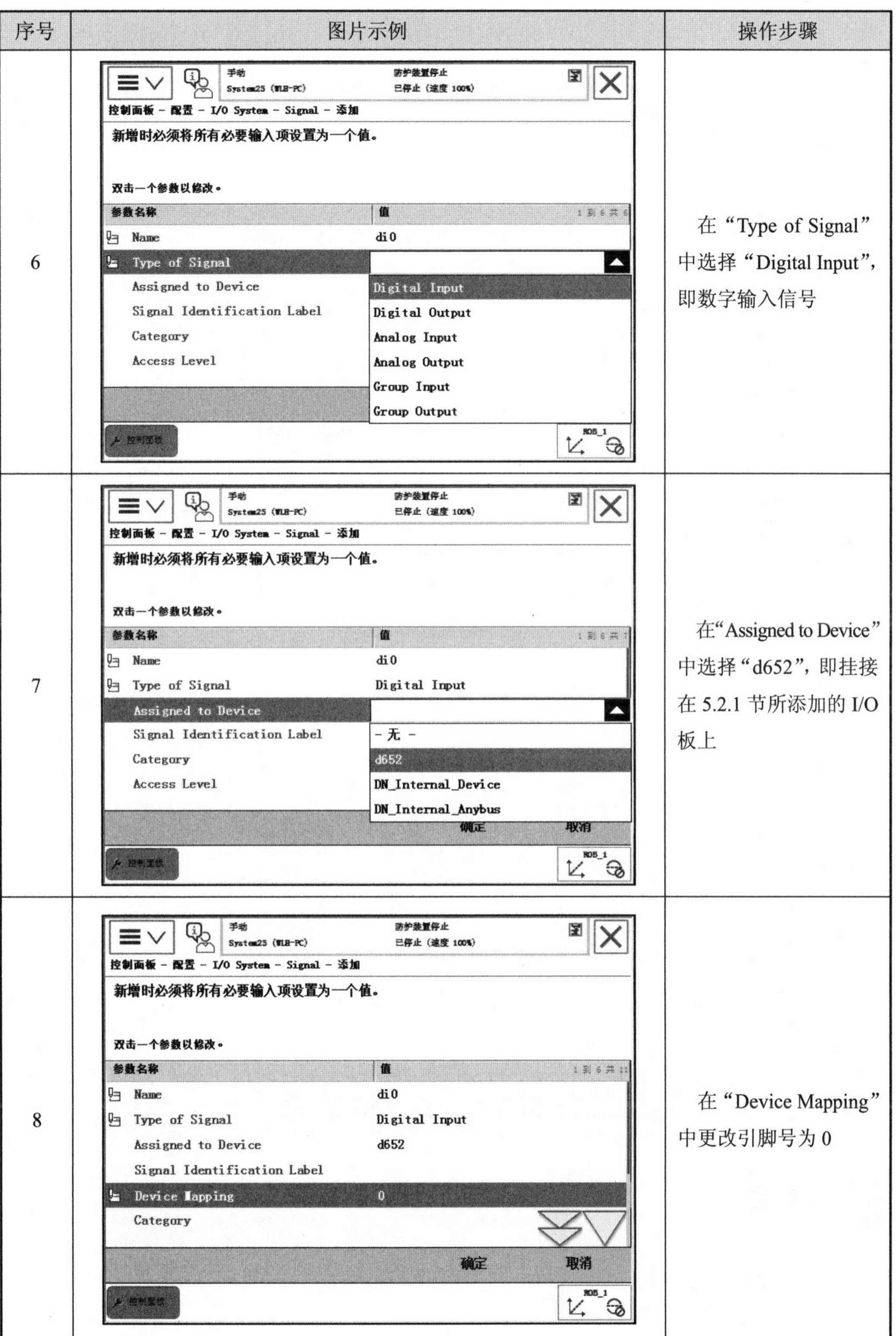

序号	图片示例	操作步骤
6		在“Type of Signal”中选择“Digital Input”，即数字输入信号
7		在“Assigned to Device”中选择“d652”，即挂接在 5.2.1 节所添加的 I/O 板上
8		在“Device Mapping”中更改引脚号为 0

续表 5.9

序号	图片示例	操作步骤
9	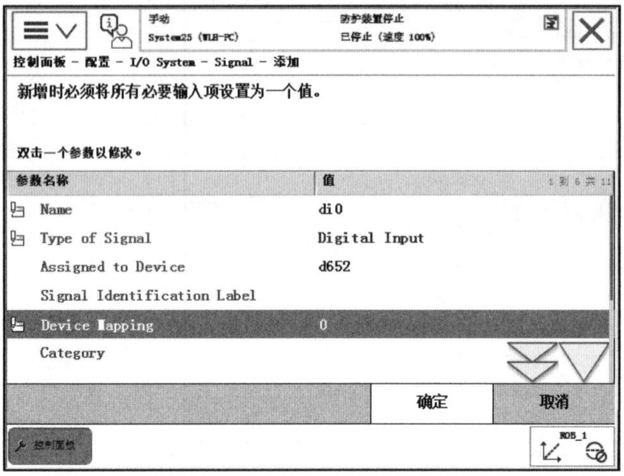 手动 System25 (WLB-PC) 防护装置停止 已停止（速度 100%） 控制面板 - 配置 - I/O System - Signal - 添加 新增时必须将所有必要输入项设置为一个值。 双击一个参数以修改。 参数名称 值 1 到 6 共 11 Name di0 Type of Signal Digital Input Assigned to Device d652 Signal Identification Label Device Mapping 0 Category 确定 取消 控制面板 ROB_1	点击【确定】
10	 手动 System25 (WLB-PC) 防护装置停止 已停止（速度 100%） 控制面板 - 配置 - I/O System - Signal - 添加 重新启动 更改将在控制器重启后生效。 是否现在重新启动? 是 否 确定 取消 控制面板 ROB_1	在弹出的对话框中点击【否】，继续完成后续配置，否则点击【是】，完成配置

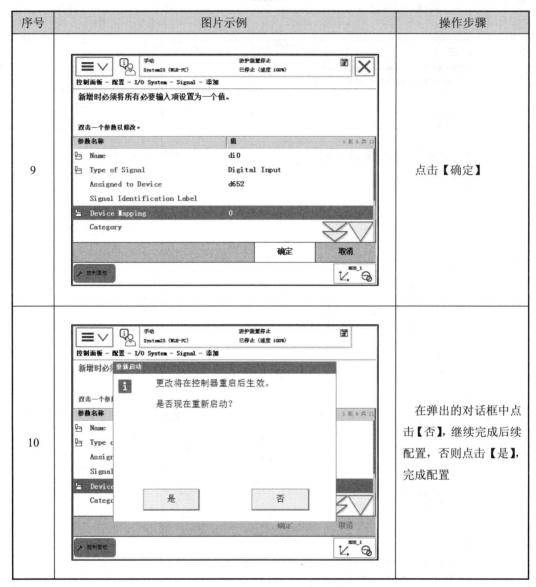

任务 5.3　系统 I/O 配置

任务描述

了解 ABB 机器人常用系统 I/O 信号，掌握系统 I/O 信号的配置方法。

知识准备

5.3.1　常用系统 I/O 信号

1. 常用系统输入信号

※ 系统 I/O 配置

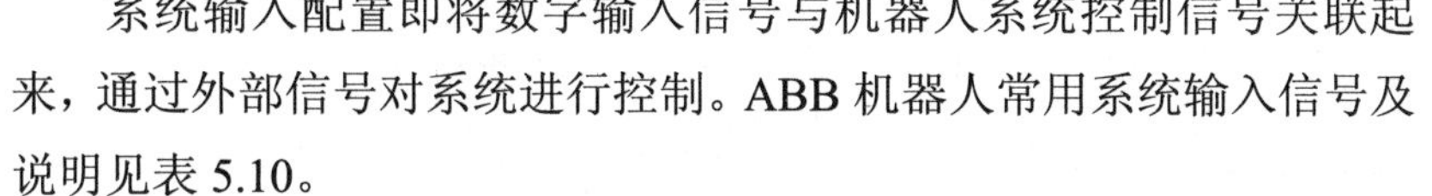

系统输入配置即将数字输入信号与机器人系统控制信号关联起来，通过外部信号对系统进行控制。ABB 机器人常用系统输入信号及说明见表 5.10。

表 5.10　ABB 机器人常用系统输入信号及说明

序号	图例	说明
1	Motors On	电机上电
2	Motors Off	电机下电
3	Start	启动运行
4	Start at Main	从主程序启动运行
5	Stop	暂停
6	Quick Stop	快速停止
7	Soft Stop	软停止
8	Stop at end of Cycle	在循环结束后停止
9	Interrupt	中断触发
10	Load and Start	加载程序并启动运行
11	Reset Emergency stop	急停复位
12	Motors On and Start	电机上电并启动运行
13	System Restart	重启系统
14	Load	加载程序文件
15	Backup	系统备份
16	PP to Main	指针移至主程序 main

2. 常用系统输出信号

系统输出配置即将机器人系统状态信号与数字输出信号关联起来，将状态输出。ABB 机器人常用系统输出信号及说明见表 5.11。

表 5.11　ABB 机器人常用系统输出信号及说明

序号	图例	说明
1	Motor On	电机上电
2	Motor Off	电机下电
3	Cycle On	程序运行状态
4	Emergency Stop	紧急停止
5	Auto On	自动运行状态
6	Runchain Ok	程序执行错误报警
7	TCP Speed	TCP 速度，以模拟量输出当前机器人速度
8	Motors On State	电机上电状态
9	Motors Off State	电机下电状态
10	Power Fail Error	动力供应失效状态
11	Motion Supervision Triggered	碰撞检测被触发
12	Motion Supervision On	动作监控打开状态
13	Path return Region Error	返回路径失败状态
14	TCP Speed Reference	TCP 速度参考状态，以模拟量输出当前指令速度
15	Simulated I/O	虚拟 I/O 状态
16	Mechanical Unit Active	激活机械单元
17	TaskExecuting	任务运行状态
18	Mechanical Unit Not Moving	机械单元没有运行
19	Production Execution Error	程序运行错误报警
20	Backup in progress	系统备份进行中
21	Backup error	备份错误报警

5.3.2　系统 I/O 信号配置

1. 系统输入信号配置

配置系统输入信号的操作步骤见表 5.12。

表 5.12 配置系统输入信号的操作步骤

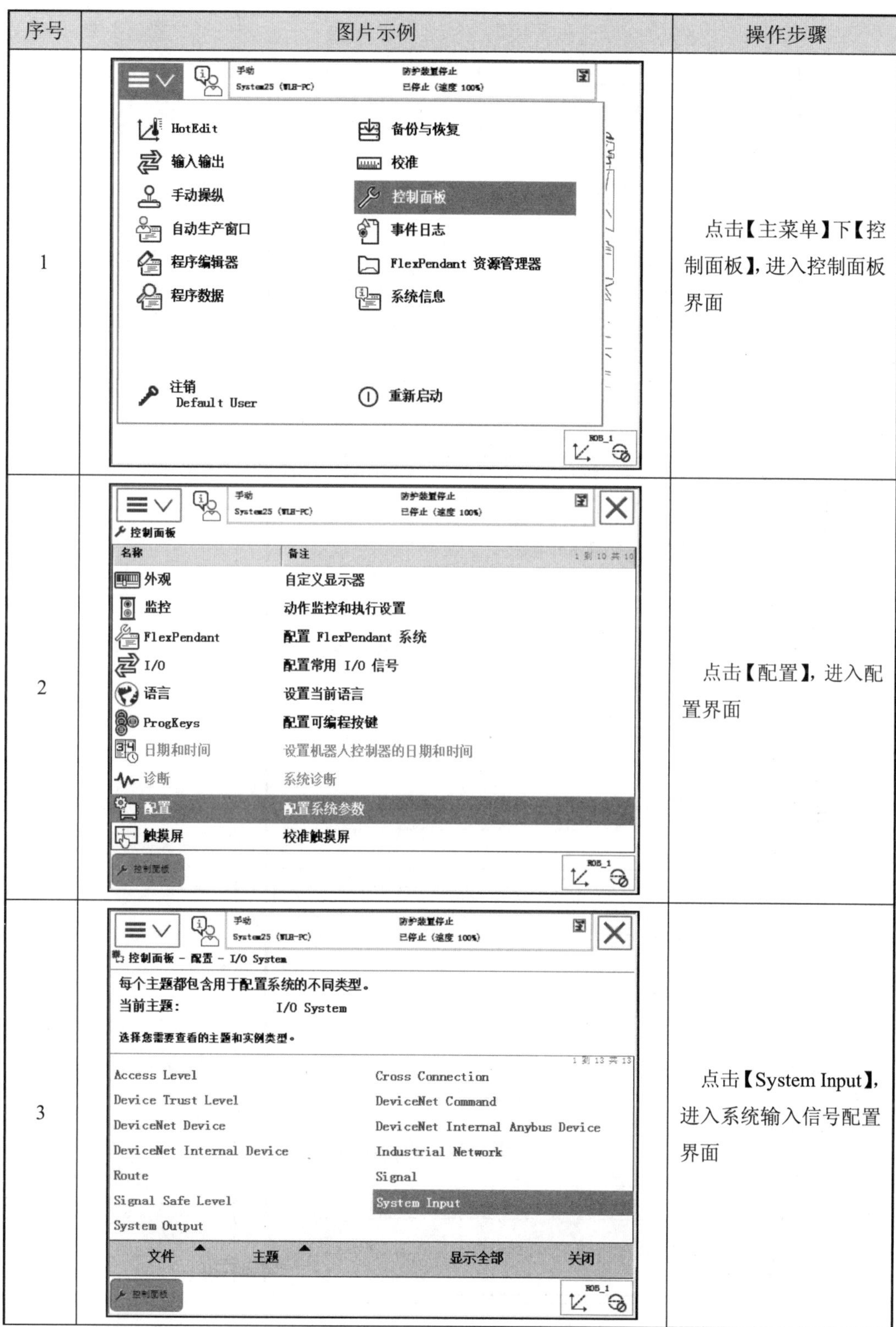

序号	图片示例	操作步骤
1		点击【主菜单】下【控制面板】，进入控制面板界面
2		点击【配置】，进入配置界面
3		点击【System Input】，进入系统输入信号配置界面

续表 5.12

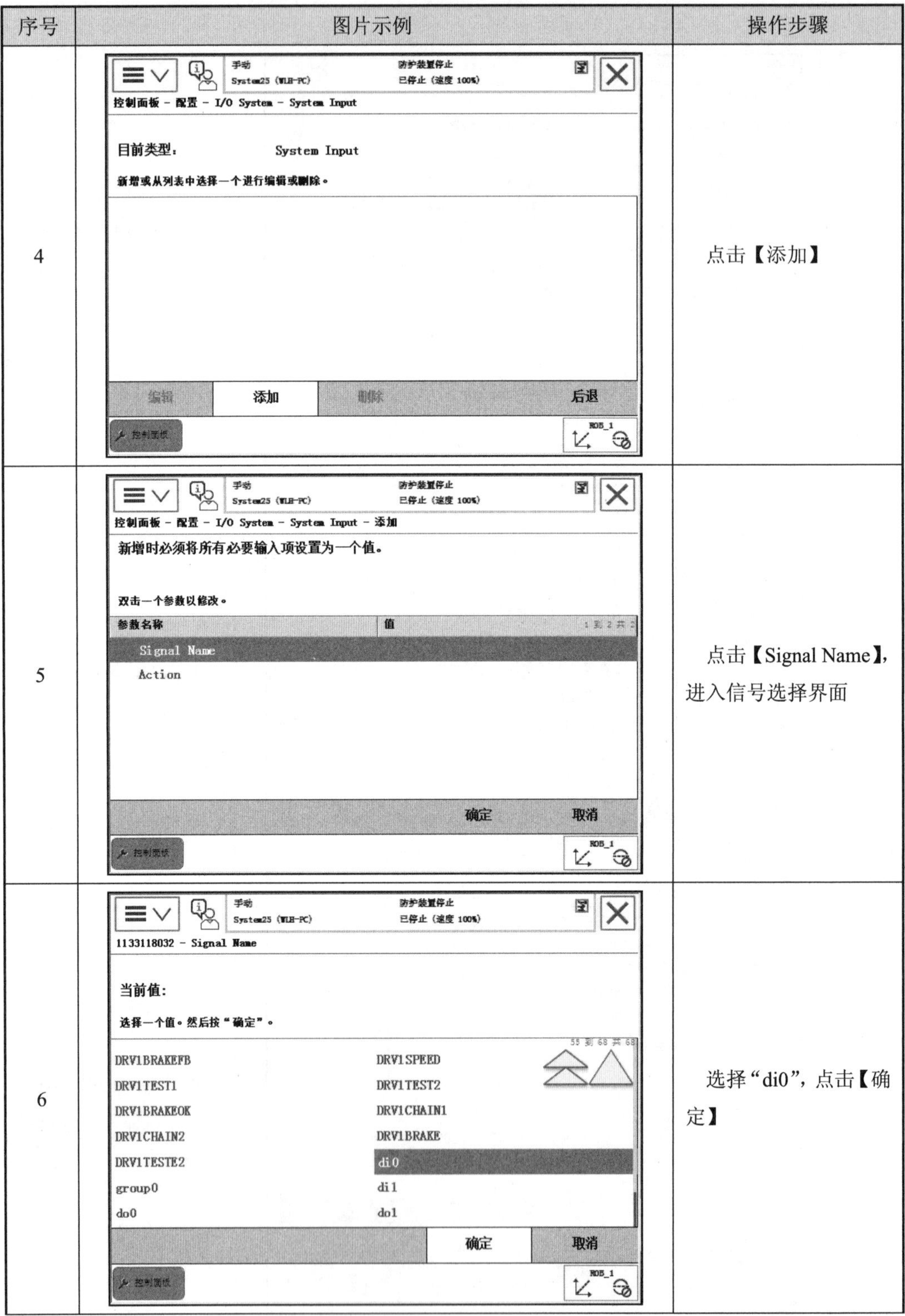

序号	图片示例	操作步骤
4		点击【添加】
5		点击【Signal Name】，进入信号选择界面
6		选择“di0”，点击【确定】

续表 5.12

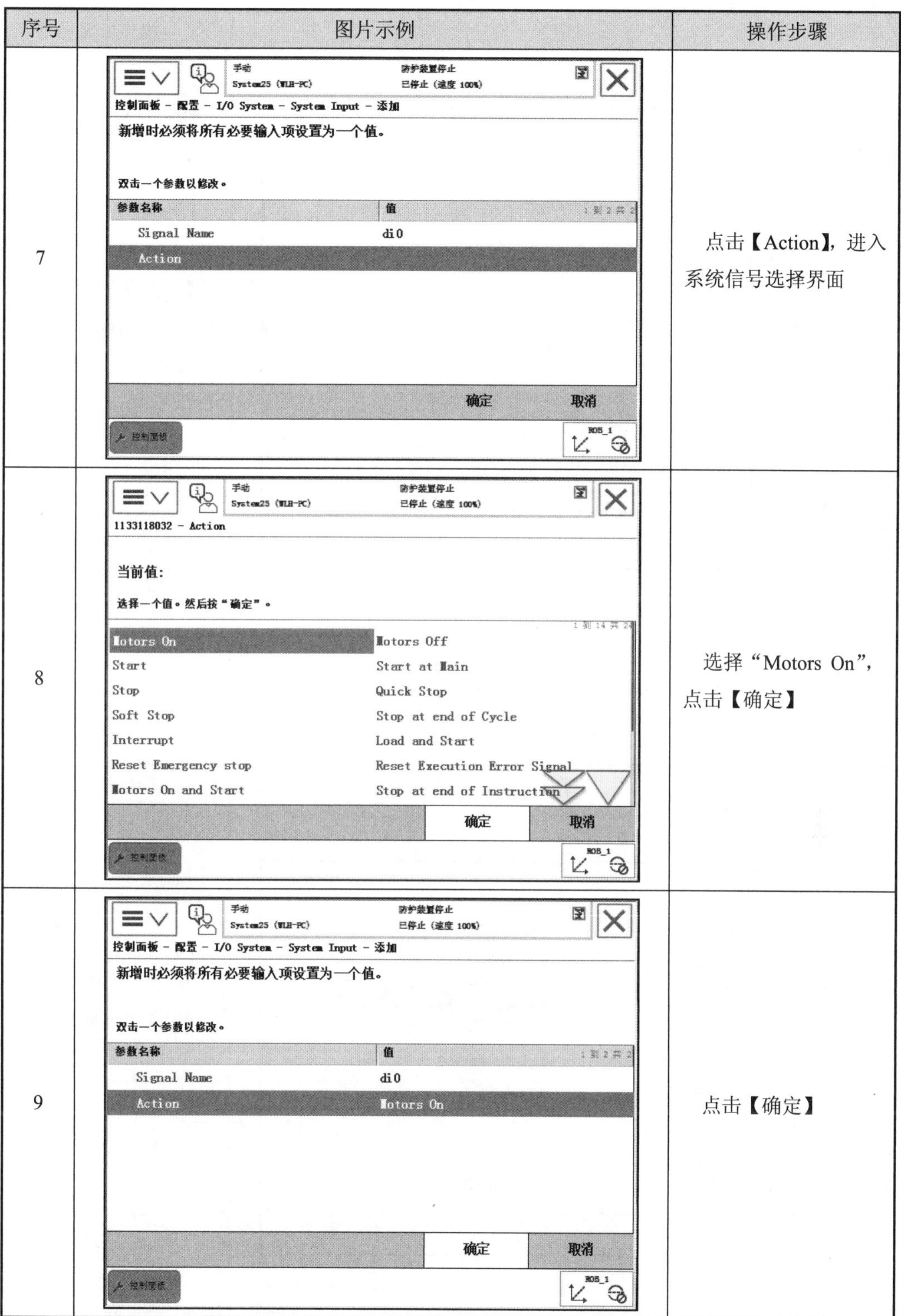

序号	图片示例	操作步骤
7		点击【Action】，进入系统信号选择界面
8		选择“Motors On”，点击【确定】
9		点击【确定】

续表 5.12

序号	图片示例	操作步骤
10	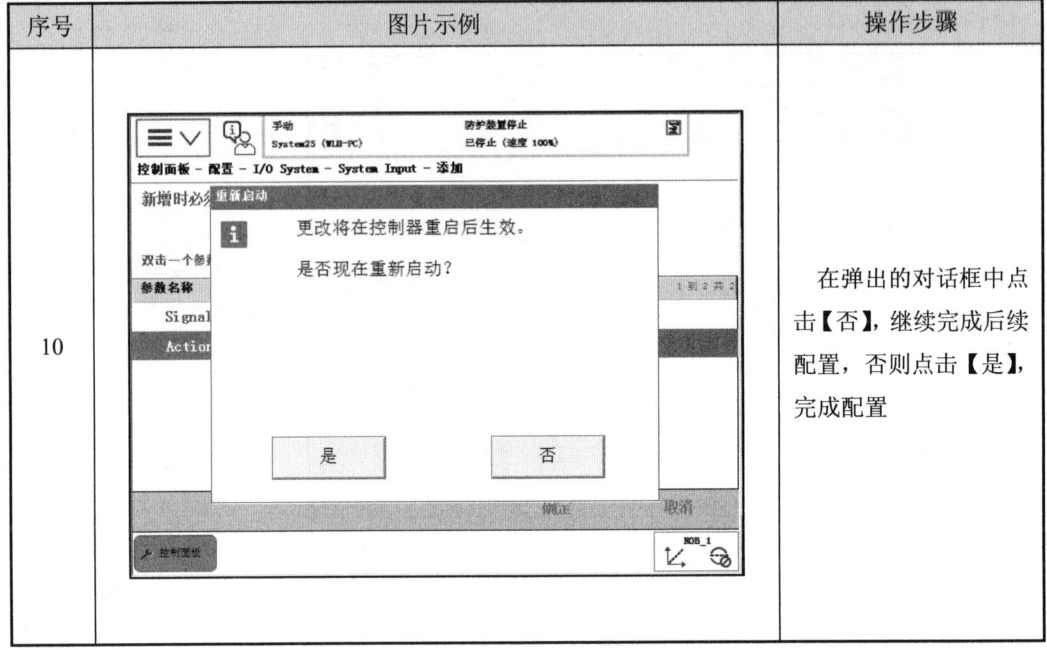	在弹出的对话框中点击【否】，继续完成后续配置，否则点击【是】，完成配置

2. 系统输出信号配置

配置系统输出信号的操作步骤见表 5.13。

表 5.13　配置系统输出信号的操作步骤

序号	图片示例	操作步骤
1	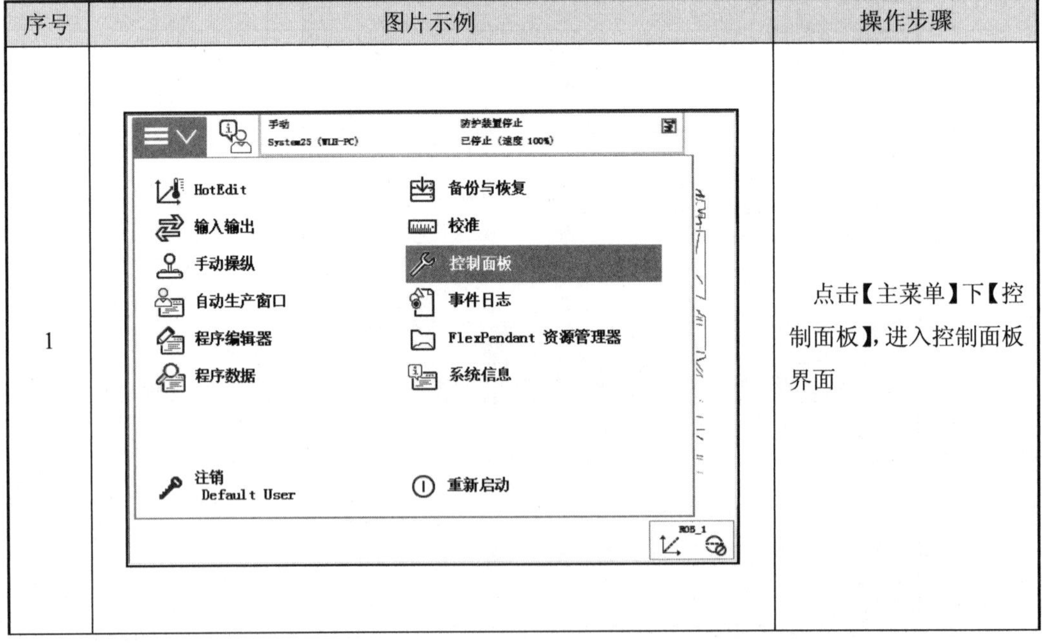	点击【主菜单】下【控制面板】，进入控制面板界面

续表 5.13

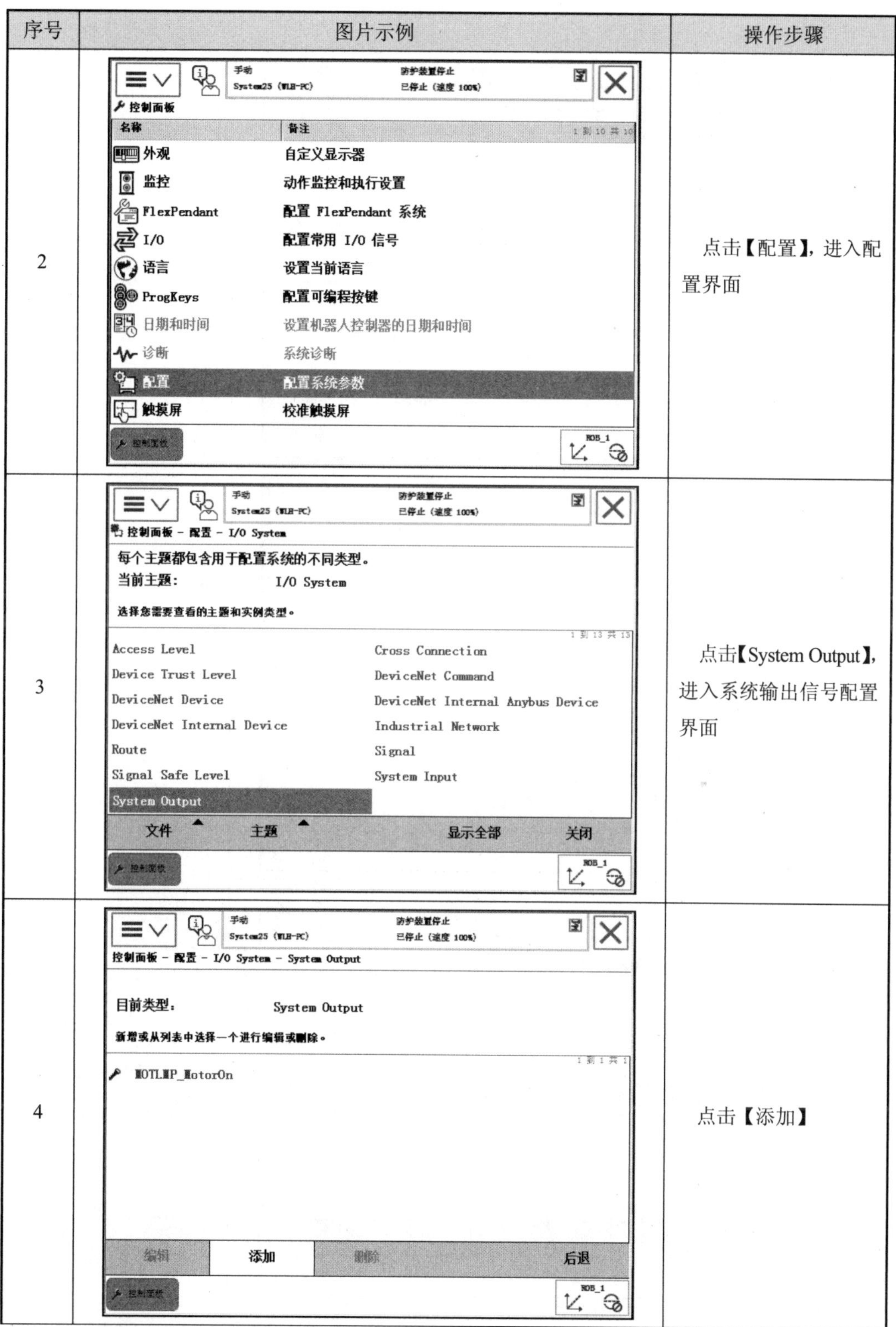

序号	图片示例	操作步骤
2		点击【配置】，进入配置界面
3		点击【System Output】，进入系统输出信号配置界面
4		点击【添加】

续表 5.13

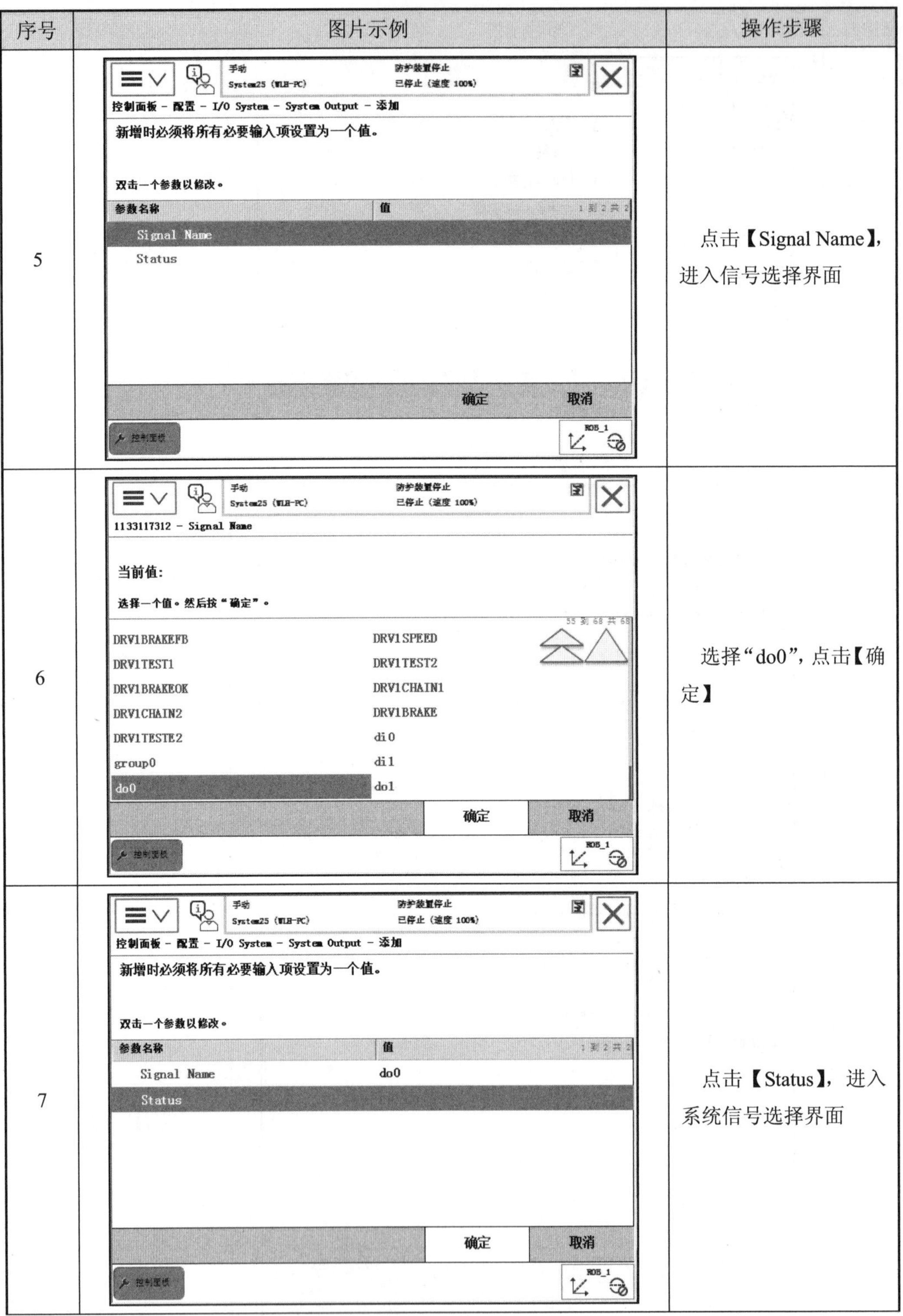

序号	图片示例	操作步骤
5		点击【Signal Name】，进入信号选择界面
6		选择“do0”，点击【确定】
7		点击【Status】，进入系统信号选择界面

续表 5.13

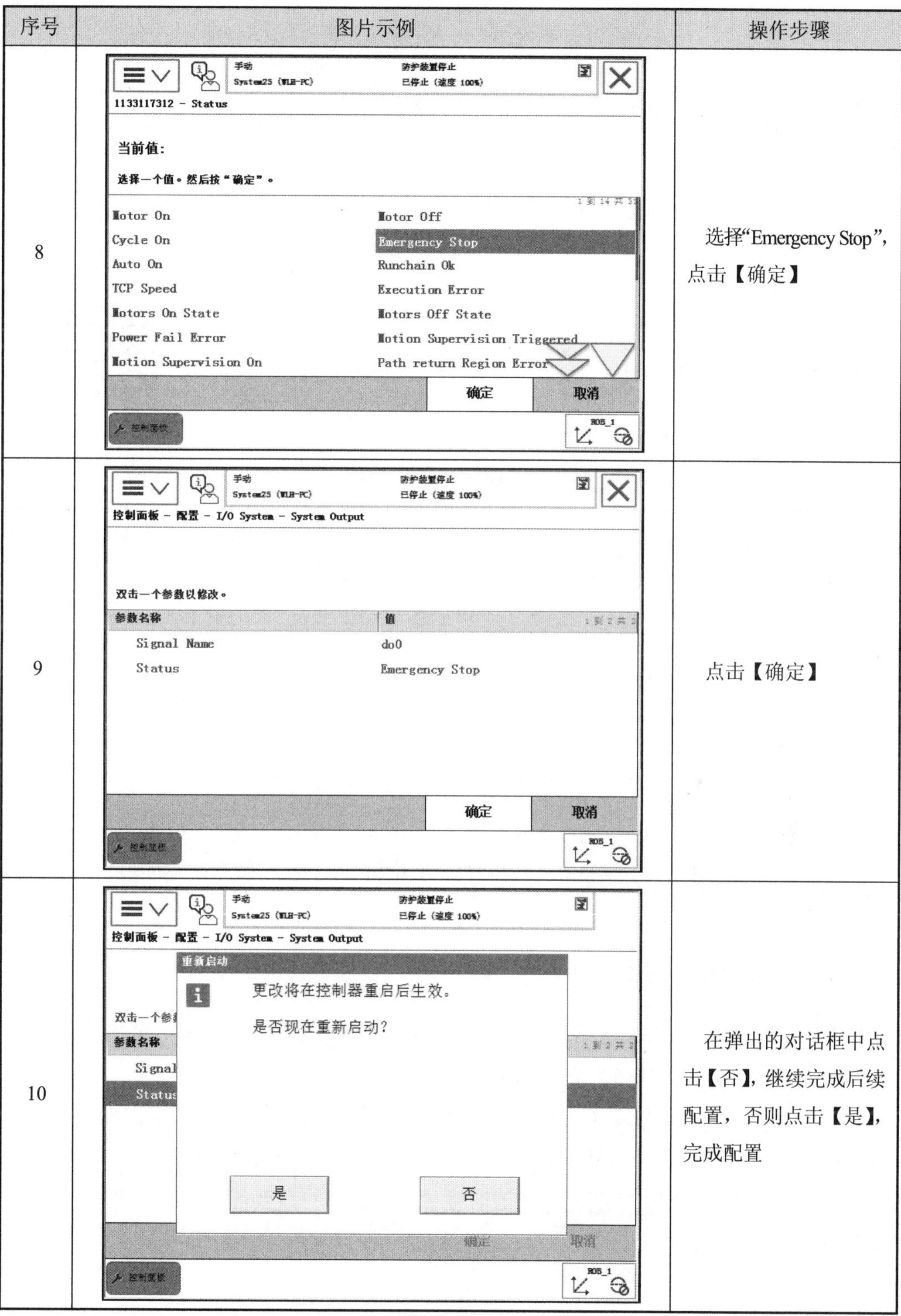

序号	图片示例	操作步骤
8		选择“Emergency Stop”，点击【确定】
9		点击【确定】
10		在弹出的对话框中点击【否】，继续完成后续配置，否则点击【是】，完成配置

任务 5.4　安全信号

任务描述

了解 ABB 机器人安全信号的分类、接线。

知识准备

※ 安全信号

5.4.1　安全信号分类

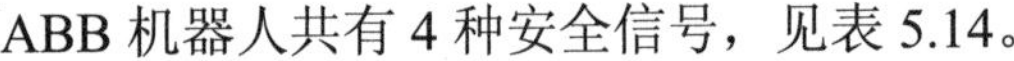

ABB 机器人共有 4 种安全信号，见表 5.14。

表 5.14　ABB 机器人安全信号

序号	简称	功能
1	GS	**常规模式安全保护停止：** 在任何模式下均有效，即在自动和手动模式下都有效，主要由安全设备激活，例如光栅、安全光幕、安全垫等
2	AS	**自动模式安全保护停止：** 在自动模式下有效，用于在自动程序执行过程中被外在检测装置激活的安全机制，如门互锁开关、光束或敏感的安全垫等
3	SS	**上级安全保护停止：** 在任何模式下均有效（不适用于 IRC 5 紧凑型控制器），具有一般停止的功能，但主要用于外部设备
4	ES	**紧急停止：** 无论机器人处于何种状态，一旦紧急停止信号激活，机器人将立即处于停止状态，且在报警没有消除的状态下，机器人无法启动。紧急停止需要在紧急情况下才能使用，不正确地使用紧急停止可能会缩短机器人的使用寿命

5.4.2　安全信号接线

IRB 120 机器人采用 IRC 5 紧凑型控制器，其安全信号位于顶部 XS7、XS8、XS9 接口上，其安全信号电气图如图 5.7 所示，安全保护机制接口如图 5.8 所示。

机器人出厂时安全信号端子默认为短接状态，在使用该功能时可以取下跳线连接线，进行功能接线。控制器采用双回路急停保护机制，分别位于 XS7 和 XS8 上。两组回路共同作用，即只有当 XS7 和 XS8 同时接通时才能消除急停；只要任何一路断开，急停功能立即生效。

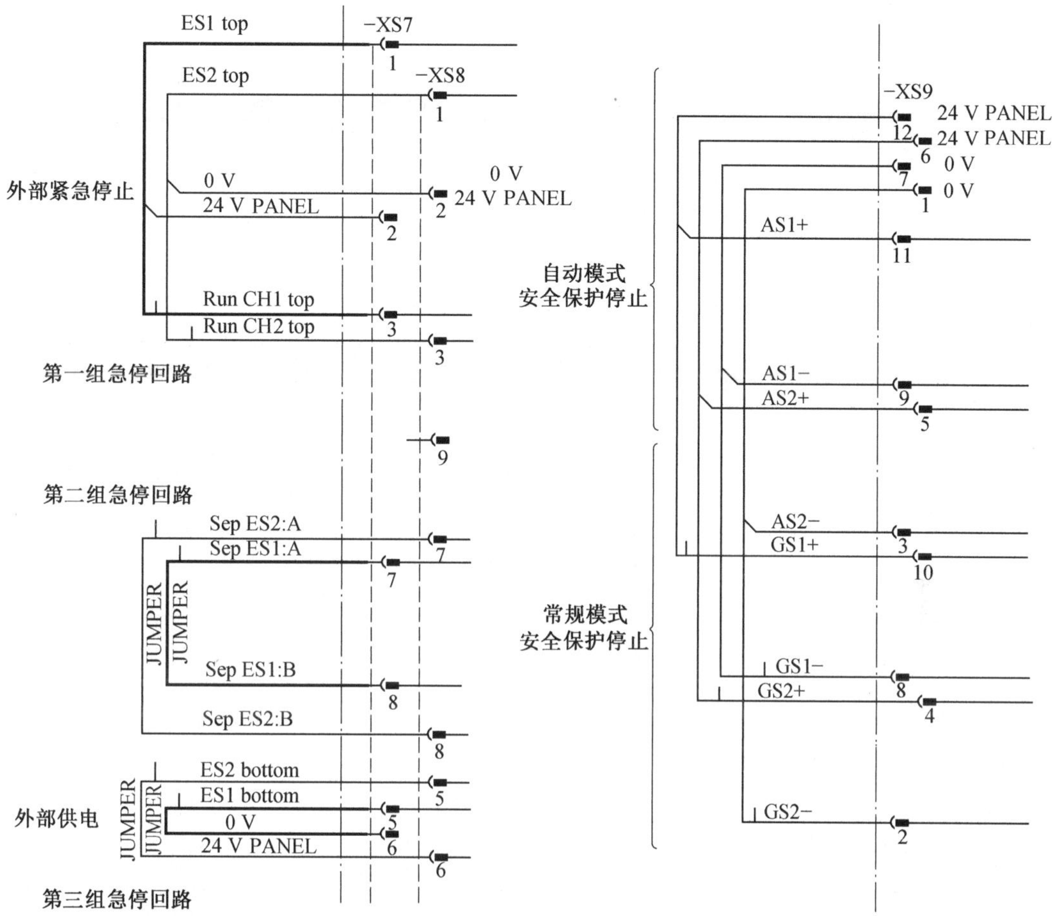

ES1 top
−XS7
1
ES2 top
−XS8
1
外部紧急停止
0 V
24 V PANEL
2
0 V
24 V PANEL
2
Run CH1 top
Run CH2 top
3
3
第一组急停回路
9
第二组急停回路
Sep ES2:A
Sep ES1:A
7
7
JUMPER
JUMPER
Sep ES1:B
8
Sep ES2:B
8
外部供电
JUMPER
JUMPER
ES2 bottom
ES1 bottom
0 V
24 V PANEL
5
5
6
6
第三组急停回路
−XS9
12 24 V PANEL
6 24 V PANEL
7 0 V
1 0 V
AS1+
11
自动模式
安全保护停止
AS1−
AS2+
9
5
AS2−
GS1+
3
10
常规模式
安全保护停止
GS1−
GS2+
8
4
GS2−
2

图 5.7 IRB 120 机器人控制器安全信号电气图

图 5.8 安全保护机制接口

XS7 和 XS8 接口端子的接线如图 5.9 所示。

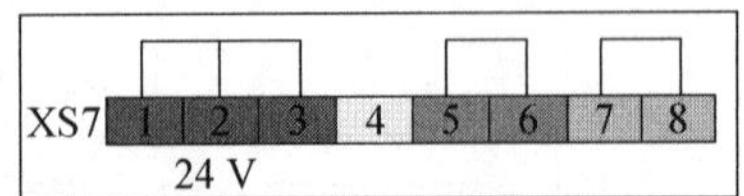

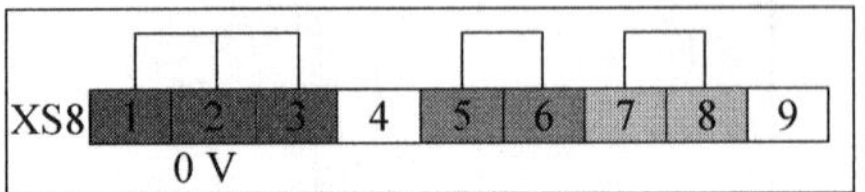

图 5.9　XS7 和 XS8 接口端子的接线

XS7～XS9 接口各端子的含义见表 5.15。

表 5.15　XS7～XS9 接口各端子的含义

序号	XS7	XS8	XS9
1	ES1 top	ES2 top	0 V
2	24 V panel	0 V	GS2-
3	Run CH1 top	Run CH2 top	AS2-
4	ES1:int	ES2:int	GS2+
5	ES1 bottom	ES2 bottom	AS2+
6	0 V	24 V panel	24 V panel
7	Sep ES1:A	Sep ES2:A	0 V
8	Sep ES1:B	Sep ES2:B	GS1-
9	—	—	AS1-
10	—	—	GS1+
11	—	—	AS1+
12	—	—	24 V panel

项目实施

项目要求：能够完成实训台上工业机器人的通信配置。请结合表 5.16 所示工业机器人通信配置操作报告书完成项目要求。

表 5.16 工业机器人通信配置操作报告书

<table>
<tr><td>题目名称</td><td colspan="2"></td></tr>
<tr><td>学习主题</td><td colspan="2">工业机器人通信配置</td></tr>
<tr><td>重点/难点</td><td colspan="2">工业机器人 I/O 信号配置流程</td></tr>
<tr><td rowspan="2">训练目标</td><td>主要知识能力指标</td><td>（1）熟练掌握工业机器人通信方式、I/O 板结构。
（2）熟练掌握工业机器人 I/O 信号配置流程。
（3）掌握工业机器人系统 I/O 配置流程。
（4）掌握工业机器人 DSQC652 I/O 板配线过程</td></tr>
<tr><td>相关能力指标</td><td>（1）能够正确制订学习计划，养成独立学习的习惯。
（2）能够阅读工业机器人相关技术手册与说明书。
（3）培养良好的职业素养及团队协作精神</td></tr>
<tr><td>参考资料/学习资源</td><td colspan="2">图书馆内相关书籍、工业机器人相关网站等</td></tr>
<tr><td>学生准备</td><td colspan="2">熟悉工业机器人系统，准备教材、笔、笔记本、练习纸等</td></tr>
<tr><td>教师准备</td><td colspan="2">熟悉教学标准、机器人实训设备说明，演示实验，讲授内容，设计教学过程、记分册</td></tr>
<tr><td rowspan="8">学习步骤</td><td>明确任务</td><td>教师提出任务</td></tr>
<tr><td rowspan="5">分析过程（学生借助参考资料、教材和教师的引导，自己制订学习计划，并拟定检查、评价标准）</td><td>掌握 ABB 机器人常见通信方式</td></tr>
<tr><td>掌握 I/O 板分类及结构</td></tr>
<tr><td>掌握 I/O 信号配置流程</td></tr>
<tr><td>掌握系统 I/O 配置流程</td></tr>
<tr><td>根据任务要求和实际操作结果完成总结报告</td></tr>
<tr><td>检查</td><td>在整个过程中，学生依据拟定的评价标准检查自己是否符合要求地完成了任务</td></tr>
<tr><td>评价</td><td>由学习小组、教师评价学生的工作情况并给出建议</td></tr>
</table>

项目评价

请完成表 5.17 所示项目评价表。

表 5.17　项目评价表

<table>
<tr><td>姓名</td><td></td><td>学号</td><td></td><td>日期</td><td colspan="2"></td></tr>
<tr><td>小组成员</td><td colspan="3"></td><td>教师签字</td><td colspan="2"></td></tr>
<tr><td>类别</td><td>项目</td><td colspan="2">考核内容</td><td>得分</td><td>总分</td><td>评分标准</td></tr>
<tr><td rowspan="2">理论</td><td rowspan="2">知识准备（100 分）</td><td colspan="2">正确描述工业机器人 I/O 信号配置流程及操作流程（50 分）</td><td></td><td rowspan="2"></td><td rowspan="2">根据完成情况打分</td></tr>
<tr><td colspan="2">正确描述工业机器人系统 I/O 配置流程及 DSQC 652 I/O 板配线过程（50 分）</td><td></td></tr>
<tr><td>评分说明</td><td colspan="6"></td></tr>
<tr><td>备注</td><td colspan="6">（1）项目评价表原则上不能出现涂改现象，若出现则必须在涂改之处签字确认。
（2）每次考核结束后，教师及时记录考核成绩</td></tr>
</table>

项目评测

1. 简述 DSQC 652 I/O 板配线过程。
2. 简述 I/O 信号配置流程。
3. 简述系统 I/O 配置流程。
4. 简述 I/O 板上 XS7、XS8、XS9 接口的功能。
5. 简述急停回路配线的流程。

项目 6　编程基础

项目描述

本项目主要讲解 ABB 机器人编程基础，首先介绍常见数据类型、数据存储类型及程序数据操作；其次介绍 RAPID 语言的功能、ABB 机器人程序组成及程序操作；然后介绍程序指令；最后介绍功能函数。

任务 6.1　程序数据

任务描述

本任务主要介绍 ABB 机器人常见数据类型、数据存储类型及程序数据操作。

知识准备

6.1.1　常见数据类型

※ 程序数据

数据存储并描述了机器人控制器内部的各项属性，ABB 机器人控制器数据类型达到 100 余种，其中常见数据类型见表 6.1。

表 6.1　常见数据类型

类别	名称	描述
基本数据	bool	**逻辑值：**取值为 TRUE 或 FALSE
	byte	**字节值：**取值范围（0～255）
	num	**数值：**可存储整数或小数，整数取值范围（−8 388 607～8 388 608）
	dnum	**双数值：**可存储整数或小数，整数取值范围（−4 503 599 627 370 495～+4 503 599 627 370 496）
	string	**字符串：**最多 80 个字符
	stringdig	**只含数字的字符串：**可处理不大于 4 294 967 295 的正整数

续表 6.1

类别	名称	描述
I/O 数据	dionum	**数字值**：取值为 0 或 1，用于处理数字 I/O 信号
	signaldi	数字输入信号
	signaldo	数字输出信号
	signalgi	数字输入信号组
	signalgo	数字输出信号组
	signalai	模拟量输入信号
	signalao	模拟量输出信号
运动相关数据	robtarget	**位置数据**：定义机械臂和外轴的位置
	robjoint	**关节数据**：定义机械臂各关节位置
	speeddata	**速度数据**：定义机械臂和外轴移动速度，包含 4 个参数。 v_tcp 表示 TCP 速度，单位为 mm/s； v_ori 表示 TCP 重定位速度，单位为（°）/s； v_leax 表示线性外轴速度，单位为 mm/s； v_reax 表示旋转外轴速度，单位为（°）/s
	zonedata	**区域数据**：一般也称为转弯半径，用于定义机器人轴在朝向下一个移动位置前如何接近编程位置，即描述机器人移动到下一个目标点的精确度
	tooldata	**工具数据**：用于定义工具的特征，包含 TCP 位置和方位，以及工具的负载
	wobjdata	**工件数据**：用于定义工件的位置及状态
	loaddata	**负载数据**：用于定义机械臂安装界面的负载

6.1.2 数据存储类型

ABB 机器人数据存储类型分为 3 种，见表 6.2。

表 6.2 数据存储类型

序号	存储类型	说明
1	CONST	**常量**：数据在定义时已赋予了数值，不能在程序中进行修改，除非手动修改
2	VAR	**变量**：数据在程序执行过程停止时，会保持当前的值。但如果程序指针被移到主程序后，数据就会丢失
3	PERS	**可变量**：无论程序的指针如何，数据都会保持最后赋予的值。在机器人执行的 RAPID 程序中也可以对可变量存储类型数据进行赋值操作，在程序执行以后，赋值的结果会一直保持，直到对其进行重新赋值

6.1.3 程序数据操作

1. 程序数据界面

在程序数据界面中可以查看并操作所有数据。点击【主菜单】下的【程序数据】，进入程序数据界面，如图6.1所示。程序数据界面默认显示已用数据类型，通过点击【视图】可以在已用数据类型和全部数据类型中进行切换，点击【更改范围】可以对数据进行筛选。

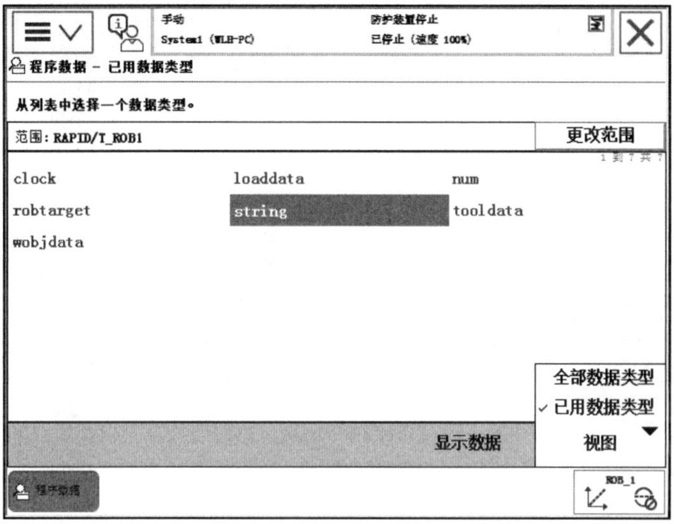

（a）

（b）

图6.1 程序数据界面

2. 程序数据编辑

点击程序数据界面中的【程序数据】，进入程序数据编辑界面，以 num 型数据为例，如图 6.2 所示。

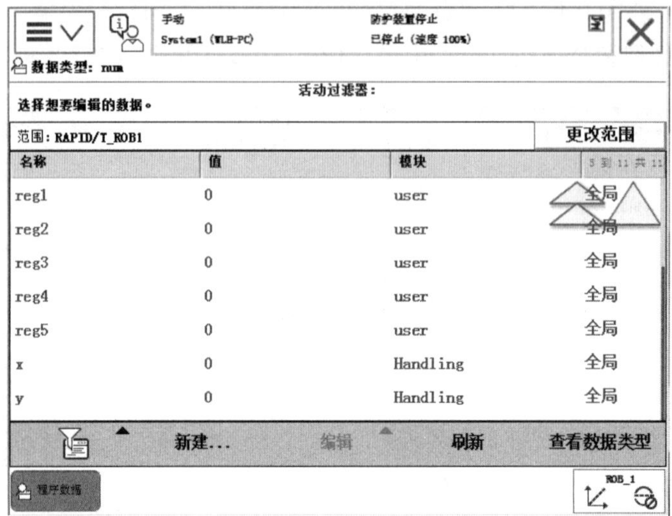

（a）

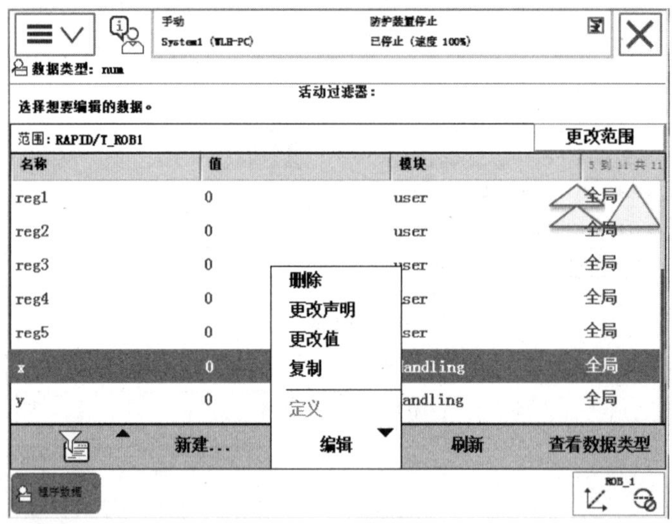

（b）

图 6.2　程序数据编辑界面

程序数据编辑界面中各菜单项功能见表 6.3。

表 6.3　程序数据编辑界面中各项菜单项功能

序号	图例	说明
1		打开过滤器，用于筛选变量
2	新建...	新建变量
3	编辑	打开编辑子菜单
4	刷新	手动刷新变量数据
5	查看数据类型	返回程序数据界面
6	删除	删除当前变量
7	更改声明	更改当前变量名称
8	更改值	更改当前变量值
9	复制	复制当前变量
10	定义	定义当前变量值，仅对部分类型变量有效

3. 新建程序变量

新建名称为 reg0 的 num 型数据变量，操作步骤见表 6.4。

表 6.4　新建程序变量的操作步骤

序号	图片示例	操作步骤
1	手动 System1 (WLH-PC) 防护装置停止 已停止（速度 100%） 数据类型：num 选择想要编辑的数据。 活动过滤器： 范围：RAPID/T_ROB1 更改范围 名称 值 模块 reg1 0 user 全局 reg2 0 user 全局 reg3 0 user 全局 reg4 0 user 全局 reg5 0 user 全局 x 0 Handling 全局 y 0 Handling 全局 新建... 编辑 刷新 查看数据类型 程序数据 ROB_1	在 num 型程序数据编辑界面中点击【新建...】

续表 6.4

序号	图片示例	操作步骤
2	手动 System1 (WLB-PC) 防护装置停止 已停止（速度 100%） 新数据声明 数据类型：num 当前任务：T_ROB1 名称：reg6 范围：全局 存储类型：变量 任务：T_ROB1 模块：Handling 例行程序：<无> 维数 <无> 初始值 确定 取消 程序数据 ROB_1	设定数据的名称、范围、存储类型等
3	手动 System1 (WLB-PC) 防护装置停止 已停止（速度 100%） 新数据声明 数据类型：num 当前任务：T_ROB1 名称：reg0 范围：全局 存储类型：变量 任务：T_ROB1 模块：Handling 例行程序：<无> 维数 <无> 初始值 确定 取消 程序数据 ROB_1	点击【初始值】
4	手动 System1 (WLB-PC) 防护装置停止 已停止（速度 100%） 编辑 名称：reg0 点击一个字段以编辑值。 名称 值 数据类型 1 到 1 共 1 reg0 := 0 num 确定 取消 程序数据 ROB_1	设定变量初始值，点击【确定】

续表 6.4

序号	图片示例	操作步骤
5	手动 System1 (WLB-PC) 防护装置停止 已停止 (速度 100%) 新数据声明 数据类型：num 当前任务：T_ROB1 名称：reg0 范围：全局 存储类型：变量 任务：T_ROB1 模块：Handling 例行程序：<无> 维数 <无> 初始值 确定 取消 程序数据 ROB_1	点击【确定】，完成 num 型数据变量的创建

任务 6.2 程序结构

任务描述

本任务主要介绍 RAPID 语言功能、ABB 机器人程序组成及程序操作。

知识准备

6.2.1 RAPID 语言功能

※ 程序结构及程序操作

ABB 机器人编程语言为 RAPID 语言，采用分层编程方案，可为特定机器人系统安装新程序、数据对象和数据类型，其功能如图 6.3 所示。

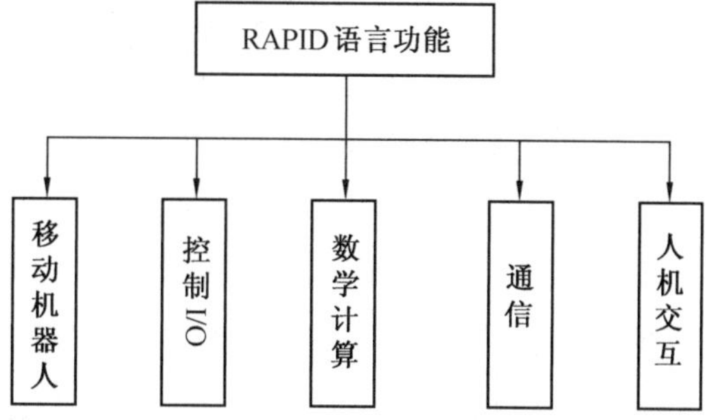

图 6.3 RAPID 语言功能

6.2.2 ABB 机器人程序组成

ABB 机器人程序包含 3 个等级：任务、模块、例行程序。ABB 机器人程序结构如图 6.4 所示。一个任务中包含若干个系统模块和用户模块，一个模块中包含若干程序。其中系统模块预定义了程序系统数据，定义常用的系统特定数据对象（工具、焊接数据、移动数据等）、接口（打印机、日志文件……）等。通常用户程序分布于不同的模块中，在不同的模块中编辑对应的例行程序和中断程序。主程序（main）为程序执行的入口，有且仅有一个，通常通过执行 main 程序调用其他的子程序，实现机器人的相应功能。

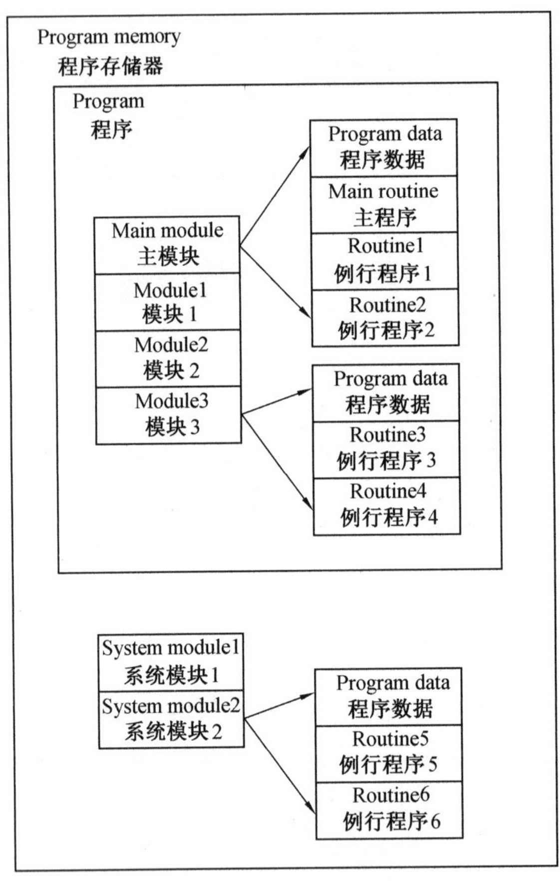

图 6.4 ABB 机器人程序结构

6.2.3 程序操作

1. 模块操作

模块操作界面用于完成对任务模块的新建、编辑、删除等操作，如图 6.5 所示。

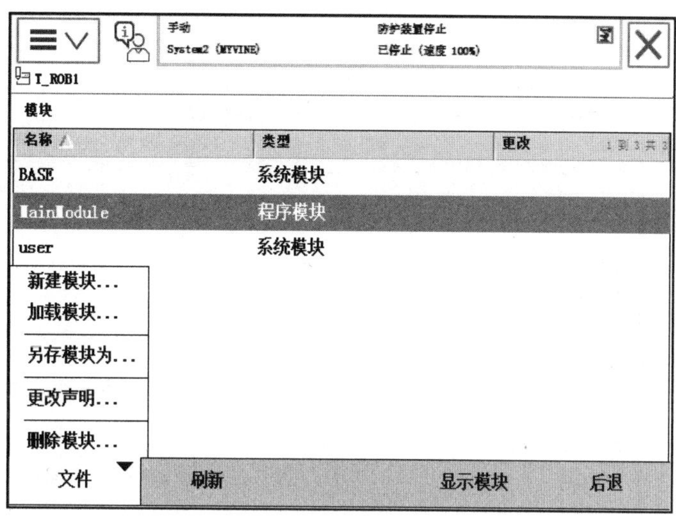

图 6.5 模块操作界面

模块操作界面中各菜单项说明见表 6.5。

表 6.5 模块操作界面中各菜单项说明

序号	图例	说明
1	新建模块...	建立一个新的模块，包括程序模块和系统模块。默认选择 Module 程序模块
2	加载模块...	通过外部 USB 存储设备加载程序模块
3	另存模块为...	保存当前程序模块，可以保存至控制器，也可以保存至外部 USB 存储设备
4	更改声明...	通过更改声明可以更改模块的名称和类型
5	删除模块...	删除当前模块，操作不可逆，谨慎操作

2. 例行程序操作

例行程序操作界面用于完成对例行程序的新建、编辑、删除等操作，如图 6.6 所示。

所示。

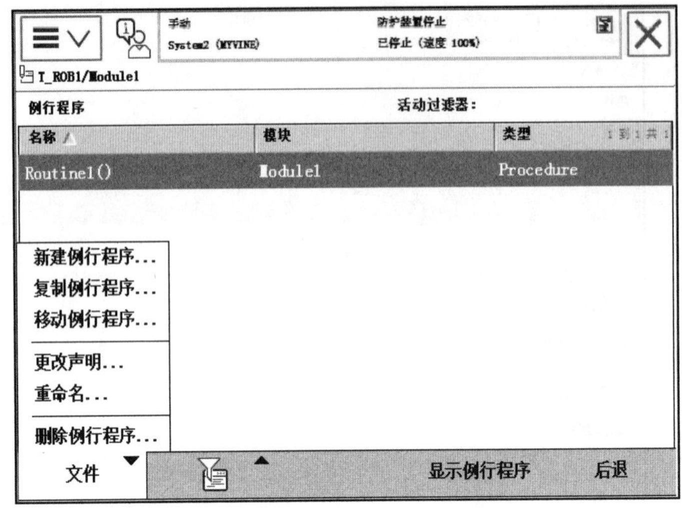

图 6.6　例行程序操作界面

例行程序操作界面中各菜单项说明见表 6.6。

表 6.6　例行程序操作界面中各菜单项说明

序号	图例	说明
1	新建例行程序...	弹出新建例行程序界面，可以修改程序名称、程序类型
2	复制例行程序...	弹出复制例行程序界面，可以修改程序名称、程序类型，复制程序所在模块位置
3	移动例行程序...	弹出移动例行程序界面，将程序移动到别的模块
4	更改声明...	弹出例行程序声明界面，可以更改程序类型、程序参数、程序所在模块
5	重命名...	重命名例行程序
6	删除例行程序...	删除当前例行程序

3. 程序编辑

程序编辑菜单主要用于对程序进行修改，例如实现剪切、复制、粘贴等操作，如图 6.7 所示。

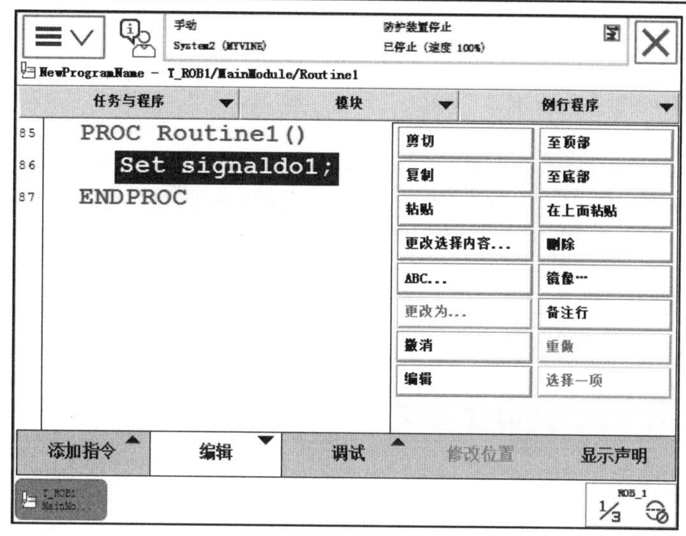

图 6.7 程序编辑菜单

程序编辑菜单中主要菜单项说明见表 6.7。

表 6.7 程序编辑菜单中主要菜单项说明

序号	图例	说明
1	剪切	将选择内容剪切到剪辑板
2	复制	将选择内容复制到剪辑板
3	粘贴	将内容默认粘贴在光标下面
4	在上面粘贴	将内容粘贴在光标上面
5	至顶部	滚页到第一页
6	至底部	滚页到最后一页
7	更改选择内容...	弹出待更改的变量
8	删除	删除所选择内容
9	ABC...	弹出键盘，可以直接进行指令编辑及修改
10	更改为 MoveL	将 MoveJ 指令更改为 MoveL 指令；将 MoveL 指令更改为 MoveJ 指令
11	备注行	将所选择内容改为注释，且不被程序执行
12	撤消	撤销当前操作，最多可撤销 3 步
13	重做	恢复当前操作，最多可恢复 3 步
14	编辑	可以进行多行选择

注：序号 10 对应菜单为图 6.7 中 更改为... （示教器屏幕显示不全）。

4. 程序调试

程序调试菜单如图 6.8 所示。

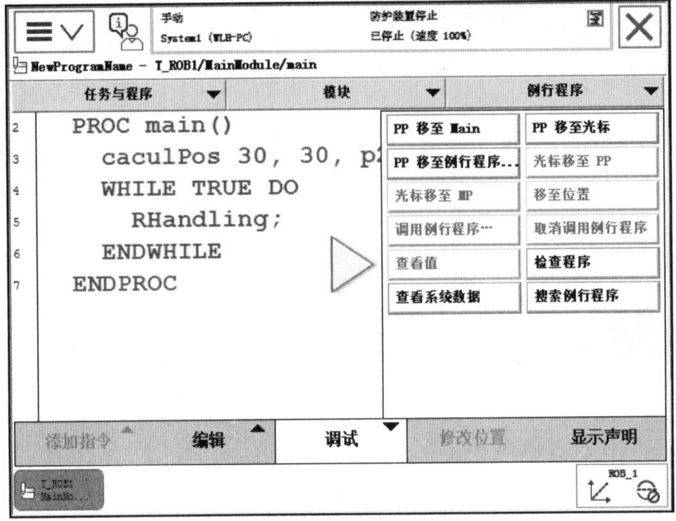

图 6.8　程序调试菜单

程序调试菜单中各菜单项说明见表 6.8。

表 6.8　调试菜单项中各菜单项说明

序号	图例	说明
1	PP 移至 Main	将程序指针移至主程序
2	PP 移至光标	将程序指针移至光标处
3	PP 移至例行程序...	将程序指针移至指定例行程序
4	光标移至 PP	将光标移至程序指针处
5	光标移至 MP	将光标移至动作指针处
6	移至位置	将机器人移动至当前光标位置
7	调用例行程序…	调用任务中预定义的例行程序
8	取消调用例行程序	取消调用例行程序
9	查看值	查看变量数据值
10	检查程序	检查程序是否有错误
11	查看系统数据	查看系统数据数值
12	搜索例行程序	搜索任务中的例行程序

任务 6.3　程序指令

任务描述

本任务主要讲解 ABB 机器人常见的程序指令，采用简化语法的形式对指令和函数进行说明，并配以示教器示例。

知识准备

本任务采用的语法示例如下：

MoveJ [\Conc] ToPoint [\ID] Speed [\V] | [\T] Zone[\Z] [\Inpos] Tool [\Wobj] [\TLoad]

- ➢ 方括号[　]中为可选参数，可以忽略，如[\Conc]、[\ID]等。
- ➢ 竖线 | 两侧为互相排斥参数，如[\V]和[\T]。

6.3.1　Common 指令类别

※ Common 指令类别讲解 1

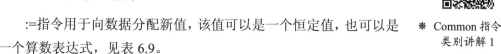

1. :=（赋值）指令

:=指令用于向数据分配新值，该值可以是一个恒定值，也可以是一个算数表达式，见表 6.9。

表 6.9　:=指令

格式	Data := Value	
参数	Data	将被分配新值的数据
	Value	期望值
示例	`reg1 := reg2;`	
说明	将 reg2 的值赋给 reg1	

2. Compact IF（条件）指令

当满足条件且仅需要执行单个指令时，可使用 Compact IF 指令，见表 6.10。

表 6.10　Compact IF 指令

格式	IF Condition …	
参数	Condition	条件
	…	待执行指令
示例	reg1 := 1; IF reg1 = 1 reg2 := 2;	
说明	设置 reg1=1，执行结果为 reg2=2	

3. FOR（循环）指令

当单个或多个指令重复运行时，使用 FOR 指令，见表 6.11。

表 6.11　FOR 指令

格式	FOR Loop counter FROM Start value TO End value [STEP Step value] DO … ENDFOR	
参数	Loop counter	循环计数器名称，将自动声明该数据
	Start value	num 型循环计数器起始值
	End value	num 型循环计数器结束值
	Step value	num 型循环增量值，若未指定该值，则起始值小于结束值时设置为 1，起始值大于结束值时设置为-1
	…	待执行指令

示例	reg1 := 1;
	FOR i FROM 1 TO 3 STEP 2 DO
	  reg1 := reg1 + 1;
	ENDFOR	

说明	设置 reg1=1，执行结果为 reg1=3	

4. IF（条件）指令

当满足条件且需要执行多条指令时，可使用 IF 指令，见表 6.12。

表 6.12 IF 指令

<table>
<tr><td>格式</td><td colspan="2">IF Condition THEN …
{ELSEIF Condition THEN …}
[ELSE …]
ENDIF</td></tr>
<tr><td rowspan="2">参数</td><td>Condition</td><td>bool 型执行条件</td></tr>
<tr><td>…</td><td>待执行指令</td></tr>
<tr><td>示例</td><td colspan="2"><pre>reg2 := 4;
IF reg2 > 5 THEN
  reg1 := 1;
ELSEIF reg2 > 3 THEN
  reg1 := 2;
ELSE
  reg1 := 3;
ENDIF</pre></td></tr>
<tr><td>说明</td><td colspan="2">设置 reg2=4，执行结果为 reg1=2</td></tr>
</table>

5. MoveAbsJ（绝对位置运动）指令

MoveAbsJ 指令用于将机械臂和外轴移动至所指定的绝对位置，见表 6.13。

※ Common 指令类别讲解 2

表 6.13 MoveAbsJ 指令

<table>
<tr><td>格式</td><td colspan="2">MoveAbsJ [\Conc] ToJointPos [\ID] [\NoEOffs] Speed [\V] | [\T] Zone[\Z] [\Inpos] Tool [\Wobj] [\TLoad]</td></tr>
<tr><td rowspan="13">参数</td><td>[\Conc]</td><td>当机器人正在运动时，执行后续指令</td></tr>
<tr><td>ToJointPos</td><td>jointtarget 型数据，目标点位置</td></tr>
<tr><td>[\ID]</td><td>在 MultiMove 系统中用于运动同步或协调同步，其他情况下禁止使用</td></tr>
<tr><td>[\NoEOffs]</td><td>设置该运动不受外轴有效偏移量的影响</td></tr>
<tr><td>Speed</td><td>speeddata 型数据，运动速度</td></tr>
<tr><td>[\V]</td><td>num 型数据，指定指令中的 TCP 速度，以 mm/s 为单位</td></tr>
<tr><td>[\T]</td><td>num 型数据，指定机器人运动的总时间，以 s 为单位</td></tr>
<tr><td>Zone</td><td>zonedata 型数据，转弯半径</td></tr>
<tr><td>[\Z]</td><td>num 型数据，指定机器人 TCP 的位置精度</td></tr>
<tr><td>[\Inpos]</td><td>stoppointdata 型数据，指定机器人 TCP 在停止点位置的收敛性判别标准，停止点数据取代 zone 参数的指定区域</td></tr>
<tr><td>Tool</td><td>tooldata 型数据，指定运行时的工具</td></tr>
<tr><td>[\Wobj]</td><td>wobjdata 型数据，指定运行时的工件</td></tr>
<tr><td>[\TLoad]</td><td>loaddata 型数据，指定运行时的负载</td></tr>
<tr><td>示例</td><td colspan="2"><code>MoveAbsJ jpos10\NoEOffs, v200, z50, tool0;</code></td></tr>
<tr><td>说明</td><td colspan="2">运动至 jpos10 点</td></tr>
</table>

6. MoveC（圆弧运动）指令

MoveC 指令用于将 TCP 沿圆弧移动至目标点，见表 6.14。

表 6.14 MoveC 指令

格式	MoveC [\Conc] CirPoint ToPoint [\ID] Speed [\V] | [\T] Zone[\Z] [\Inpos] Tool [\Wobj] [\TLoad]	
参数	[\Conc]	当机器人正在运动时，执行后续指令
	CirPoint	robtarget 型数据，中间点位置
	ToPoint	robtarget 型数据，目标点位置
	[\ID]	在 MultiMove 系统中用于运动同步或协调同步，其他情况下禁止使用
	Speed	speeddata 型数据，运动速度
	[\V]	num 型数据，指定指令中的 TCP 速度，以 mm/s 为单位
	[\T]	num 型数据，指定机器人运动的总时间，以 s 为单位
	Zone	zonedata 型数据，转弯半径
	[\Z]	num 型数据，指定机器人 TCP 的位置精度
	[\Inpos]	stoppointdata 型数据，指定机器人 TCP 在停止点位置的收敛性判别标准，停止点数据取代 zone 参数的指定区域
	Tool	tooldata 型数据，指定运行时的工具
	[\Wobj]	wobjdata 型数据，指定运行时的工件
	[\TLoad]	loaddata 型数据，指定运行时的负载
示例	`MoveC p10, p20, v100, z10, tool0\WObj:=wobj0;`	
说明	以圆弧形式过 p10 点移动至 p20 点	

7. MoveJ（关节运动）指令

MoveJ 指令用于将 TCP 沿关节移动至目标点，见表 6.15。

表 6.15 MoveJ 指令

格式	MoveJ [\Conc] ToPoint [\ID] Speed [\V] | [\T] Zone[\Z] [\Inpos] Tool [\Wobj] [\TLoad]	
参数	[\Conc]	当机器人正在运动时，执行后续指令
	ToPoint	robtarget 型数据，目标点位置
	[\ID]	在 MultiMove 系统中用于运动同步或协调同步，其他情况下禁止使用
	Speed	speeddata 型数据，运动速度
	[\V]	num 型数据，指定指令中的 TCP 速度，以 mm/s 为单位
	[\T]	num 型数据，指定机器人运动的总时间，以 s 为单位
	Zone	zonedata 型数据，转弯半径
	[\Z]	num 型数据，指定机器人 TCP 的位置精度
	[\Inpos]	stoppointdata 型数据，指定机器人 TCP 在停止点位置的收敛性判别标准，停止点数据取代 zone 参数的指定区域
	Tool	tooldata 型数据，指定运行时的工具
	[\Wobj]	wobjdata 型数据，指定运行时的工件
	[\TLoad]	loaddata 型数据，指定运行时的负载
示例	`MoveJ p30, v100, z50, tool0\WObj:=wobj0;`	
说明	以关节运动模式移动至 p30 点	

8. MoveL（线性运动）指令

MoveL 指令用于将 TCP 沿直线移动至目标点，见表 6.16。

表 6.16 MoveL 指令

格式	MoveL [\Conc] ToPoint [\ID] Speed [\V] | [\T] Zone[\Z] [\Inpos] Tool [\Wobj] [\TLoad]	
参数	[\Conc]	当机器人正在运动时，执行后续指令
	ToPoint	robtarget 型数据，目标点位置
	[\ID]	在 MultiMove 系统中用于运动同步或协调同步，其他情况下禁止使用
	Speed	speeddata 型数据，运动速度
	[\V]	num 型数据，指定指令中的 TCP 速度，以 mm/s 为单位
	[\T]	num 型数据，指定机器人运动的总时间，以 s 为单位
	Zone	zonedata 型数据，转弯半径
	[\Z]	num 型数据，指定机器人 TCP 的位置精度
	[\Inpos]	stoppointdata 型数据，指定机器人 TCP 在停止点位置的收敛性判别标准，停止点数据取代 zone 参数的指定区域
	Tool	tooldata 型数据，指定运行时的工具
	[\Wobj]	wobjdata 型数据，指定运行时的工件
	[\TLoad]	loaddata 型数据，指定运行时的负载
示例	`MoveL p40, v100, z50, tool0\WObj:=wobj0;`	
说明	以线性运动模式移动至 p40 点	

9. ProcCall（调用无返回值程序）指令

※ Common 指令类别讲解 3

ProcCall 指令用于调用无返回值例行程序，见表 6.17。

表 6.17 ProcCall 指令

格式	Procedure {Argument}	
参数	Procedure	待调用的无返回值程序名称
	Argument	待调用程序参数
示例	`Routine1;`	
说明	调用 Routine1 例行程序	

10. Reset（复位数字输出信号）指令

Reset 指令可将数字输出信号置为 0，见表 6.18。

表 6.18 Reset 指令

格式	Reset Signal	
参数	Signal	signaldo 型信号
示例	`Reset do1;`	
说明	将 do1 置为 0	

11. RETURN（返回）指令

RETURN 指令用于完成程序的执行，如果程序是一个函数，则同时返回函数值，见表 6.19。

表 6.19　RETURN 指令

格式	RETURN [Return value]	
参数	[Return value]	程序返回值
示例	`RETURN;`	
说明	返回	

12. Set（置位数字输出信号）指令

Set 指令用于将数字输出信号置为 1，见表 6.20。

表 6.20　Set 指令

格式	Set Signal	
参数	Signal	signaldo 型信号
示例	`Set do1;`	
说明	将 do1 置为 1	

13. WaitDI（等待数字输入信号）指令

WaitDI 指令是指等待数字输入信号直至满足条件，否则一直等待，见表 6.21。

表 6.21　WaitDI 指令

格式	WaitDI Signal Value [\MaxTime] [\TimeFlag]	
参数	Signal	signaldi 型信号
	Value	期望值
	[\MaxTime]	允许的最长时间
	[\TimeFlag]	等待超时标志位
示例	`WaitDI di0, 1;`	
说明	当 di0=1 时，机器人继续执行后面程序指令，否则一直等待	

14. WaitDO（等待直至已设置数字输出信号）指令

WaitDO 指令见表 6.22。

表 6.22　WaitDO 指令

格式	WaitDO Signal Value [\MaxTime] [\TimeFlag]	
参数	Signal	signaldo 型信号
	Value	期望值
	[\MaxTime]	允许的最长时间
	[\TimeFlag]	等待超时标志位
示例	`WaitDO do1, 1;`	
说明	等待 do1 输出 1 时，机器人继续执行后面的程序指令，否则一直等待	

15. WaitTime（等待给定时间）指令

WaitTime 指令见表 6.23。

表 6.23 WaitTime 指令

格式	WaitTime [\InPos] Time	
参数	[\InPos]	switch 型数据，指定该参数则在开始计时前机器人和外轴必须静止
	Time	num 型数据，程序等待时间，单位为 s，分辨率为 0.001 s
示例	`WaitTime 5;`	
说明	等待 5 s	

16. WaitUntil（等待直至满足逻辑条件）指令

WaitUntil 指令见表 6.24。

表 6.24 WaitUntil 指令

格式	WaitUntil [\InPos] Cond [\MaxTime] [\TimeFlag] [\PollRate]	
参数	[\InPos]	switch 型数据，指定该参数则在开始计时前机器人和外轴必须静止
	Cond	等待的逻辑表达式
	[\MaxTime]	允许的最长时间
	[\TimeFlag]	等待超时标志位
	[\PollRate]	查询率，即查询条件的循环时间，最小为 0.04 s，默认为 0.1 s
示例	`WaitUntil di0 = 1 AND di1 = 1;`	
说明	直到 di0 和 di1 均为 1 时结束等待	

17. WHILE（循环）指令

WHILE 指令指当满足循环条件时，重复执行相关指令，见表 6.25。

表 6.25 WHILE 指令

格式	WHILE Condition DO … ENDWHILE	
参数	Condition	循环条件
	…	重复执行指令

示例	`reg1 := 1;`
	`reg2 := 0;`
	`WHILE reg1 < 5 DO`
	`  reg1 := reg1 + 1;`
	`  reg2 := reg2 + 1;`
	`ENDWHILE`	

说明	执行结果为 reg1=5，reg2=4	

6.3.2 Prog.Flow 指令类别

※ Prog.Flow 指令类别讲解

1. Break（中断程序执行）指令

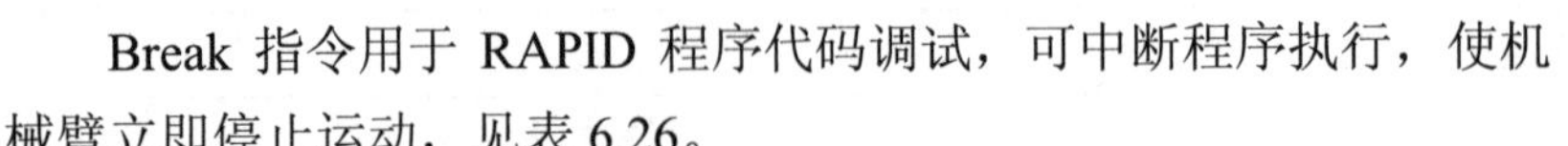

Break 指令用于 RAPID 程序代码调试，可中断程序执行，使机械臂立即停止运动，见表 6.26。

表 6.26　Break 指令

示例	`Break;`
说明	中断程序执行

2. CallByVar（通过变量调用无返回值程序）指令

CallByVar 指令用于调用具有特殊名称的无返回值程序，见表 6.27。

表 6.27　CallByVar 指令

格式	CallByVar Name Number	
参数	Name	string 型数据，程序名称的第一部分
	Number	num 型数据，无返回值程序编号的数值
示例	`reg1 := 1;` `CallByVar "proc", reg1;`	
说明	执行结果为调用 proc1 程序	

3. EXIT（终止程序执行）指令

EXIT 指令用于终止程序执行，终止后程序指针失效。

4. EXITCycle（中断当前循环）指令

EXITCycle 指令用于中断当前循环，将程序指针移回至主程序中第一个指令处，在连续运行模式中将执行下一循环，在单周运行模式中将停止在第一条指令处。

5. Label（线程标签）指令

Label 指令用于命名程序中的程序行，使用 GOTO 指令进行跳转，见表 6.28。

表 6.28　Label 指令

格式	Label	
参数	Label	标签名称
示例	`a:`	
说明	程序行标签	

6. GOTO（转到标签）指令

GOTO 指令用于将程序跳转到相同程序内的另一标签，见表 6.29。

表 6.29 GOTO 指令

格式	GOTO Label	
参数	Label	标签名称
示例	`GOTO a;`	
说明	跳转到标签 a	

7. Stop（停止程序运行）指令

Stop 指令用于停止程序运行，见表 6.30。

表 6.30 Stop 指令

格式	Stop [\NoRegain] | [\AllMoveTasks]	
参数	[\NoRegain]	指定下一程序的起点
	[\AllMoveTasks]	指定所有运行中的普通任务及实际任务中应当停止的程序
示例	`Stop;`	
说明	停止程序运行	

8. TEST（条件语句）指令

TEST 指令用于根据数据或表达式的值，执行不同的指令，见表 6.31。

表 6.31 TEST 指令

格式	TEST Test data{CASE Test value{,Test value}:…}{DEFAULT:…}ENDTEST	
参数	Test data	要测试的数据或表达式
	Test value	要测试的数据或表达式的值

示例	`reg1 := 2;`
	`TEST reg1`
	`CASE 1:`
	`  reg2 := 2;`
	`CASE 2:`
	`  reg2 := 3;`
	`DEFAULT:`
	`  reg2 := 4;`
	`ENDTEST`	

说明	执行结果为 reg2=3	

6.3.3 Various 指令类别

Comment（备注）指令

Comment 指令用于在程序中添加注释，见表 6.32。

表 6.32　Comment 指令

格式	! Comment	
参数	Comment	文本串
示例	`!this is a Comment.`	
说明	程序行注释	

6. 3. 4　Settings 指令类别

※ Setting 指令类别讲解

1. AccSet（降低加速度）指令

AccSet 指令用于设定机器人的加速度和加速度变化率，见表 6.33。

表 6.33　AccSet 指令

格式	AccSet Acc Ramp [\FinePointRamp]	
参数	Acc	num 型数据，加速度
	Ramp	num 型数据，加速度变化率
	[\FinePointRamp]	num 型数据，减速度降低的速率占正常值的百分比
示例	`AccSet 50, 70;`	
说明	设置加速度为 50%，加速度变化率为 70%	

2. VelSet（改变编程速率）指令

VelSet 指令用于设置编程速率，见表 6.34。

表 6.34　VelSet 指令

格式	VelSet Override Max	
参数	Override	num 型数据，设置速度
	Max	num 型数据，最大 TCP 速率，单位为 mm/s
示例	`VelSet 50, 200;`	
说明	设置速度为 50%，最大 TCP 速率为 200 mm/s	

3. GripLoad（定义有效负载）指令

GripLoad 指令用于指定机械臂的有效负载，见表 6.35。

表 6.35　GripLoad 指令

格式	GripLoad Load	
参数	Load	loaddata 型数据，定义当前有效负载
示例	`GripLoad load0;`	
说明	定义有效负载为 load0	

6.3.5 Motion&Proc.指令类别

※ Motion&Proc.指令类别讲解

1. MoveJDO（关节运动并设置输出）指令

MoveJDO 指令使机器人以关节运动模式运动，设置拐角处的数字信号输出，见表 6.36。

表 6.36 MoveJDO 指令

格式	MoveJDO ToPoint [\ID] Speed [\T] Zone Tool [\Wobj] Signal Value [\TLoad]	
参数	ToPoint	robtarget 型数据，目标点位置
	[\ID]	在 MultiMove 系统中用于运动同步或协调同步，其他情况下禁止使用
	Speed	speeddata 型数据，运动速度
	[\T]	num 型数据，指定机器人运动的总时间，以 s 为单位
	Zone	zonedata 型数据，转弯半径
	Tool	tooldata 型数据，指定运行时的工具
	[\Wobj]	wobjdata 型数据，指定运行时的工件
	Signal	signaldo 型数据，信号名称
	Value	dionum 型数据，信号的期望值
	[\TLoad]	loaddata 型数据，指定运行时的负载
示例	`MoveJDO p10, v200, z50, tool0, do1, 1;`	
说明	移动至 p10 点，设置 do1=1	

2. MoveLDO（直线运动并设置输出）指令

MoveLDO 指令使机器人以直线运动模式运动，设置拐角处的数字信号输出，见表 6.37。

表 6.37 MoveLDO 指令

格式	MoveLDO ToPoint [\ID] Speed [\T] Zone Tool [\Wobj] Signal Value [\TLoad]	
参数	ToPoint	robtarget 型数据，目标点位置
	[\ID]	在 MultiMove 系统中用于运动同步或协调同步，其他情况下禁止使用
	Speed	speeddata 型数据，运动速度
	[\T]	num 型数据，指定机器人运动的总时间，以 s 为单位
	Zone	zonedata 型数据，转弯半径
	Tool	tooldata 型数据，指定运行时的工具
	[\Wobj]	wobjdata 型数据，指定运行时的工件
	Signal	signaldo 型数据，信号名称
	Value	dionum 型数据，信号的期望值
	[\TLoad]	loaddata 型数据，指定运行时的负载
示例	`MoveLDO p30, v200, z50, tool0, do1, 1;`	
说明	移动至 p30 点，设置 do1=1	

3. MoveCDO（圆弧运动并设置输出）指令

MoveCDO 指令使机器人以圆弧运动模式运动，设置拐角处的数字信号输出，见表 6.38。

表 6.38 MoveCDO 指令

格式	MoveCDO CirPoint ToPoint [\ID] Speed [\T] Zone Tool [\Wobj] Signal Value [\TLoad]	
参数	CirPoint	robtarget 型数据，中间点位置
	ToPoint	robtarget 型数据，目标点位置
	[\ID]	在 MultiMove 系统中用于运动同步或协调同步，其他情况下禁止使用
	Speed	speeddata 型数据，运动速度
	[\T]	num 型数据，指定机器人运动的总时间，以 s 为单位
	Zone	zonedata 型数据，转弯半径
	Tool	tooldata 型数据，指定运行时的工具
	[\Wobj]	wobjdata 型数据，指定运行时的工件
	Signal	signaldo 型数据，信号名称
	Value	dionum 型数据，信号的期望值
	[\TLoad]	loaddata 型数据，指定运行时的负载
示例	`MoveCDO p40, p50, v200, z10, tool0, do1, 1;`	
说明	移动至 p50 点，设置 do1=1	

6.3.6 I/O 指令类别

※ I/O 指令类别讲解

1. InvertDO（反转输出信号）指令

InvertDO 指令用于反转输出信号，0→1，1→0，见表 6.39。

表 6.39 InvertDO 指令

格式	InvertDO Signal	
参数	Signal	signaldo 型数据，信号名称
示例	`Set do1;` `InvertDO do1;`	
说明	执行结果为 do1=0	

2. PulseDO（设置数字脉冲输出信号）指令

PulseDO 指令见表 6.40。

表 6.40 PulseDO 指令

格式	PulseDO [\High] [\PLength] Signal	
参数	[\High]	当独立于其当前状态而执行指令时，规定其信号为高
	[\PLength]	num 型数据，脉冲长度
	Signal	signaldo 型数据，信号名称
示例	`PulseDO\PLength:=0.2, do1;`	
说明	执行结果为设置 do1 输出 0.2 s 的脉冲	

3. SetDO（设置数字输出信号）指令

SetDO 指令见表 6.41。

表 6.41 SetDO 指令

格式	SetDO [\SDelay]	[\Sync] Signal Value	
参数	[\SDelay]	num 型数据，将信号值延时输出
	[\Sync]	等待物理信号输出完成后再执行下一指令
	Signal	signaldo 型数据，信号名称
	Value	signaldo 型数据，信号值
示例	`SetDO do1, 0;`	
说明	执行结果为设置 do1=0	

6.3.7 Communicate 指令类别

※ Communicate 指令类别讲解

1. TPErase（擦除示教器文本）指令

TPErase 指令用于擦除示教器显示文本，见表 6.42。

表 6.42 TPErase 指令

格式	TPErase
示例	`TPErase;`

2. TPWrite（向示教器写入文本）指令

TPWrite 指令可将特定数据的值转换为文本输出，见表 6.43。

表 6.43　TPWrite 指令

格式	TPWrite String [\Num] | [\Bool] [\Pos] | [\Orient] | [\Dnum]	
参数	String	string 型数据，待写入的文本字符串，最多 80 个字符
	[\Num]	num 型数据，待写入的数值数据
	[\Bool]	bool 型数据，待写入的逻辑值数据
	[\Pos]	pos 型数据，待写入的位置数据
	[\Orient]	orient 型数据，待写入的方位数据
	[\Dnum]	dnum 型数据，待写入的数值数据
示例	reg1 := 4; TPWrite "reg1="\Num:=reg1;	
说明	执行结果为输出 reg1=4	

6. 3. 8　Interrupts 指令类别

※ Interrupts 指令类别讲解

1. CONNECT（关联中断）指令

CONNECT 指令可将中断识别号与软中断程序相关联，见表 6.44。

表 6.44　CONNECT 指令

格式	CONNECT Interrupt WITH Trap routine	
参数	Interrupt	intnum 型数据，中断识别号
	Trap routine	软中断程序名称
示例	CONNECT intno1 WITH Routine1;	
说明	将 Routine1 例行程序（软中断程序）与 intno1 中断识别号相关联	

2. IDelete（取消中断）指令

IDelete 指令用于取消中断预定，见表 6.45。

表 6.45　IDelete 指令

格式	IDelete Interrupt	
参数	Interrupt	intnum 型数据，中断识别号
示例	IDelete intno1;	
说明	取消 intno1 号中断预定	

3. IDIsable（禁止中断）指令

IDIsable 指令用于临时禁止程序所有中断，见表 6.46。

表 6.46　IDIsable 指令

格式	IDisable
示例	`IDisable;`

4. IEnable（启用中断）指令

IEnable 指令见表 6.47。

表 6.47　IEnable 指令

格式	IEnable
示例	`IEnable;`

5. IsignalDI（数字输入信号中断）指令

IsignalDI 指令用于启用数字输入信号与中断识别号的关联，见表 6.48。

表 6.48　IsignalDI 指令

格式	ISignalDI [\Single] | [\SingleSafe] Signal TriggValue Interrupt	
参数	[\Single]	确定中断仅出现一次或者循环出现
	[\SingleSafe]	确定中断单一且安全
	Signal	将产生中断的信号名称
	TriggValue	设置触发中断的输入信号有效值
	Interrupt	中断识别号
示例	`ISignalDI\Single, di1, 1, intno1;`	
说明	将 di1 信号与 intno1 号中断关联，当 di1=1 时触发中断	

6. IsignalDO（数字输出信号中断）指令

IsignalDO 指令用于启用数字输出信号与中断识别号的关联，见表 6.49。

表 6.49　IsignalDO 指令

格式	ISignalDO [\Single] | [\SingleSafe] Signal TriggValue Interrupt	
参数	[\Single]	确定中断仅出现一次或者循环出现
	[\SingleSafe]	确定中断单一且安全
	Signal	将产生中断的信号名称
	TriggValue	设置触发中断的输入信号有效值
	Interrupt	中断识别号
示例	`ISignalDO\Single, do1, 1, intno1;`	
说明	将 do1 信号与 intno1 号中断关联，当 do1=1 时触发中断	

7. ISleep（停用一个中断）指令

ISleep 指令用于暂停程序中的一个中断，见表 6.50。

表 6.50　ISleep 指令

格式	ISleep Interrupt	
参数	Interrupt	中断识别号
示例	`ISleep intno1;`	
说明	停用 intno1 号中断	

8. IWatch（启用一个中断）指令

IWatch 指令用于启用一个由 ISleep 指令停用的中断，见表 6.51。

表 6.51　IWatch 指令

格式	IWatch Interrupt	
参数	Interrupt	中断识别号
示例	`IWatch intno1;`	
说明	启用 intno1 信号中断	

6.3.9　System&Time 指令类别

※ System&Time 指令类别讲解

1. ClkReset（重置定时器）指令

ClkReset 指令见表 6.52。

表 6.52　ClkReset 指令

格式	ClkReset Clock	
参数	Clock	clock 型数据，定时器名称
示例	`ClkReset clock1;`	
说明	重置定时器 clock1	

2. ClkStart（启用定时器）指令

ClkStart 指令见表 6.53。

表 6.53　ClkStart 指令

格式	ClkStart Clock	
参数	Clock	clock 型数据，定时器名称
示例	`ClkStart clock1;`	
说明	启用定时器 clock1	

3. ClkStop（停用定时器）指令

ClkStop 指令见表 6.54。

表 6.54 ClkStop 指令

格式	ClkStop Clock	
参数	Clock	clock 型数据，定时器名称
示例	`ClkStop clock1;`	
说明	停用定时器 clock1	

6. 3. 10 Mathematics 指令类别

※ Mathematics 指令类别讲解

1. Incr（自加 1）指令

ncr 指令用于使数值变量加 1，见表 6.55。

表 6.55 Incr 指令

格式	Incr Name | Dname	
参数	Name	num 型数据，数据名称
	Dname	dnum 型数据，数据名称
示例	`reg1 := 4;` `Incr reg1;`	
说明	执行结果为 reg1=5	

2. Add（增加数值）指令

Add 指令用于增加数值变量的值，见表 6.56。

表 6.56 Add 指令

格式	Add Name | Dname AddValue | AddDvalue	
参数	Name	num 型数据，数据名称
	Dname	dnum 型数据，数据名称
	AddValue	num 型数据，数据值
	AddDvalue	dnum 型数据，数据值
示例	`reg1 := 4;` `Add reg1, 5;`	
说明	执行结果为 reg1=9	

3. Decr（自减 1）指令

Decr 指令用于使数值变量减 1，见表 6.57。

表 6.57　Decr 指令

格式	Decr Name | Dname	
参数	Name	num 型数据，数据名称
	Dname	dnum 型数据，数据名称
示例	reg1 := 4; Decr reg1;	
说明	执行结果为 reg1=3	

4. Clear（清除数值）指令

Clear 指令用于将数值变量置为 0，见表 6.58。

表 6.58　Clear 指令

格式	Clear Name | Dname	
参数	Name	num 型数据，数据名称
	Dname	dnum 型数据，数据名称
示例	reg1 := 4; Clear reg1;	
说明	执行结果为 reg1=0	

6.3.11　Motion Adv.指令类别

※ Motion Adv.指令类别讲解

1. StartMove（重启机器人运动）指令

StartMove 指令用于停止机器人运动后，可重启机器人运动，见表 6.59。

表 6.59　StartMove 指令

格式	StartMove [\AllMotionTasks]	
参数	[\AllMotionTasks]	重启所有机械单元的运动，仅可在非运动任务中使用
示例	StartMove;	

2. StopMove（停止机器人运动）指令

StopMove 指令用于停止机器人运动，见表 6.60。

表 6.60　StopMove 指令

格式	StopMove [\Quick] [\AllMotionTasks]	
参数	[\Quick]	尽快停止本路径上的机器人
	[\AllMotionTasks]	停止所有机械单元的运动，仅可在非运动任务中使用
示例	StopMove;	

3. TriggEquip（定义路径上的固定位置和时间 I/O 事件）指令

TriggEquip 指令用于定义机器人运动路径沿线固定位置的信号条件及对外部设备滞后情况进行时间补偿的情况，见表 6.61。

表 6.61 TriggEquip 指令

格式	TriggEquip TriggData Distance [\Start] EquipLag [\DOp] | [\GOp] | [AOp] | [\ProcID] SetValue | SetDvalue [\Inhib]	
参数	TriggData	triggdata 型数据
	Distance	num 型数据，在路径上应出现 I/O 设备事件的位置，单位为 mm
	[\Start]	设置 Distance 的参考点为起点，默认为终点
	EquipLag	num 型数据，外部设备的滞后
	[\DOp]	signaldo 型数据，信号名称
	[\GOp]	signalgo 型数据，信号名称
	[\AOp]	signalao 型数据，信号名称
	[\ProcID]	num 型数据，未针对用户使用
	SetValue	num 型数据，信号的期望值
	SetDvalue	dnnum 型数据，信号的期望值
	[\Inhib]	bool 型数据，用于约束运行时信号设置的永久变量标志的名称
示例	`TriggEquip triggl, 3, reg1\DOp:=do1, 1;`	

4. TriggL（关于事件的机械臂线性运动）指令

当机器人线性运动时，TriggL 指令可用来设置输出信号在固定位置运行中断程序，见表 6.62。

表 6.62 TriggL 指令

格式	TriggL [\Conc] ToPoint [\ID] Speed [\T] Trigg_1 | TriggArry{*} [\T2] [\T3] [\T4] [\T5] [\T6] [\T7] [\T8] Zone [\Inpos] Tool [\Wobj] [\Corr] [\TLoad]	
参数	[\Conc]	当机械臂正在运动时执行后续指令
	ToPoint	robtarget 型数据，目标点位置
	[\ID]	ID 号，用于同步或协调同步运动
	Speed	speeddata 型数据，运动速度
	[\T]	num 型数据，定义机器人运动的总时间
	Trigg_1	triggdata 型数据，触发条件变量
	TriggArry	triggdata 型数据，触发条件变量数组
	[\T2]~ [\T8]	triggdata 型数据，触发条件变量
	Zone	zonedata 型数据，转弯区域
	[\Inpos]	stoppointdata 型数据，指定机器人 TCP 在停止点位置的收敛性判别标准，停止点数据取代 zone 参数的指定区域
	Tool	tooldata 型数据，指定运行时的工具
	[\Wobj]	wobjdata 型数据，指定运行时的工件
	[\Corr]	设置改参数后，将通过 CorrWrite 写入的修正数据添加到路径中
	[\TLoad]	loaddata 型数据，指定运行时的负载
示例	`TriggL p10, v100, trigg1, fine, tool0;`	

任务 6.4　功能函数

任务描述

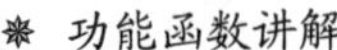
※ 功能函数讲解

本任务主要讲解 ABB 机器人常用的功能函数。

知识准备

1. CRobT（读取机器人当前位置）指令

CRobT 指令可返回 robtarget 型位置数据，见表 6.63。

表 6.63　CRobT 指令

格式	CRobT([\TaskRef] | [\TaskName] [\Tool] [\Wobj])	
参数	[\TaskRef]	taskid 型数据，指定任务 ID
	[\TaskName]	string 型数据，指定任务名称
	[\Tool]	tooldata 型数据，指定工具变量
	[\Wobj]	wobjdata 型数据，指定工件变量
返回值	robtarget 型位置数据	

示例	`pCurPos10 := CRobT();`
	`IF pCurPos10 <> pInitPos THEN`
	`  TPWrite "The robot is not in the initial position!";`
	`  EXIT;`
	`ENDIF`	

说明	判断机器人当前位置是否在 pInitPos 处，如果不在则输出提示信息，终止程序运行	

2. Offs（位置偏移）指令

Offs 指令可在机器人目标点的工件位置方向上偏移一定量，见表 6.64。

表 6.64　Offs 指令

格式	Offs (Point XOffset YOffset ZOffset)	
参数	Point	robtarget 型数据，待偏移的位置数据
	XOffset	num 型数据，工件坐标系 X 方向的偏移，单位为 mm
	YOffset	num 型数据，工件坐标系 Y 方向的偏移，单位为 mm
	ZOffset	num 型数据，工件坐标系 Z 方向的偏移，单位为 mm
返回值	robtarget 型数据	
示例	`MoveL Offs(p10,0,0,100), v200, z50, tool0;` `MoveL p10, v200, fine, tool0;`	
说明	移动至 p10 点工件坐标 Z 轴方向上+100 mm 处，然后移动到 p10 点	

3. Reltool（工具位置和角度偏移）指令

Reltool 指令可使机器人在目标点的工具位置和角度方向上偏移一定量，见表 6.65。

表 6.65　Reltool 指令

格式	RelTool (Point Dx Dy Dz [\Rx] [\Ry] [\Rz])	
参数	Point	robtarget 型数据，待偏移的位置数据
	Dx	num 型数据，工具坐标系 *X* 方向的偏移，单位为 mm
	Dy	num 型数据，工具坐标系 *Y* 方向的偏移，单位为 mm
	Dz	num 型数据，工具坐标系 *Z* 方向的偏移，单位为 mm
	[\Rx]	num 型数据，绕工具坐标系 *X* 方向的旋转，单位为（°）
	[\Ry]	num 型数据，绕工具坐标系 *Y* 方向的旋转，单位为（°）
	[\Rz]	num 型数据，绕工具坐标系 *Z* 方向的旋转，单位为（°）
返回值	robtarget 型数据	
示例	`MoveL RelTool(p10,0,0,-100), v200, z50, tool0;` `MoveL p10, v200, fine, tool0;`	
说明	移动至 p10 点工具坐标系 *Z* 轴方向上-100 mm 处，然后移动至 p10 点	

4. ClkRead（读取定时器时间）指令

ClkRead 指令可读取预定义定时器的时间，定时器可以通过 ClkStart 和 ClkStop 指令进行启用和停用控制，见表 6.66。

表 6.66　ClkRead 指令

格式	ClkRead (Clock\HighRes)	
参数	Clock	clock 型数据，读取定时器的名称
	HighRes	switch 型数据，如果选择此参数，则以分辨率 0.000 001 来读取时间
返回值	num 型数据	
示例	`ClkStop clock1;` `time1 := ClkRead(clock1);`	
说明	读取定时器 clock1 的时间，并将读取的时间赋值给 time1 变量	

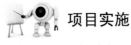

项目实施

项目要求：能够完成实训台上工业机器人的编程操作。请结合表 6.67 所示工业机器人编程报告书完成项目要求。

表 6.67　工业机器人编程报告书

<table>
<tr><td>题目名称</td><td colspan="2"></td></tr>
<tr><td>学习主题</td><td colspan="2">工业机器人编程</td></tr>
<tr><td>重点/难点</td><td colspan="2">工业机器人程序指令的使用</td></tr>
<tr><td rowspan="2">训练目标</td><td>主要知识能力指标</td><td>（1）熟练掌握工业机器人编程的常见数据类型。
（2）熟练掌握工业机器人常用程序指令的使用。
（3）掌握工业机器人编程的功能函数的使用</td></tr>
<tr><td>相关能力指标</td><td>（1）能够正确制订学习计划，养成独立学习的习惯。
（2）能够阅读工业机器人相关技术手册与说明书。
（3）培养良好的职业素养及团队协作精神</td></tr>
<tr><td>参考资料/学习资源</td><td colspan="2">图书馆内相关书籍、工业机器人相关网站等</td></tr>
<tr><td>学生准备</td><td colspan="2">熟悉工业机器人系统，准备教材、笔、笔记本、练习纸等</td></tr>
<tr><td>教师准备</td><td colspan="2">熟悉教学标准、机器人实训设备说明，演示实验，讲授内容，设计教学过程、记分册</td></tr>
<tr><td rowspan="9">学习步骤</td><td>明确任务</td><td>教师提出任务</td></tr>
<tr><td rowspan="6">分析过程（学生借助参考资料、教材和教师的引导，自己制订学习计划，并拟定检查、评价标准）</td><td>掌握 ABB 机器人编程中的常见数据类型</td></tr>
<tr><td>熟悉 RAPID 语言功能</td></tr>
<tr><td>掌握 ABB 机器人程序操作</td></tr>
<tr><td>掌握 ABB 机器人常用程序指令</td></tr>
<tr><td>掌握 ABB 机器人常用功能函数</td></tr>
<tr><td>根据任务要求和实际操作结果完成总结报告</td></tr>
<tr><td>检查</td><td>在整个过程中，学生依据拟定的评价标准检查自己是否符合要求地完成了任务</td></tr>
<tr><td>评价</td><td>由学习小组、教师评价学生的工作情况并给出建议</td></tr>
</table>

项目评价

请完成表 6.68 所示项目评价书。

表 6.68　项目评价书

姓名		学号		日期	
小组成员				教师签字	
类别	项目	考核内容	得分	总分	评分标准
理论	知识准备（100 分）	正确描述工业机器人编程数据类型和结构（30 分）			根据完成情况打分
		正确描述工业机器人编程常用程序指令和功能函数（70 分）			
评分说明					
备注	（1）项目评价表原则上不能出现涂改现象，若出现则必须在涂改之处签字确认。 （2）每次考核结束后，教师及时记录考核成绩				

课程思政要点

要注重培养学生爱岗敬业、团结协作的职业素养。爱岗敬业是社会主义职业道德的第一规范，是一种可贵的职业道德精神和品质，是人们对自己所从事职业的高度忠诚、热爱和特别负责的综合化表现，聚集了人们对职业的忠诚、敬重、热爱、关心等情感及愿为职业而献身的行为信念。通过视频、政策文件解读等，可使学生了解智能制造相关的国家战略方针、全球工业机器人产业发展趋势、未来我国工业机器人产业可喜的发展前景和庞大的岗位人才需求，增强学生对工业机器人专业和工作岗位的认同感、使命感和责任感。

团队精神的实质是团队成员与组织共同的价值观，其核心是团结协作、优势互补。团队精神能够激发个人的创造力，提高组织的工作绩效和创新力。教学过程中，可以两人小组为单位开展机器人实操训练。一位学生操控示教器，调整机器人的位置与姿态：另一位学生帮忙观察机器人与工件、外围设备之间的位置关系，及时发出机器人干涉预警，同时做好同组成员操作不规范和错误的记录。单次调试完成后两位学生角色互换。此过程可激发学生的团队合作意识，养成愿意合作、喜欢合作的良好习惯，培养换位思考与为他人服务的品质，提升团队合作能力。

项目评测

1. 与机器人位置相关的数据类型有哪几种？
2. 机器人数据存储类型有哪几种？
3. 简述机器人数据创建过程。
4. 简述机器人程序创建过程。
5. 简述运动指令的使用。
6. 设置数字输出信号的方法有哪几种？简述其设置过程。
7. 简述中断指令的使用。

项目 7　基础实训项目

项目描述

本项目主要通过工业机器人技能考核实训台中的基础模块讲解工业机器人的编程及操作。

首先简单介绍工业机器人技能考核实训台，对所要编程的项目进行前期分析，完成项目准备，配置机器人 I/O。然后讲解本项目编程所需要的指令，通过基本程序编辑规划，标定项目所用的工具和工件坐标系，学习机器人运动指令。最后针对基础模块进行直线、圆弧、曲线轨迹编程学习，通过手动调试确认机器人程序，并且自动运行所编辑的程序。

任务 7.1　工业机器人技能考核实训台简介

任务描述

本任务主要介绍 HRG-HD1XKA 型工业机器人技能考核实训台结构与特点，以及各模块功能。

知识准备

HRG-HD1XKA 型工业机器人技能考核实训台采用模块化教学理念，具有兼容性、通用性和易扩展性等特点。

※ 工业机器人技能考核实训台简介

该实训台独有扇形底板设计，可以搭载各类机器人和各种通用实训模块，兼容工业领域各类应用，对于不同的要求可以搭载不同的配置，易扩展，方便后期搭载更高配置。此外，该实训台还配有主控接线板、触摸屏、PLC 控制器等。实训台的工业现场应用：模拟激光雕刻轨迹、模拟激光焊接轨迹、搬运、物流自动流水线、物料装配、玻璃涂胶和打磨等。

本书采用 IRB 120 机器人搭载 HRG-HD1XKA 型工业机器人技能考核实训台(图 7.1)，来学习工业机器人的基本编程及操作。

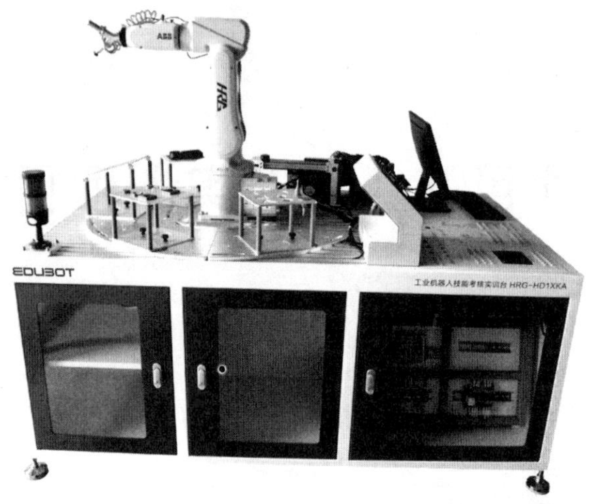

图 7.1　HRG-HD1XKA 型工业机器人技能考核实训台

模块安装板由 5 块扇形板组成，共有 232 种组合方式，如图 7.2 所示。

图 7.2　扇形板

模块安装板中各个模块介绍见表 7.1。

表 7.1　模块安装板中各个模块介绍

序号	图片示例	说明
1		**基础模块**：可以进行工具和工件坐标系标定，直线运动示教、圆弧运动示教、曲线运动示教学习

续表 7.1

序号	图片示例	说明
2		**模拟激光雕刻轨迹模块：**激光器沿着面板的 HRG 边缘轨迹运行，模拟激光雕刻动作，实现激光雕刻功能演示作业，通过该模块可熟练应用机器人基础功能及完成 I/O 信号配置
3		**模拟激光焊接轨迹模块：**模拟焊枪沿着需要焊接点的位置形成焊接轨迹演示，在转角位置点处理好焊枪的位姿变化，以及在整个焊接过程中对速度和位姿进行控制，以实现焊接功能演示
4		**搬运模块：**模拟工业搬运，将工件物料从托盘板上由一个工位搬运到另一个工位。通过重复的动作来完成搬运程序的编辑
5		**异步输送带模块：**输送带运行后，将工件放在输送带上，工件沿输送带运行至末端，末端光电开关感应到物料并反馈给系统，输送带停止，机器人移动至输送带末端并抓取工件将其放置于物料托盘上，以实现生产线流水作业仓储功能演示

任务 7.2　项目准备

任务描述

本任务主要介绍项目背景、项目分析，以及工业机器人基础实训项目中的模块安装与电气接线。

知识准备

※ 基础实训项目准备

7.2.1 项目背景

通过基础模块的训练，掌握工业机器人运行轨迹及工具和工件坐标系的标定，熟练掌握工业机器人的基础编程及操作。

7.2.2 项目分析

（1）三角形、正方形、正六边形轨迹均由直线组成，使用 MoveL 指令完成。

（2）圆可以看作由两条圆弧组成，使用 MoveC 指令完成。

（3）S 形曲线可以看作由直线和圆弧组成，使用 MoveL 和 MoveC 指令组合完成。

（4）机器人从安全点运动到第一点，使用 MoveJ 指令完成。

（5）轨迹由激光来完成，需配置激光 I/O。

（6）须掌握工具和工件坐标系标定。

7.2.3 模块安装与电气接线

1. 模块安装

模块安装的操作步骤见表 7.2。

表 7.2 模块安装的操作步骤

序号	图片示例	操作步骤
1		确认基础模块
2		通过梅花螺丝，将基础模块固定在实训台 C 区 7 号和 8 号安装孔位置上

续表 7.2

序号	图片示例	说明
3		将基础模块工具安装到机械臂末端

2. 电气接线

（1）KYD650N5-T1030 型红光点状激光器实物如图 7.3 所示。

图 7.3　KYD650N5-T1030 型红光点状激光器实物

（2）本项目的作业电气原理图如图 7.4 所示。

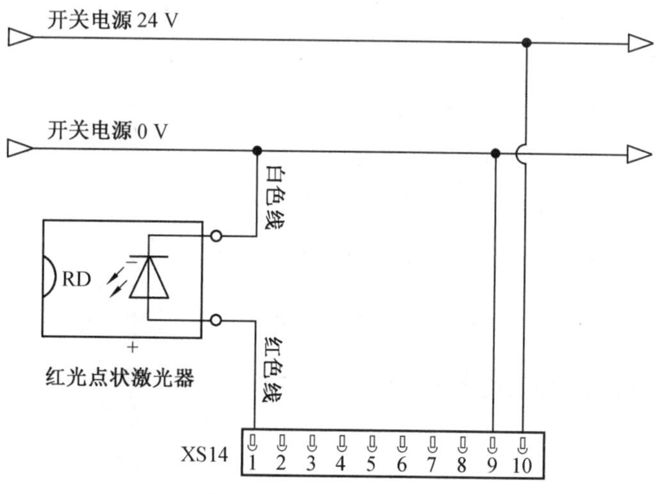

图 7.4　作业电气原理图

（3）红光点状激光器的红色线接入 XS14 接口端子（机器人 I/O 端口）1 号引脚，白色线接入 XS14 接口端子 9 号引脚，电源正极接入 10 号引脚。

任务 7.3　I/O 配置与指令介绍

任务描述

本任务主要介绍基础实训项目中的 I/O 配置与指令。

知识准备

7.3.1　I/O 配置

基础实训项目 I/O 配置见表 7.3。

表 7.3　基础实训项目 I/O 配置

序号	名称	信号类型	映射地址	功能
1	Di_01_start	输入信号	0	控制机器人启动
2	Di_02_stop	输入信号	1	控制机器人停止
3	Do_01_Laser	输出信号	0	控制激光器的开启和关闭

7.3.2　指令介绍

（1）MoveJ 指令：关节运动指令，将 TCP 沿关节移动至目标点。

（2）MoveL 指令：线性运动指令，将 TCP 沿直线移动至目标点。

（3）MoveC 指令：圆弧运动指令，将 TCP 沿圆弧移动至目标点。

（4）Set 指令：置位数字输出信号指令。

（5）Reset 指令：复位数字输出信号指令。

（6）ProcCall 指令：调用无返回值程序指令。

（7）运动指令参数分析，如对于以下 MoveL 指令，其参数分析见表 7.4。

```
MoveL p20, v1000, z50, tool0\Wobj: =wobj0;
```

（8）MoveL 指令和 MoveJ 指令的区别见表 7.5。

表 7.4 MoveL 指令参数分析

序号	参数	说明
1	MoveL	**指令名称**：直线运动
2	p20	**位置点**：robtarget 型数据，机器人和外部轴的目标点位置
3	v1000	**速度**：speeddata 型数据，运动速度，规定了关于工具中心点、工具方位调整和外轴的速率
4	z50	**转弯半径**：zonedata 型数据，转弯半径，描述了所生成拐角路径的大小
5	tool0	**工具坐标系**：tooldata 型数据，当前机器人移动时所用的工具坐标系
6	Wobj	**工件坐标系**：wobjdata 型数据，机器人位置关联的工件坐标系。省略该参数，则位置坐标以机器人基坐标为准

表 7.5 MoveL 指令和 MoveJ 指令的区别

序号	MoveL	MoveJ
1	轨迹为直线	轨迹为弧线
2	运动路径可控	运动不完全可控
3	运动中会有死点	运动中不会有死点
4	常用于工作状态移动	常用于大范围移动

任务 7.4 程序编辑与调试

任务描述

本任务主要介绍程序编辑规划、基础实训项目的编程训练与综合调试，包括直线轨迹编程、圆弧轨迹编程和曲线轨迹编程等。

知识准备

7.4.1 程序编辑规划

（1）建立各个路径轨迹的子程序。

（2）通过程序调用指令，进行各个子程序的调用。

（3）通过 main 主程序调用各个子程序，进行自动运行。

※ 基础实训项目程序编辑

7.4.2 直线轨迹编程训练

1. 建立三角形例行程序

建立三角形例行程序的操作步骤见表 7.6。

表 7.6 建立三角形例行程序的操作步骤

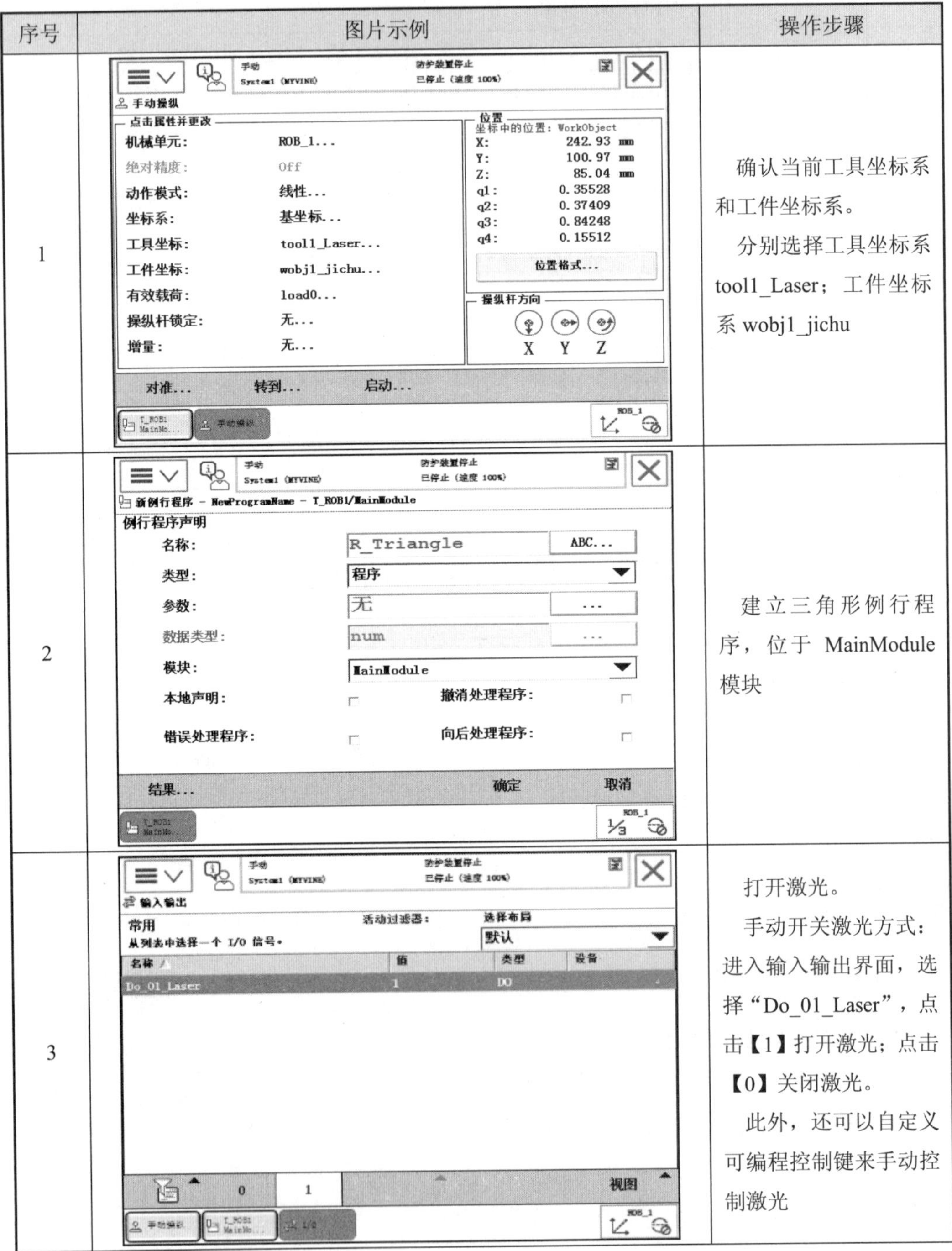

序号	图片示例	操作步骤
1		确认当前工具坐标系和工件坐标系。 分别选择工具坐标系 tool1_Laser；工件坐标系 wobj1_jichu
2		建立三角形例行程序，位于 MainModule 模块
3		打开激光。 手动开关激光方式：进入输入输出界面，选择“Do_01_Laser”，点击【1】打开激光；点击【0】关闭激光。 此外，还可以自定义可编程控制键来手动控制激光

续表 7.6

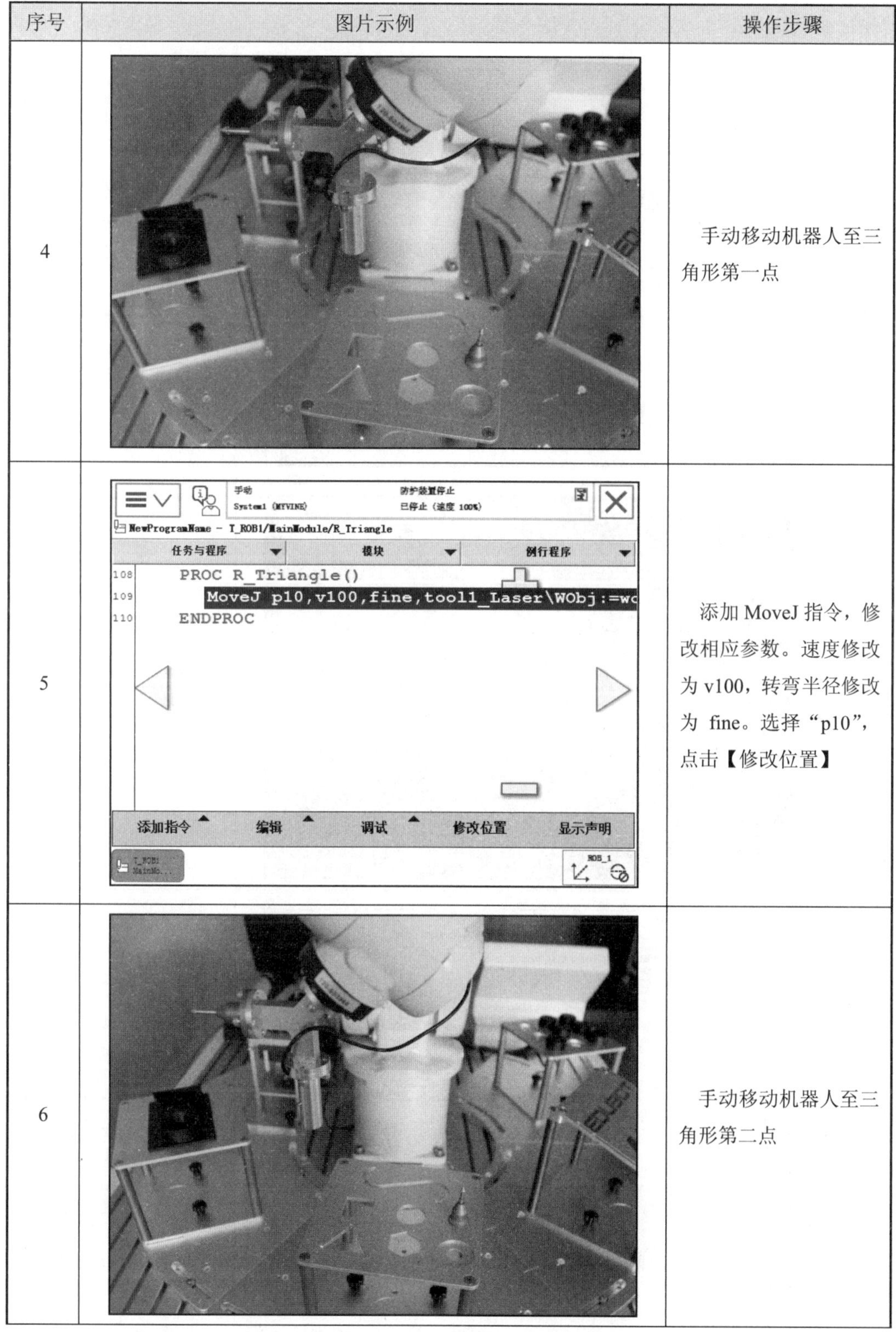

序号	图片示例	操作步骤
4		手动移动机器人至三角形第一点
5		添加 MoveJ 指令，修改相应参数。速度修改为 v100，转弯半径修改为 fine。选择“p10”，点击【修改位置】
6		手动移动机器人至三角形第二点

续表 7.6

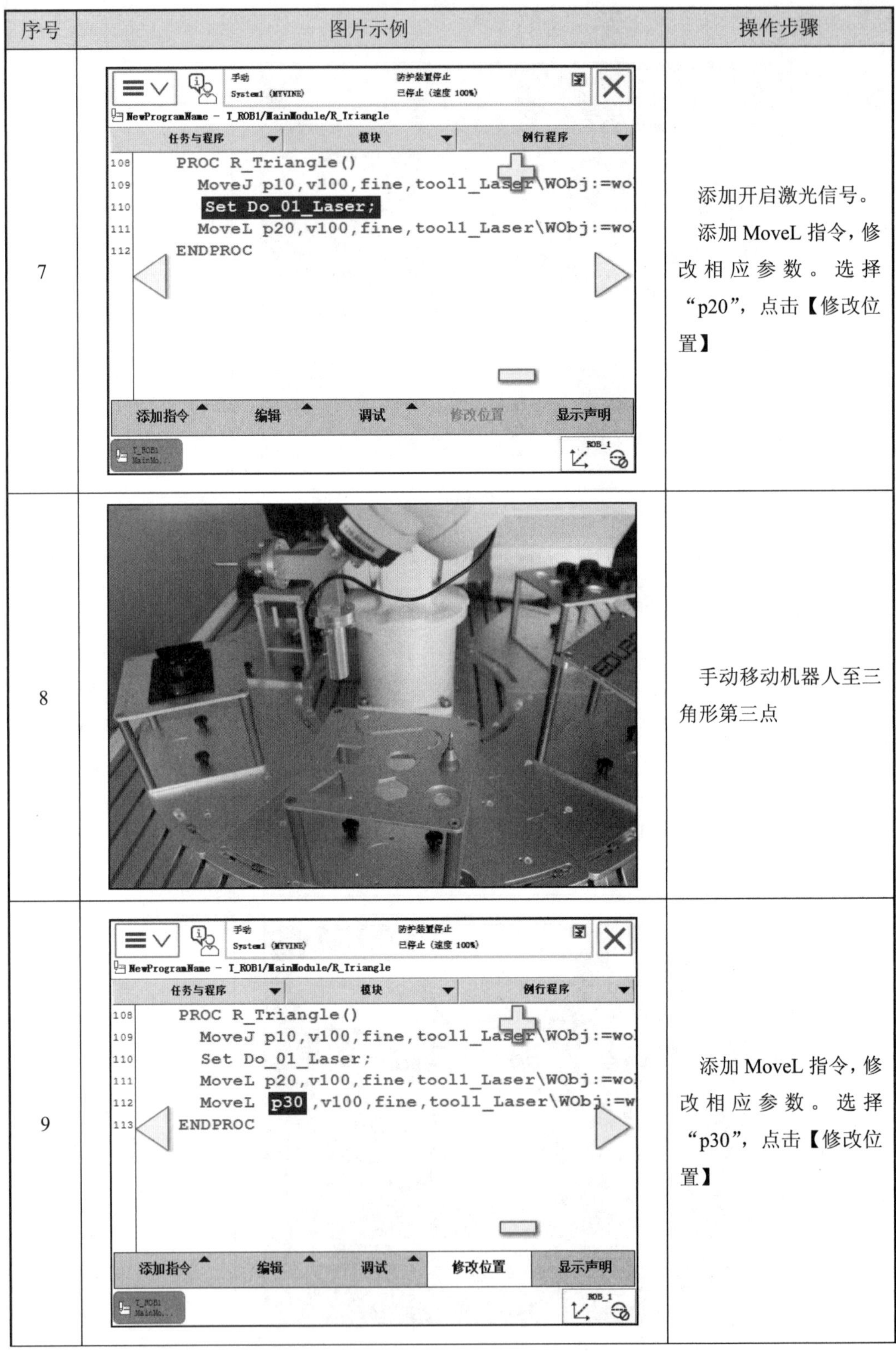

序号	图片示例	操作步骤
7		添加开启激光信号。 添加 MoveL 指令，修改相应参数。选择“p20”，点击【修改位置】
8		手动移动机器人至三角形第三点
9		添加 MoveL 指令，修改相应参数。选择“p30”，点击【修改位置】

续表 7.6

序号	图片示例	操作步骤
10	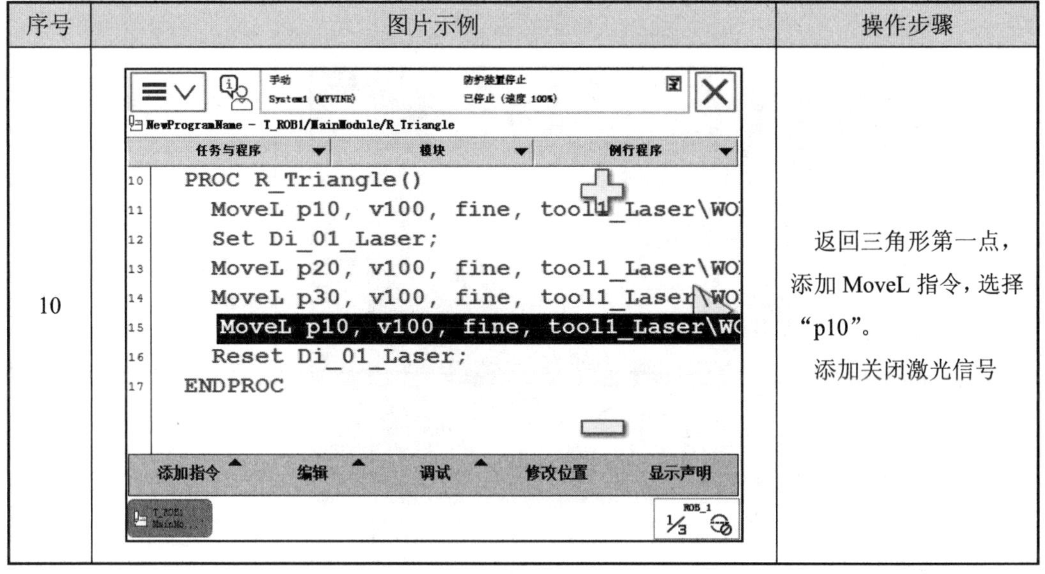	返回三角形第一点，添加 MoveL 指令，选择“p10”。 添加关闭激光信号

2. 建立正方形直线轨迹子程序

建立正方形直线轨迹子程序的操作步骤见表 7.7。

表 7.7 建立正方形直线轨迹子程序的操作步骤

序号	图片示例	操作步骤
1	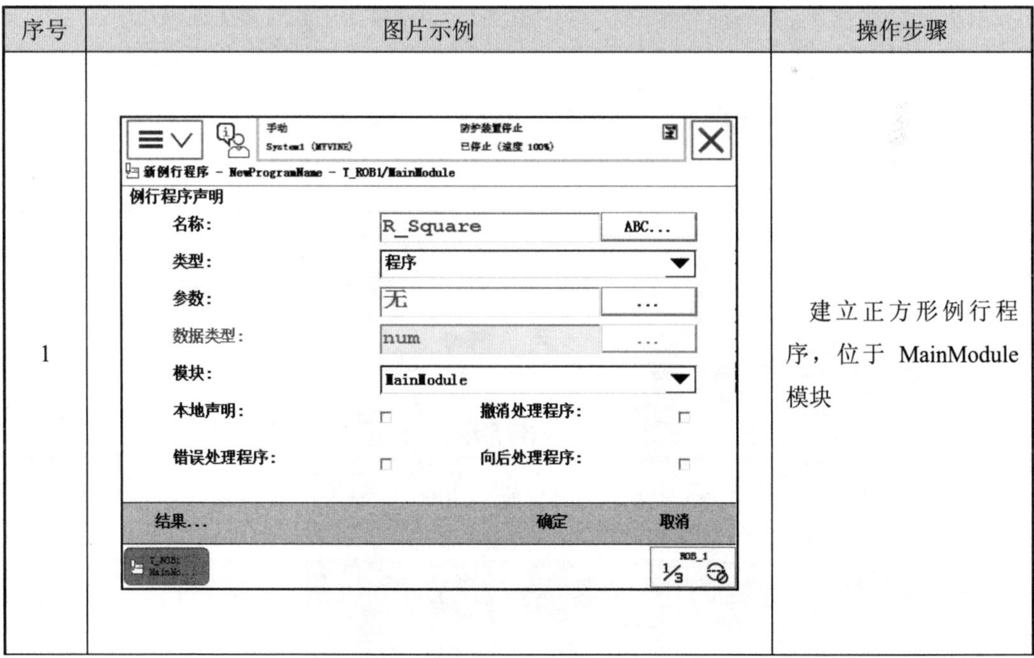	建立正方形例行程序，位于 MainModule 模块

续表 7.7

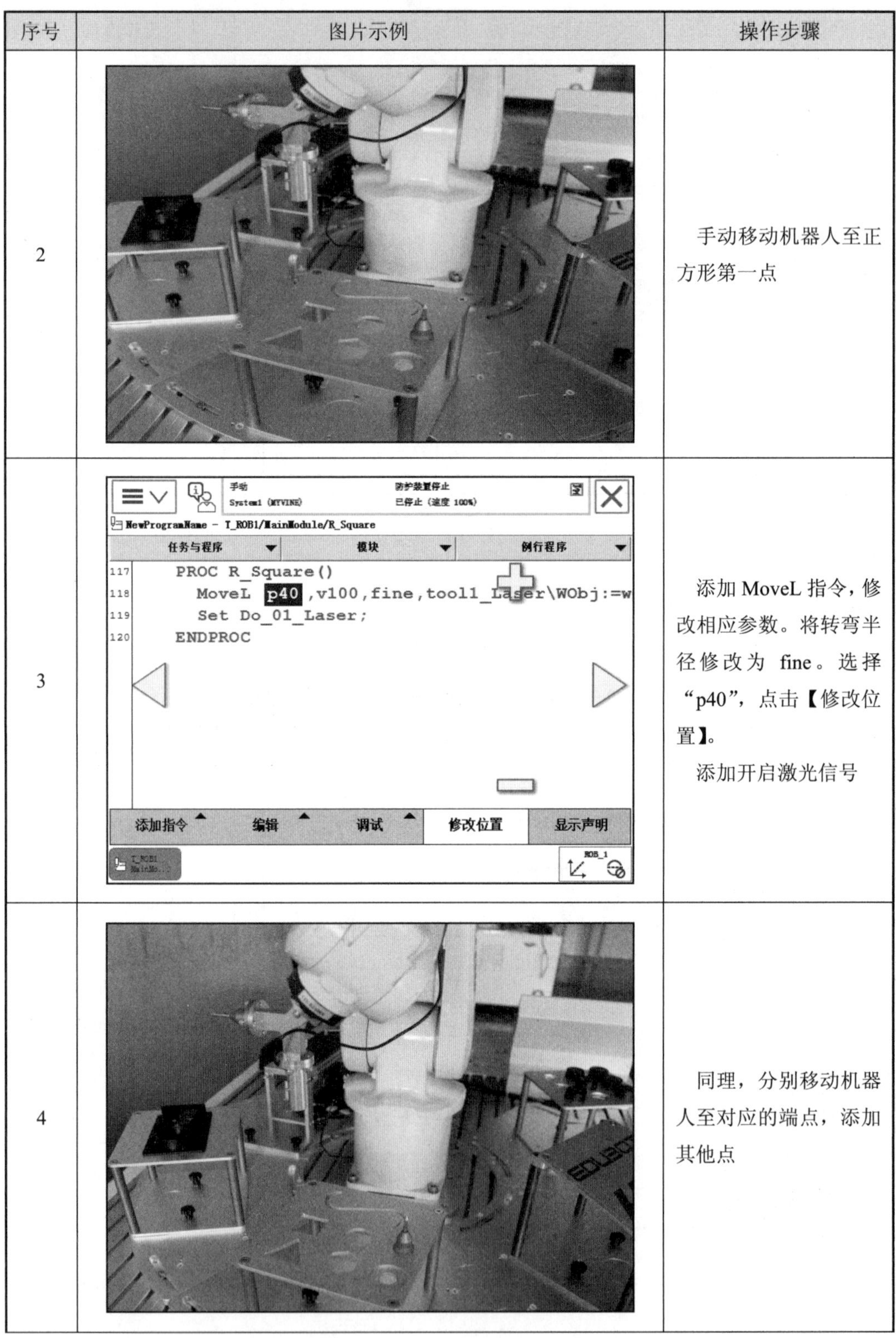

序号	图片示例	操作步骤
2		手动移动机器人至正方形第一点
3		添加 MoveL 指令，修改相应参数。将转弯半径修改为 fine。选择“p40”，点击【修改位置】。 添加开启激光信号
4		同理，分别移动机器人至对应的端点，添加其他点

续表 7.7

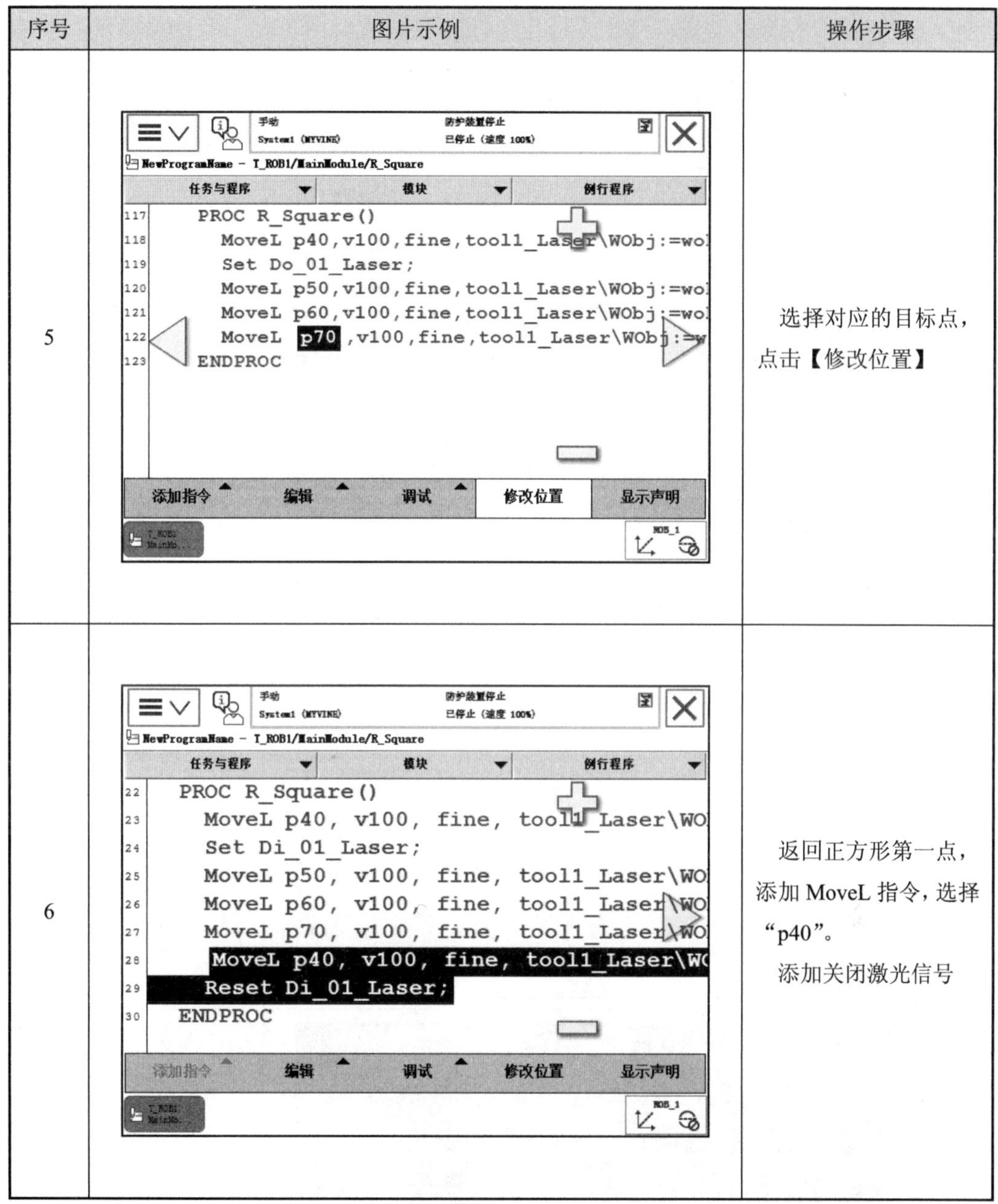

序号	图片示例	操作步骤
5		选择对应的目标点，点击【修改位置】
6		返回正方形第一点，添加 MoveL 指令，选择“p40”。 添加关闭激光信号

同理，建立例行程序 R_Hexagon( )正六边形程序。

7.4.3　圆弧轨迹编程训练

圆形可以看作由两段圆弧组成，建立圆形例行程序的操作步骤见表 7.8。

表 7.8 建立圆形例行程序的操作步骤

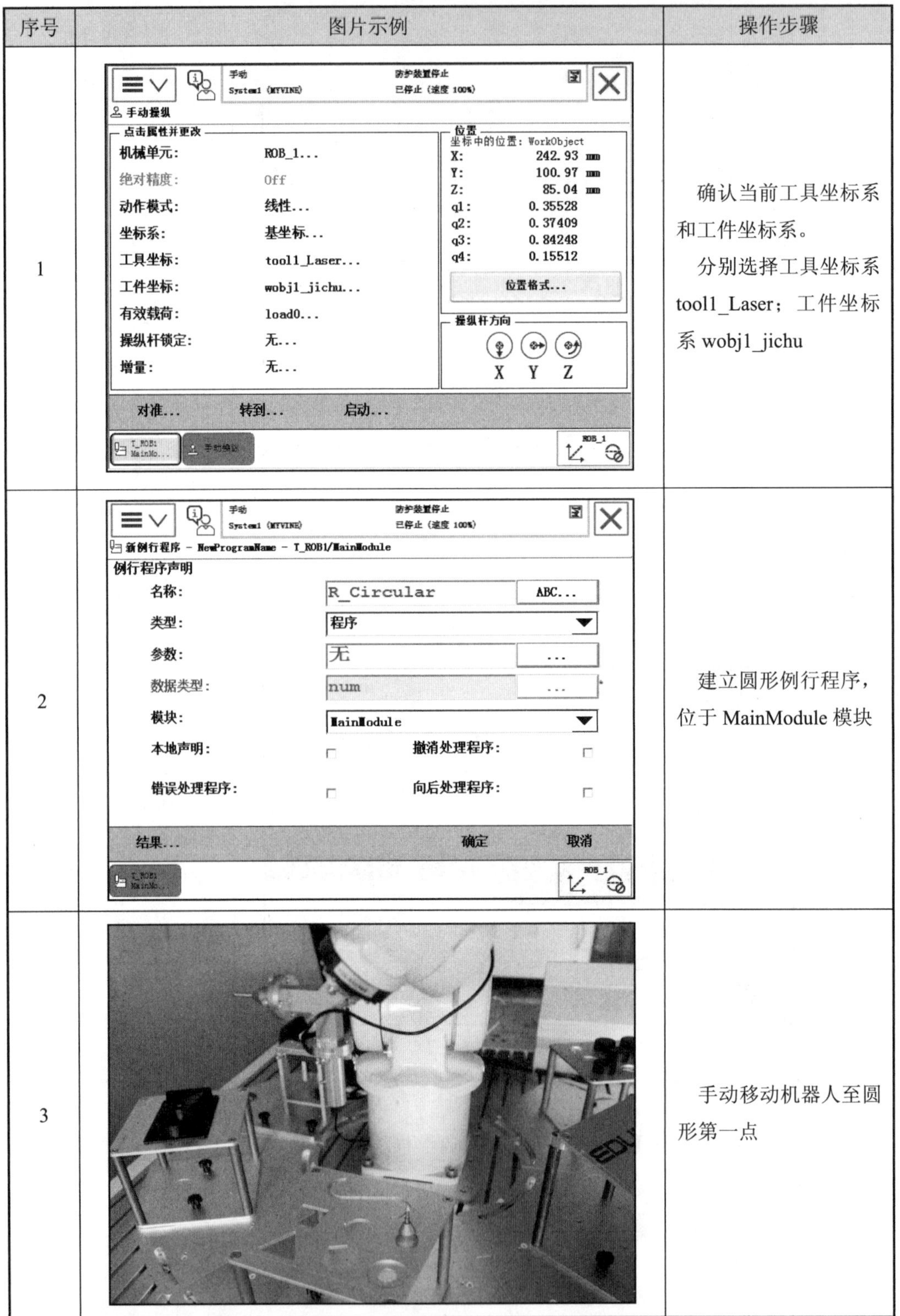

序号	图片示例	操作步骤
1		确认当前工具坐标系和工件坐标系。 分别选择工具坐标系 tool1_Laser；工件坐标系 wobj1_jichu
2		建立圆形例行程序，位于 MainModule 模块
3		手动移动机器人至圆形第一点

续表 7.8

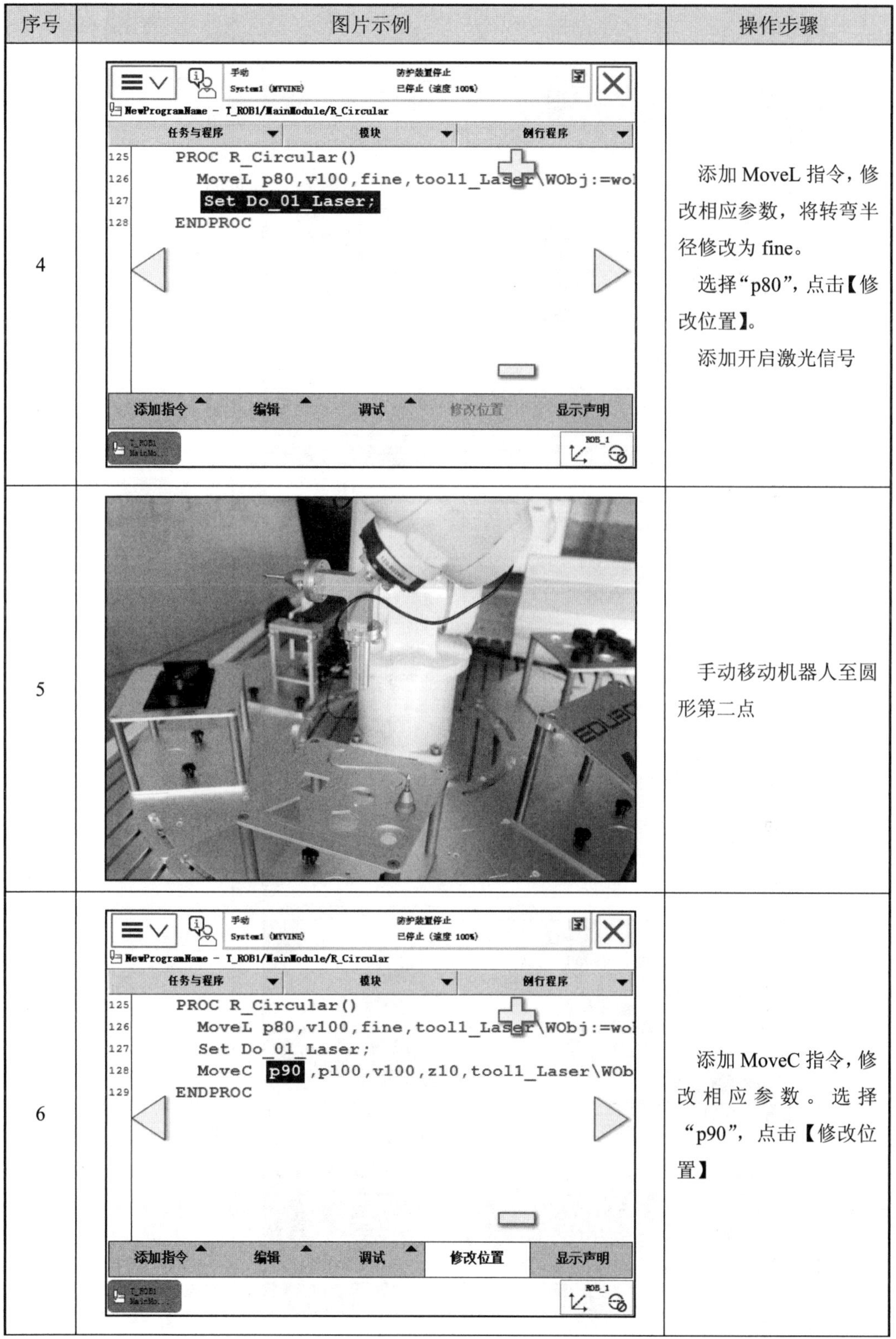

序号	图片示例	操作步骤
4		添加 MoveL 指令，修改相应参数，将转弯半径修改为 fine。 选择“p80”，点击【修改位置】。 添加开启激光信号
5		手动移动机器人至圆形第二点
6		添加 MoveC 指令，修改相应参数。选择“p90”，点击【修改位置】

续表 7.8

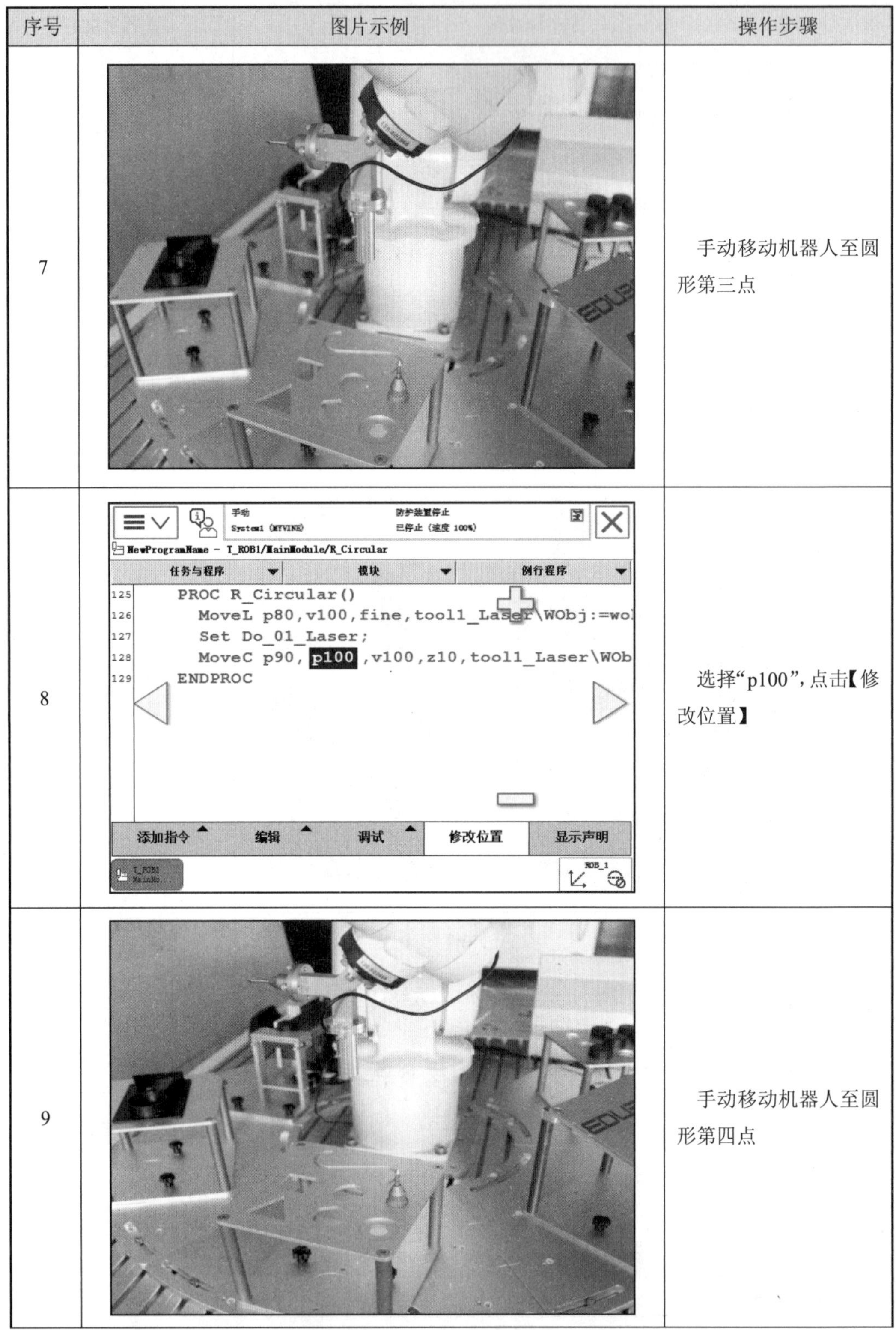

序号	图片示例	操作步骤
7		手动移动机器人至圆形第三点
8		选择“p100”，点击【修改位置】
9		手动移动机器人至圆形第四点

续表 7.8

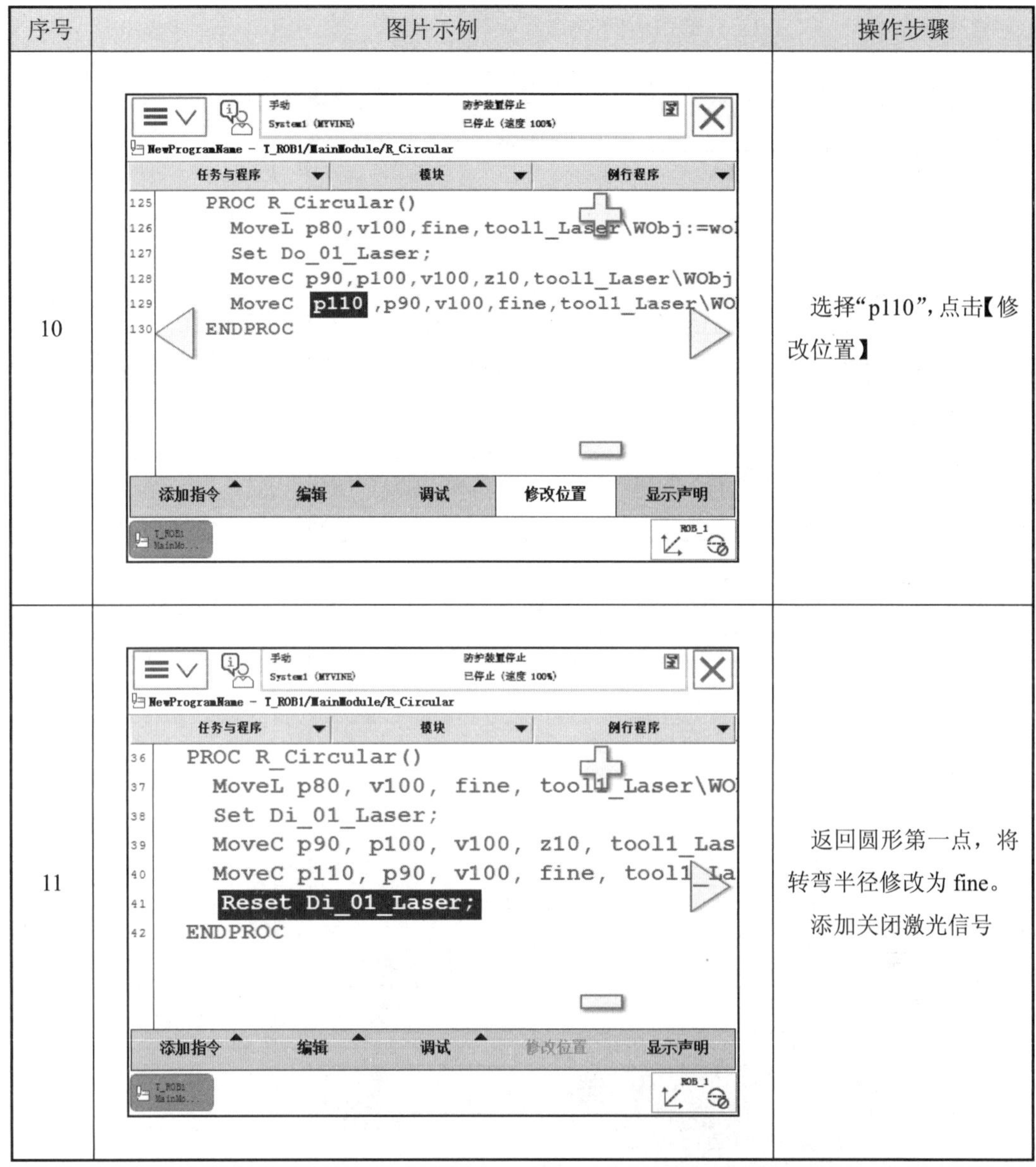

序号	图片示例	操作步骤
10		选择“p110”，点击【修改位置】
11		返回圆形第一点，将转弯半径修改为 fine。 添加关闭激光信号

7.4.4 曲线轨迹编程训练

曲线分析：曲线两边有一小段距离可以看作是直线，可以分割成两小段直线，中间部分由两段弧形线段组成，所以每段曲线使用两个圆弧指令（MoveC）可以实现更加精确的曲线轨迹编程。建立曲线例行程序的操作步骤见表 7.9。

表 7.9　建立曲线例行程序的操作步骤

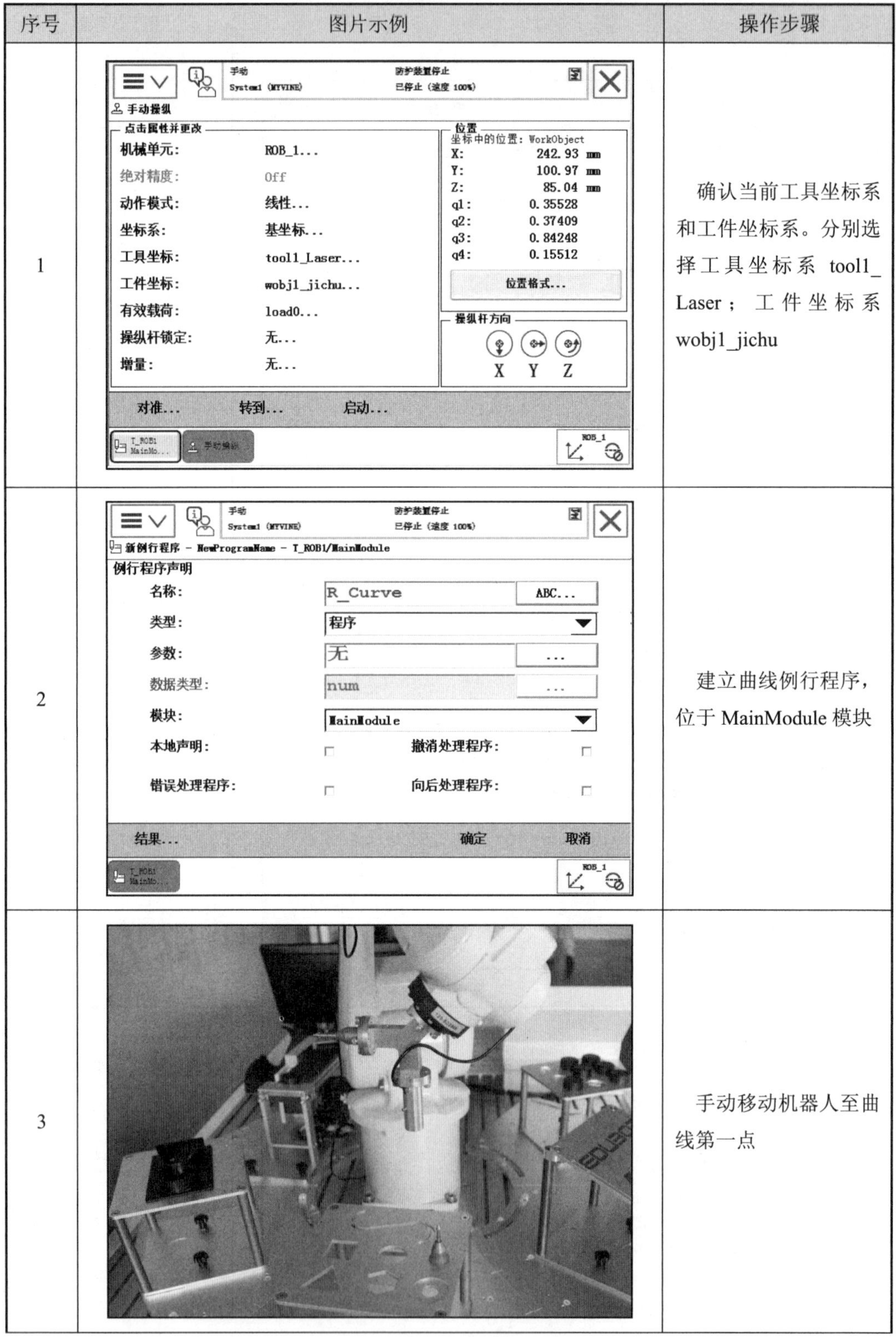

序号	图片示例	操作步骤
1		确认当前工具坐标系和工件坐标系。分别选择工具坐标系 tool1_Laser；工件坐标系 wobj1_jichu
2		建立曲线例行程序，位于 MainModule 模块
3		手动移动机器人至曲线第一点

续表 7.9

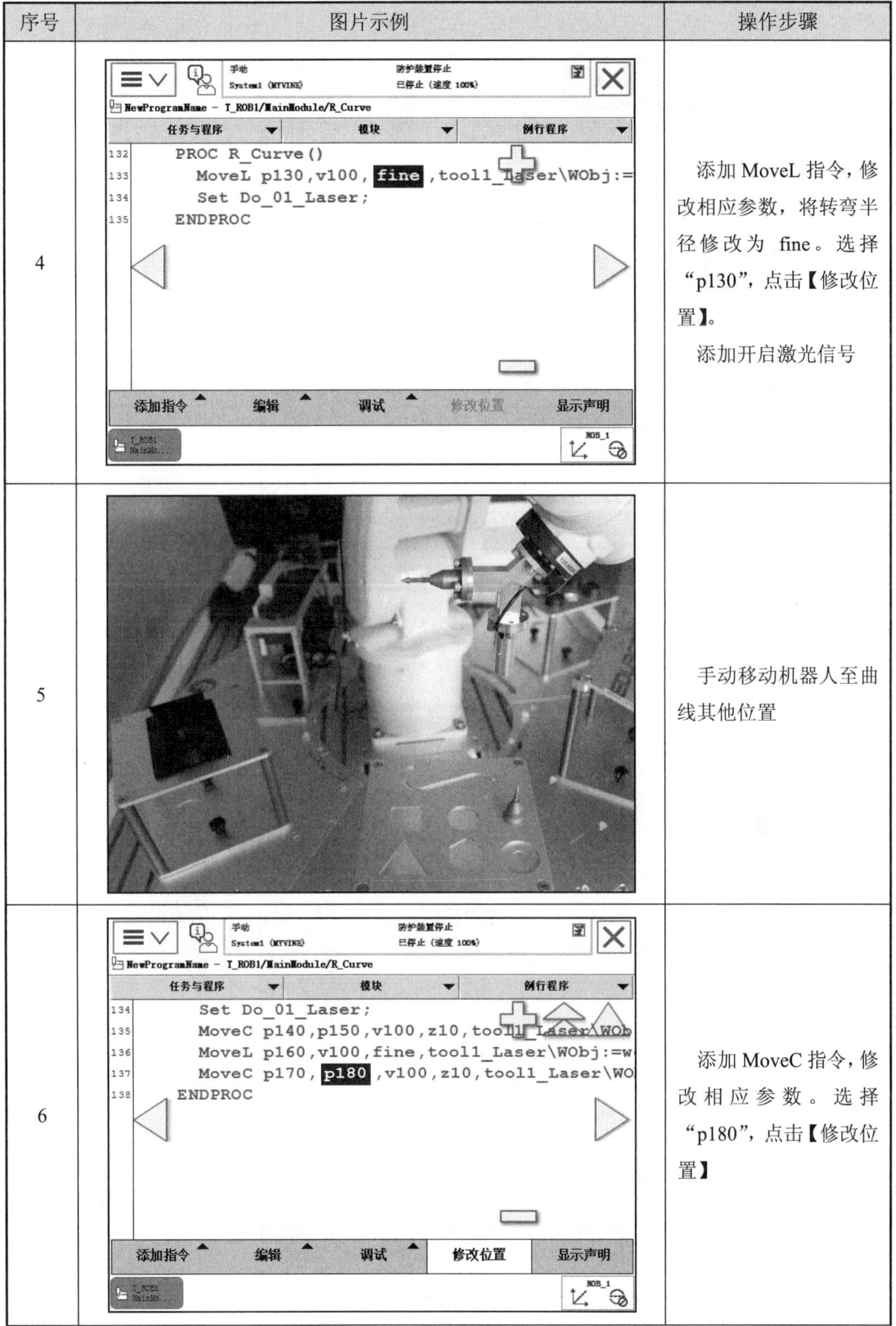

序号	图片示例	操作步骤
4		添加 MoveL 指令，修改相应参数，将转弯半径修改为 fine。选择“p130”，点击【修改位置】。 添加开启激光信号
5		手动移动机器人至曲线其他位置
6		添加 MoveC 指令，修改相应参数。选择“p180”，点击【修改位置】

续表 7.9

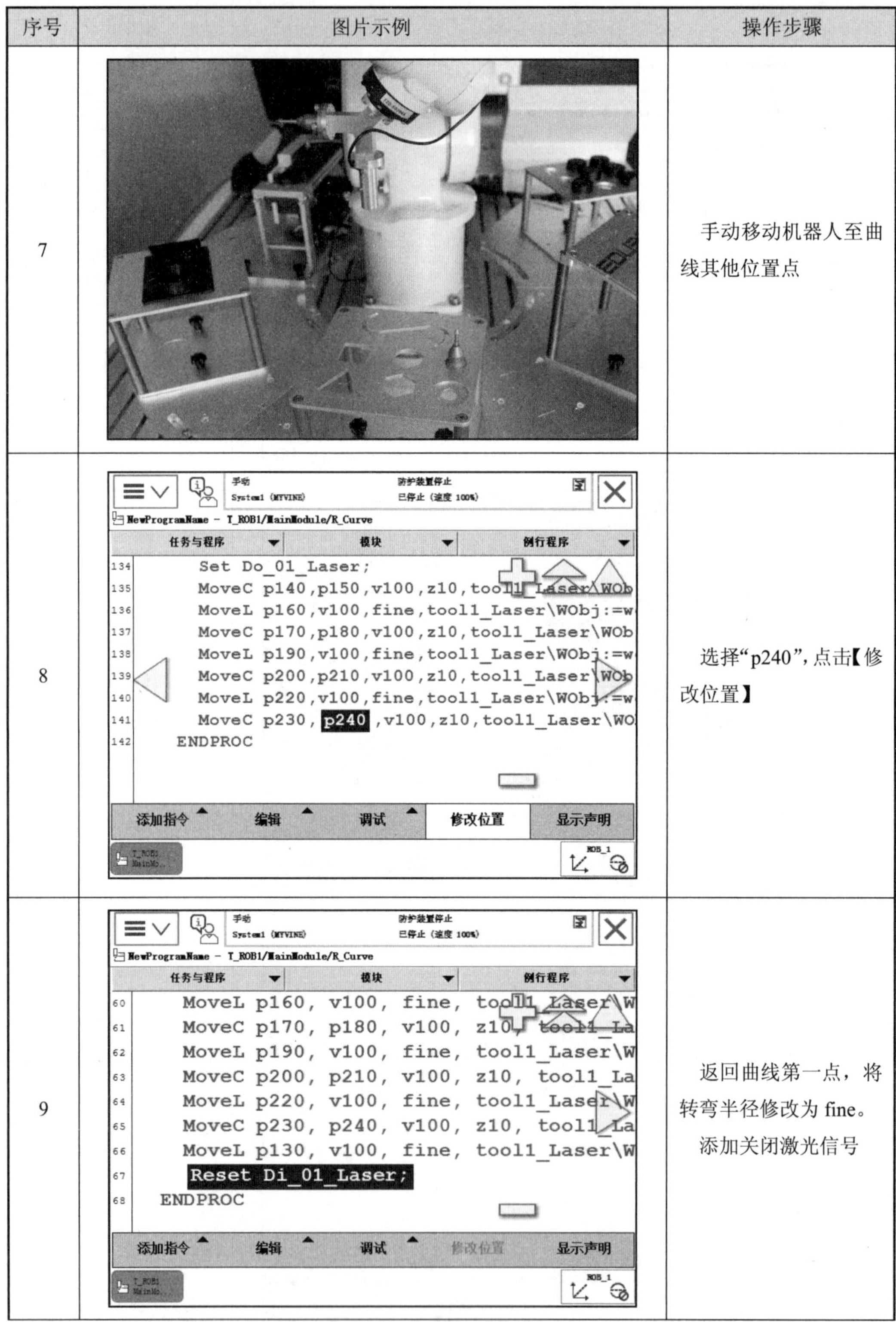

序号	图片示例	操作步骤
7		手动移动机器人至曲线其他位置点
8		选择“p240”，点击【修改位置】
9		返回曲线第一点，将转弯半径修改为 fine。添加关闭激光信号

7.4.5 项目扩展

学习了使用激光建立基本程序后，可以再学习使用 TCP 标定尖锥工具来建立基本程序。由于 TCP 标定尖锥工具不像激光那样可以随意移动，所以在建立机器人程序时需充分考虑机器人轨迹，以及手动操纵示教点位时的安全。下面以建立正六边形为例讲解例行程序的建立，操作步骤见表 7.10。

表 7.10 建立正六边形例行程序的操作步骤

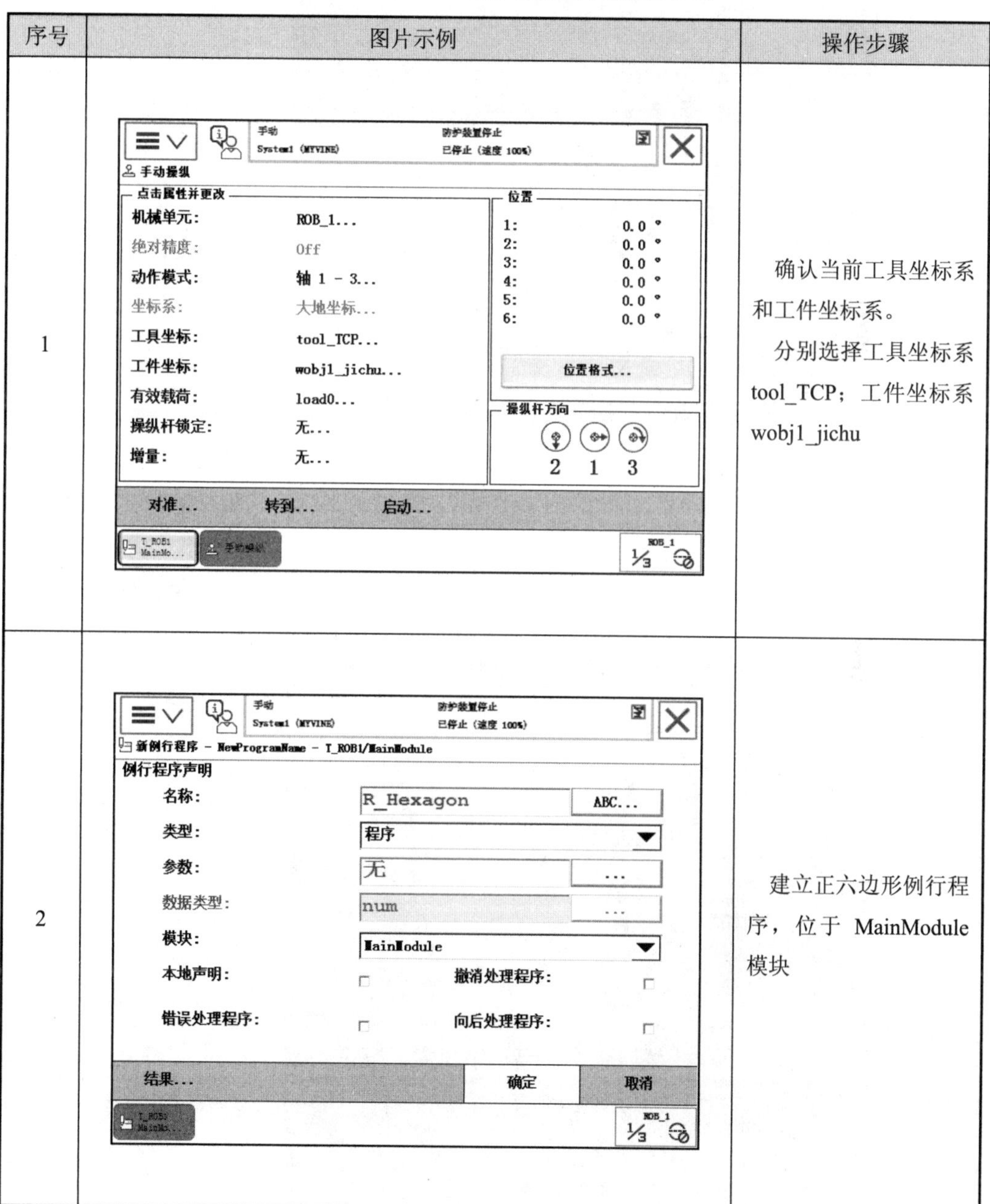

序号	图片示例	操作步骤
1		确认当前工具坐标系和工件坐标系。 分别选择工具坐标系 tool_TCP；工件坐标系 wobj1_jichu
2		建立正六边形例行程序，位于 MainModule 模块

续表 7.10

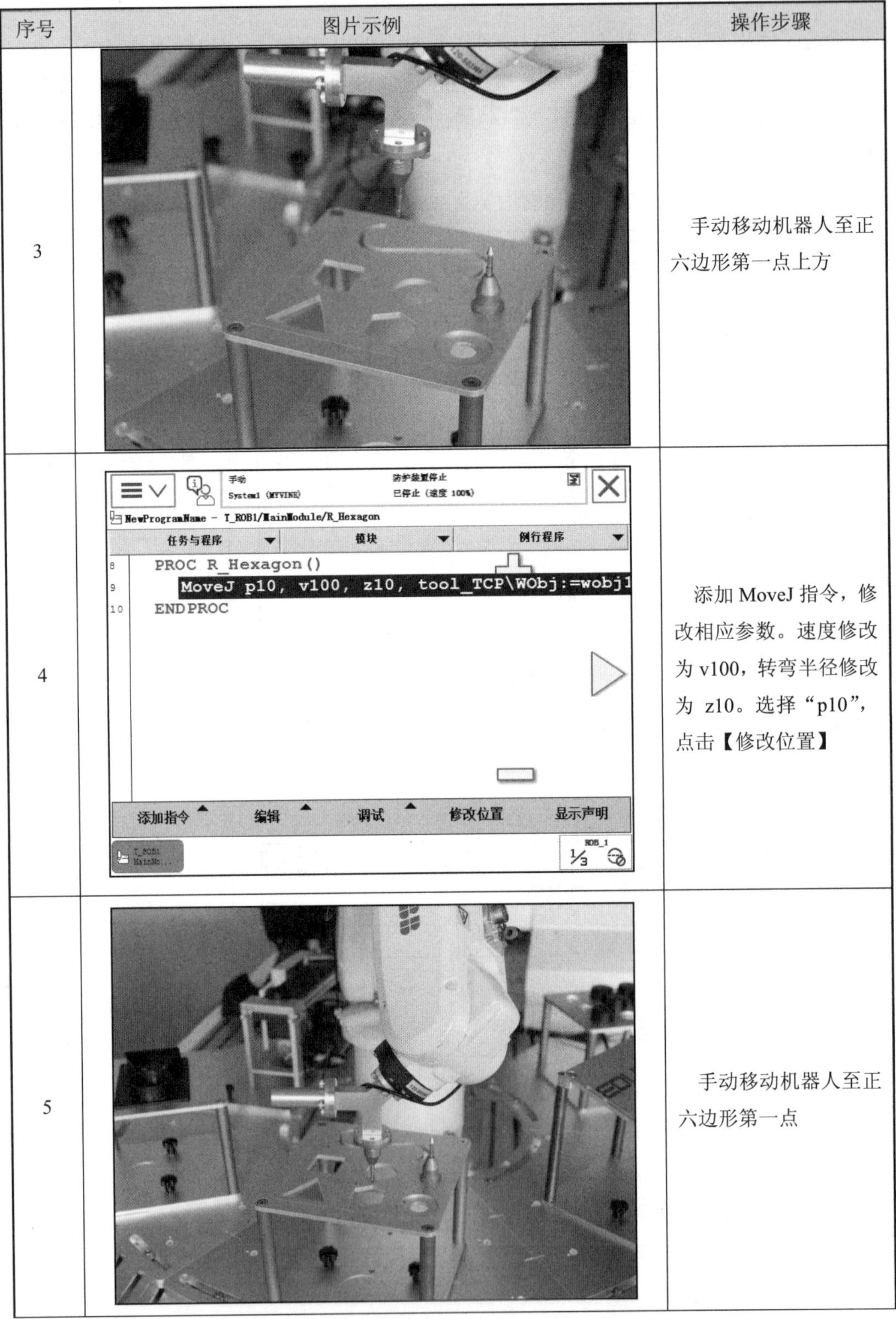

序号	图片示例	操作步骤
3		手动移动机器人至正六边形第一点上方
4	NewProgramName - T_ROB1/MainModule/R_Hexagon PROC R_Hexagon() MoveJ p10, v100, z10, tool_TCP\WObj:=wobj1 ENDPROC 添加指令 编辑 调试 修改位置 显示声明	添加 MoveJ 指令，修改相应参数。速度修改为 v100，转弯半径修改为 z10。选择“p10”，点击【修改位置】
5		手动移动机器人至正六边形第一点

续表 7.10

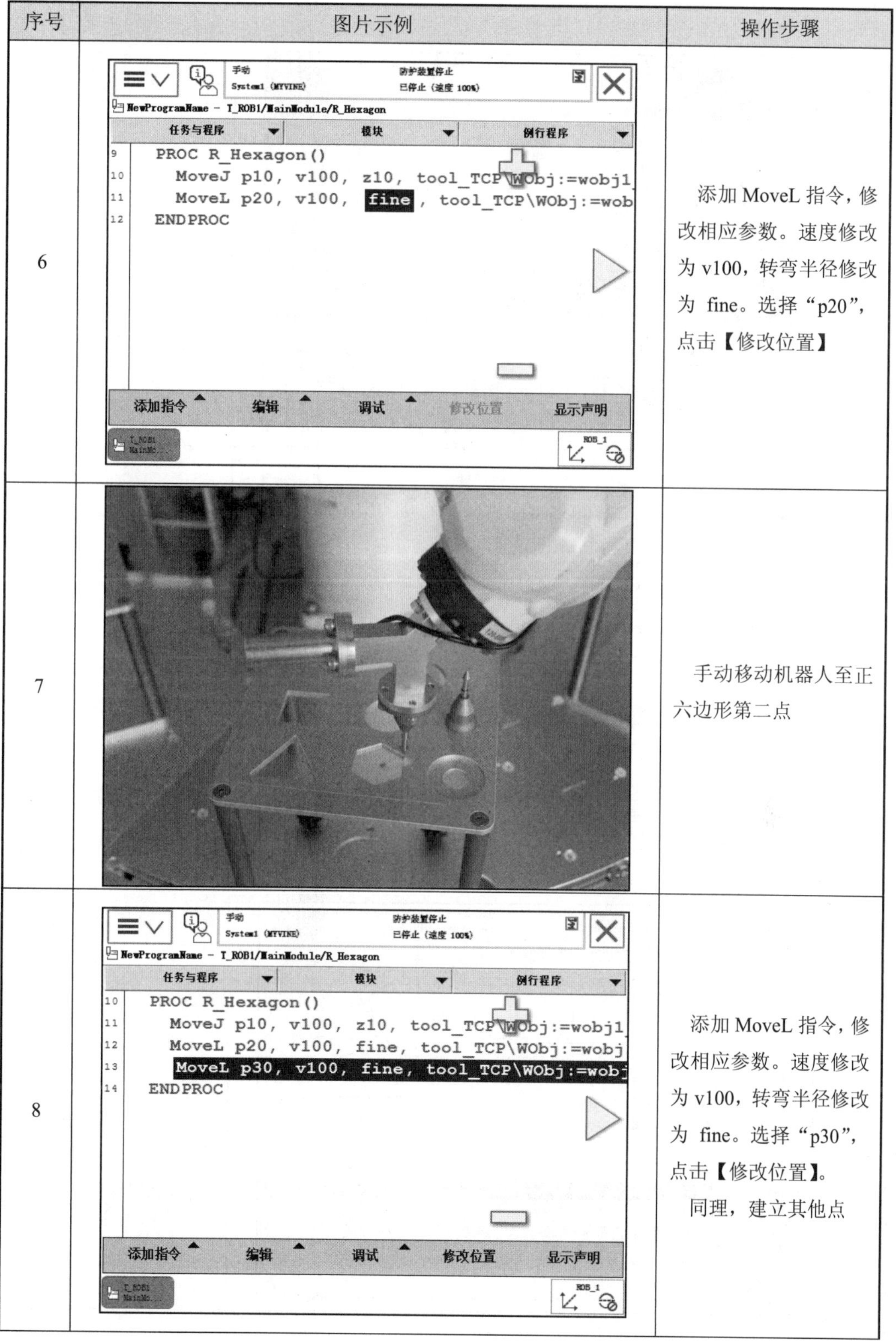

序号	图片示例	操作步骤
6		添加 MoveL 指令，修改相应参数。速度修改为 v100，转弯半径修改为 fine。选择“p20”，点击【修改位置】
7		手动移动机器人至正六边形第二点
8		添加 MoveL 指令，修改相应参数。速度修改为 v100，转弯半径修改为 fine。选择“p30”，点击【修改位置】。 同理，建立其他点

续表 7.10

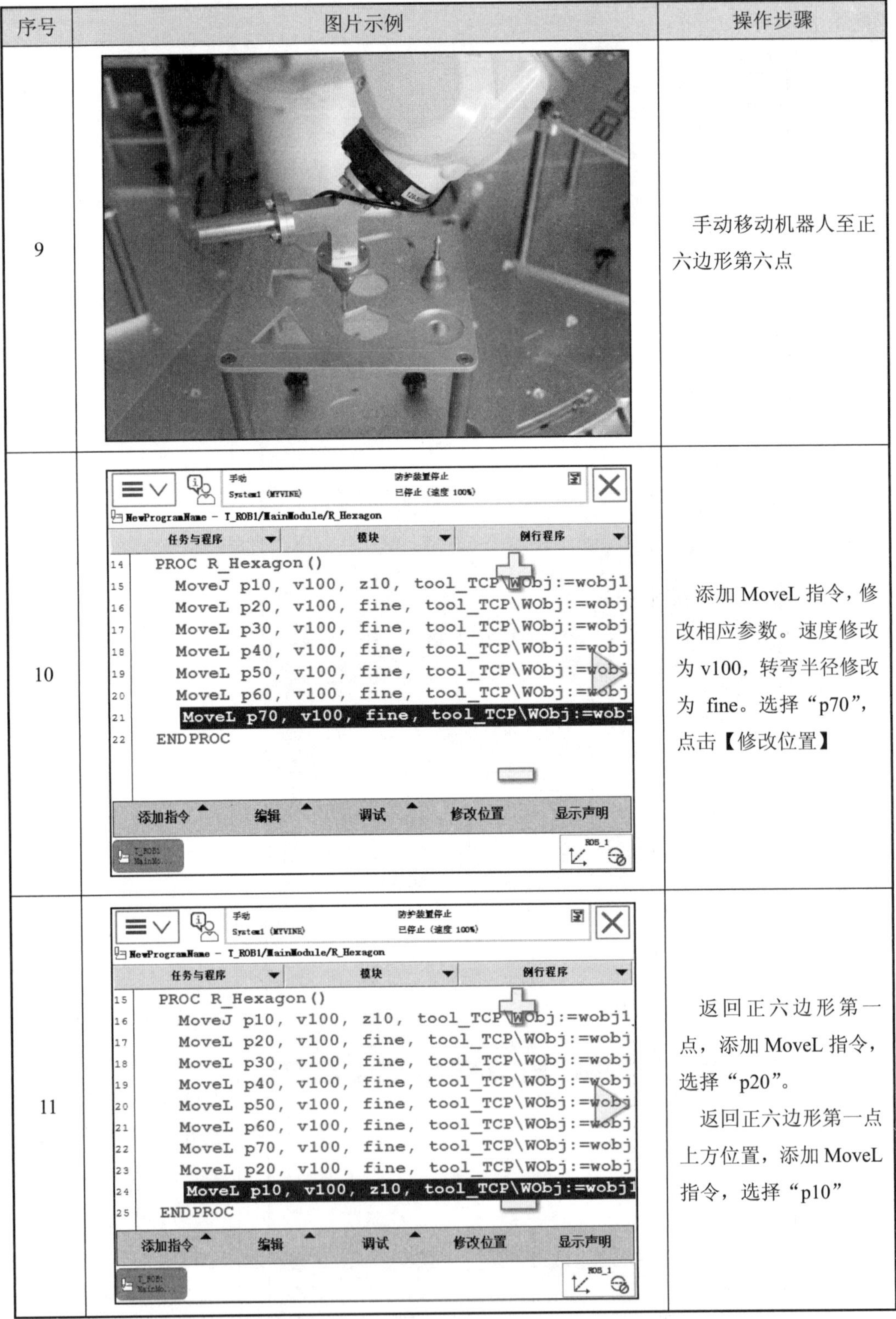

序号	图片示例	操作步骤
9		手动移动机器人至正六边形第六点
10		添加 MoveL 指令，修改相应参数。速度修改为 v100，转弯半径修改为 fine。选择“p70”，点击【修改位置】
11		返回正六边形第一点，添加 MoveL 指令，选择“p20”。 返回正六边形第一点上方位置，添加 MoveL 指令，选择“p10”

7.4.6 综合调试

※ 基础实训项目综合调试

1. main 主程序调试

main 主程序调试的操作步骤见表 7.11。

表 7.11 main 主程序调试的操作步骤

序号	图片示例	操作步骤
1	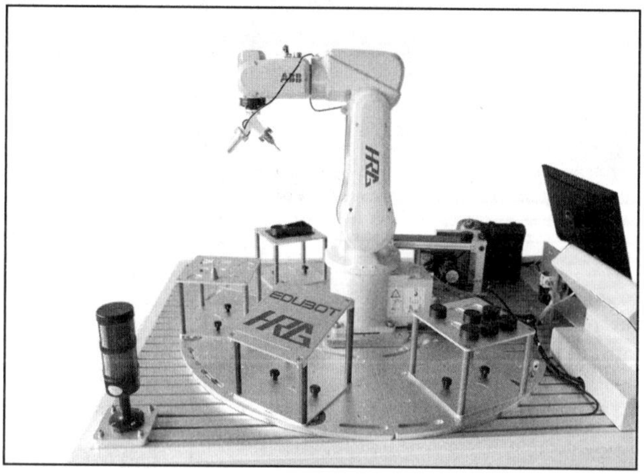	手动移动机器人至安全点
2	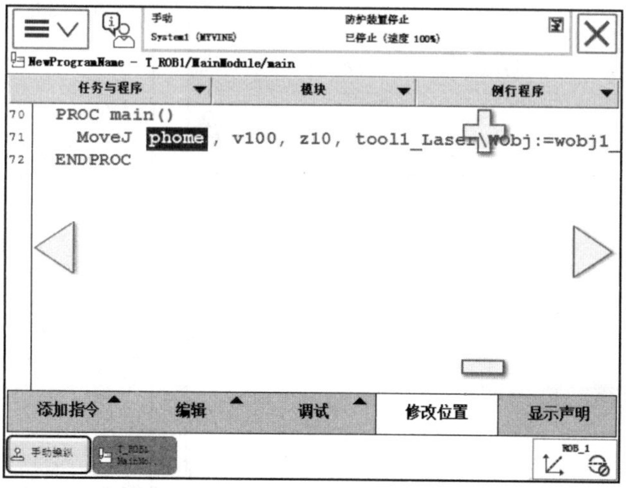	打开 main 主程序。 点击【添加指令】， 添加 MoveJ 指令，修改相应参数，将目标点改名为 phome，点击【修改位置】

续表 7.11

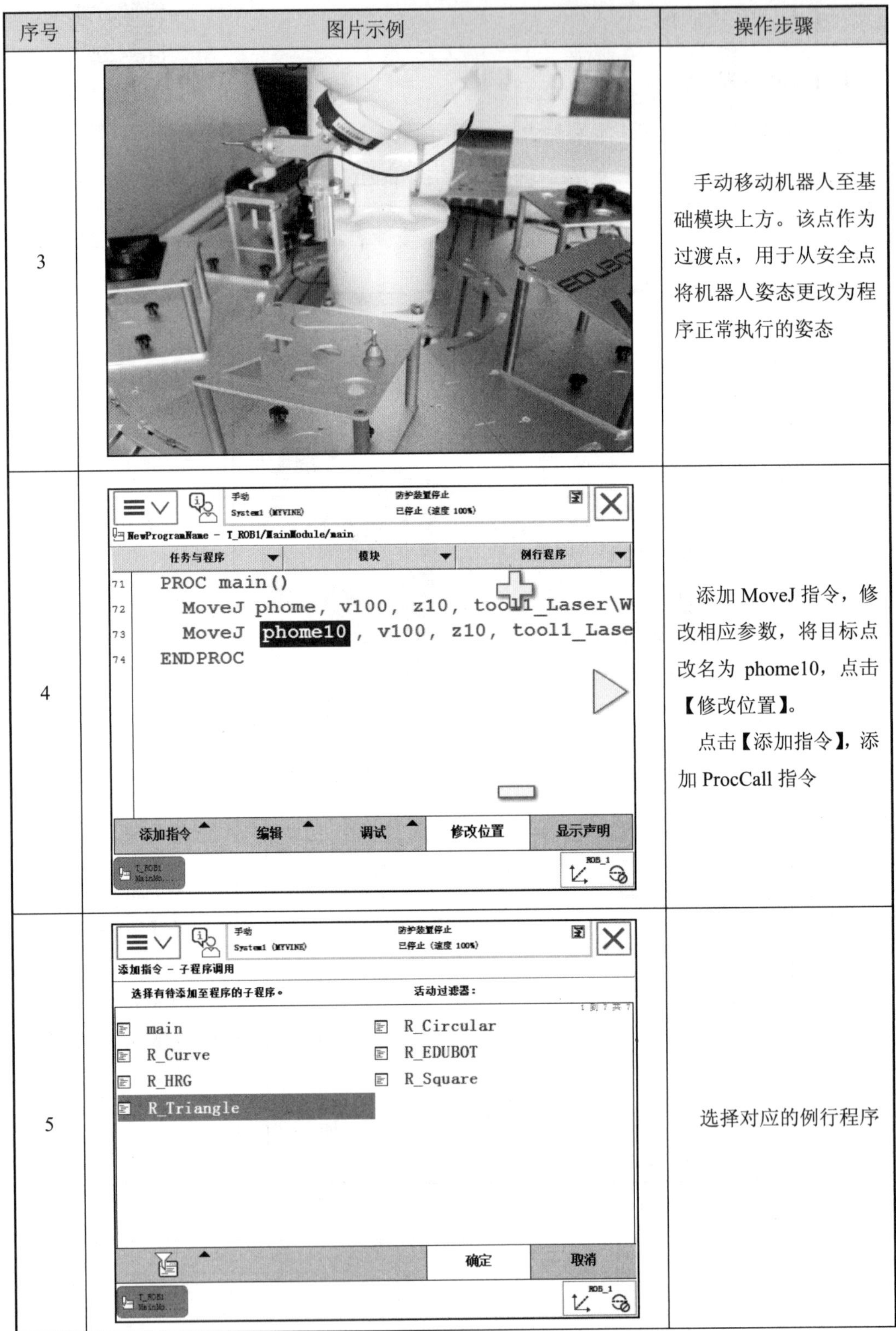

序号	图片示例	操作步骤
3		手动移动机器人至基础模块上方。该点作为过渡点，用于从安全点将机器人姿态更改为程序正常执行的姿态
4		添加 MoveJ 指令，修改相应参数，将目标点改名为 phome10，点击【修改位置】。 点击【添加指令】，添加 ProcCall 指令
5		选择对应的例行程序

续表 7.11

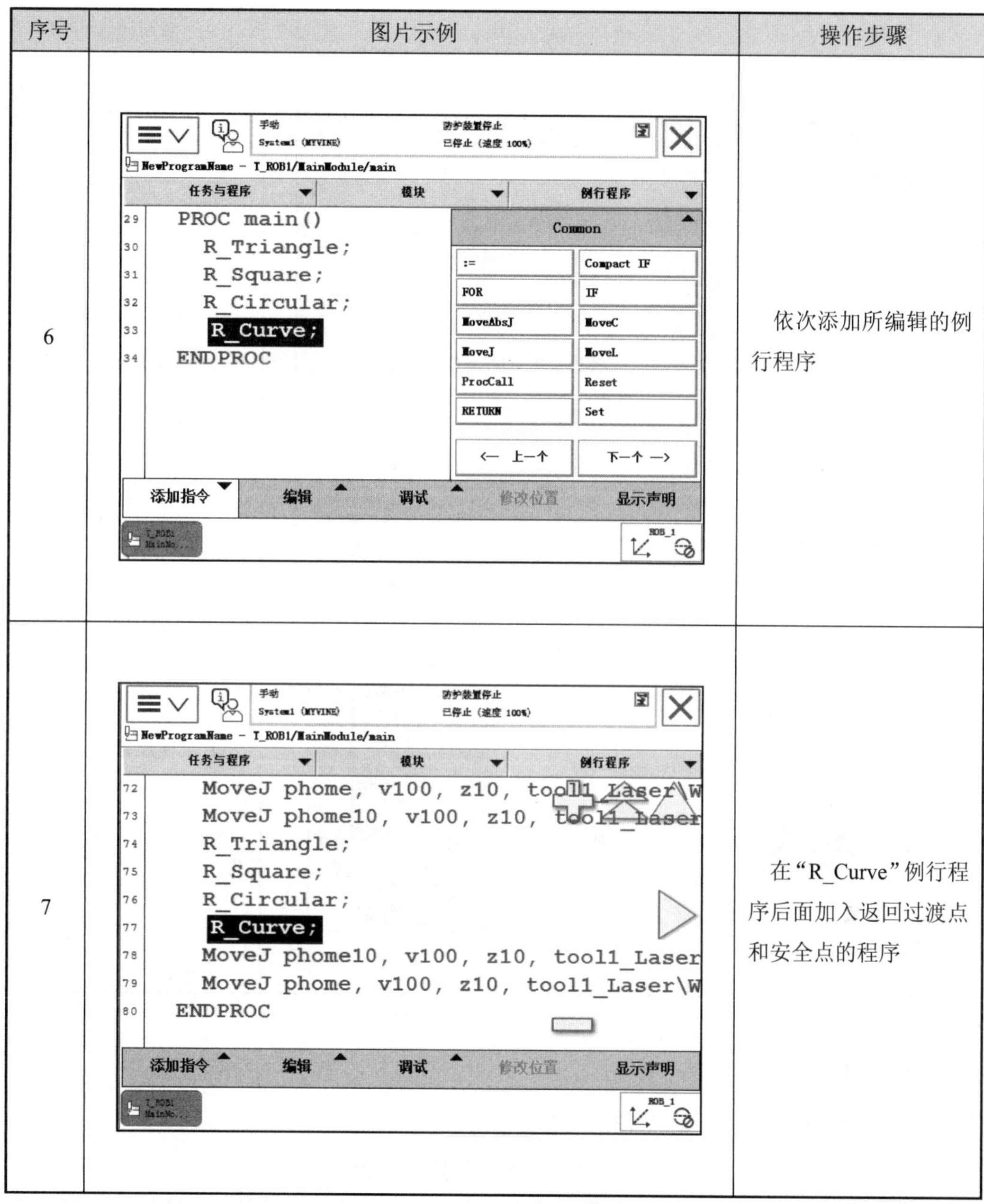

序号	图片示例	操作步骤
6		依次添加所编辑的例行程序
7		在“R_Curve”例行程序后面加入返回过渡点和安全点的程序

2. 手动调试

手动调试的操作步骤见表 7.12。

表 7.12　手动调试的操作步骤

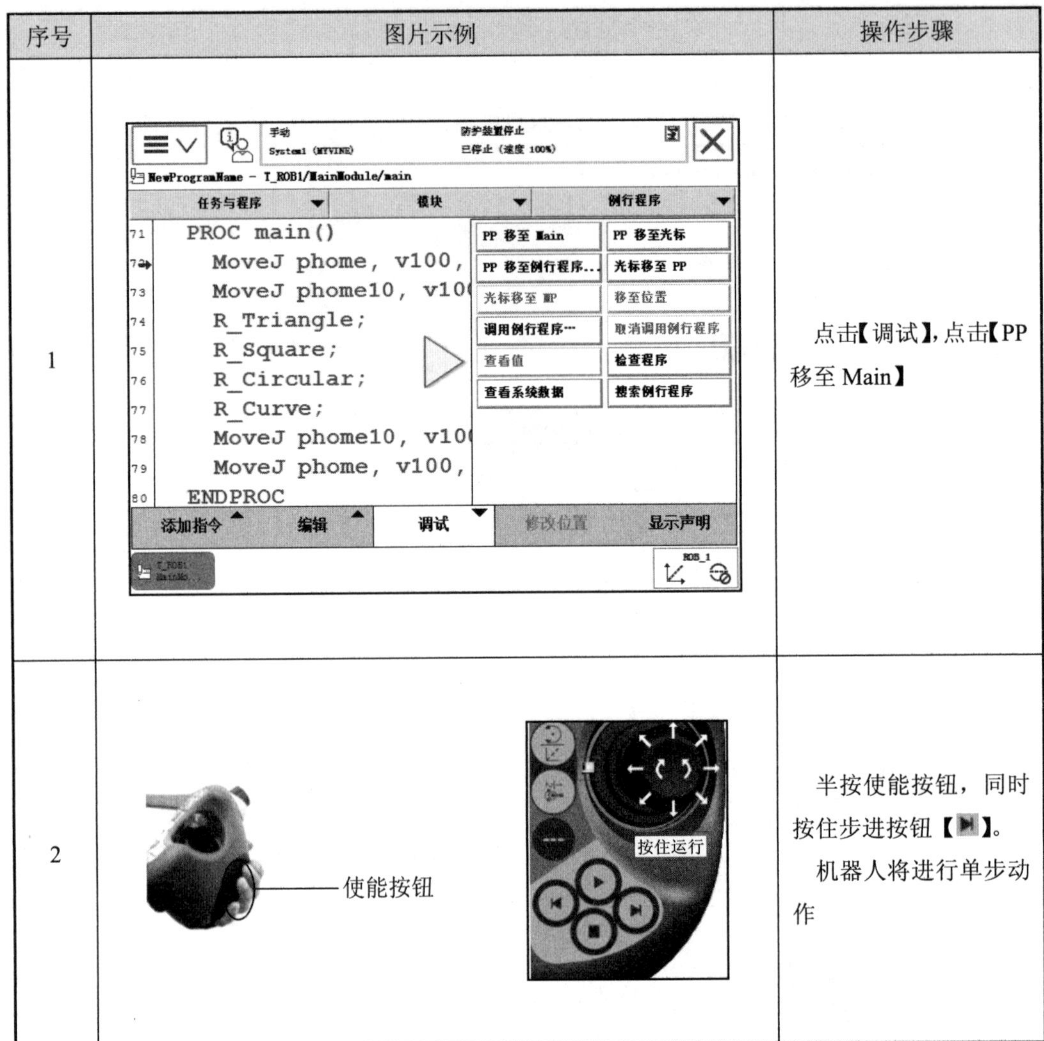

序号	图片示例	操作步骤
1		点击【调试】，点击【PP 移至 Main】
2		半按使能按钮，同时按住步进按钮【▶】。 机器人将进行单步动作

3. 自动运行

自动运行的操作步骤见表 7.13。

表 7.13　自动运行的操作步骤

序号	图片示例	操作步骤
1		将控制器上的【模式选择】旋钮切换至“自动模式”

续表 7.13

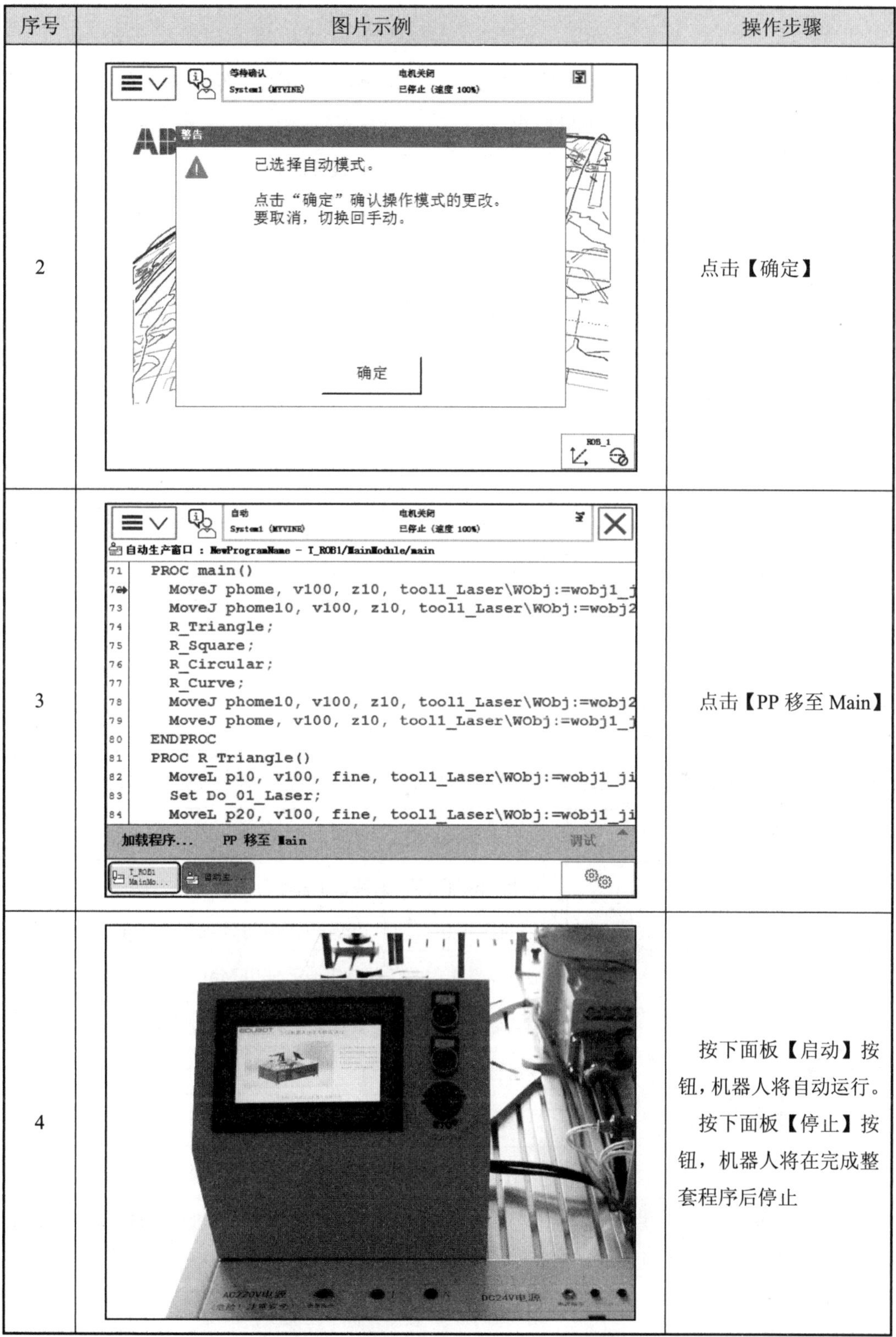

序号	图片示例	操作步骤
2		点击【确定】
3		点击【PP 移至 Main】
4		按下面板【启动】按钮，机器人将自动运行。 按下面板【停止】按钮，机器人将在完成整套程序后停止

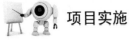

项目实施

项目要求：能够完成实训台上工业机器人的基础实训编程。请结合表 7.14 所示工业机器人基础实训编程报告书完成项目要求。

表 7.14　工业机器人基础实训编程报告书

<table>
<tr><td>题目名称</td><td colspan="2"></td></tr>
<tr><td>学习主题</td><td colspan="2">工业机器人基础实训编程</td></tr>
<tr><td>重点/难点</td><td colspan="2">工业机器人激光 I/O 的配置、坐标系标定</td></tr>
<tr><td rowspan="2">训练目标</td><td>主要知识能力指标</td><td>（1）熟练掌握工业机器人激光 I/O 的配置。
（2）熟练掌握工业机器人坐标系标定。
（3）掌握工业机器人编程指令的使用</td></tr>
<tr><td>相关能力指标</td><td>（1）能够正确制订学习计划，养成独立学习的习惯。
（2）能够阅读工业机器人相关技术手册与说明书。
（3）培养良好的职业素养及团队协作精神</td></tr>
<tr><td>参考资料/学习资源</td><td colspan="2">图书馆内相关书籍、工业机器人相关网站等</td></tr>
<tr><td>学生准备</td><td colspan="2">熟悉工业机器人系统，准备教材、笔、笔记本、练习纸等</td></tr>
<tr><td>教师准备</td><td colspan="2">熟悉教学标准、机器人实训设备说明，演示实验，讲授内容，设计教学过程、记分册</td></tr>
<tr><td rowspan="9">学习步骤</td><td>明确任务</td><td>教师提出任务</td></tr>
<tr><td rowspan="6">分析过程（学生借助参考资料、教材和教师的引导，自己制订学习计划，并拟定检查、评价标准）</td><td>完成 ABB 机器人工具、工件坐标系标定</td></tr>
<tr><td>三角形、正方形、正六边形轨迹均由直线组成，使用 MoveL 指令完成</td></tr>
<tr><td>圆可以看作由两条圆弧组成，使用 MoveC 指令完成</td></tr>
<tr><td>S 形曲线可以看作由直线和圆弧组成，使用 MoveL 和 MoveC 指令组合完成</td></tr>
<tr><td>机器人从安全点运动到第一点，使用 MoveJ 指令完成</td></tr>
<tr><td>根据任务要求和实际操作结果完成总结报告</td></tr>
<tr><td>检查</td><td>在整个过程中，学生依据拟定的评价标准检查自己是否符合要求地完成了任务</td></tr>
<tr><td>评价</td><td>由学习小组、教师评价学生的工作情况并给出建议</td></tr>
</table>

项目评价

请完成表 7.15 所示项目评价表。

表 7.15　项目评价表

姓名		学号		日期	
小组成员				教师签字	
类别	项目	考核内容	得分	总分	评分标准
理论	知识准备（100 分）	正确描述工业机器人通用 I/O 配置方法（50 分）			根据完成情况打分
		正确描述工业机器人编程运动指令中各个参数含义（50 分）			
评分说明					
备注	（1）项目评价表原则上不能出现涂改现象，若出现则必须在涂改之处签字确认。 （2）每次考核结束后，教师及时记录考核成绩				

课程思政要点

帮助学生树立安全文明、绿色环保的生产意识。工业机器人在运行过程中会产生很大的力，在机器人手动操纵和自动运行时均存在危险性，操作不当容易发生机器人碰撞，造成设备损坏，甚至引发人身安全事故。因此，提升学生安全意识，使之懂得珍爱生命，能保护自己、保护他人、保护设备就显得格外重要。实训开始前，教师结合动画系统讲解 ABB 工业机器人安全操作规范和常见危险情况的应急处理方法，并做出示范性操作。学生通过安全操作规范测试后才能开始实训。实训中，要求每位学生必须佩戴安全帽，不允许将身体任何部位置于防护光栅内。指导学生在机器人调试过程中正确使用增量移动模式，合理添加运动过程中的过渡点，提高机器人运行安全性。实训结束后，要求学生将机器人调回原点位置，将工具、工件、示教器归位。同时，要求学生保持实训室环境的整洁有序，严禁将食物饮料带入实训室，养成自觉践行实训室环境 5S 要求的习惯。

项目评测

1. 如何配置机器人通用 I/O？

2. 机器人如何通过I/O关联系统信号？
3. 简述运动指令中各个参数含义。
4. 如何通过程序修改机器人运动速度？
5. 关节运动和直线运动有什么区别？
6. 机器人安全运动轨迹如何规划？

项目 8　模拟激光雕刻轨迹项目

项目描述

随着光电子技术的飞速发展，激光雕刻轨迹技术的应用越来越广泛。激光加工过程与材料表面没有接触，不受机械运动影响，表面不会变形，一般无需固定。激光雕刻轨迹时加工精度高、速度快，故应用领域广泛。

※ 模拟激光雕刻轨迹项目准备

本项目通过模拟激光雕刻轨迹模块的训练，使学生充分熟悉机器人的运动控制，在基础模块的基础上更加熟练地操作机器人。

项目分析

（1）HRG 轨迹均为直线，使用 MoveL 指令完成。

（2）EDUBOT 轨迹为直线和弧线的组合，需使用 MoveL 和 MoveC 指令完成。

（3）单个模块运动点很多，需要添加速度变量和转弯半径变量进行统一控制处理。

（4）轨迹由激光来完成，需配置激光 I/O。

（5）运动轨迹位于斜面上，需添加工具和工件坐标系。利用工件坐标系手动控制机器人运动。

（6）机器人运动轨迹较多，为便于程序查看和修改，每个程序需建立例行程序，需充分掌握程序调用思想。

模块安装

模块安装的操作步骤见表 8.1。

表 8.1　模块安装的操作步骤

序号	图片示例	操作步骤
1		确认模拟激光雕刻轨迹模块
2		通过梅花螺丝，将模拟激光雕刻轨迹模块固定在实训台 D 区 7 号和 8 号安装孔位置上
3		将模拟激光雕刻轨迹模块工具安装到机械臂末端

任务 8.1　I/O 配置与指令介绍

任务描述

本任务通过模拟激光雕刻轨迹模块模拟激光雕刻动作，使学生巩固机器人运动指令的使用。通过本章的学习需掌握运动指令各个参数的意义，以及所使用的数据类型。

知识准备

8.1.1　I/O 配置

模拟激光雕刻轨迹模块 I/O 配置见表 8.2。

表 8.2　模拟激光雕刻轨迹模块 I/O 配置

序号	名称	信号类型	映射地址	功能
1	Di_01_start	输入信号	0	控制机器人启动
2	Di_02_stop	输入信号	1	控制机器人停止
3	Do_01_Laser	输出信号	0	控制激光器的开启和关闭

8.1.2　指令介绍

1. robtarget 型数据

robtarget 型数据属于位置数据，用于定义机械臂和外轴的位置，机器人位置点修改界面如图 8.1 所示。

CONST robtarget p10 := [[364.35, 96.62, 54.33], [1, 0, 0, 0], [1, 1,0, 0], [11, 12.3, 9E9, 9E9, 9E9, 9E9]];

表示机械臂的位置：在目标坐标系中，x=364.35 mm、y=96.62 mm、z=54.33 mm。

图 8.1　机器人位置点修改界面

2. speeddata 型数据

speeddata 型数据属于速度数据，用于定义机械臂和外轴移动时的速度，速度变量值修改界面如图 8.2 所示。

CONST speeddata speed1:=[200,500,5000,1000];

v_tcp：TCP 速度，单位为 mm/s。

v_ori：TCP 的重定位速度，单位为（°）/s。

v_leax：线性外轴速度，单位为 mm/s。

v_reax：旋转外轴速度，单位为（°）/s。

名称	值	数据类型
speed1:	[200, 500, 5000, 1000]	speeddata
v_tcp :=	200	num
v_ori :=	500	num
v_leax :=	5000	num
v_reax :=	1000	num

撤消 确定 取消

图 8.2 速度变量值修改界面

3. zonedata 型数据

zonedata 型数据属于转弯半径数值，描述机器人移动到下一个目标点的精确度，准确到达目标点为 fine，如图 8.3 所示（TCL 为刀具中心位置）。

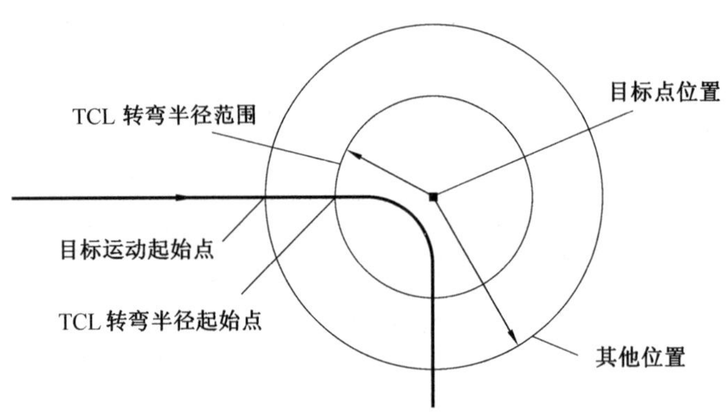

图 8.3 转弯半径图示

转弯半径值修改界面如图 8.4 所示。

CONST zonedata zone1:=[FALSE,20,75,75,7.5,75,7.5];

finep：设置值为 TRUE，运动精确到目标点；设置值为 FALSE，目标点区域由转弯半径数据决定。

pzone_tcp：转弯半径大小，单位为 mm。

pzone_ori：有关工具重定位的区域半径。

pzone_eax：外轴的区域半径，TCP 与编程位置的距离。尺寸须大于 pzone_tcp；如果尺寸小于 pzone_tcp，则自动将其增大到与 pzone_tcp 相同。

zone_ori：重定位的区域半径，TCP 与编程位置的距离。

名称	值	数据类型	1 到 6 共 8
zone1:	[FALSE, 20, 75, 75, 7.5, 7...	zonedata	
finep :=	FALSE	bool	
pzone_tcp :=	20	num	
pzone_ori :=	75	num	
pzone_eax :=	75	num	
zone_ori :=	7.5	num	

撤消　确定　取消

图 8.4　转弯半径值修改界面

4. SetDO 指令

设置数字输出信号值为 0 或 1。

5. WaitTime 指令

等待给定的时间，单位为 s。

6. Stop 指令

停止程序运行。在 Stop 指令就绪之前，将完成当前执行的所有移动。

7. WaitRob 指令

等待直至达到停止点或零速度。

8. FOR 指令

重复给定的次数。

任务 8.2　程序编辑与调试

任务描述

本项目的核心指令是机器人编程常用的指令，需熟练掌握，此外通过本项目的学习可以编辑一个简单的动作模块，掌握编程的基本思想。

知识准备

8. 2. 1 程序编辑规划

※ 模拟激光雕刻轨迹项目程序编辑

（1）建立模拟激光雕刻轨迹的程序。

（2）在移动机器人至关键点时可以选择对应的工件坐标系，方便在斜面上运动。

（3）通过程序调用指令，调用各个子程序。

（4）需添加 FOR 指令，模拟激光二次加工。

（5）通过 main 主程序调用各个子程序，进行自动运行。

8. 2. 2 HRG 轨迹程序的编辑

HRG 轨迹程序编辑的操作步骤见表 8.3。

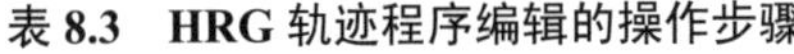

表 8.3 HRG 轨迹程序编辑的操作步骤

序号	图片示例	操作步骤
1	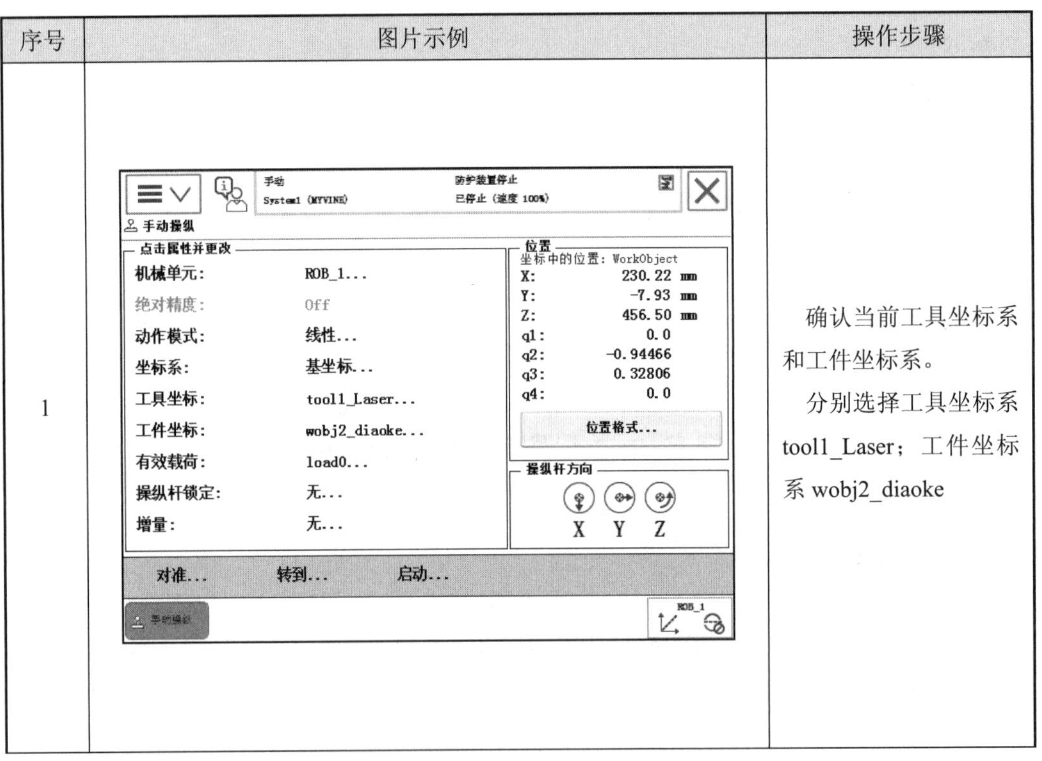	确认当前工具坐标系和工件坐标系。 分别选择工具坐标系 tool1_Laser；工件坐标系 wobj2_diaoke

续表 8.3

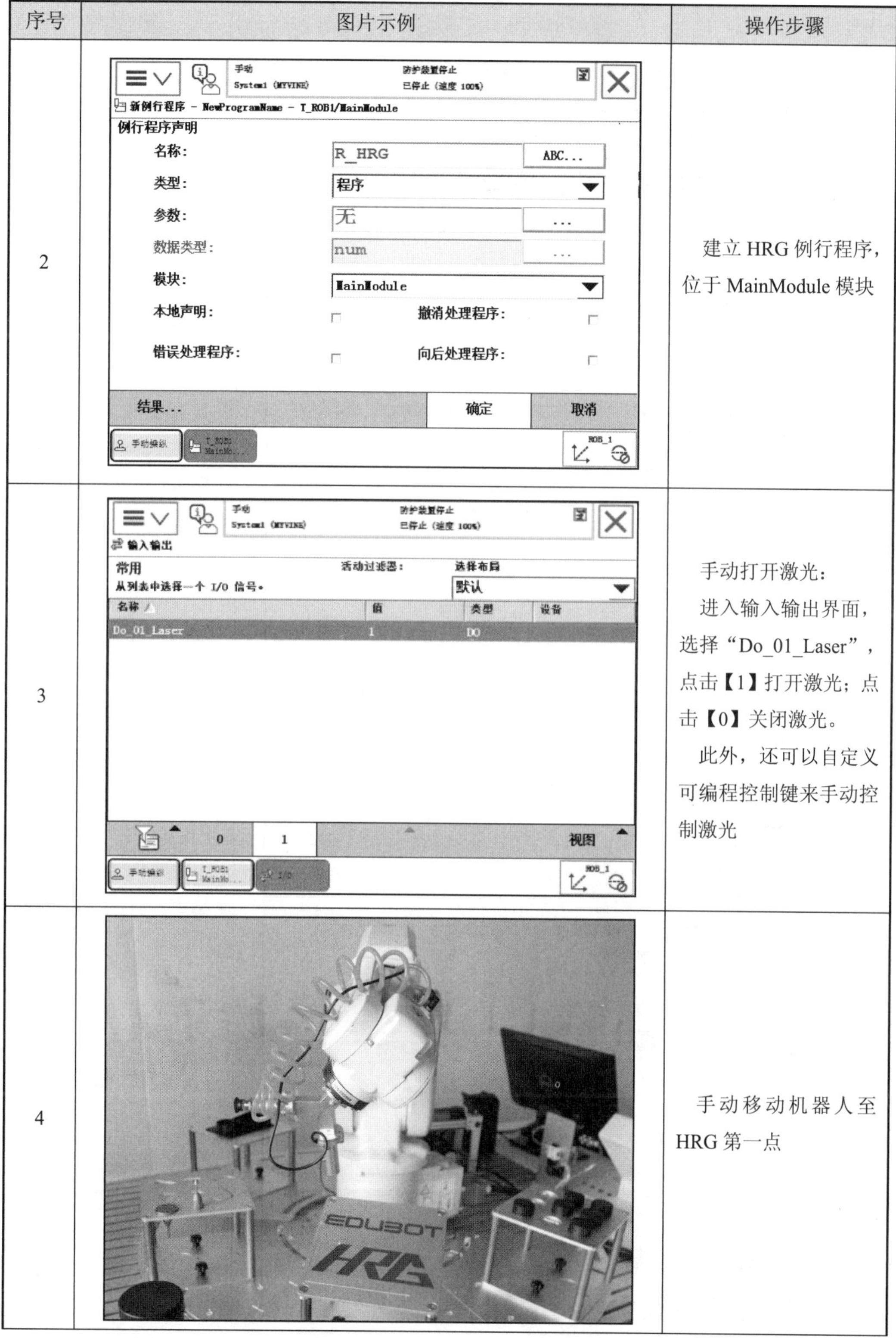

序号	图片示例	操作步骤
2		建立 HRG 例行程序，位于 MainModule 模块
3		手动打开激光： 进入输入输出界面，选择“Do_01_Laser”，点击【1】打开激光；点击【0】关闭激光。 此外，还可以自定义可编程控制键来手动控制激光
4		手动移动机器人至 HRG 第一点

续表 8.3

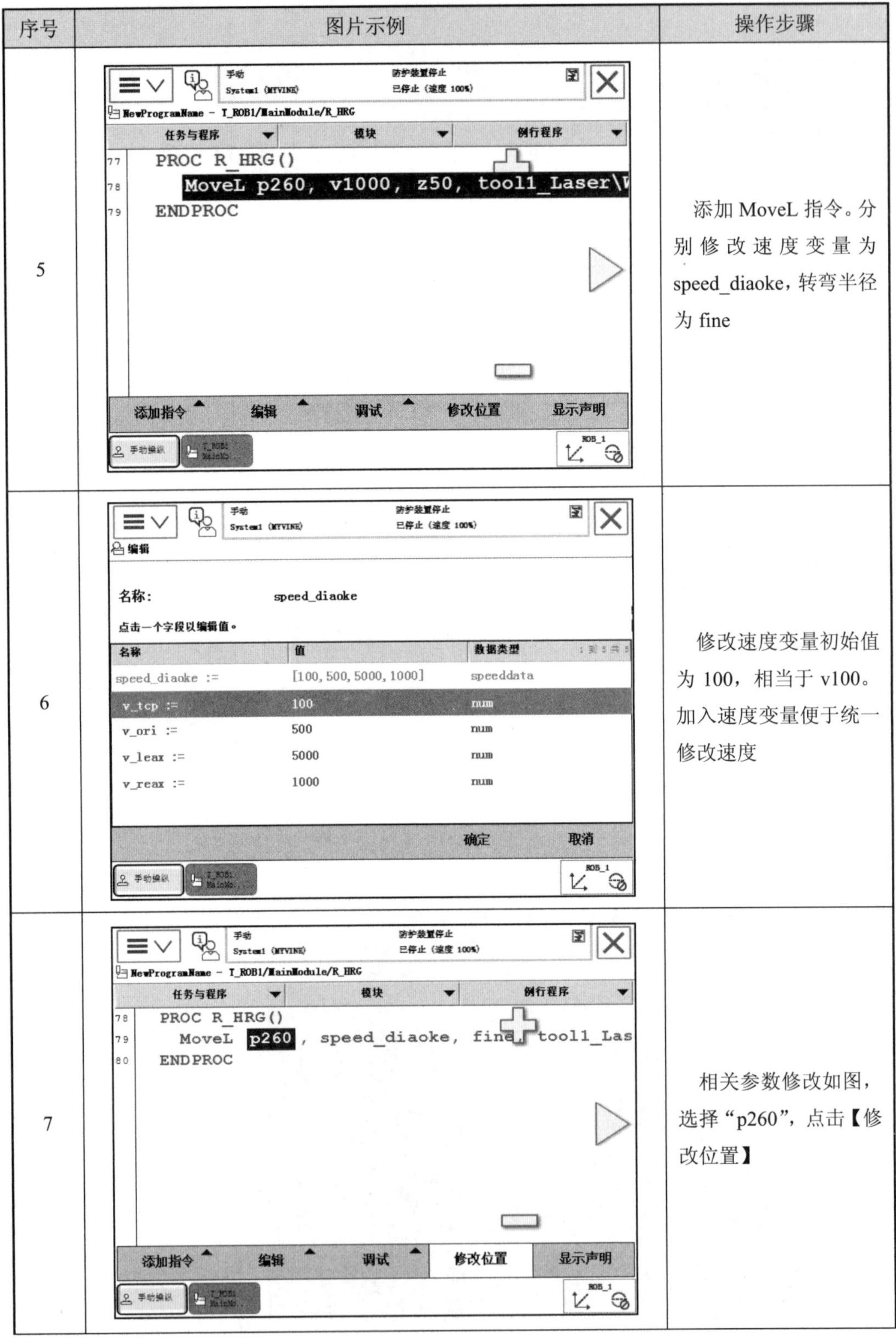

序号	图片示例	操作步骤
5		添加 MoveL 指令。分别修改速度变量为 speed_diaoke，转弯半径为 fine
6		修改速度变量初始值为 100，相当于 v100。加入速度变量便于统一修改速度
7		相关参数修改如图，选择“p260”，点击【修改位置】

续表 8.3

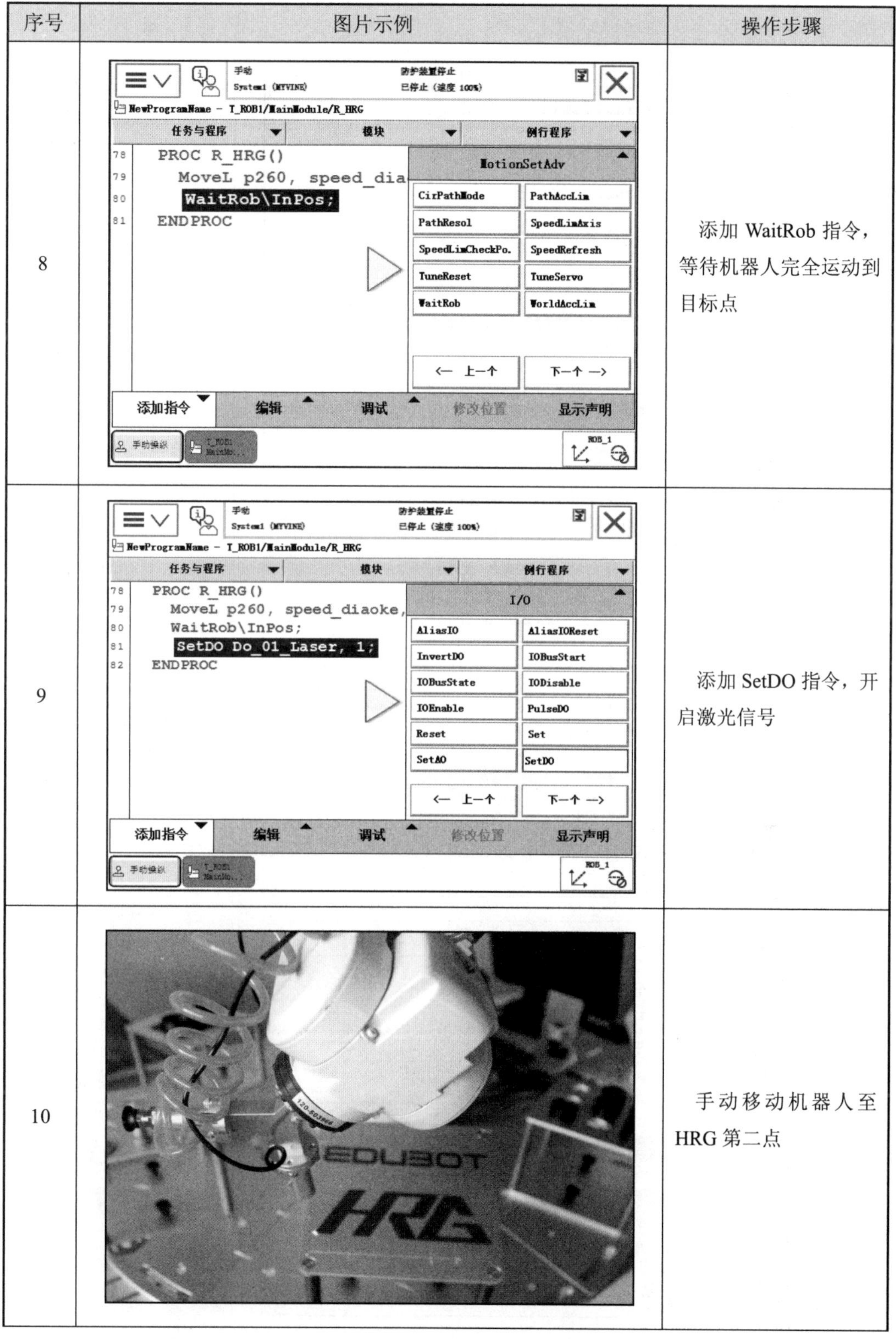

序号	图片示例	操作步骤
8		添加 WaitRob 指令，等待机器人完全运动到目标点
9		添加 SetDO 指令，开启激光信号
10		手动移动机器人至 HRG 第二点

续表 8.3

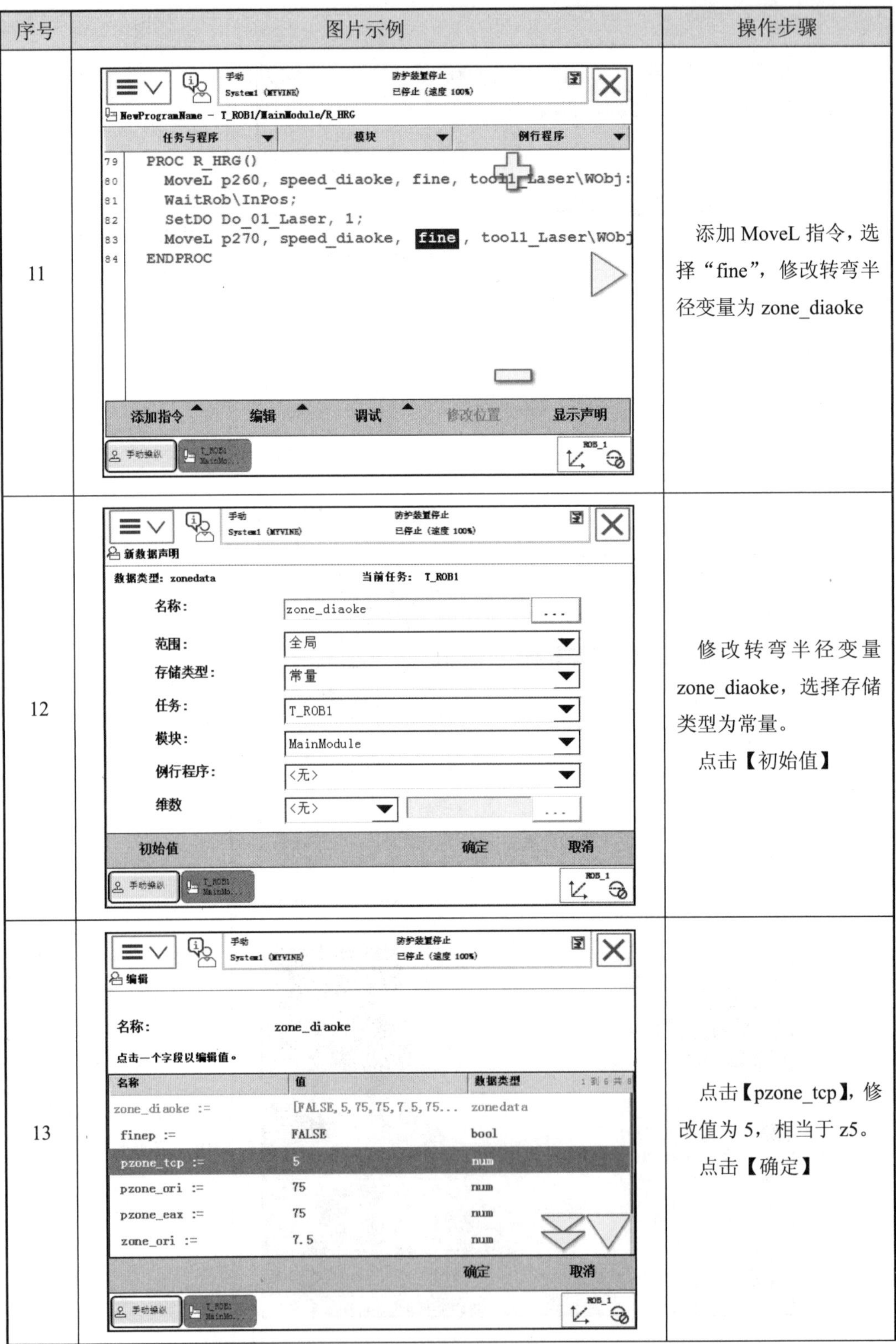

序号	图片示例	操作步骤
11		添加 MoveL 指令，选择“fine”，修改转弯半径变量为 zone_diaoke
12		修改转弯半径变量 zone_diaoke，选择存储类型为常量。 点击【初始值】
13		点击【pzone_tcp】，修改值为 5，相当于 z5。 点击【确定】

续表 8.3

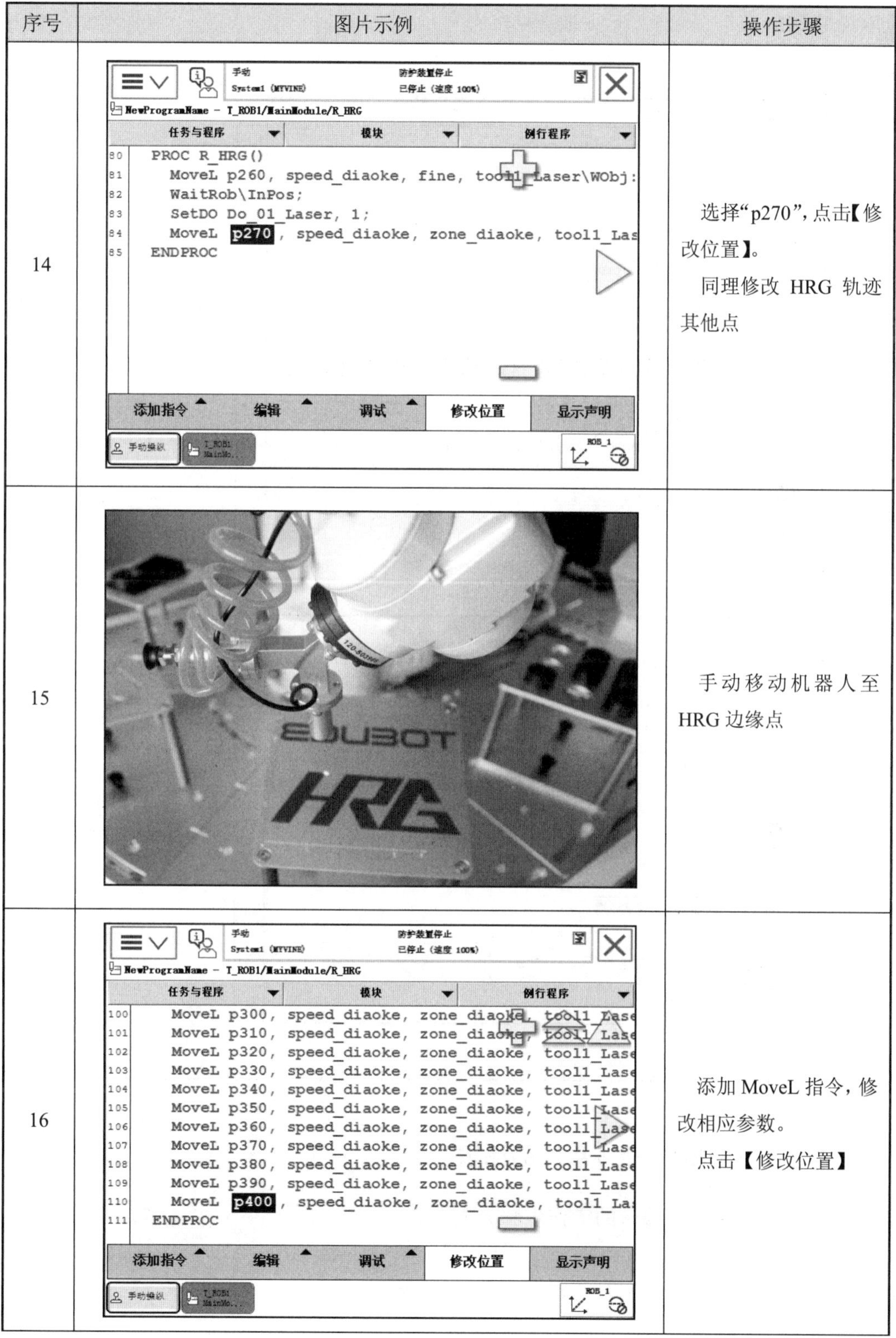

序号	图片示例	操作步骤
14		选择“p270”，点击【修改位置】。 同理修改 HRG 轨迹其他点
15		手动移动机器人至 HRG 边缘点
16		添加 MoveL 指令，修改相应参数。 点击【修改位置】

续表 8.3

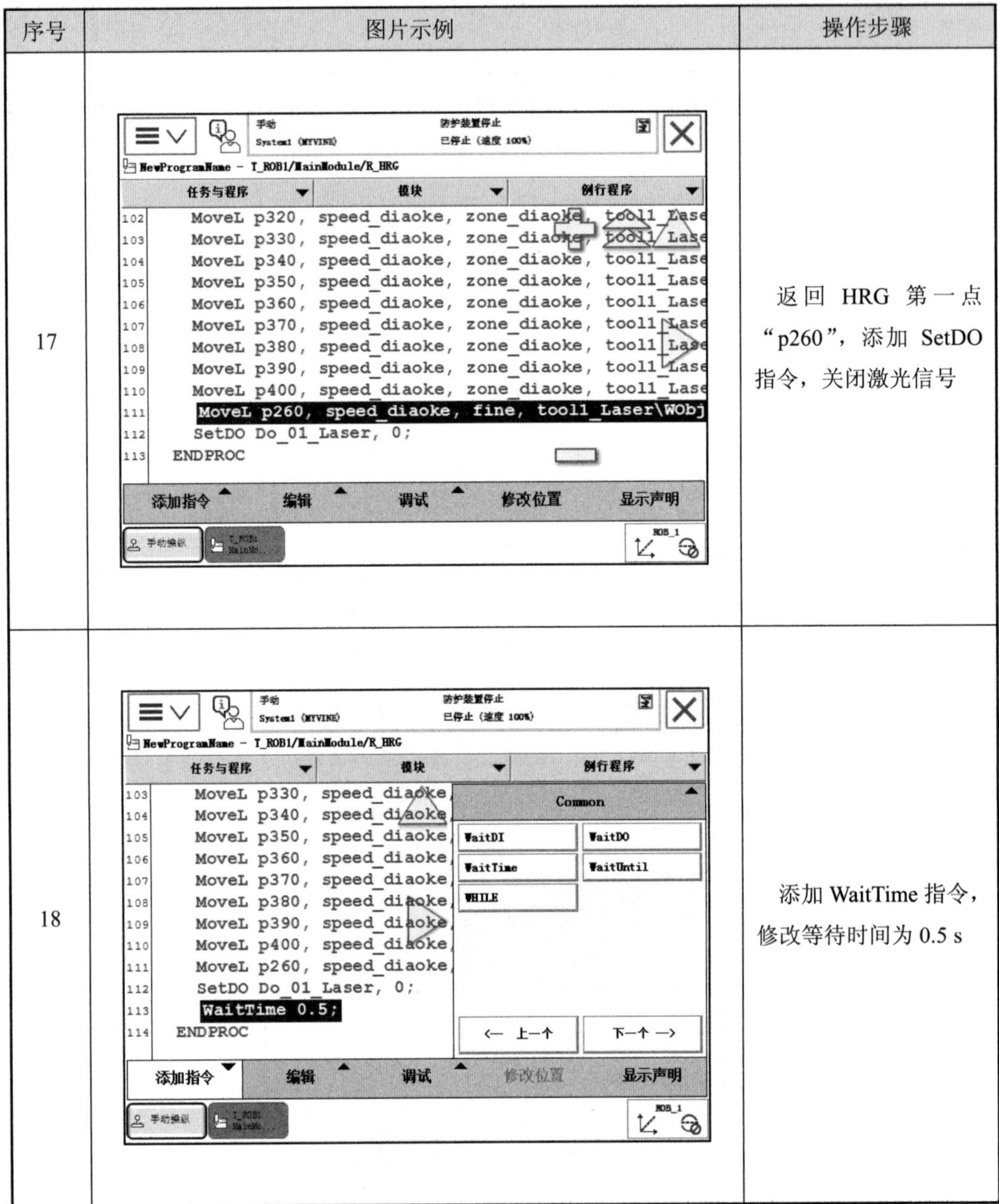

序号	图片示例	操作步骤
17		返回 HRG 第一点“p260”，添加 SetDO 指令，关闭激光信号
18		添加 WaitTime 指令，修改等待时间为 0.5 s

8. 2. 3　EDUBOT 轨迹程序的编辑

EDUBOT 轨迹程序编辑的操作步骤见表 8.4。

表 8.4　EDUBOT 轨迹程序编辑的操作步骤

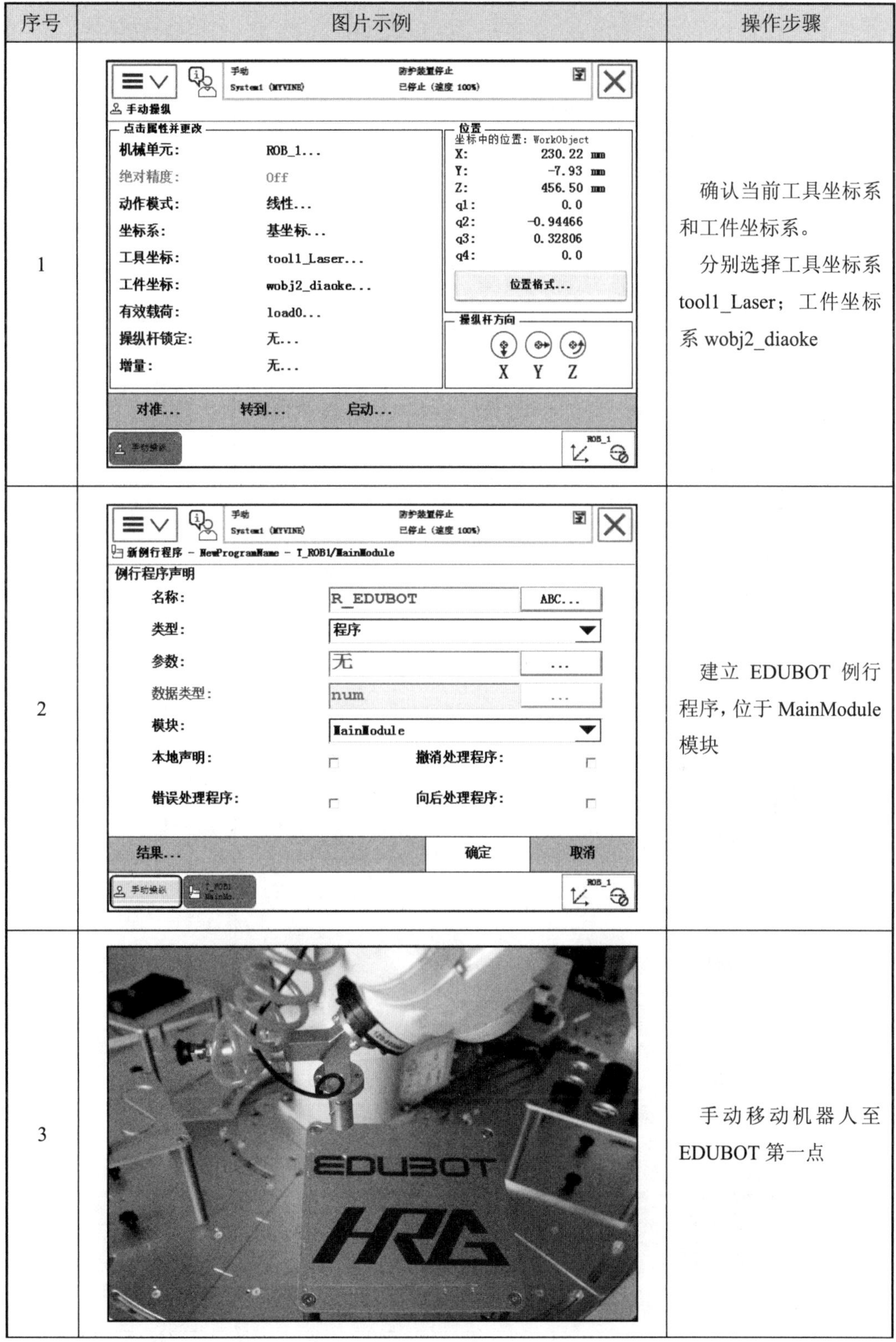

序号	图片示例	操作步骤
1		确认当前工具坐标系和工件坐标系。 分别选择工具坐标系 tool1_Laser；工件坐标系 wobj2_diaoke
2		建立 EDUBOT 例行程序，位于 MainModule 模块
3		手动移动机器人至 EDUBOT 第一点

续表 8.4

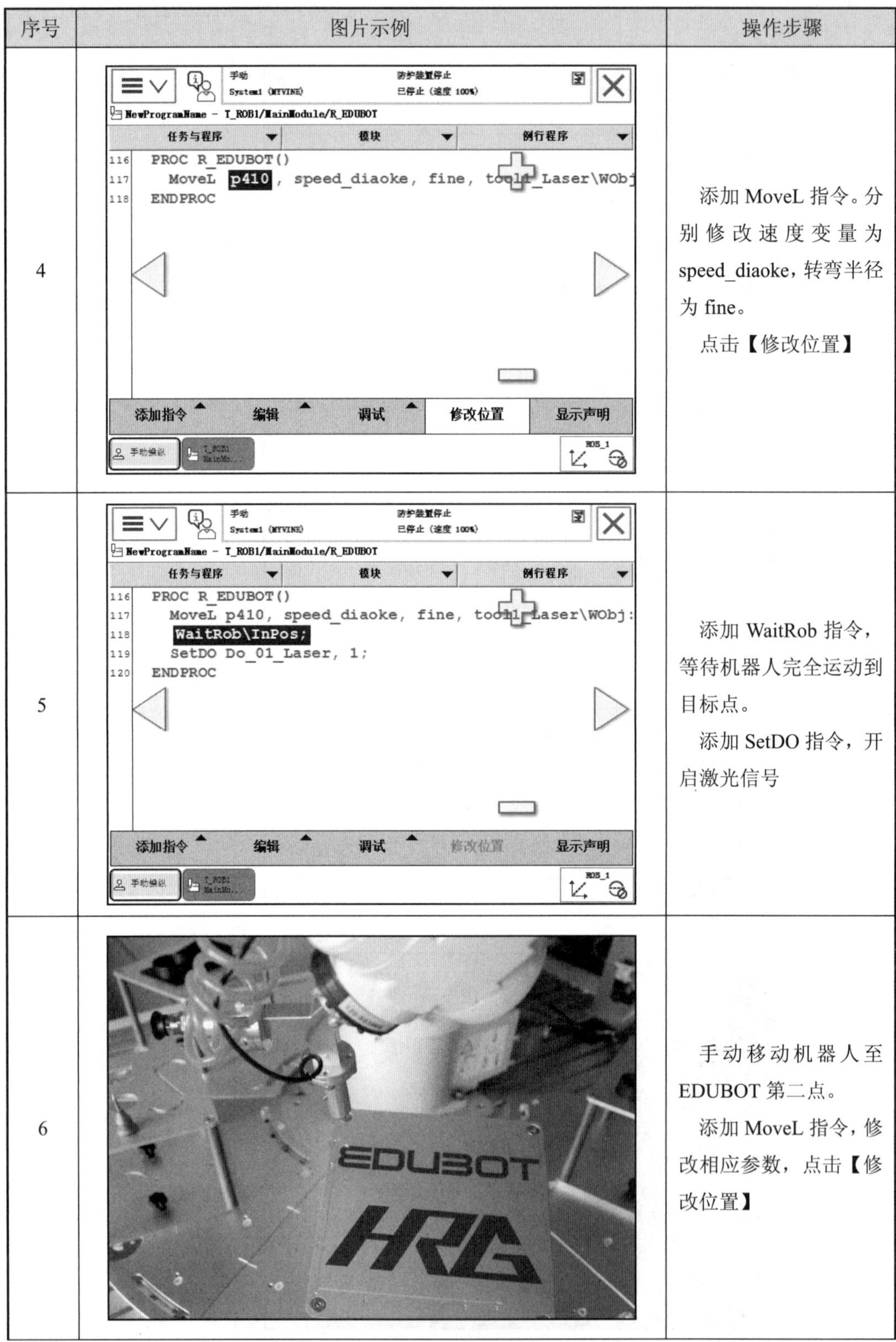

序号	图片示例	操作步骤
4		添加 MoveL 指令。分别修改速度变量为 speed_diaoke，转弯半径为 fine。 点击【修改位置】
5		添加 WaitRob 指令，等待机器人完全运动到目标点。 添加 SetDO 指令，开启激光信号
6		手动移动机器人至 EDUBOT 第二点。 添加 MoveL 指令，修改相应参数，点击【修改位置】

续表 8.4

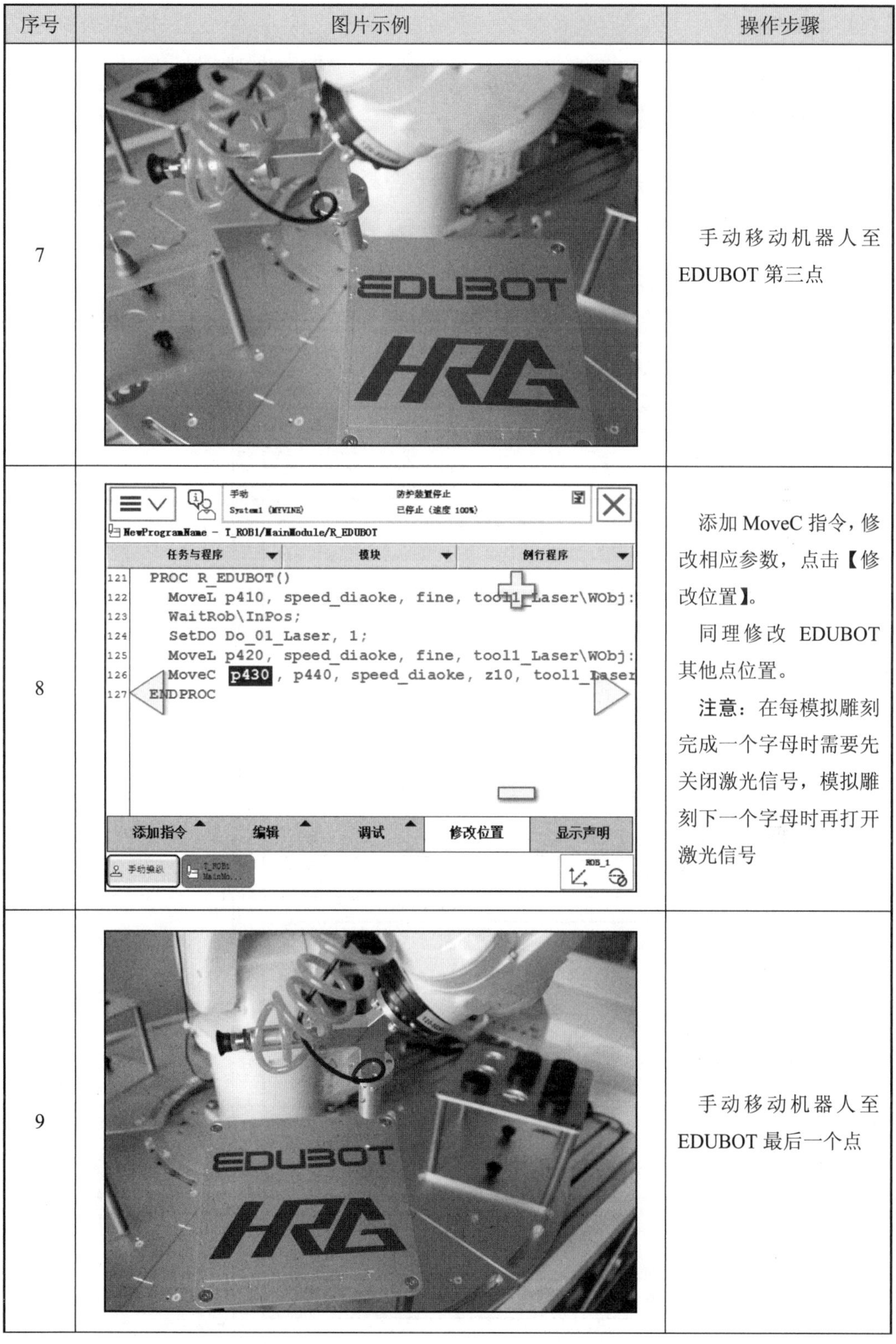

序号	图片示例	操作步骤
7		手动移动机器人至 EDUBOT 第三点
8		添加 MoveC 指令，修改相应参数，点击【修改位置】。 同理修改 EDUBOT 其他点位置。 **注意**：在每模拟雕刻完成一个字母时需要先关闭激光信号，模拟雕刻下一个字母时再打开激光信号
9		手动移动机器人至 EDUBOT 最后一个点

续表 8.4

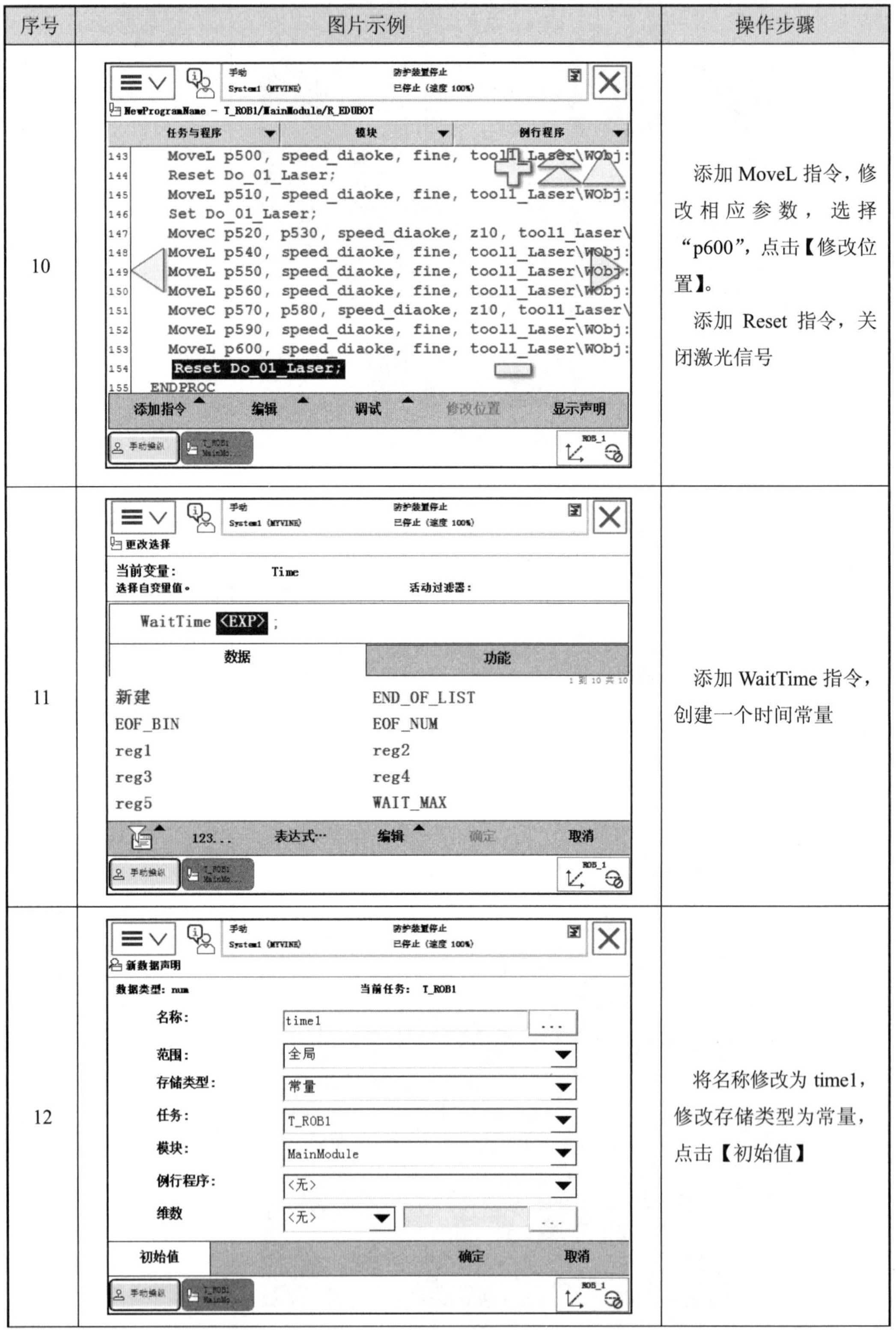

序号	图片示例	操作步骤
10		添加 MoveL 指令，修改相应参数，选择“p600”，点击【修改位置】。 添加 Reset 指令，关闭激光信号
11		添加 WaitTime 指令，创建一个时间常量
12		将名称修改为 time1，修改存储类型为常量，点击【初始值】

续表 8.4

序号	图片示例	操作步骤
13	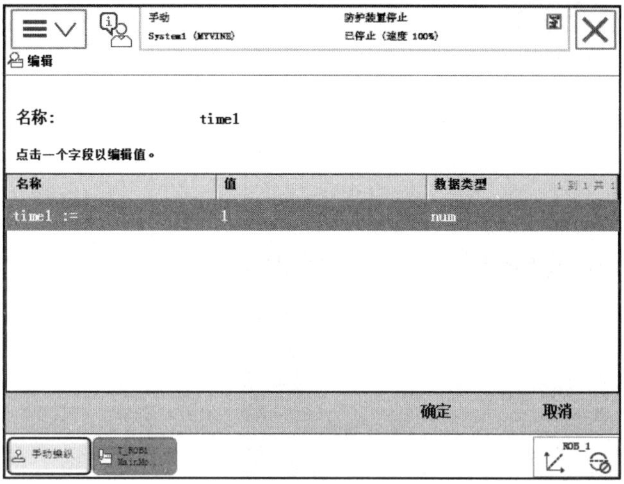 手动 System1 (MYVINE)　防护装置停止 已停止（速度 100%） 编辑 名称:　time1 点击一个字段以编辑值。 名称　值　数据类型　1 到 1 共 1 time1 :=　1　num 确定　取消 手动操纵　T_ROB1 MainMo...　ROB_1	修改 time1 的初始值为 1
14	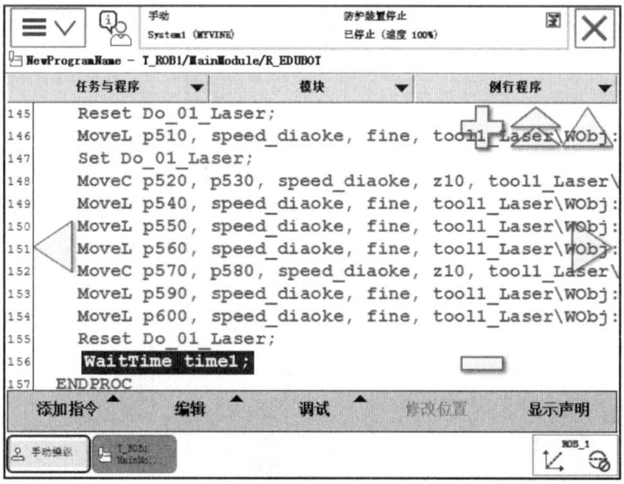 手动 System1 (MYVINE)　防护装置停止 已停止（速度 100%） NewProgramName - T_ROB1/MainModule/R_EDUBOT 任务与程序　模块　例行程序 Reset Do_01_Laser; MoveL p510, speed_diaoke, fine, tool1_Laser\WObj: Set Do_01_Laser; MoveC p520, p530, speed_diaoke, z10, tool1_Laser\ MoveL p540, speed_diaoke, fine, tool1_Laser\WObj: MoveL p550, speed_diaoke, fine, tool1_Laser\WObj: MoveL p560, speed_diaoke, fine, tool1_Laser\WObj: MoveC p570, p580, speed_diaoke, z10, tool1_Laser\ MoveL p590, speed_diaoke, fine, tool1_Laser\WObj: MoveL p600, speed_diaoke, fine, tool1_Laser\WObj: Reset Do_01_Laser; WaitTime time1; ENDPROC 添加指令　编辑　调试　修改位置　显示声明 手动操纵　T_ROB1 MainMo...　ROB_1	添加 WaitTime 指令，在关闭激光信号后延时 1 s

8.2.4　综合调试

※ 模拟激光雕刻轨迹项目综合调试

1. main 主程序调试

main 主程序调试的操作步骤见表 8.5。

表 8.5　main 主程序调试的操作步骤

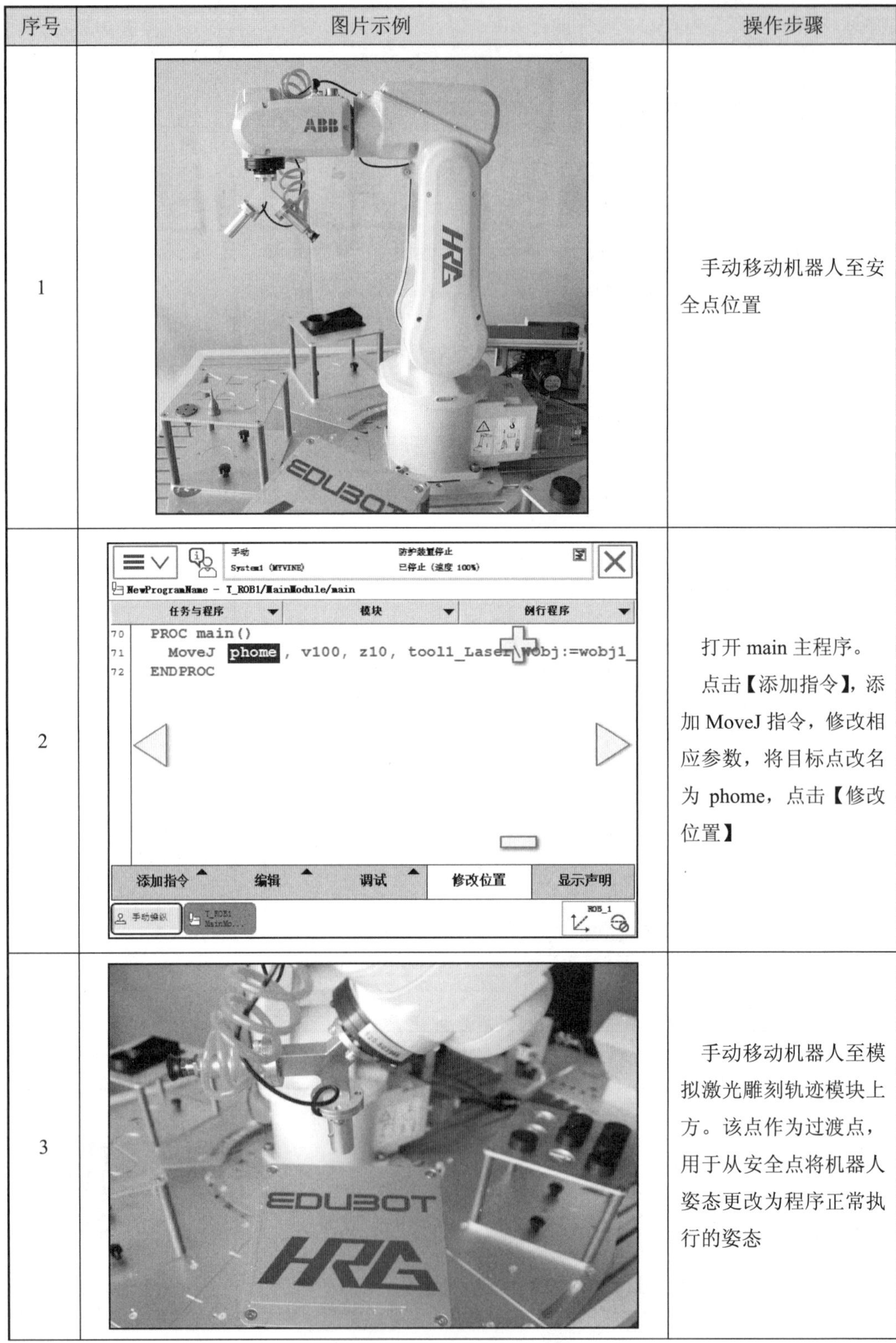

序号	图片示例	操作步骤
1		手动移动机器人至安全点位置
2		打开 main 主程序。 点击【添加指令】，添加 MoveJ 指令，修改相应参数，将目标点改名为 phome，点击【修改位置】
3		手动移动机器人至模拟激光雕刻轨迹模块上方。该点作为过渡点，用于从安全点将机器人姿态更改为程序正常执行的姿态

续表 8.5

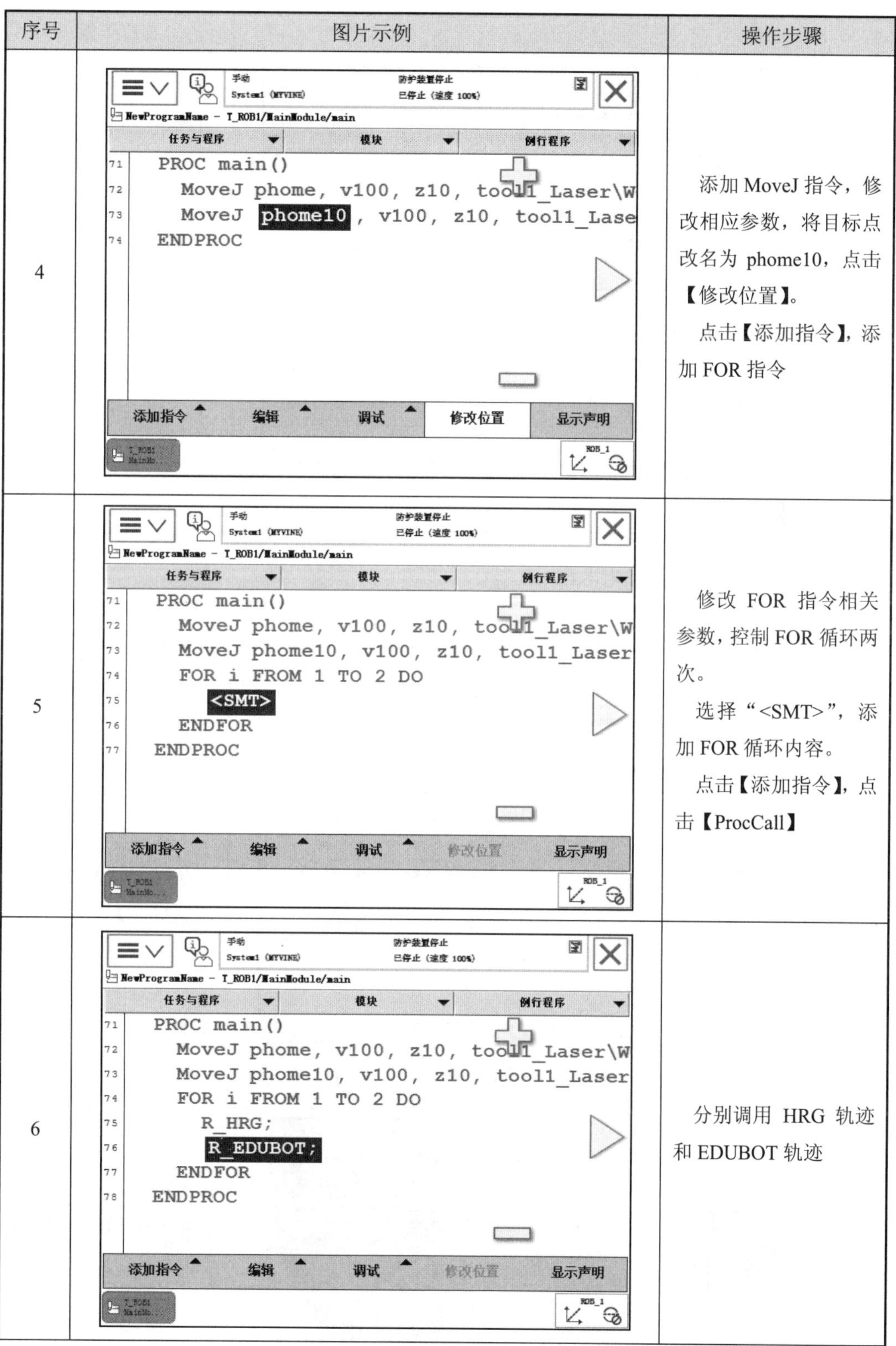

序号	图片示例	操作步骤
4	手动 System1 (MYVINE) 防护装置停止 已停止（速度 100%） NewProgramName - T_ROB1/MainModule/main 任务与程序 模块 例行程序 PROC main() MoveJ phome, v100, z10, tool1_Laser\W MoveJ phome10 , v100, z10, tool1_Lase ENDPROC 添加指令 编辑 调试 修改位置 显示声明	添加 MoveJ 指令，修改相应参数，将目标点改名为 phome10，点击【修改位置】。 点击【添加指令】，添加 FOR 指令

5	手动 System1 (MYVINE) 防护装置停止 已停止（速度 100%）
	NewProgramName - T_ROB1/MainModule/main
	任务与程序 模块 例行程序
	PROC main()
	MoveJ phome, v100, z10, tool1_Laser\W
	MoveJ phome10, v100, z10, tool1_Laser
	FOR i FROM 1 TO 2 DO
	<SMT>
	ENDFOR
	ENDPROC
	添加指令 编辑 调试 修改位置 显示声明
		修改 FOR 指令相关参数，控制 FOR 循环两次。
		选择“<SMT>”，添加 FOR 循环内容。
		点击【添加指令】，点击【ProcCall】

6	手动 System1 (MYVINE) 防护装置停止 已停止（速度 100%）
	NewProgramName - T_ROB1/MainModule/main
	任务与程序 模块 例行程序
	PROC main()
	MoveJ phome, v100, z10, tool1_Laser\W
	MoveJ phome10, v100, z10, tool1_Laser
	FOR i FROM 1 TO 2 DO
	R_HRG;
	R_EDUBOT;
	ENDFOR
	ENDPROC
	添加指令 编辑 调试 修改位置 显示声明
		分别调用 HRG 轨迹和 EDUBOT 轨迹

续表 8.5

序号	图片示例	操作步骤
7	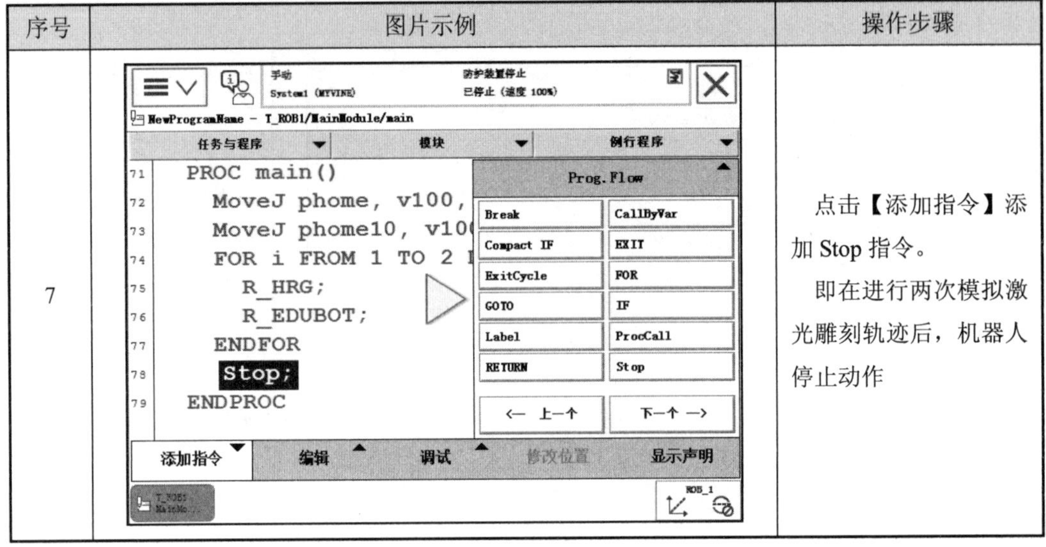	点击【添加指令】添加 Stop 指令。 即在进行两次模拟激光雕刻轨迹后，机器人停止动作

2. 手动调试

手动调试的操作步骤见表 8.6。

表 8.6　手动调试的操作步骤

序号	图片示例	操作步骤
1	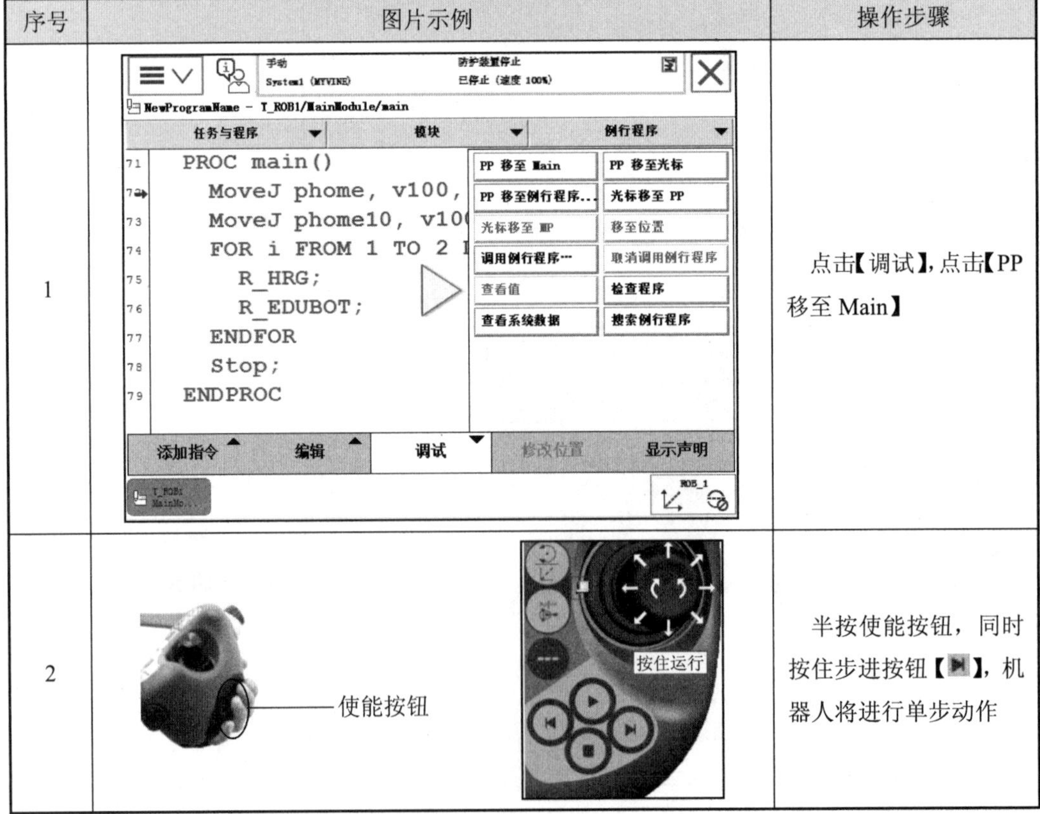	点击【调试】，点击【PP 移至 Main】
2		半按使能按钮，同时按住步进按钮【▶|】，机器人将进行单步动作

3. 自动运行

自动运行的操作步骤见表 8.7。

表 8.7 自动运行的操作步骤

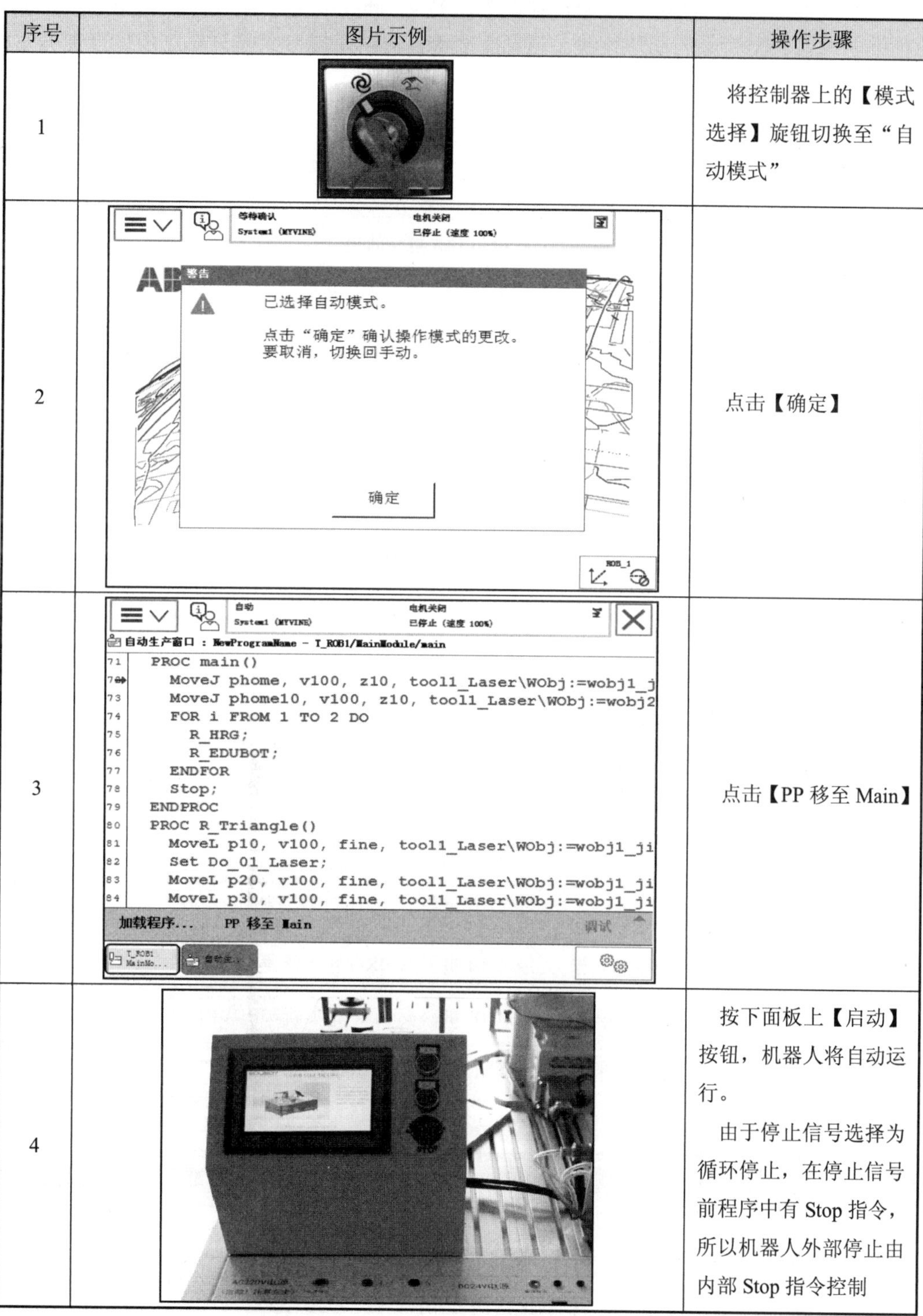

序号	图片示例	操作步骤
1		将控制器上的【模式选择】旋钮切换至“自动模式”
2		点击【确定】
3		点击【PP 移至 Main】
4		按下面板上【启动】按钮，机器人将自动运行。 由于停止信号选择为循环停止，在停止信号前程序中有 Stop 指令，所以机器人外部停止由内部 Stop 指令控制

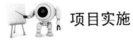

项目实施

项目要求：通过模拟激光雕刻轨迹模块模拟激光雕刻动作，学习掌握机器人编程常用的指令，编辑一个简单的动作模块。请结合表 8.8 所示模拟激光雕刻轨迹项目报告书完成项目要求。

表 8.8　模拟激光雕刻轨迹项目报告书

<table>
<tr><td>题目名称</td><td colspan="2"></td></tr>
<tr><td>学习主题</td><td colspan="2">模拟激光雕刻轨迹项目</td></tr>
<tr><td>重点/难点</td><td colspan="2">工业机器人程序指令的使用</td></tr>
<tr><td rowspan="2">训练目标</td><td>主要知识能力指标</td><td>（1）熟练掌握 I/O 配置及常用指令的使用。
（2）熟练掌握工业机器人程序编辑与调试</td></tr>
<tr><td>相关能力指标</td><td>（1）能够正确制订学习计划，养成独立学习的习惯。
（2）能够阅读工业机器人相关技术手册与说明书。
（3）培养良好的职业素养及团队协作精神</td></tr>
<tr><td>参考资料/学习资源</td><td colspan="2">图书馆内相关书籍、工业机器人相关网站等</td></tr>
<tr><td>学生准备</td><td colspan="2">熟悉工业机器人系统，准备教材、笔、笔记本、练习纸等</td></tr>
<tr><td>教师准备</td><td colspan="2">熟悉教学标准、机器人实训设备说明，演示实验，讲授内容，设计教学过程、记分册</td></tr>
<tr><td rowspan="9">学习步骤</td><td>明确任务</td><td>教师提出任务</td></tr>
<tr><td rowspan="6">分析过程（学生借助参考资料、教材和教师的引导，自己制订学习计划，并拟定检查、评价标准）</td><td>掌握 ABB 机器人 I/O 配置</td></tr>
<tr><td>掌握 ABB 机器人常用指令的使用</td></tr>
<tr><td>完成 ABB 机器人 HRG 轨迹程序的编辑</td></tr>
<tr><td>完成 ABB 机器人 EDUBOT 轨迹程序的编辑</td></tr>
<tr><td>完成 ABB 机器人综合调试</td></tr>
<tr><td>根据任务要求和实际操作结果完成总结报告</td></tr>
<tr><td>检查</td><td>在整个过程中，学生依据拟定的评价标准检查自己是否符合要求地完成了任务</td></tr>
<tr><td>评价</td><td>由学习小组、教师评价学生的工作情况并给出建议</td></tr>
</table>

项目评价

请完成表 8.9 所示项目评价表。

表 8.9 项目评价表

<table>
<tr><td>姓名</td><td></td><td>学号</td><td></td><td>日期</td><td colspan="2"></td></tr>
<tr><td>小组成员</td><td colspan="3"></td><td>教师签字</td><td colspan="2"></td></tr>
<tr><td>类别</td><td>项目</td><td colspan="2">考核内容</td><td>得分</td><td>总分</td><td>评分标准</td></tr>
<tr><td rowspan="2">理论</td><td rowspan="2">知识准备
（100 分）</td><td colspan="2">正确描述工业机器人 I/O 配置和常用指令的使用（40 分）</td><td></td><td rowspan="2"></td><td rowspan="2">根据完成情况打分</td></tr>
<tr><td colspan="2">正确完成工业机器人 HRG 轨迹程序的编辑和 EDUBOT 轨迹程序的编辑（60 分）</td><td></td></tr>
<tr><td>评分说明</td><td colspan="6"></td></tr>
<tr><td>备注</td><td colspan="6">（1）项目评价表原则上不能出现涂改现象，若出现则必须在涂改之处签字确认。
（2）每次考核结束后，教师及时记录考核成绩</td></tr>
</table>

课程思政要点

家国情怀体现了对国家富强、人民幸福的理想追求，以及对自己国家的高度认同感和归属感、责任感和使命感。这种情怀不仅仅是一种心灵感触，更是一种生命自觉和家教传承。从古至今，这种高尚情怀在鼓舞士气、凝聚力量、振奋精神方面发挥着重要作用，既有利于国家，也有利于个人。家国情怀的具体表现包括但不限于：对国家历史和文化的热爱与传承，对国家发展的关心与参与，对民族团结和社会稳定的维护与促进，以及对国家利益和荣誉的捍卫与提升。家国情怀不仅体现在个人的言行举止中，也融入了国家的法律法规、教育体系和社会文化等方面。在民族复兴的伟大征程中，家国情怀更是激发人们敢于担当、勇于奉献的重要动力。它像一根血脉纽带，将国家、民族和人民紧密地联系在一起，共同为实现中华民族伟大复兴的中国梦而努力奋斗。

在机器人专业课讲授过程中，除了技术知识的传授和实践技能的培养，思政教育同样占据重要的地位。特别是在当前时代背景下，培养学生的家国情怀显得尤为重要。因此机器人专业课在教授技术原理和应用的同时，可以深入挖掘课程中的思政元素，实现课程内容与思政教育的有机结合。例如，在介绍机器人技术发展历史时，可以强调我国机器人技术的自主创新历程，培养学生的民族自豪感和国家认同感。同时在专业课程内容上，可以引入国家战略和国家安全的相关内容，让学生了解机器人技术在国家发展中的重要地位和作用。此外，通过案例分析、小组讨论等方式，引导学生认识到机器人技术应用于国家安全、国防建设等领域的重要性，培养学生的国家责任感和使命感。在机器人技术的研发和应用过程中，应始终强调国家利益至上。教师可以结合实际案例，让学生明白在技术创新和应用中，要始终维护国家利益和民族尊严，不做损害国家形象和利益的行为。机器人技术的研发和应用往往需要团队协作。在本项目实施过程中，可以通过小组项目、团队竞赛等方式，培养学生的团队协作精神和集体荣誉感。让学生明白在团队中发挥自己的优势、为团队争取荣誉的同时，也是在为国家的发展贡献力量。

综上所述，在授课内容中融入思政元素，培养学生的家国情怀具有重要意义。通过课程内容的思政化，强调国家战略与国家安全、国家利益至上，培养爱国情怀与文化自信，强化社会责任与担当以及培养团队协作与集体荣誉感，可以有效地培养学生的家国情怀，为国家的繁荣和发展培养优秀的科技人才。

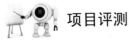

项目评测

1. 如何添加一个速度变量来控制整个程序的速度？
2. 如何添加一个转弯半径变量来控制整个程序的转弯半径？
3. 简述各数据存储类型的区别。
4. FOR 指令如何使用？
5. SetDO 指令如何使用？
6. 改变 EDUBOT 字母顺序时该如何完成程序编辑规划？
7. 简述转弯半径 fine 的含义。

项目 9　模拟激光焊接轨迹项目

项目描述

在工业机器人迅猛发展的势头下，传统的焊接行业也迎来了新的变化与要求。焊接是工业生产中非常重要的加工手段，但由于焊接时存在烟尘、弧光、金属飞溅，焊接的工作环境非常恶劣，焊接质量又对产品质量起决定性的影响，因而造就了焊接机器人当今的地位。

※ 模拟激光焊接轨迹项目准备

通过模拟激光焊接轨迹模块的训练，利用激光器激光轨迹模拟焊接轨迹，掌握焊接工艺中机器人姿态的把控，更加熟练地操作机器人。

项目分析

（1）焊接工件由 3 段直线和 1 段圆弧组成，其模拟轨迹程序需要使用 MoveL 和 MoveC 指令完成。

（2）控制好机器人初始状态，调整好焊接过程中机器人的姿态，提升焊接效果。

（3）控制好机器人焊接速度和转弯半径，提高焊接质量。

（4）轨迹由激光模拟来完成，需要调整激光 I/O 配置。

（5）在手动移动机器人时，需添加焊枪工具坐标系，以更加方便地控制机器人。

（6）利用计时指令采集机器人焊接时间。

模块安装

模块安装的操作步骤见表 9.1。

表 9.1 模块安装的操作步骤

序号	图片示例	操作步骤
1		确认模拟激光焊接轨迹模块
2		通过梅花螺丝，将模拟激光焊接轨迹模块固定在实训台 B 区 7 号和 8 号安装孔位置上
3		将模拟激光焊接轨迹模块工具安装到机械臂末端

任务 9.1 I/O 配置与指令介绍

任务描述

本任务主要介绍模拟激光焊接轨迹项目需用到的 I/O 配置及指令。

知识准备

9.1.1 I/O 配置

模拟激光焊接轨迹项目需用到的 I/O 配置见表 9.2。

表 9.2 模拟激光焊接轨迹项目需用到的 I/O 配置

序号	名称	信号类型	映射地址	功能
1	Di_01_start	输入信号	0	控制机器人启动
2	Di_02_stop	输入信号	1	控制机器人停止
3	Do_01_Laser	输出信号	0	控制激光器的开启和关闭

9.1.2 指令介绍

（1）MoveAbsJ 指令：移动机械臂和外轴至绝对位置。机器人以单轴动作模式运动至目标点，不存在死点，运动状态完全不可控制。

（2）AccSet 指令：设定机器人的加速度和加速度变化率。

（3）VelSet 指令：改变编程速率。

（4）:=指令：向数据分配新值。该值可以是一个恒定数，也可以是一个算术表达式。

（5）WHILE 指令：只要……便重复。当重复一些指令时，使用 WHILE 指令。

（6）EXIT 指令：用于终止程序执行，仅可从主程序第一个指令重新执行程序。

（7）ClkReset 指令：重置定时器。

（8）ClkStart 指令：启用定时器。

（9）ClkStop 指令：停用定时器。

（10）功能函数 ClkRead( )（ClkRead 指令）：读取定时器。

任务 9.2 程序编辑与调试

任务描述

本任务主要介绍模拟激光焊接轨迹项目的轨迹程序编辑与调试。

知识准备

9.2.1 程序编辑规划

（1）建立模拟激光焊接轨迹的程序。

（2）控制好机器人速度和加速度，以及焊接速度和转弯半径，提升焊接质量。

※ 模拟激光焊接轨迹项目程序编辑

（3）在机器人模拟激光焊接轨迹过程中，控制好机器人的姿态，两个目标点之间的机器人末端执行器姿态变化幅度不能太大也不能太小，要适当调整。

（4）通过:=指令和 WHILE 指令，模拟焊接二次加工。

（5）通过 main 主程序调用焊接子程序，包括安全点、过渡点、计时指令添加子程序，进行自动运行。

9.2.2 模拟激光焊接轨迹程序的编辑

模拟激光焊接轨迹程序编辑的操作步骤见表 9.3。

表 9.3 模拟激光焊接轨迹程序编辑的操作步骤

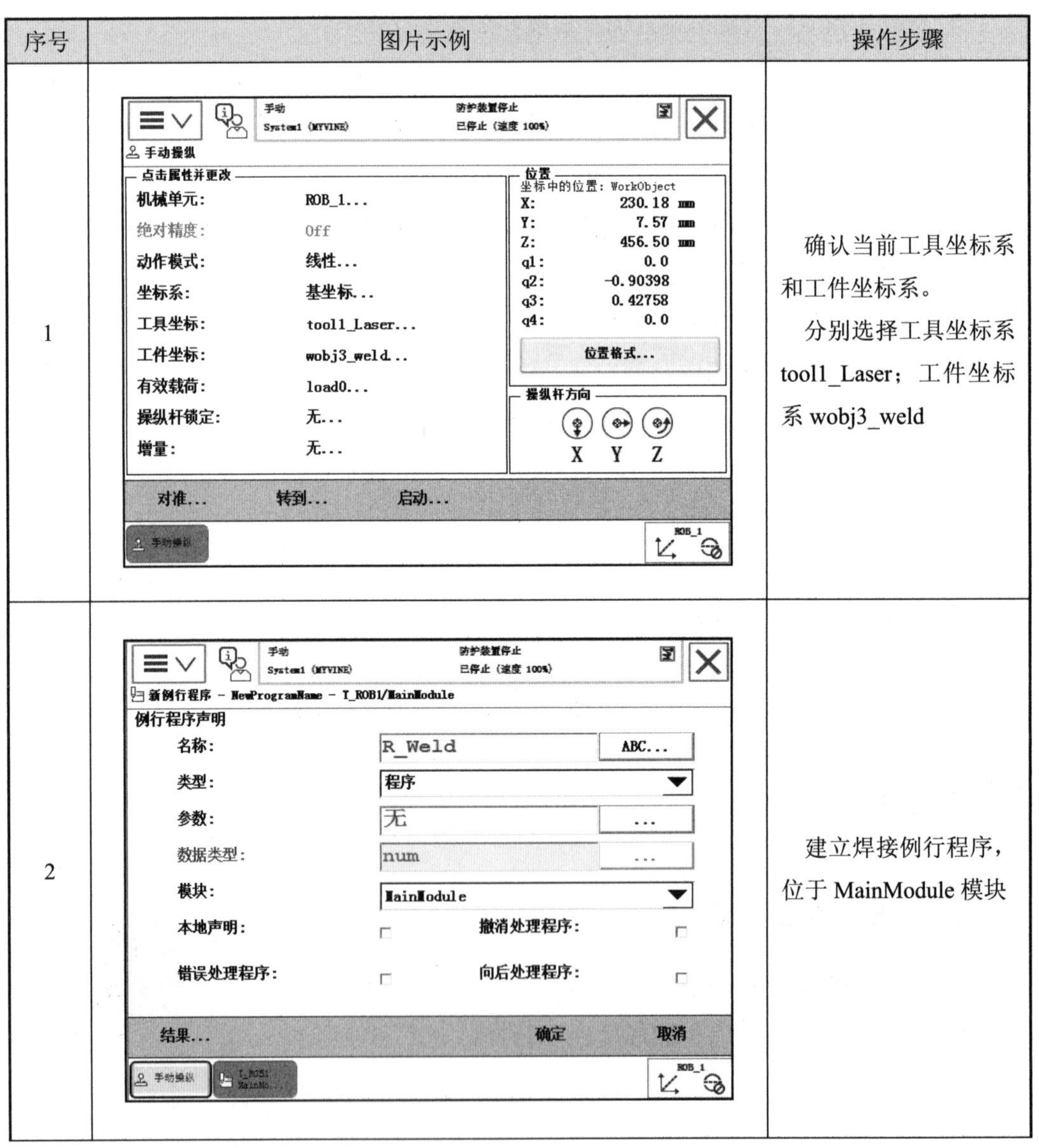

序号	图片示例	操作步骤
1		确认当前工具坐标系和工件坐标系。 分别选择工具坐标系 tool1_Laser；工件坐标系 wobj3_weld
2		建立焊接例行程序，位于 MainModule 模块

续表 9.3

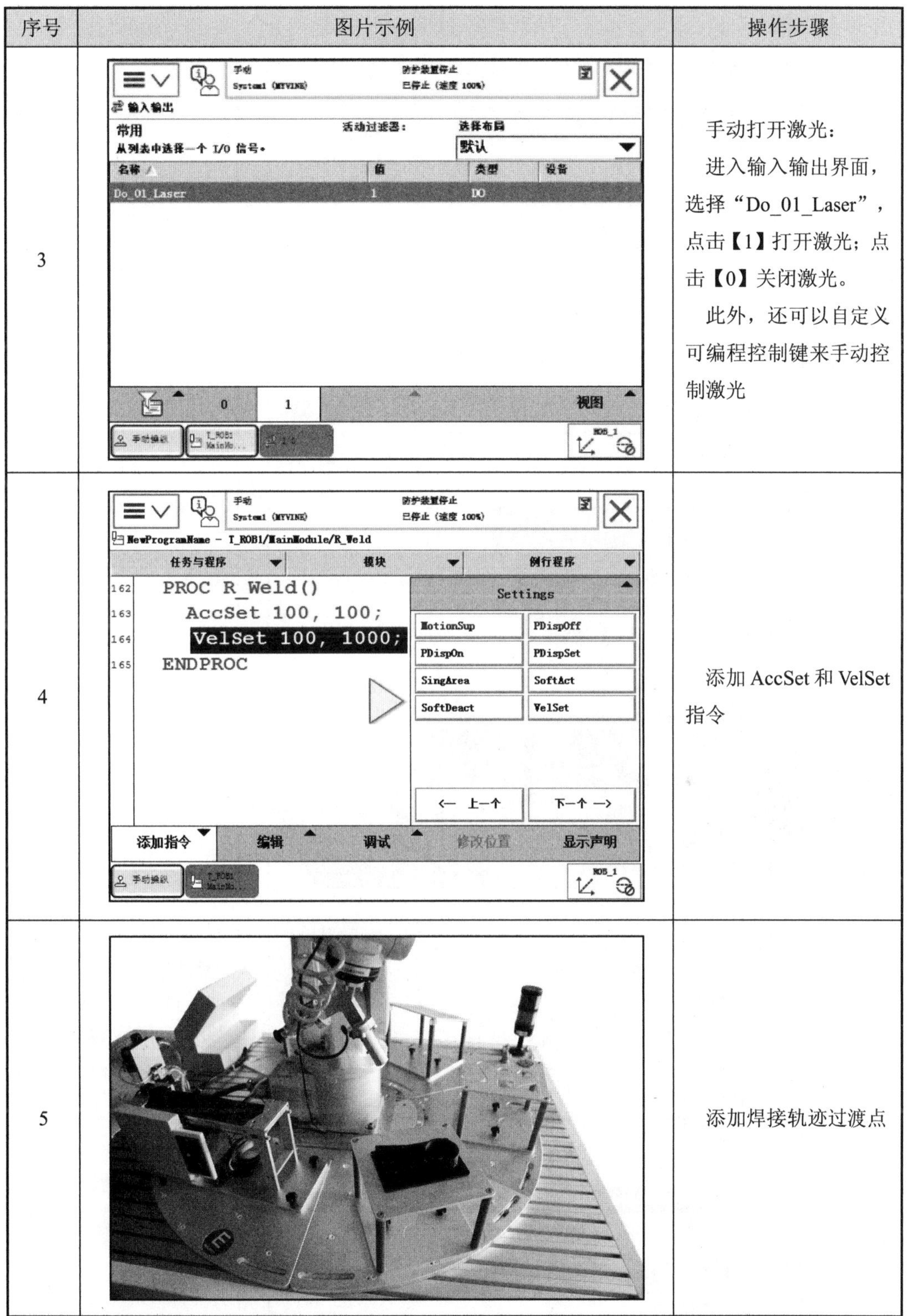

序号	图片示例	操作步骤
3		手动打开激光： 进入输入输出界面，选择“Do_01_Laser”，点击【1】打开激光；点击【0】关闭激光。 此外，还可以自定义可编程控制键来手动控制激光
4		添加 AccSet 和 VelSet 指令
5		添加焊接轨迹过渡点

续表 9.3

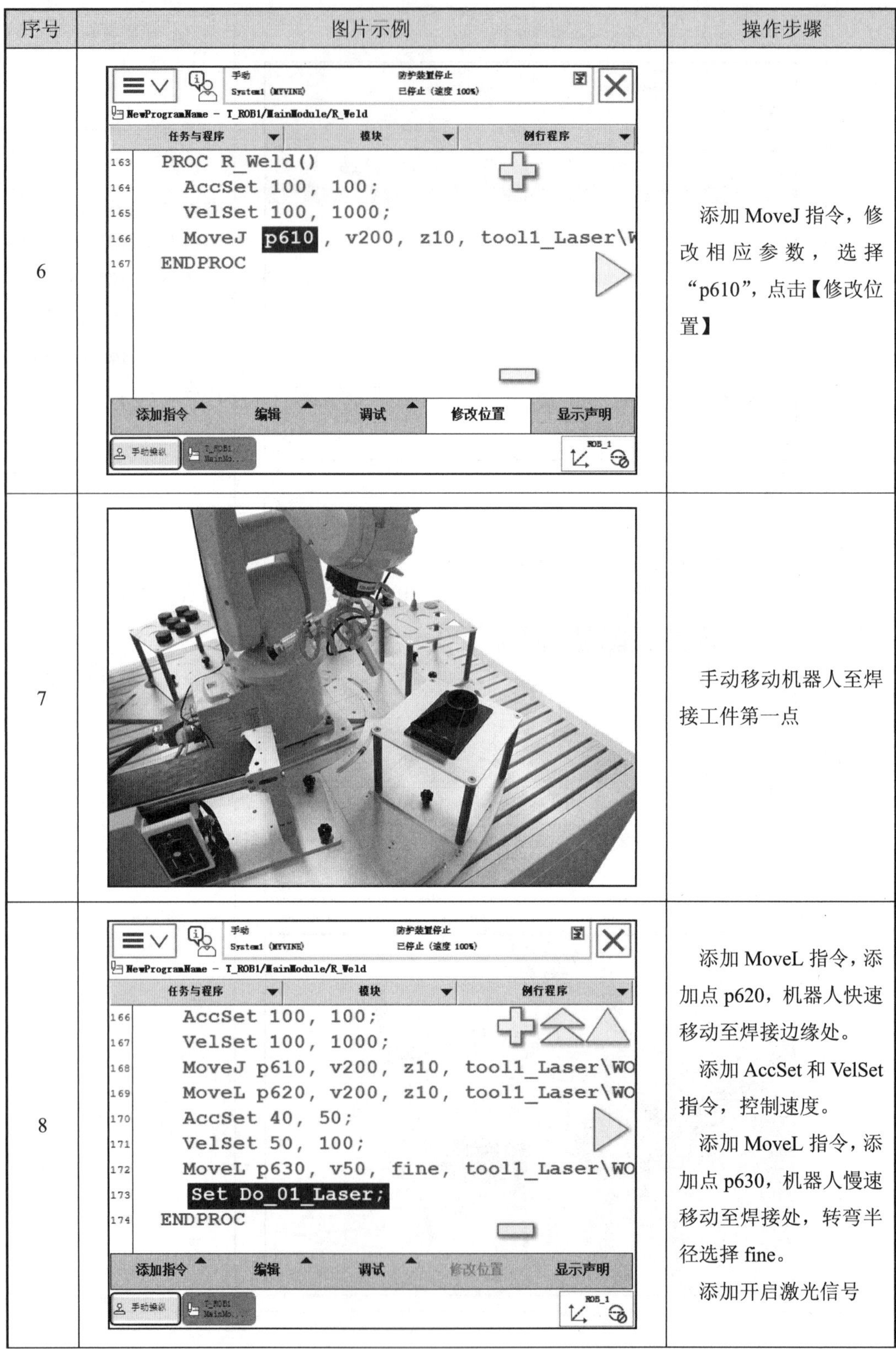

序号	图片示例	操作步骤
6		添加 MoveJ 指令，修改相应参数，选择“p610”，点击【修改位置】
7		手动移动机器人至焊接工件第一点
8		添加 MoveL 指令，添加点 p620，机器人快速移动至焊接边缘处。 添加 AccSet 和 VelSet 指令，控制速度。 添加 MoveL 指令，添加点 p630，机器人慢速移动至焊接处，转弯半径选择 fine。 添加开启激光信号

续表 9.3

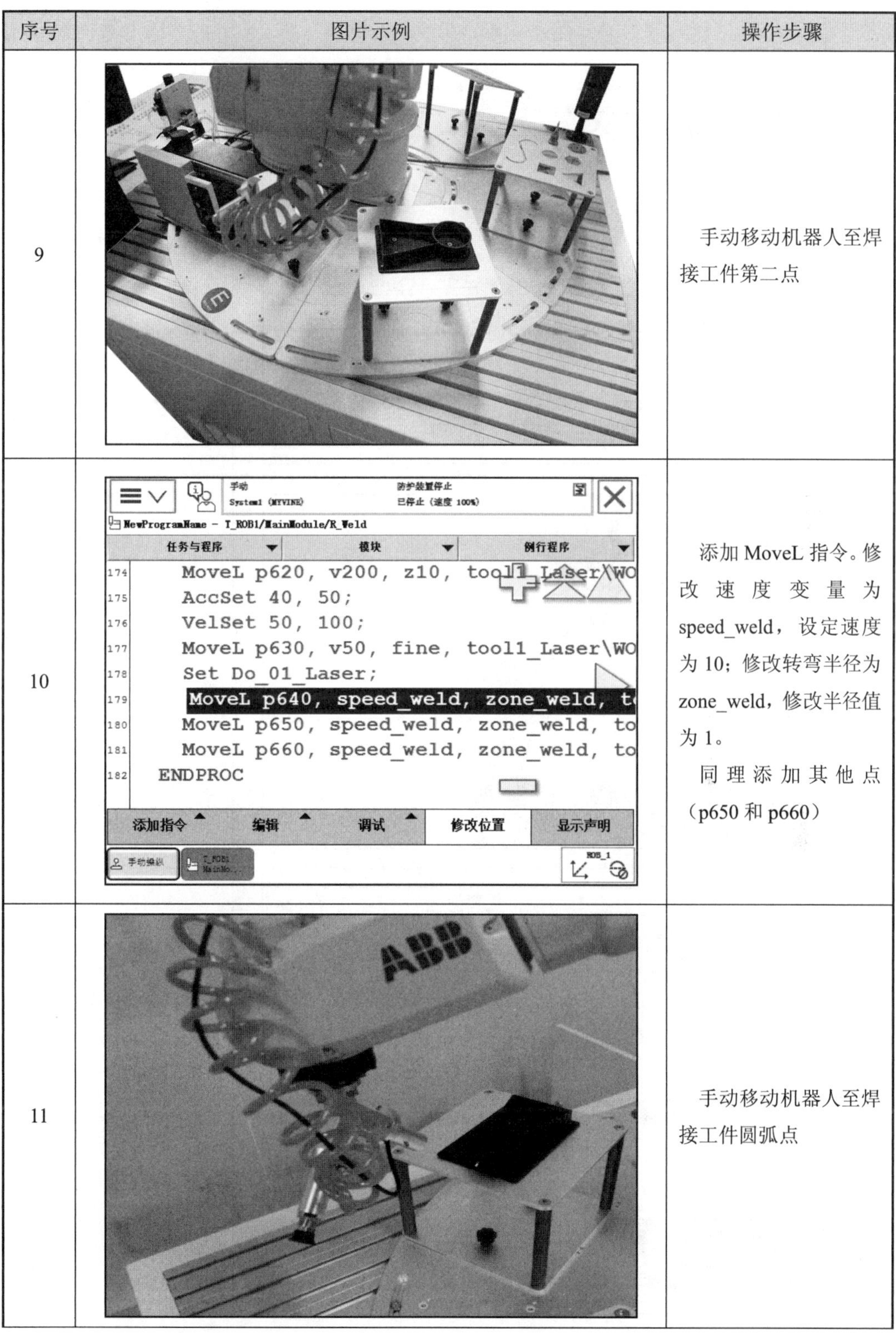

序号	图片示例	操作步骤
9		手动移动机器人至焊接工件第二点
10		添加 MoveL 指令。修改速度变量为 speed_weld，设定速度为 10；修改转弯半径为 zone_weld，修改半径值为 1。 同理添加其他点（p650 和 p660）
11		手动移动机器人至焊接工件圆弧点

续表 9.3

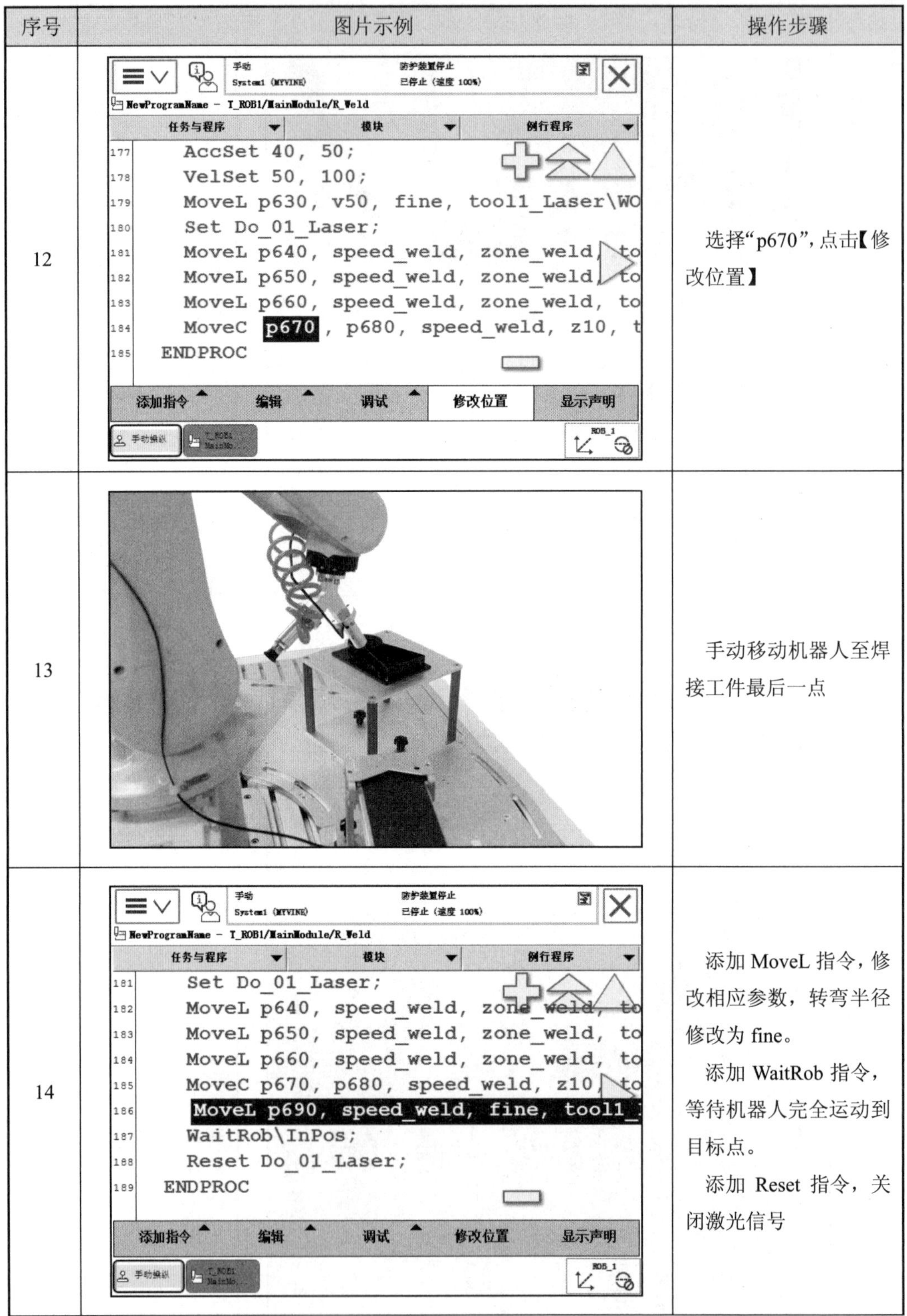

序号	图片示例	操作步骤
12		选择“p670”，点击【修改位置】
13		手动移动机器人至焊接工件最后一点
14		添加 MoveL 指令，修改相应参数，转弯半径修改为 fine。 添加 WaitRob 指令，等待机器人完全运动到目标点。 添加 Reset 指令，关闭激光信号

续表 9.3

序号	图片示例	操作步骤
15	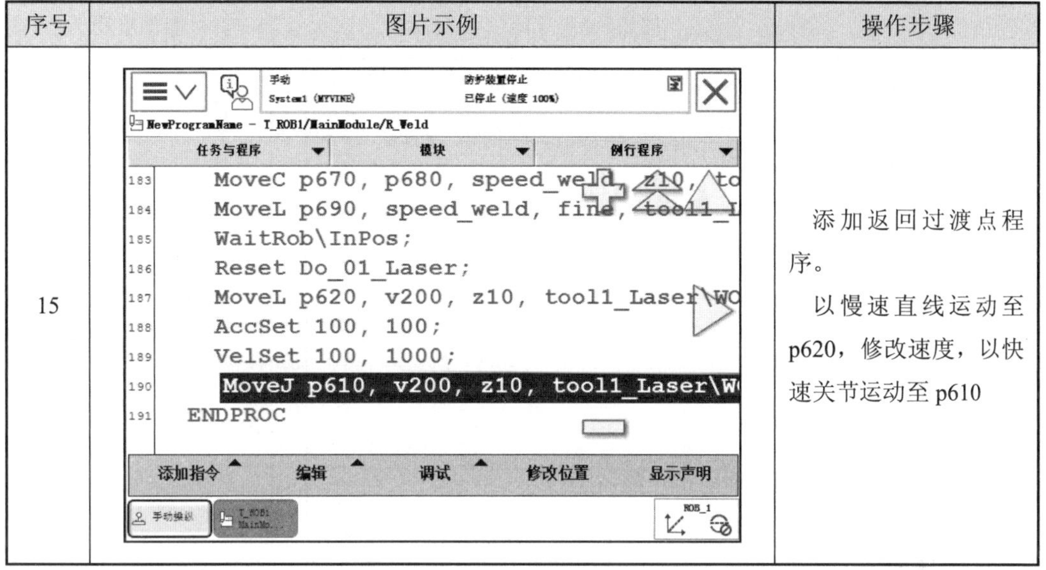	添加返回过渡点程序。 以慢速直线运动至 p620，修改速度，以快速关节运动至 p610

9. 2. 3　综合调试

※ 模拟激光焊接轨迹项目综合调试

1. main 主程序调试

main 主程序调试的操作步骤见表 9.4。

表 9.4　main 主程序调试的操作步骤

序号	图片示例	操作步骤
1	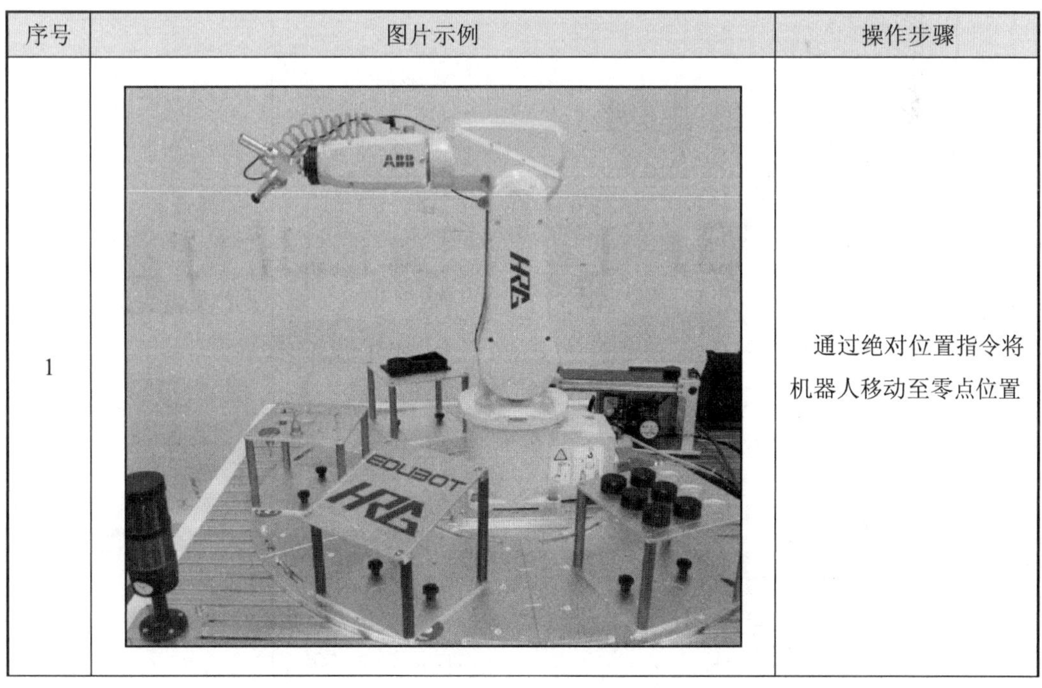	通过绝对位置指令将机器人移动至零点位置

续表 9.4

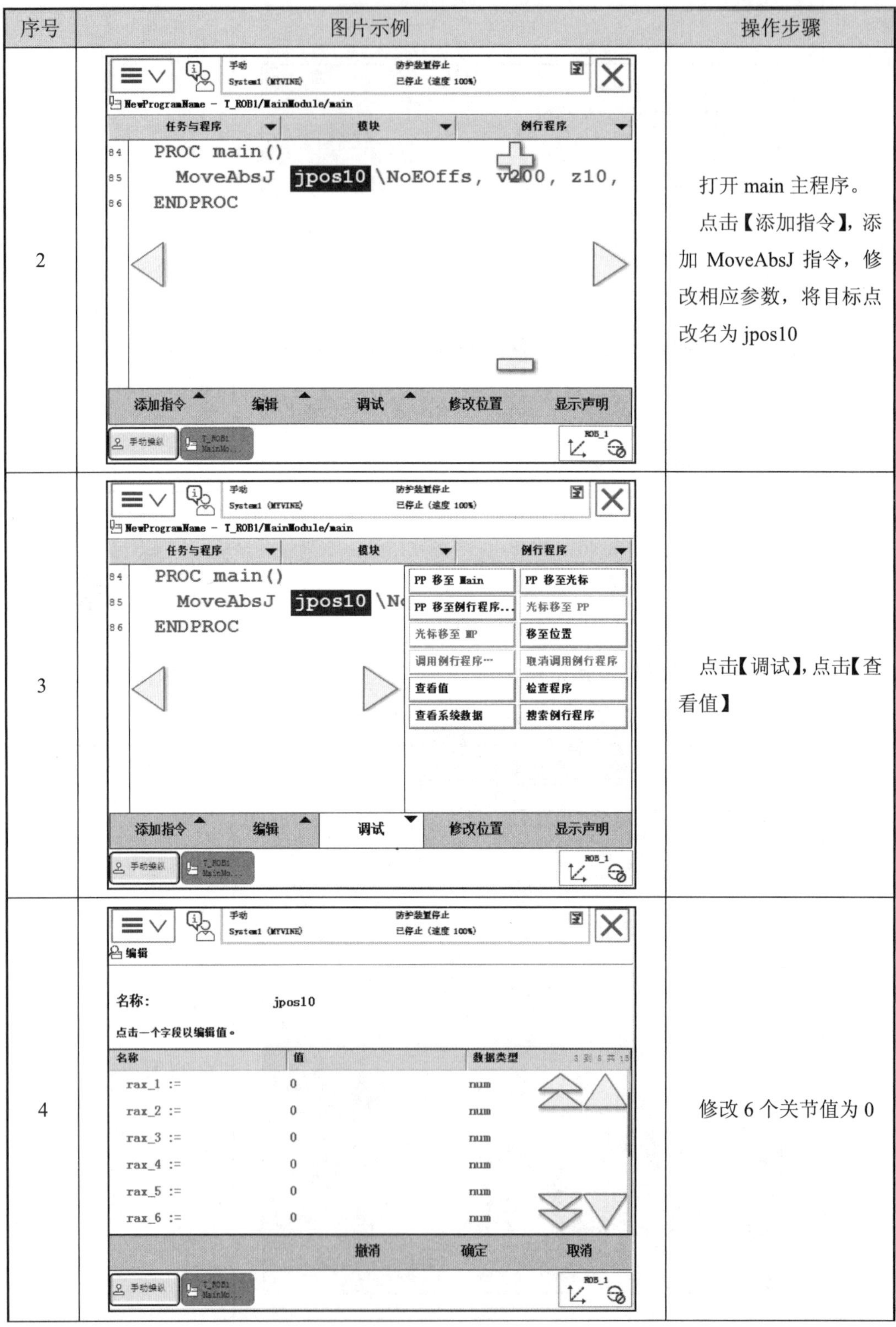

序号	图片示例	操作步骤
2		打开 main 主程序。 点击【添加指令】，添加 MoveAbsJ 指令，修改相应参数，将目标点改名为 jpos10
3		点击【调试】，点击【查看值】
4		修改 6 个关节值为 0

续表 9.4

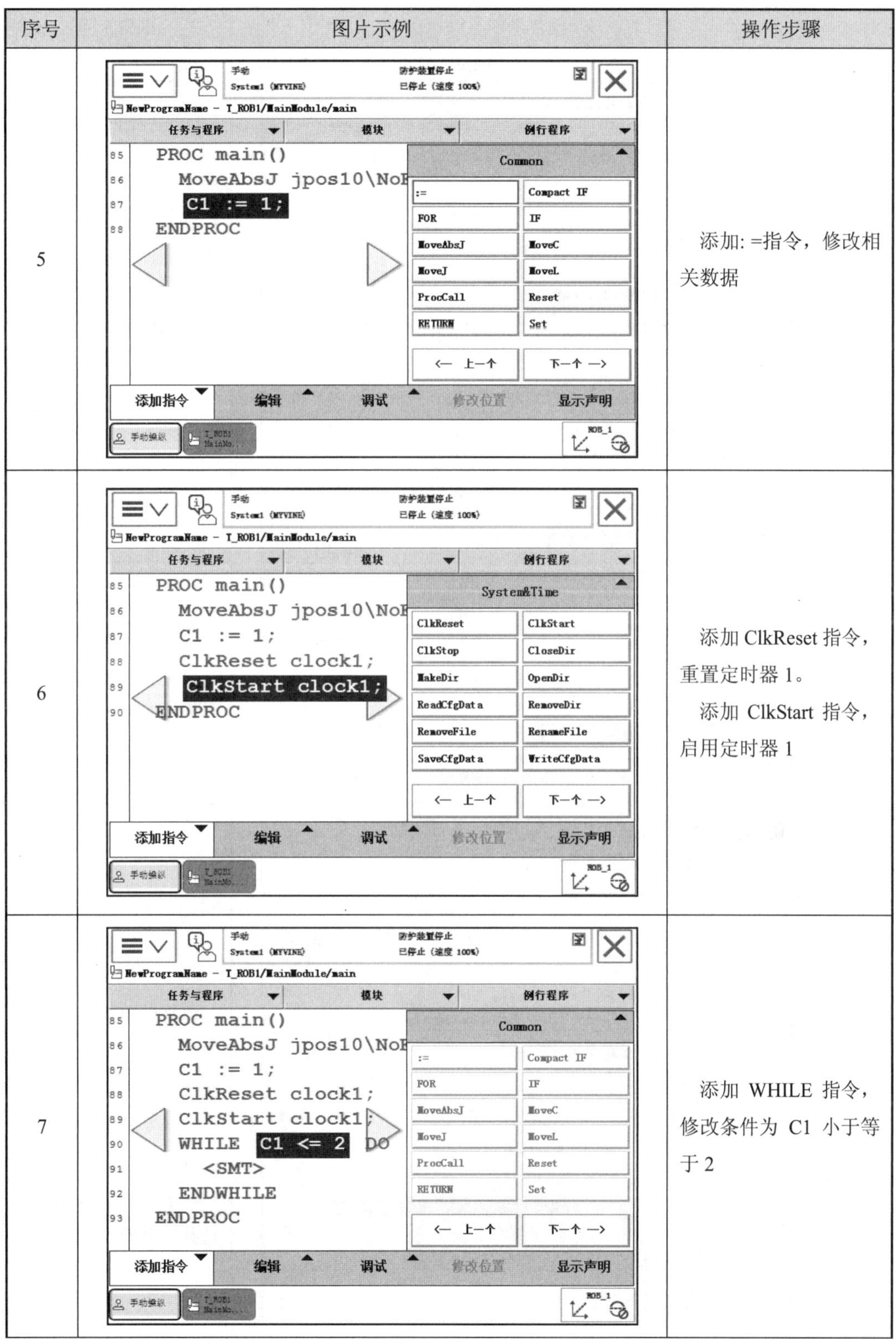

序号	图片示例	操作步骤
5		添加:=指令，修改相关数据
6		添加 ClkReset 指令，重置定时器 1。 添加 ClkStart 指令，启用定时器 1
7		添加 WHILE 指令，修改条件为 C1 小于等于 2

续表 9.4

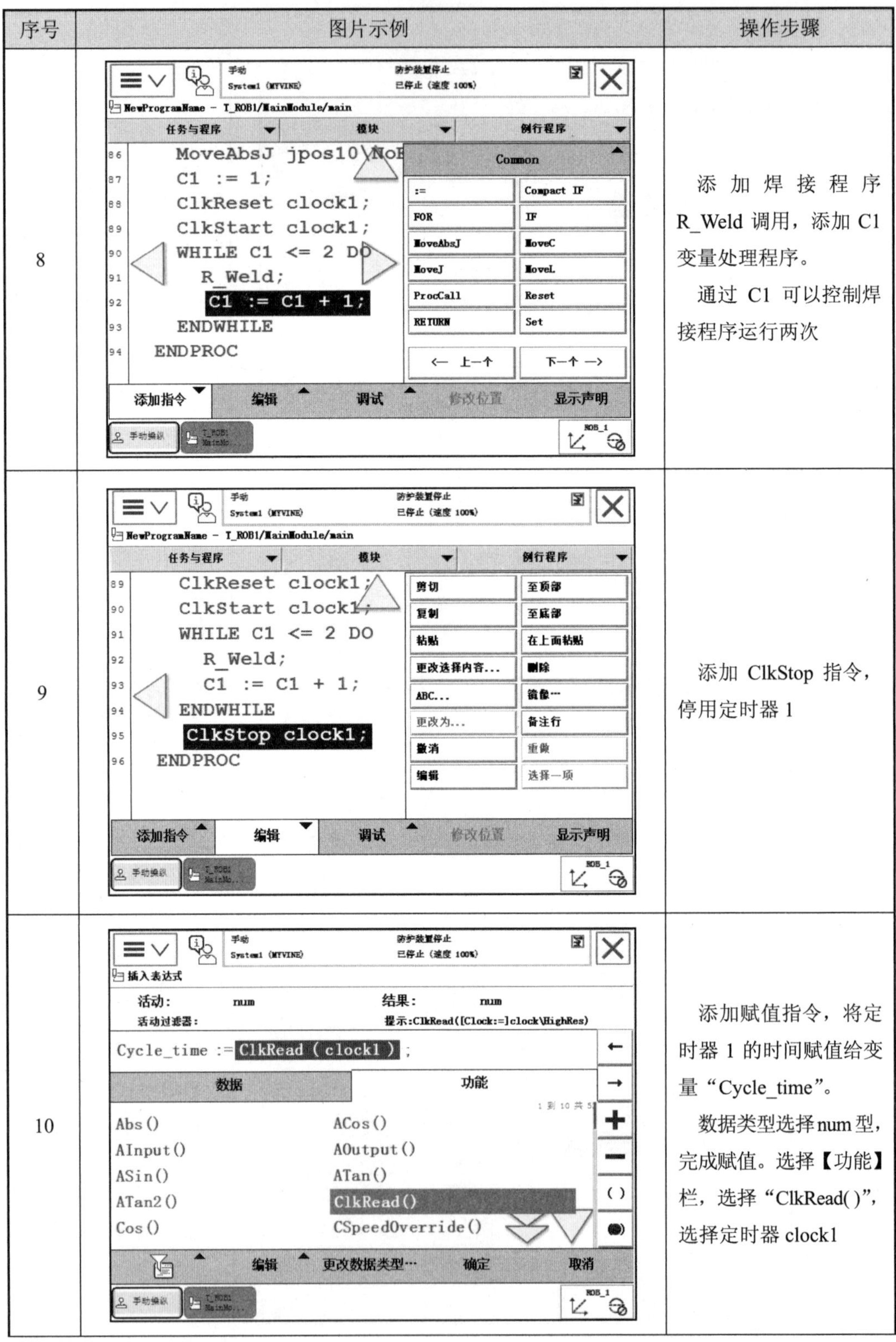

序号	图片示例	操作步骤
8		添加焊接程序 R_Weld 调用，添加 C1 变量处理程序。 通过 C1 可以控制焊接程序运行两次
9		添加 ClkStop 指令，停用定时器 1
10		添加赋值指令，将定时器 1 的时间赋值给变量“Cycle_time”。 数据类型选择 num 型，完成赋值。选择【功能】栏，选择“ClkRead( )”，选择定时器 clock1

续表 9.4

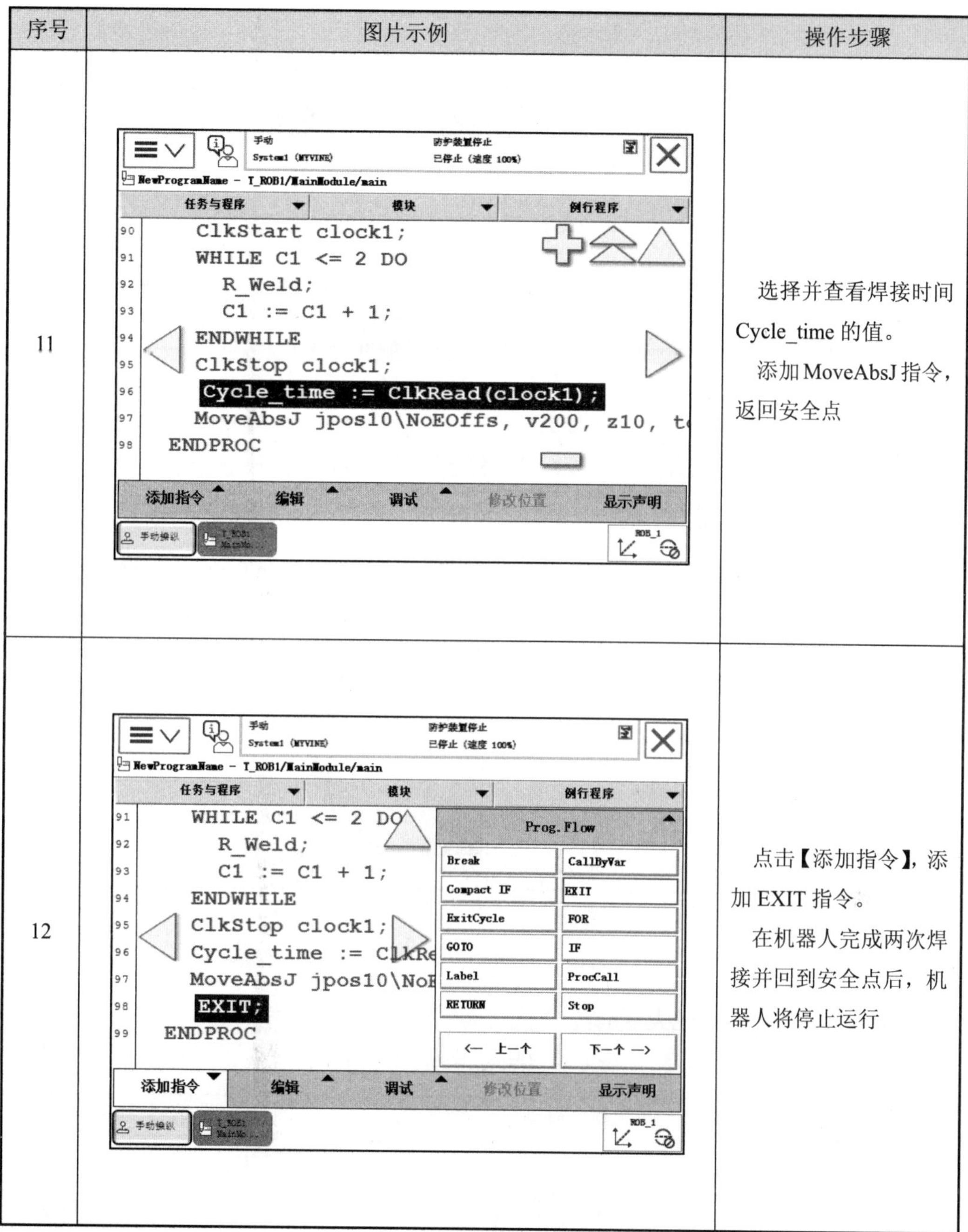

序号	图片示例	操作步骤
11		选择并查看焊接时间 Cycle_time 的值。 添加 MoveAbsJ 指令，返回安全点
12		点击【添加指令】，添加 EXIT 指令。 在机器人完成两次焊接并回到安全点后，机器人将停止运行

2. 手动调试

手动调试的操作步骤见表 9.5。

表 9.5　手动调试的操作步骤

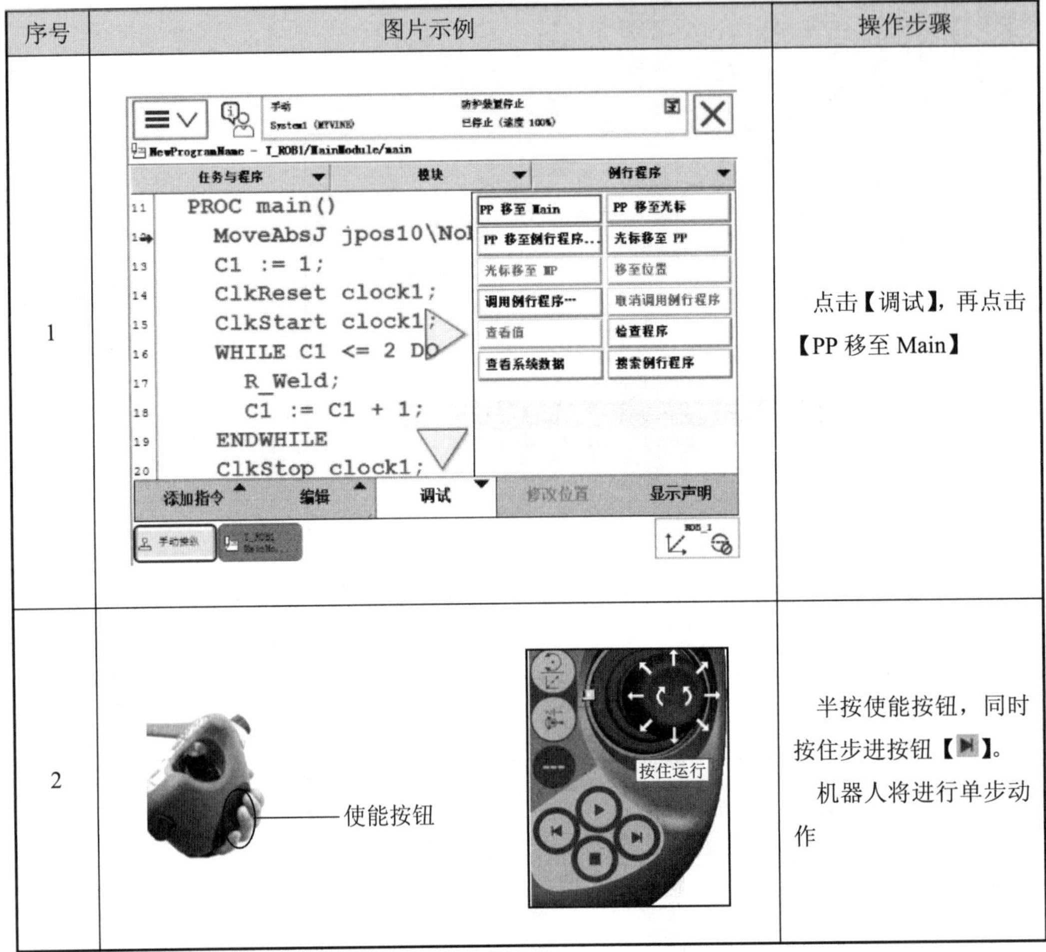

序号	图片示例	操作步骤
1		点击【调试】，再点击【PP 移至 Main】
2	使能按钮 按住运行	半按使能按钮，同时按住步进按钮【▶|】。 机器人将进行单步动作

3. 自动运行

自动运行的操作步骤见表 9.6。

表 9.6　自动运行的操作步骤

序号	图片示例	操作步骤
1		将控制器上的【模式选择】旋钮切换至“自动模式”

续表 9.6

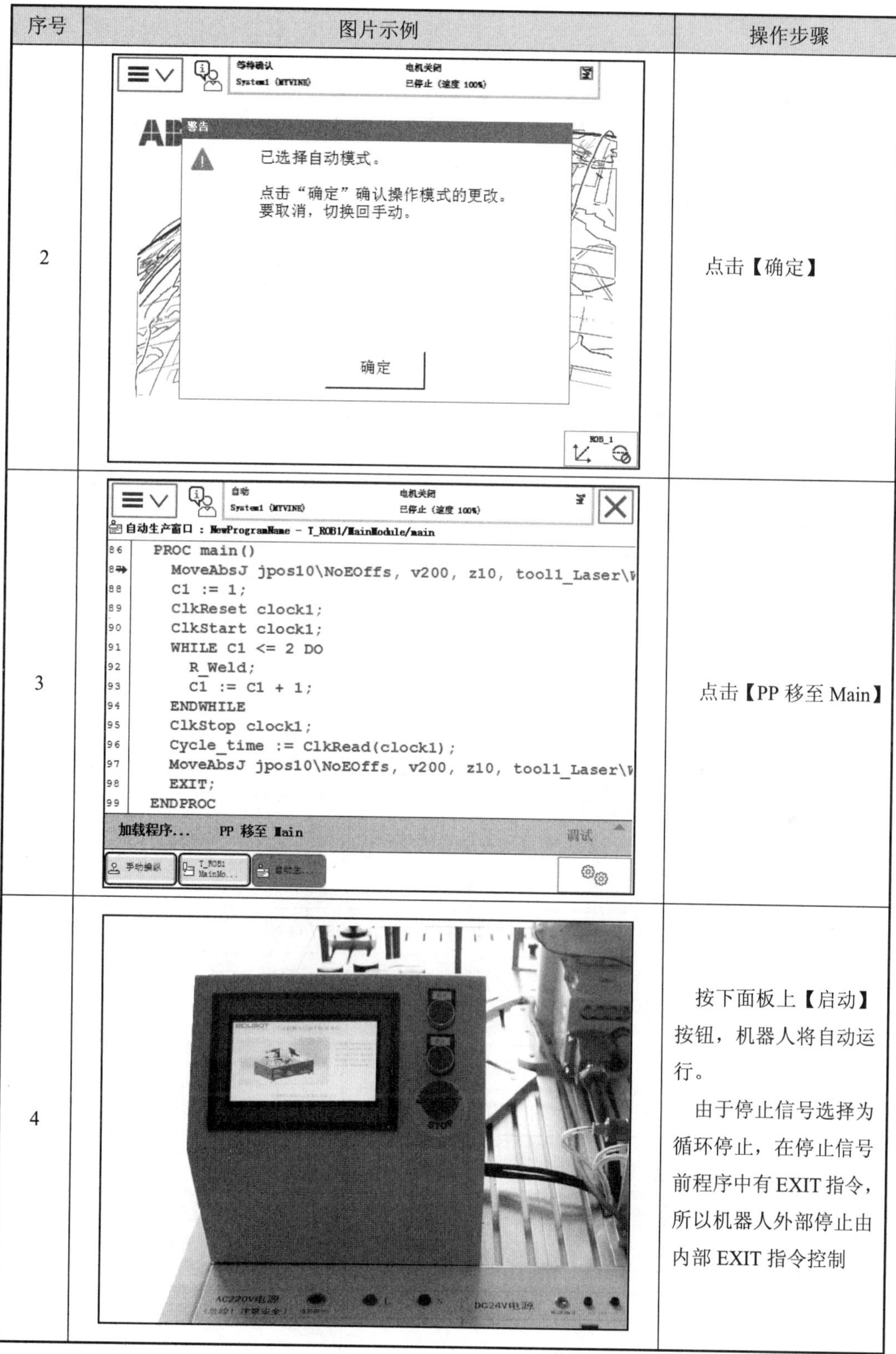

序号	图片示例	操作步骤
2		点击【确定】
3		点击【PP 移至 Main】
4		按下面板上【启动】按钮，机器人将自动运行。 由于停止信号选择为循环停止，在停止信号前程序中有 EXIT 指令，所以机器人外部停止由内部 EXIT 指令控制

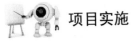

项目实施

项目要求：通过模拟激光焊接轨迹，学习机器人在工件焊接过程中需注意的事项，包括合理调整机器人姿态、控制机器人焊接时的速度及转弯半径；此外，可以通过机器人计时指令来测算出机器人焊接的时间，给工业生产提供参考数据。请结合表 9.7 所示模拟激光焊接轨迹项目报告书完成项目要求。

表 9.7　模拟激光焊接轨迹项目报告书

<table>
<tr><td>题目名称</td><td colspan="2"></td></tr>
<tr><td>学习主题</td><td colspan="2">模拟激光焊接轨迹项目</td></tr>
<tr><td>重点/难点</td><td colspan="2">模拟激光焊接轨迹程序的编辑与调试</td></tr>
<tr><td rowspan="2">训练目标</td><td>主要知识能力指标</td><td>（1）熟练掌握模拟激光焊接轨迹所需的 I/O 配置。
（2）熟练掌握模拟激光焊接轨迹所需的指令。
（3）掌握模拟激光焊接轨迹程序的编辑与调试</td></tr>
<tr><td>相关能力指标</td><td>（1）能够正确制订学习计划，养成独立学习的习惯。
（2）能够阅读工业机器人相关技术手册与说明书。
（3）培养良好的职业素养及团队协作精神</td></tr>
<tr><td>参考资料/学习资源</td><td colspan="2">图书馆内相关书籍、工业机器人相关网站等</td></tr>
<tr><td>学生准备</td><td colspan="2">熟悉工业机器人系统，准备教材、笔、笔记本、练习纸等</td></tr>
<tr><td>教师准备</td><td colspan="2">熟悉教学标准、机器人实训设备说明，演示实验，讲授内容，设计教学过程、记分册</td></tr>
<tr><td rowspan="8">学习步骤</td><td>明确任务</td><td>教师提出任务</td></tr>
<tr><td rowspan="5">分析过程（学生借助参考资料、教材和教师的引导，自己制订学习计划，并拟定检查、评价标准）</td><td>掌握模拟激光焊接轨迹的 I/O 配置</td></tr>
<tr><td>掌握模拟激光焊接轨迹所需的指令</td></tr>
<tr><td>掌握模拟激光焊接轨迹程序的编辑</td></tr>
<tr><td>掌握模拟激光焊接轨迹程序的调试</td></tr>
<tr><td>根据任务要求和实际操作结果完成总结报告</td></tr>
<tr><td>检查</td><td>在整个过程中，学生依据拟定的评价标准检查自己是否符合要求地完成了任务</td></tr>
<tr><td>评价</td><td>由学习小组、教师评价学生的工作情况并给出建议</td></tr>
</table>

项目评价

请完成表 9.8 所示的项目评价表。

表 9.8 项目评价表

<table>
<tr><td>姓名</td><td></td><td>学号</td><td></td><td>日期</td><td colspan="2"></td></tr>
<tr><td>小组成员</td><td colspan="3"></td><td>教师签字</td><td colspan="2"></td></tr>
<tr><td>类别</td><td>项目</td><td colspan="2">考核内容</td><td>得分</td><td>总分</td><td>评分标准</td></tr>
<tr><td rowspan="2">理论</td><td rowspan="2">知识准备
（100 分）</td><td colspan="2">正确描述模拟激光焊接轨迹的 I/O 配置和指令（30 分）</td><td></td><td rowspan="2"></td><td rowspan="2">根据完成情况打分</td></tr>
<tr><td colspan="2">正确完成模拟激光焊接轨迹程序的编辑与调试（70 分）</td><td></td></tr>
<tr><td>评分说明</td><td colspan="6"></td></tr>
<tr><td>备注</td><td colspan="6">（1）项目评价表原则上不能出现涂改现象，若出现则必须在涂改之处签字确认。
（2）每次考核结束后，教师及时记录考核成绩</td></tr>
</table>

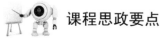

课程思政要点

社会责任是指个人或组织在面对社会和公共利益时所应承担的责任和义务。对于学生来说，培养他们的社会责任感不仅有助于他们更好地理解和应用所学知识，还能促使他们为社会做出积极的贡献。在当今时代，随着机器人技术的快速发展和广泛应用，机器人工程师的社会责任日益凸显。因此，在机器人工程专业课中，培养学生具有社会责任感是至关重要的。

一是强调工科教育的社会使命：在授课过程中，教师可以明确指出机器人专业教育的社会使命，即为社会提供高质量的工程技术解决方案，解决现实生活中的问题。这有助于学生认识到自己所学专业的社会价值和意义，从而增强他们的社会责任感。二是结合实际问题进行教学：教师可以将实际社会问题引入课堂，让学生在解决问题的过程中体验到社会责任。例如，在机器人工程专业课中引入工业污染治理的实际案例，让学生在分析和解决环境问题的过程中，认识到保护环境、维护生态平衡的社会责任。三是开展社会实践活动：通过组织学生参与社会实践活动，如社区服务、企业实习等，让学生亲身体验社会责任的履行。这些活动可以让学生更深入地了解社会需求，进一步增强他们的社会责任感和使命感。四是培养职业道德和职业素养：专业课教育不仅要培养学生的专业技能，还要注重职业道德和职业素养的培养。教师可以通过课堂讲解、案例分析等方式，让学生认识到工程师的职业责任和道德要求，从而培养他们的职业道德和职业素养。五是强调团队合作和奉献精神：在专业课程中，团队合作是必不可少的。教师可以强调团队合作的重要性，并鼓励学生在团队中发扬奉献精神，为团队的共同目标而努力。这有助于培养学生的集体荣誉感和责任感，增强他们的社会责任感。

总之，培养学生的社会责任感是机器人工程专业课中课程思政的重要任务之一。通过强调专业教育的社会使命、结合实际问题进行教学、开展社会实践活动、培养职业道德和职业素养以及强调团队合作和奉献精神等方式，可以有效地培养学生的社会责任感，使他们成为具有强烈社会责任感和使命感的优秀工程师。

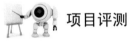

项目评测

1. 如何快速让机器人回到零点位置？
2. 如何更改机器人的最大速度？
3. 如何使用计时指令？
4. 如何规划焊接轨迹？
5. 如何使用 WHILE 指令？
6. 通过哪些指令可以控制机器人停止？
7. 如何使用: =指令？
8. 如何利用变量控制程序动作？

项目 10　搬运项目

项目描述

※ 搬运项目准备

随着科技工业自动化的发展，很多轻工业都相继采用自动化流水线作业，不仅效率提高几十倍，生产成本也降低了。随着劳动力成本的上涨，以劳动密集型企业为主的中国制造业进入新的发展状态，配送、搬用、码垛等工作开始进入工业机器人的应用领域。

通过搬运模块的训练，利用吸盘抓取圆饼物料，熟悉 ABB 机器人搬运程序的编辑。

项目分析

（1）搬运模块动作流程：

①搬运工位 1～5 上分别有 5 个圆饼物料。

②搬运正向动作：将圆饼物料从工位 5 搬运至工位 6，从工位 4 搬运至工位 5，依此循环。

③搬运反向动作：将圆饼物料从工位 2 搬运至工位 1，从工位 3 搬运至工位 2，依此循环。

（2）搬运动作采用吸盘工具，需定义吸盘工具坐标系。

（3）工件坐标点位置采用 offs( )指令，需建立搬运模块工件坐标系。

（4）动作由吸盘工具完成，需配置吸盘 I/O 信号。

（5）吸盘动作会有延时，为了提高机器人效率需提前开吸盘和关吸盘。

模块安装

1. 模块安装过程

模块安装的操作步骤见表 10.1。

表 10.1　模块安装的操作步骤

序号	图片示例	操作步骤
1		确认搬运模块
2		通过梅花螺丝将搬运模块固定在实训台 A 区 7 号和 8 号安装孔位置上
3		将搬运模块工具安装到机械臂末端

2. 气路组成

实训台气路组成如图 10.1 所示，气路各部分作用见表 10.2。手滑阀打开，压缩空气进入二联件，由二联件对空气进行过滤和稳压，当电磁阀导通时，空气通过真空发生器由正压变为负压，从而产生吸力，通过真空吸盘吸取工件。

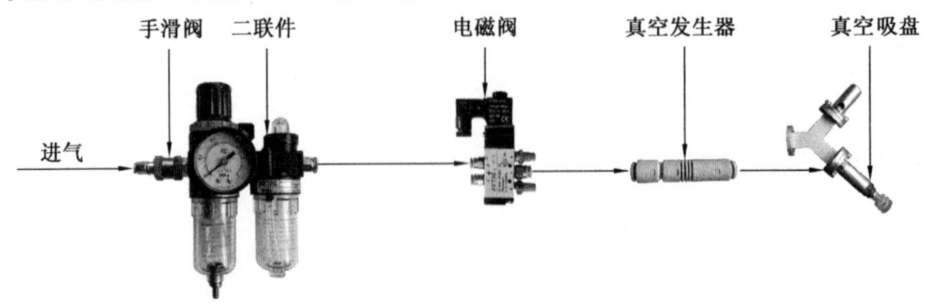

图 10.1　气路组成

表 10.2 气路各部分作用

序号	图片示例	说明
1		**手滑阀**：二位三通的手动滑阀，接在管道中作为气源开关，当气源关闭时，系统中的气将同时排空
2		**二联件**：由空气过滤器、减压阀、油雾器组成，对空气进行过滤，同时调节系统气压
3		**电磁阀**：由设备的数字输出信号控制空气的通断，当有信号输入时，电磁线圈产生的电磁力将关闭件从阀座上提起，阀门打开，反之阀门关闭
4		**真空发生器**：一种利用正压气源产生负压的新型、高效的小型真空元器件
5		**真空吸盘**：一种真空设备执行器，可由多种材质制作，广泛应用于多种真空吸持设备上

任务 10.1 I/O 配置与指令介绍

任务描述

本任务主要介绍 ABB 机器人搬运项目需要用到的 I/O 配置和指令。

知识准备

10. 1. 1　I/O 配置

搬运项目需用到的 I/O 配置见表 10.3。

表 10.3　搬运项目需用到的 I/O 配置

序号	名称	信号类型	映射地址	功能
1	Di_01_start	输入信号	0	控制机器人启动
2	Di_02_stop	输入信号	1	控制机器人停止
3	Do_02_vacuum	输出信号	1	控制吸盘的开启和关闭

10. 1. 2　指令介绍

（1）offs 功能函数：用于控制目标点在 *X* 轴、*Y* 轴和 *Z* 轴上的偏移。

（2）数组：通过数组将同一类别的变量集合在一起处理，方便使用。

（3）DIV 函数：除法指令，取得被除数的商。

（4）MOD 函数：求模指令，取得被除数的余数。

（5）带参数程序：在例行程序中增加参数变量，变量通过不同的定义模式，既可以为例行程序传入参数，也可以由例行程序返回值，方便程序的模块化编辑和调用。

任务 10. 2　程序编辑与调试

任务描述

本任务主要介绍 ABB 机器人搬运项目中的程序编辑与调试。

知识准备

※ 搬运项目程序编辑

10. 2. 1　程序编辑规划

搬运模块上有 3×3 共 9 个工位，每行每列间距相等，可以通过创建码垛模块进行编程，基本步骤如下：

（1）创建程序模块 Handing，存放码垛相关程序及数据。

（2）创建 robtarget 型 3×3 的二维数组，保存工位码垛数据，各数据点与工位数据对照如图 10.2 所示。

（3）创建 caculPos 例行程序，根据工位间距及初始点位置计算工位数据。

（4）创建 GetWbPos 例行程序，根据输入点号获取工位位置数据。

（5）创建 RHandling 例行程序，实现运动动作。

图 10.2 各数据点与工位数据对照

10. 2. 2 程序编辑

1. 创建程序模块

创建程序模块的操作步骤见表 10.4。

表 10.4 创建程序模块的操作步骤

序号	图片示例	操作步骤
1	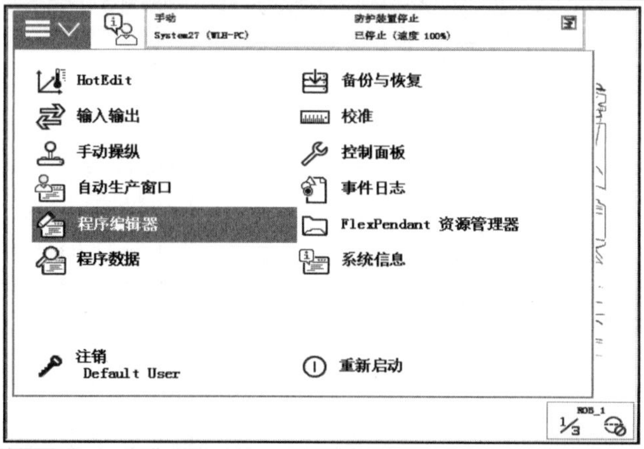	点击【主菜单】下【程序编辑器】
2	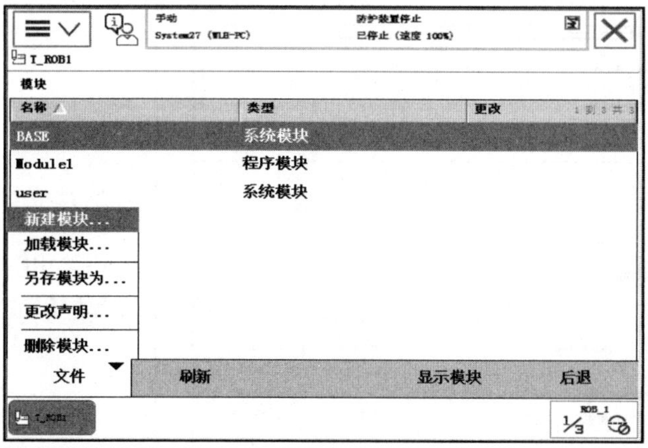	点击【文件】子菜单下的【新建模块...】菜单项

续表 10.4

序号	图片示例	操作步骤
3	新模块 - T_ROB1 内的<未命名程序> 新模块 名称：Handling ABC... 类型：Program 确定 取消	输入模块名称，点击【确定】，完成程序模块创建

2. 创建数组数据

创建数组数据的操作步骤见表 10.5。

表 10.5　创建数组数据的操作步骤

序号	图片示例	操作步骤
1	HotEdit 备份与恢复 输入输出 校准 手动操纵 控制面板 自动生产窗口 事件日志 程序编辑器 FlexPendant 资源管理器 程序数据 系统信息 注销 Default User 重新启动	点击【主菜单】下【程序数据】
2	程序数据 - 全部数据类型 从列表中选择一个数据类型。 范围：RAPID/T_ROB1 更改范围 pos pose progdisp rawbytes restartdata rmqheader rmqmessage rmqslot robjoint robtarget shapedata signalai signalao signaldi signaldo signalgi signalgo signalorigin singdata socketdev socketstatus speeddata stopmovestartmove_mem stoppoint 显示数据 视图	选择“robtarget”数据类型，点击【显示数据】，再点击【新建】

续表 10.5

序号	图片示例	操作步骤
3		修改名称为 pHandPos，修改存储类型为可变量，修改模块为 Handling，修改维数为 2 维{3,3}，点击【确定】，完成数组数据创建 机器人数据索引是从 1 开始的，{3,3}二维数组的行列索引号分别为 1,2,3；1,2,3

3. caculPos 例行程序编辑

caculPos 例行程序编辑见表 10.6。

表 10.6　caculPos 例行程序编辑

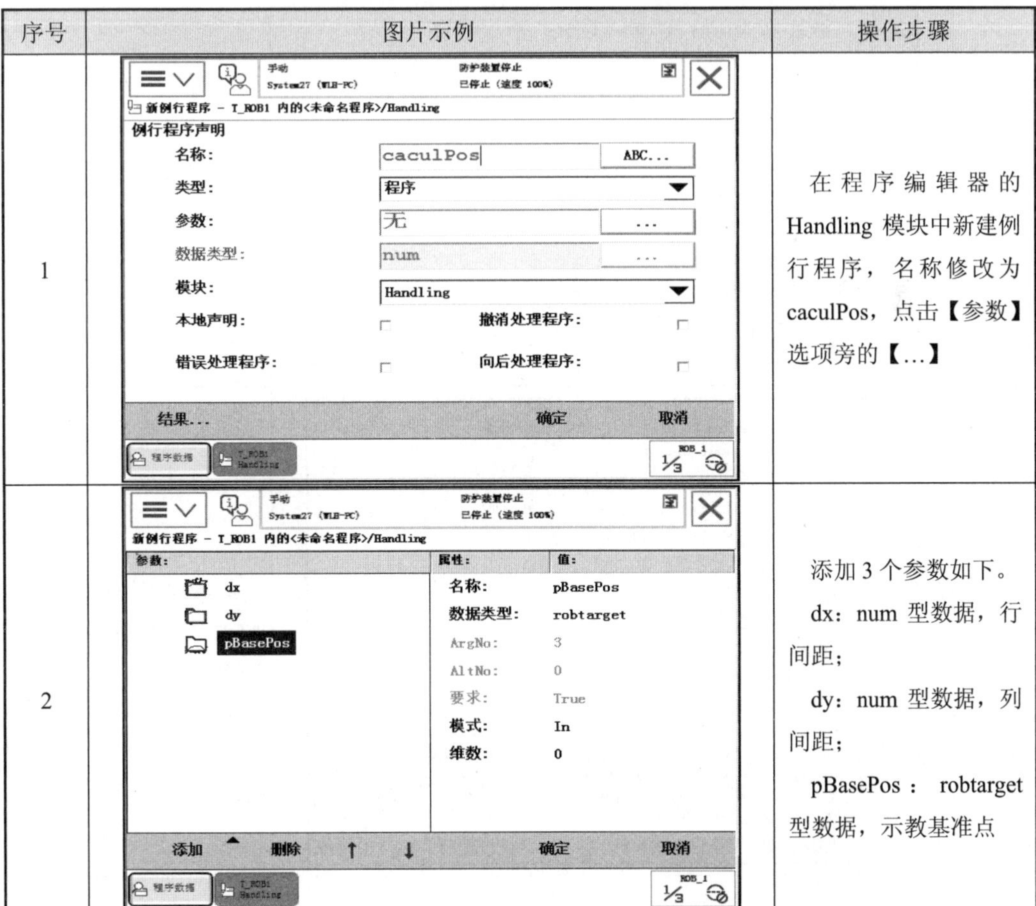

序号	图片示例	操作步骤
1		在程序编辑器的 Handling 模块中新建例行程序，名称修改为 caculPos，点击【参数】选项旁的【…】
2		添加 3 个参数如下。 dx：num 型数据，行间距； dy：num 型数据，列间距； pBasePos：robtarget 型数据，示教基准点

续表 10.6

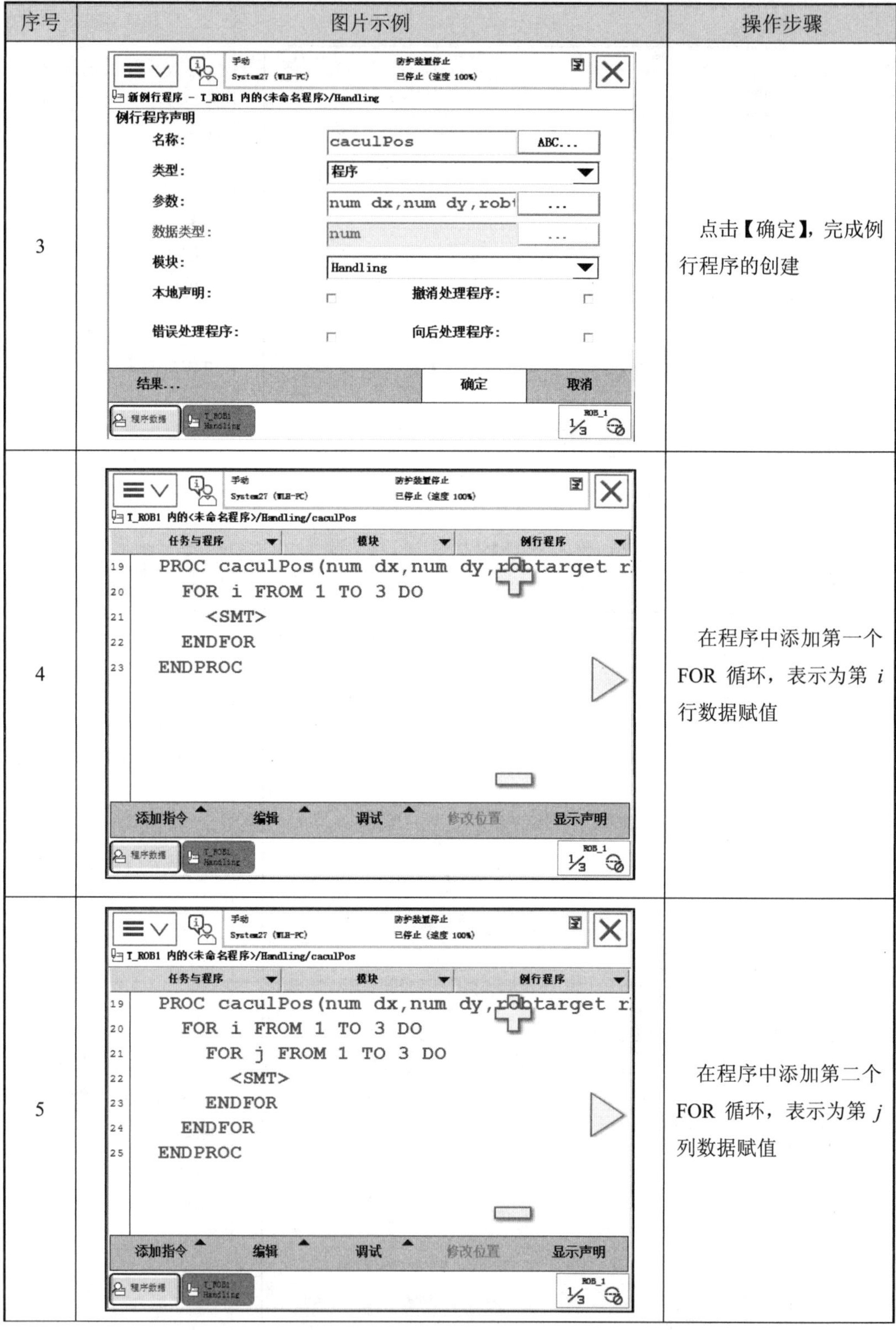

序号	图片示例	操作步骤
3		点击【确定】，完成例行程序的创建
4		在程序中添加第一个 FOR 循环，表示为第 i 行数据赋值
5		在程序中添加第二个 FOR 循环，表示为第 j 列数据赋值

续表 10.6

序号	图片示例	操作步骤
6	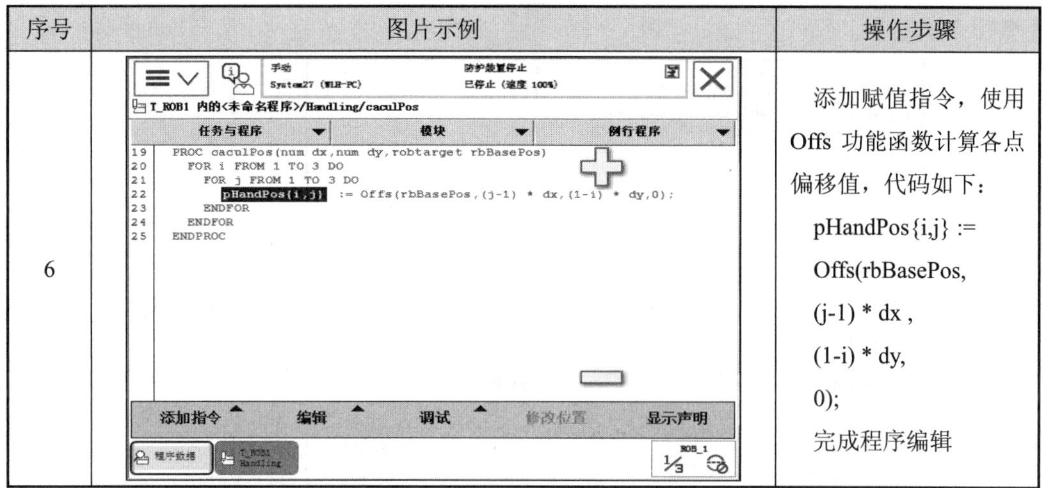	添加赋值指令，使用 Offs 功能函数计算各点偏移值，代码如下： pHandPos{i,j} := Offs(rbBasePos, (j-1) * dx , (1-i) * dy, 0); 完成程序编辑

4. GetWbPos 例行程序编辑

GetWbPos 例行程序编辑的操作步骤见表 10.7。

表 10.7　GetWbPos 例行程序编辑的操作步骤

序号	图片示例	操作步骤
1		在程序编辑器的 Handling 模块中新建例行程序，名称修改为 GetWbPos，点击【参数】选项旁的【…】
2		添加两个参数如下。 *i*：num 型数据，工件编号； targetPos：robtarget 型数据，InOut 模式，返回位置数据

续表 10.7

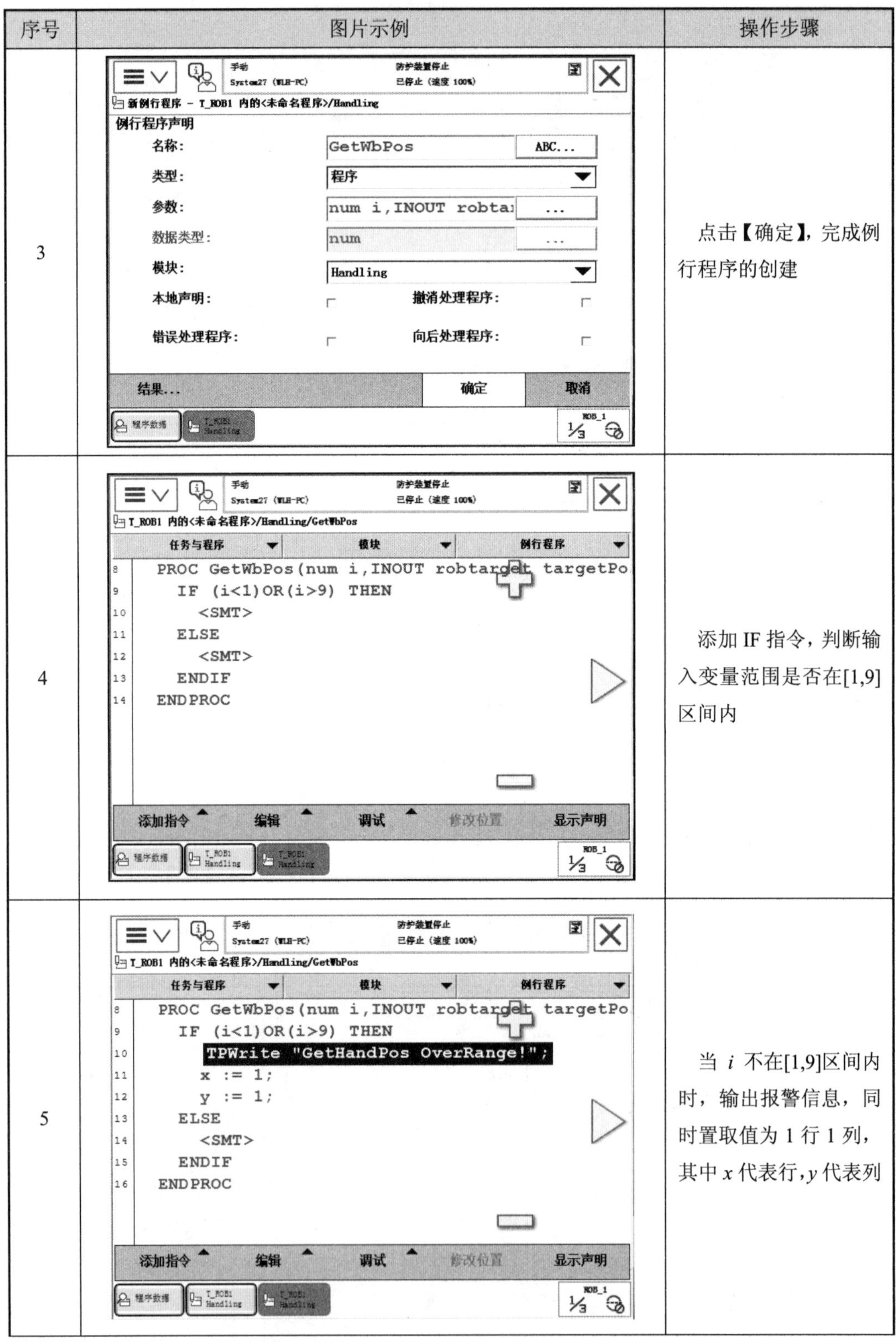

序号	图片示例	操作步骤
3		点击【确定】，完成例行程序的创建
4		添加 IF 指令，判断输入变量范围是否在[1,9]区间内
5		当 i 不在[1,9]区间内时，输出报警信息，同时置取值为 1 行 1 列，其中 x 代表行，y 代表列

续表 10.7

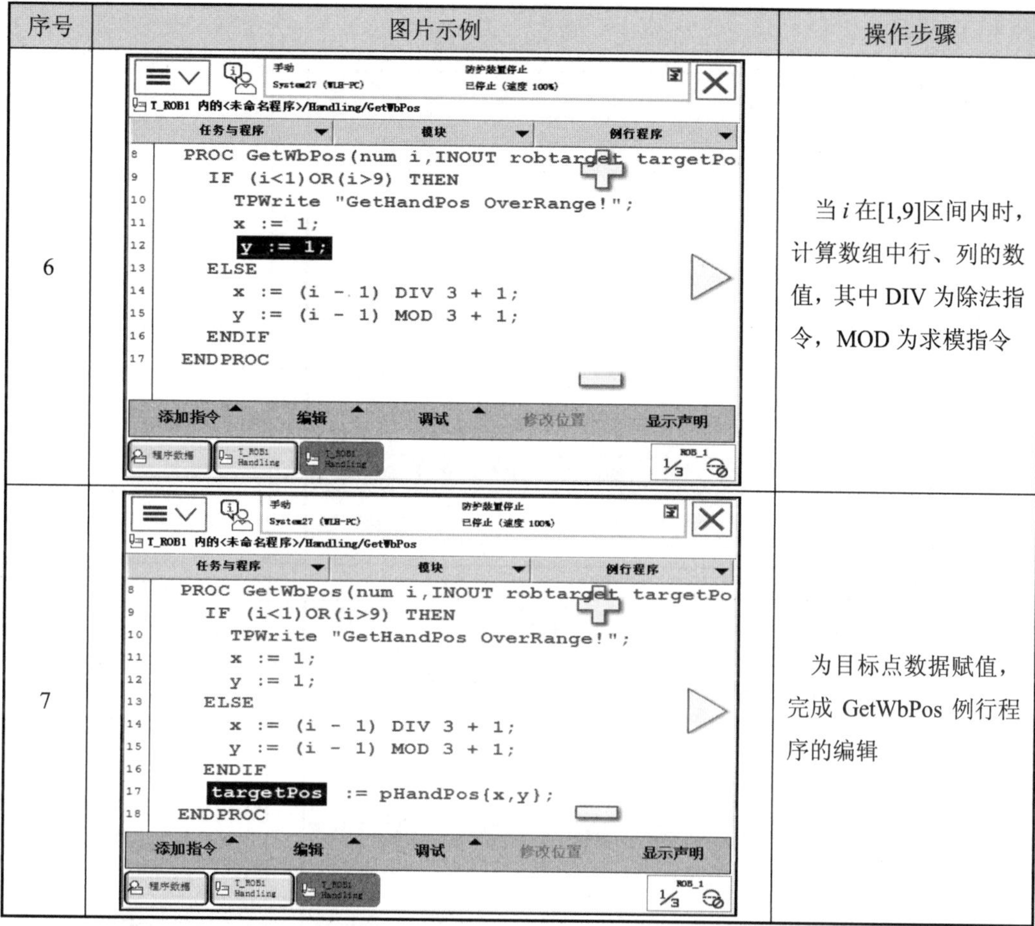

序号	图片示例	操作步骤

6	T_ROB1 内的<未命名程序>/Handling/GetWbPos
	PROC GetWbPos(num i,INOUT robtarget targetPo
	IF (i<1)OR(i>9) THEN
	TPWrite "GetHandPos OverRange!";
	x := 1;
	y := 1;
	ELSE
	x := (i - 1) DIV 3 + 1;
	y := (i - 1) MOD 3 + 1;
	ENDIF
	ENDPROC
		当 i 在[1,9]区间内时，计算数组中行、列的数值，其中 DIV 为除法指令，MOD 为求模指令

7	T_ROB1 内的<未命名程序>/Handling/GetWbPos
	PROC GetWbPos(num i,INOUT robtarget targetPo
	IF (i<1)OR(i>9) THEN
	TPWrite "GetHandPos OverRange!";
	x := 1;
	y := 1;
	ELSE
	x := (i - 1) DIV 3 + 1;
	y := (i - 1) MOD 3 + 1;
	ENDIF
	targetPos := pHandPos{x,y};
	ENDPROC
		为目标点数据赋值，完成 GetWbPos 例行程序的编辑

5. RHandling 例行程序编辑

RHandling 例行程序编辑见表 10.8。

表 10.8　RHandling 例行程序编辑

序号	图片示例	操作步骤
1	新例行程序 - T_ROB1 内的<未命名程序>/Handling 例行程序声明 名称：RHandling 类型：程序 参数：无 数据类型：num 模块：Handling 本地声明：　撤消处理程序： 错误处理程序：　向后处理程序： 结果...　确定　取消	在程序编辑器的 Handling 模块中新建例行程序，名称修改为 RHandling，点击【确定】

续表 10.8

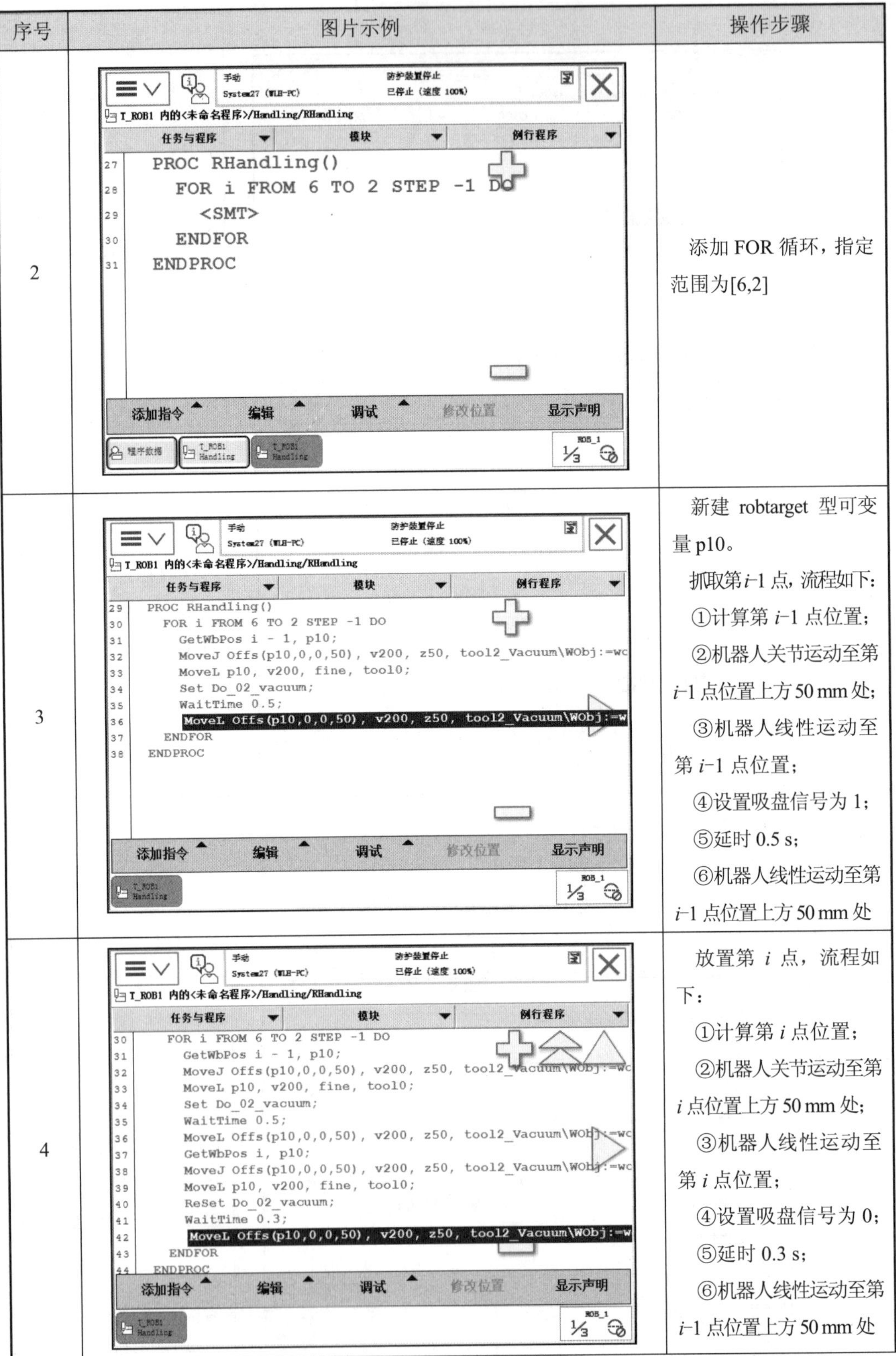

序号	图片示例	操作步骤
2		添加 FOR 循环，指定范围为[6,2]
3		新建 robtarget 型可变量 p10。 抓取第 i-1 点，流程如下： ①计算第 i-1 点位置； ②机器人关节运动至第 i-1 点位置上方 50 mm 处； ③机器人线性运动至第 i-1 点位置； ④设置吸盘信号为 1； ⑤延时 0.5 s； ⑥机器人线性运动至第 i-1 点位置上方 50 mm 处
4		放置第 i 点，流程如下： ①计算第 i 点位置； ②机器人关节运动至第 i 点位置上方 50 mm 处； ③机器人线性运动至第 i 点位置； ④设置吸盘信号为 0； ⑤延时 0.3 s； ⑥机器人线性运动至第 i-1 点位置上方 50 mm 处

续表 10.8

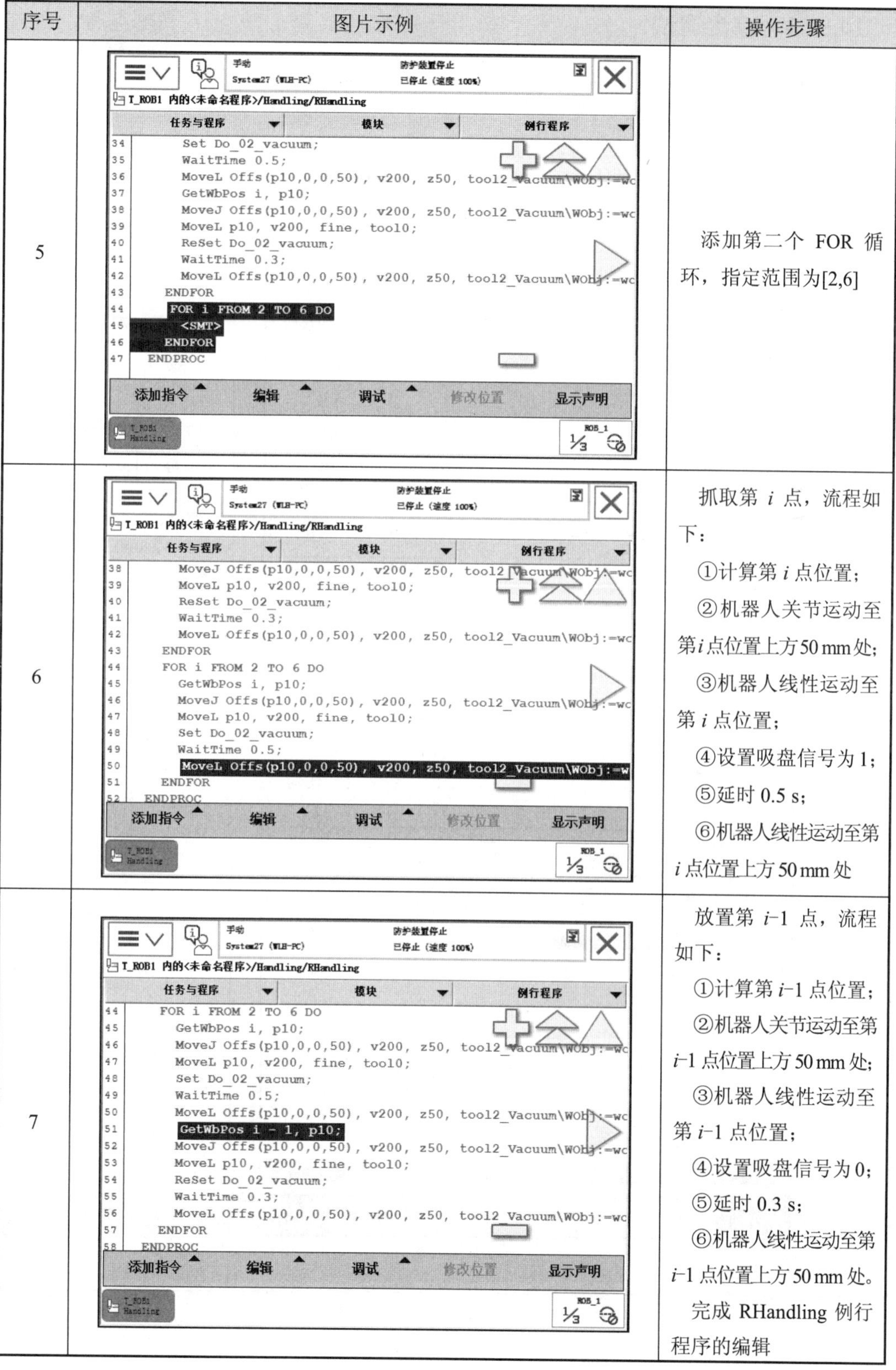

序号	图片示例	操作步骤
5		添加第二个 FOR 循环，指定范围为[2,6]
6		抓取第 i 点，流程如下： ①计算第 i 点位置； ②机器人关节运动至第 i 点位置上方 50 mm 处； ③机器人线性运动至第 i 点位置； ④设置吸盘信号为 1； ⑤延时 0.5 s； ⑥机器人线性运动至第 i 点位置上方 50 mm 处
7		放置第 i-1 点，流程如下： ①计算第 i-1 点位置； ②机器人关节运动至第 i-1 点位置上方 50 mm 处； ③机器人线性运动至第 i-1 点位置； ④设置吸盘信号为 0； ⑤延时 0.3 s； ⑥机器人线性运动至第 i-1 点位置上方 50 mm 处。 完成 RHandling 例行程序的编辑

10.2.3 综合调试

※ 搬运项目综合调试

1. 码垛点示教

码垛点示教的操作步骤见表 10.9。

表 10.9 码垛点示教的操作步骤

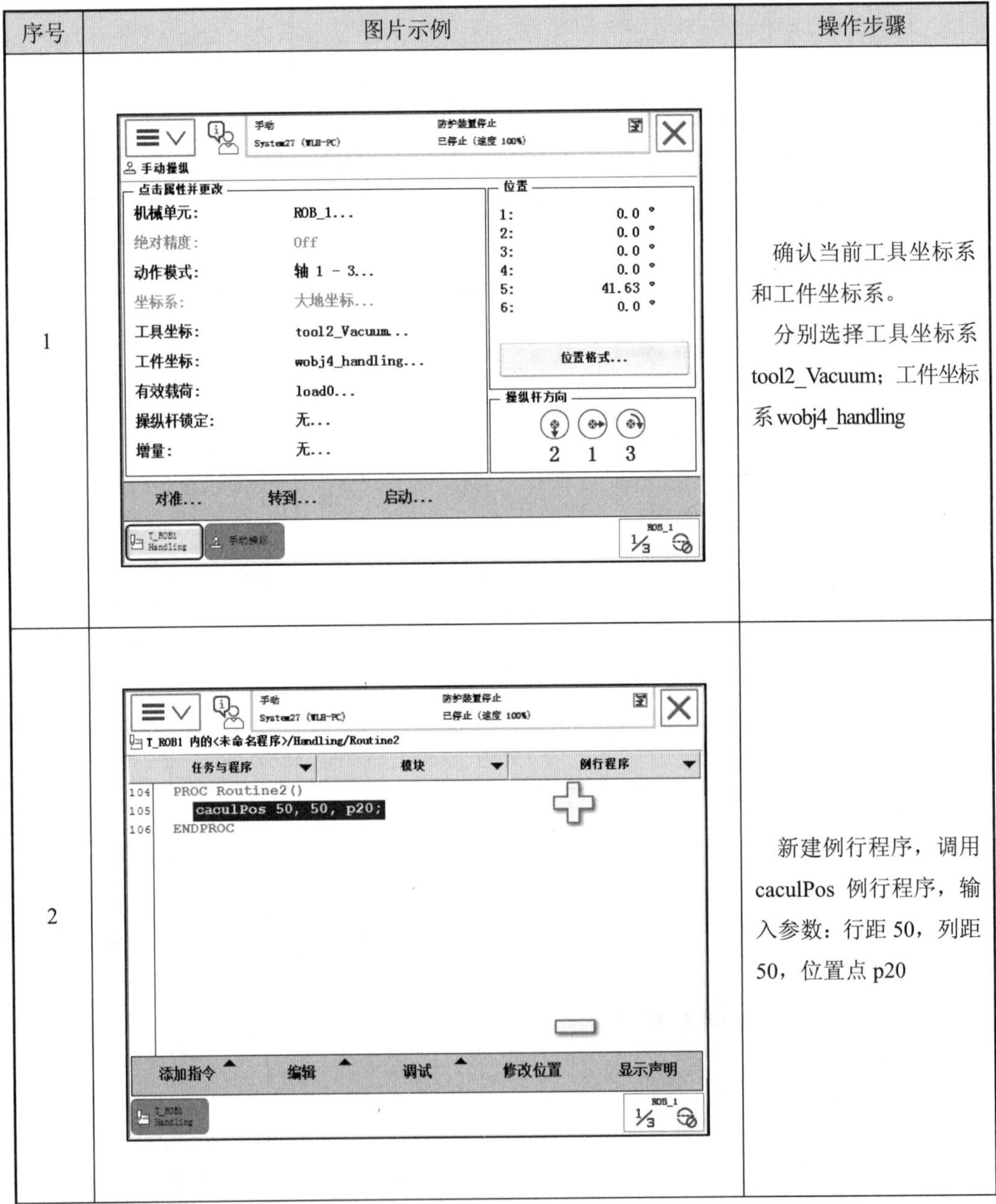

序号	图片示例	操作步骤
1		确认当前工具坐标系和工件坐标系。 分别选择工具坐标系 tool2_Vacuum；工件坐标系 wobj4_handling
2		新建例行程序，调用 caculPos 例行程序，输入参数：行距 50，列距 50，位置点 p20

续表 10.9

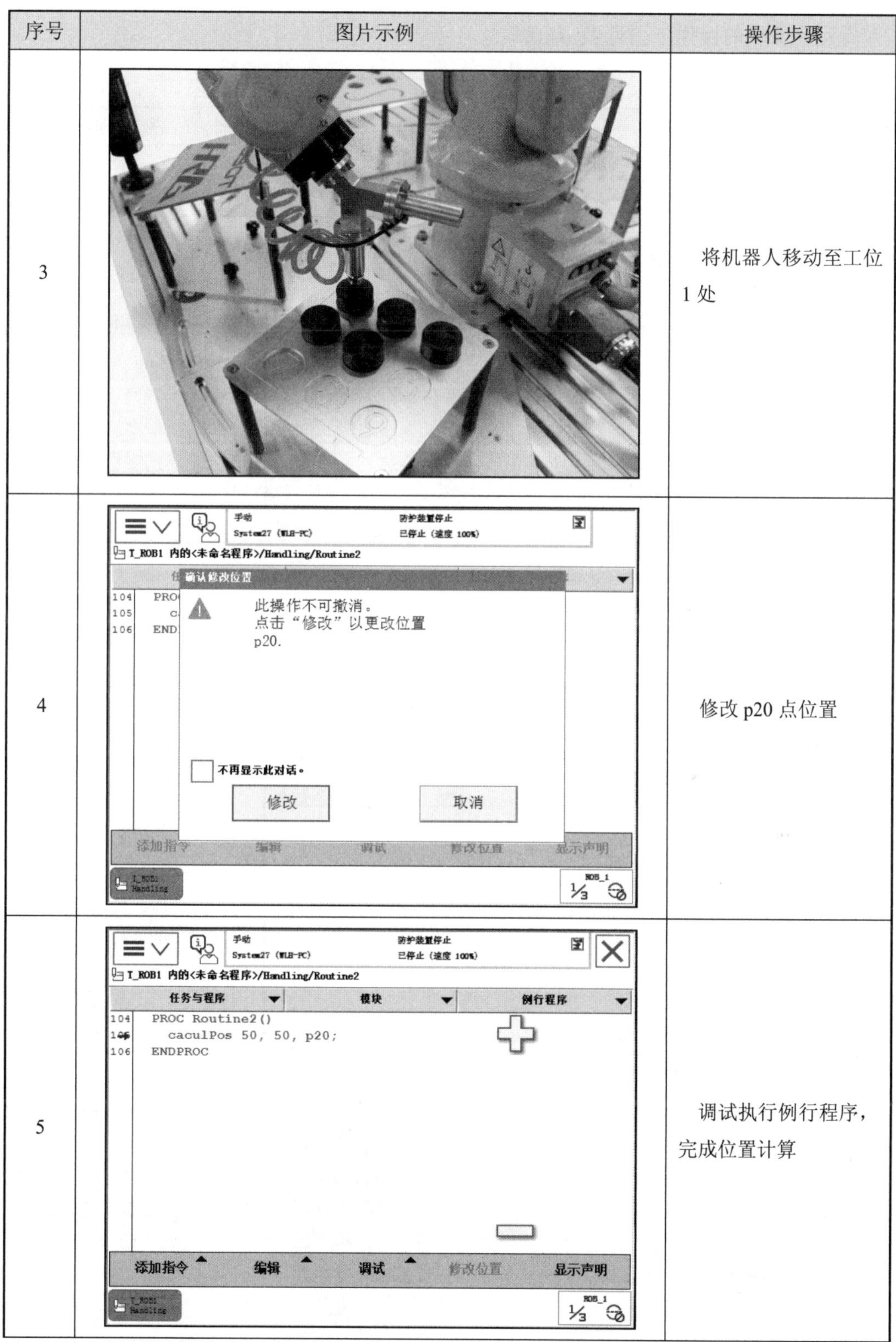

序号	图片示例	操作步骤
3		将机器人移动至工位 1 处
4		修改 p20 点位置
5		调试执行例行程序，完成位置计算

2. 主程序编辑

主程序编辑的操作步骤见表 10.10。

表 10.10　主程序编辑的操作步骤

序号	图片示例	操作步骤
1	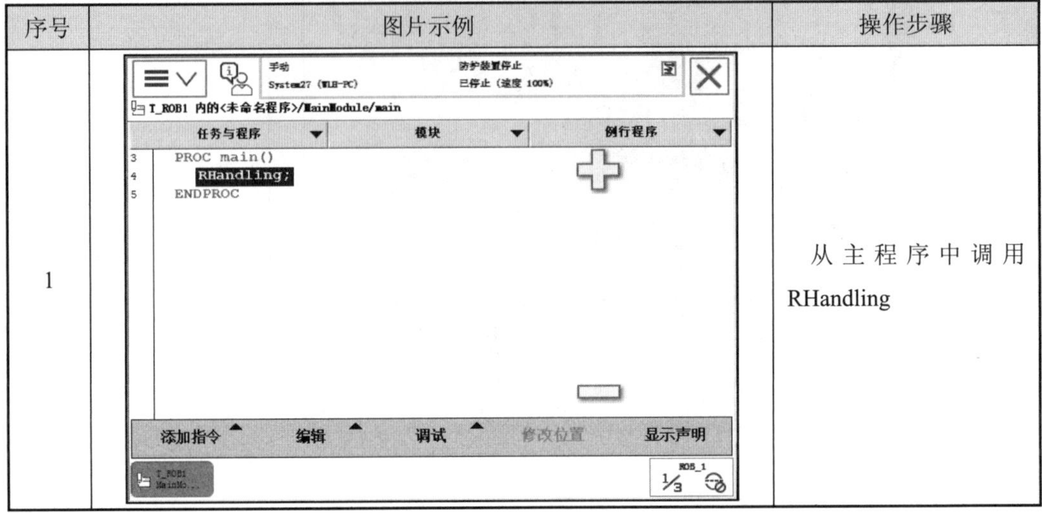	从主程序中调用 RHandling

3. 手动调试

手动调试的操作步骤见表 10.11。

表 10.11　手动调试的操作步骤

序号	图片示例	操作步骤
1	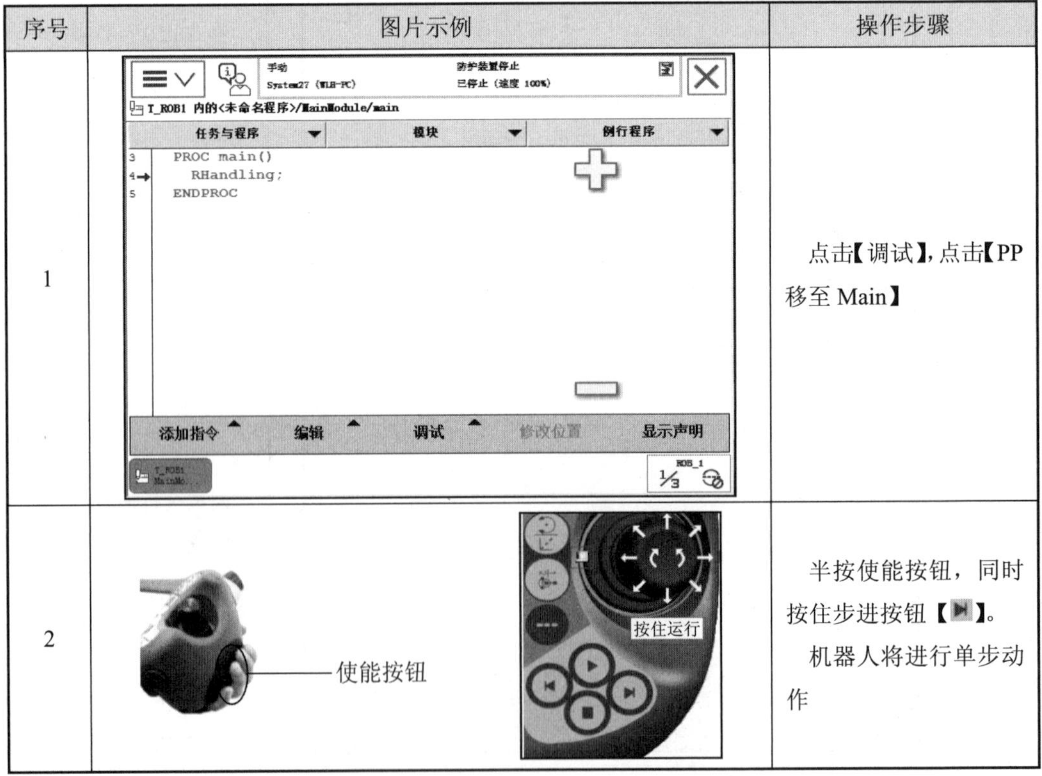	点击【调试】，点击【PP 移至 Main】
2	使能按钮　按住运行	半按使能按钮，同时按住步进按钮【▶▌】。 机器人将进行单步动作

4. 自动运行

自动运行的操作步骤见表 10.12。

表 10.12　自动运行的操作步骤

序号	图片示例	操作步骤
1		将控制器上的【模式选择】旋钮切换至“自动模式”
2	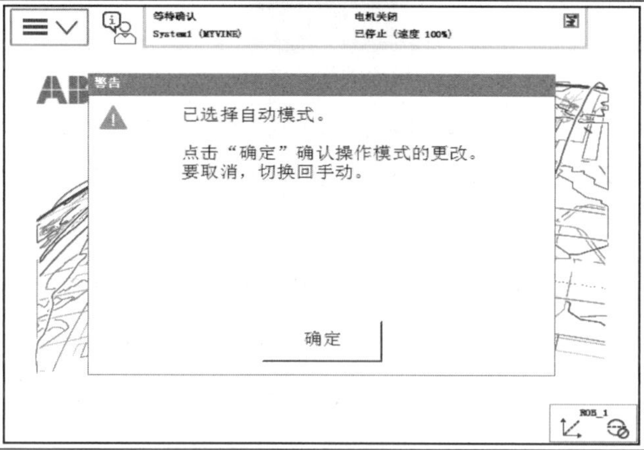	点击【确定】
3		点击【PP 移至 Main】
4	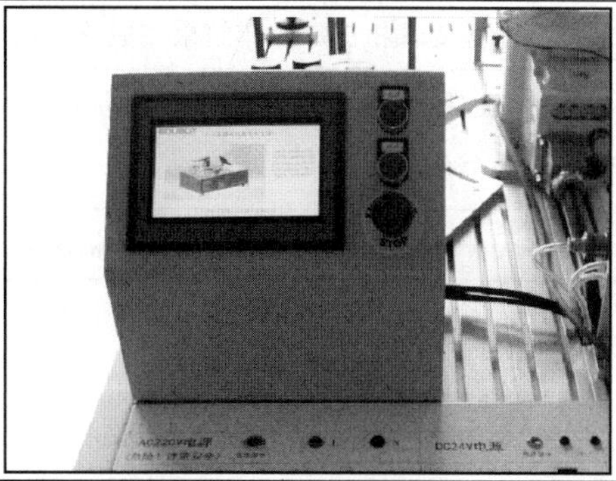	按下面板上【启动】按钮，机器人将自动运行。 由于停止信号选择为循环停止，在停止信号前程序中有 EXIT 指令，所以机器人外部停止由内部 EXIT 指令控制

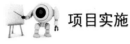

项目实施

项目要求：本项目通过搬运模块来学习机器人搬运程序的编辑，对于搬运程序的逻辑需要深入思考；学会搬运程序的编辑可方便后期的调试和维护。请结合表 10.13 所示搬运项目报告书完成项目要求。

表 10.13　搬运项目报告书

题目名称		
学习主题	搬运项目	
重点/难点	搬运程序编辑与调试	
训练目标	主要知识能力指标	（1）熟练掌握 ABB 机器人搬运程序的 I/O 配置。 （2）熟练掌握 ABB 机器人搬运程序的指令。 （3）熟练掌握 ABB 机器人搬运程序的编辑与调试
	相关能力指标	（1）能够正确制订学习计划，养成独立工作的习惯。 （2）能够阅读工业机器人相关技术手册与说明书。 （3）培养良好的职业素养及团队协作精神
参考资料/学习资源	图书馆内相关书籍、工业机器人相关网站等	
学生准备	熟悉工业机器人系统，准备教材、笔、笔记本、练习纸等	
教师准备	熟悉教学标准、机器人实训设备说明，演示实验，讲授内容，设计教学过程、记分册	
学习步骤	明确任务	教师提出任务
	分析过程（学生借助参考资料、教材和教师的引导，自己制订学习计划，并拟定检查、评价标准）	掌握 ABB 机器人搬运程序的 I/O 配置
		掌握 ABB 机器人搬运程序的指令
		掌握 ABB 机器人搬运程序的编辑
		掌握 ABB 机器人搬运程序的调试
		根据任务要求和实际操作结果完成总结报告
	检查	在整个过程中，学生依据拟定的评价标准检查自己是否符合要求地完成了任务
	评价	由学习小组、教师评价学生的工作情况并给出建议

项目评价

请完成表 10.14 所示项目评价表。

表 10.14 项目评价表

姓名		学号		日期	
小组成员				教师签字	
类别	项目	考核内容	得分	总分	评分标准
理论	知识准备（100 分）	正确描述工业机器人搬运程序的 I/O 配置和指令（30 分）			根据完成情况打分
		正确完成工业机器人搬运程序的编辑与调试（70 分）			
评分说明					
备注	（1）项目评价表原则上不能出现涂改现象，若出现则必须在涂改之处签字确认。 （2）每次考核结束后，教师及时记录考核成绩				

课程思政要点

社会主义核心价值观融入社会发展各方面，事关社会和谐稳定和国家长治久安。核心价值观是一个民族赖以维系的精神纽带，是一个国家共同的思想道德基础。一个民族、一个国家如果没有核心价值观，行无规范，那这个民族或国家就无法前进。社会主义核心价值观是在综合各方面认识的基础上提出的，是全国各族人民共同认同的价值观的“最大公约数”。因此，培育和践行社会主义核心价值观，把社会主义核心价值观融入社会发展各方面，可以充分调动各方面的积极性，从而不断巩固全党全国各族人民团结奋斗这一共同思想基础，凝聚起实现中华民族伟大复兴中国梦的强大精神力量。结合机器人专业课，将社会主义核心价值观融入学生的学习和成长过程中，可以具体描述为以下几个方面。

1. 技术创新与社会责任

在机器人专业学习中，强调技术创新的同时，也要培养学生的社会责任感。让学生意识到技术的研发和应用不仅要追求经济利益，更要关注其对社会的贡献和影响，可通过参与社会公益项目或解决实际社会问题，培养学生的公益意识和奉献精神。

2. 团队合作与集体主义

机器人项目的研发和实施往往需要多人协作，这为学生提供了培养团队合作和集体主义精神的良好机会。在机器人专业课上，可以通过组织小组项目、团队竞赛等方式，让学生在实践中学会相互信任、沟通协调和共同奋斗，从而培养学生的集体主义精神和社会主义核心价值观中的“和谐”。

3. 尊重知识与追求真理

在机器人专业学习中，鼓励学生尊重知识、追求真理，培养学生的科学精神和创新能力。通过引导学生独立思考、勇于探索、敢于创新，培养学生的自信心和创造力，同时也可培养学生社会主义核心价值观中的“自由、平等、公正”。

4. 实践中的诚信与担当

在机器人项目实践中，要求学生严格遵守实验规范、数据真实可信，培养学生的诚信意识和科学精神。同时，面对困难和挑战时，鼓励学生勇于担当、积极应对，培养学生坚韧不拔的精神。

综上所述，通过机器人专业课的学习和实践，可以将社会主义核心价值观融入学生的学习和成长过程中，培养学生的社会责任感、团队合作精神、科学精神、诚信意识等方面的素养，为学生的全面发展和社会贡献打下坚实基础。

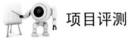

项目评测

1. 简述数组数据的创建方法。
2. 简述工件位置计算原理。
3. 简述 FOR 循环指令使用方法。
4. 简述 Offs 功能函数的使用方法。

项目 11　物流自动流水线项目

项目描述

※ 输送带项目准备

当下工业生产中自动化、流水线作业盛行，其中搭载输送带的流水线作业最为常见，配合搬运码垛盘成为工业自动化的主要方法。

本章主要介绍了如何通过输送带模块和搬运模块，以及利用吸盘吸取圆饼物料，模拟物流自动流水线。

项目分析

（1）动作流程：

①输送带上初始放置一个圆饼物料（后文简称为物料）。

②搬运模块使用 7 号、8 号、9 号位置（图 11.1）；初始只有 7 号位置放置一个物料。

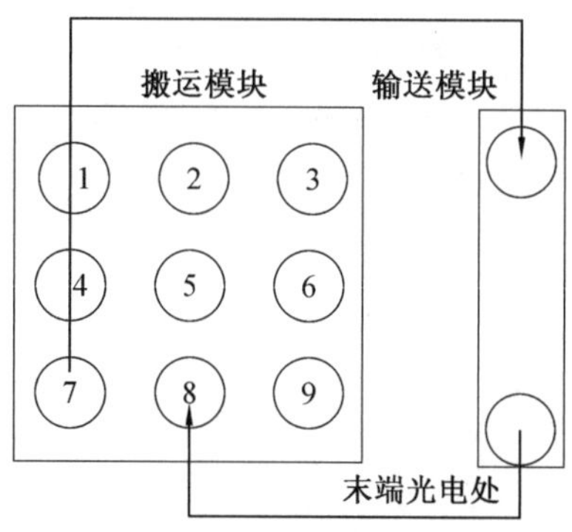

图 11.1

③输送带由机器人输出信号 Do_03_ssdcontrol 控制启动。

④输送带启动后，当末端光电开关检测到物料时，动作流程如下：

➢ 将检测到的物料搬运至 8 号位置，然后将 7 号位置的物料搬运至输送带上。
➢ 将检测到的物料搬运至 9 号位置，然后将 8 号位置的物料搬运至输送带上。
➢ 将检测到的物料搬运至 7 号位置，然后将 9 号位置的物料搬运至输送带上。

如此循环。

（2）在应用中输送带需要一直运转，所以应在程序初始时控制输送带启动，在程序停止时控制输送带停止。

（3）由于输送带末端需要等待物料，故需要用 WaitDI 指令。

（4）需添加相应的工具和工件坐标系。

（5）需要添加初始化程序控制输送带启动，主程序循环通过 GOTO 指令控制。

（6）需要通过中断指令控制输送带停止，在中断程序中控制输送带停止。

模块安装

模块安装的操作步骤见表 11.1。

表 11.1　模块安装的操作步骤

序号	图片示例	操作步骤
1		确认搬运模块和输送带模块
2		通过梅花螺丝，将搬运模块固定在实训台 A 区 7 号和 8 号安装孔位置上；将输送带模块固定在实训台 E 区 8 号和 9 号安装孔位置上

续表 11.1

序号	图片示例	操作步骤
3		将输送带模块工具安装到机械臂末端

任务 11.1　I/O 配置与指令介绍

任务描述

本任务主要介绍物流自动流水线项目需要用到的 I/O 配置与指令。

知识准备

11.1.1　I/O 配置

物流自动流水线项目需要用到模块 I/O 配置（表 11.2）。

表 11.2　物流自动流水线项目需要用到模块 I/O 配置

序号	名称	信号类型	映射地址	功能
1	Di_01_start	输入信号	0	控制机器人启动
2	Di_02_stop	输入信号	1	控制机器人停止
3	Di_03_ssdjc	输入信号	2	输送带末端物料检测
4	Do_02_vacuum	输出信号	1	控制吸盘的开启和关闭
5	Do_03_ssdcontrol	输出信号	2	控制输送带的启动和停止

11.1.2　指令介绍

（1）Label 指令：线程标签指令。Label 指令和 GOTO 指令搭配使用，Label 指令只是 GOTO 指令的一个位置标签，程序通过 GOTO 指令跳转到当前标签位置后继续向下执行。

（2）GOTO 指令：转到标签指令，即当程序执行到 GOTO 指令时跳转到对应标签位置后继续向下执行。

（3）WaitDI 指令：等待数字输入信号直至满足条件，即当 WaitDI 指令条件成立时执行后面程序，否则一直等待。

（4）TEST 指令：根据 TEST 数据执行程序。TEST 数据可以是数据也可以是表达式，根据相应的值执行相应的指令。

（5）TPErase 指令：擦除示教器的写入文本。

（6）TPWrite 指令：向示教器写入文本。

（7）Compact IF 指令：如果满足条件，那么执行……（一个指令）。

（8）CONNECT 指令：将中断识别号与软中断程序相连，指令示例如下。

CONNECT intno1 WITH trap1;

其中各部分含义见表 11.3。

表 11.3　CONNECT 指令各部分含义

序号	参数	说明
1	CONNECT	指令名称
2	intno1	中断识别号：intnum 型数据
3	trap1	软中断程序名称：通过新建例行程序创建软中断程序

（9）ISignalDI 指令：用于启用数字输入信号与中断识别号的关联，指令示例如下。

ISignalDI\Single,Di_06_interrupt,1,intno1;

其中各部分含义见表 11.4。

表 11.4　ISignalDI 指令各部分含义

序号	参数	说明
1	ISignalDI	指令名称
2	Di_06_interrupt	中断输入信号：将产生中断的信号名称
3	1	中断信号设定值：设置触发中断的输入信号有效值
4	intno1	中断识别号：设置中断输入信号要触发的中断识别号

任务 11.2　程序编辑与调试

任务描述

本任务主要介绍物流自动流水线项目的程序编辑与调试。

知识准备

11.2.1 程序编辑规划

※ 输送带项目程序编辑

（1）建立输送带搬运过程的 3 个子程序以供调用。

（2）通过 Offs 指令控制物料抓取点及放置点高度。

（3）程序主逻辑通过 TEST 指令控制，对应的 CASE 指令执行对应的程序。

（4）通过: =指令控制 TEST 参数 n 的值，并且对 n 的值进行控制。

（5）初始化程序对输送带、机器人初始位置、n 的值进行初始化控制。

（6）主动作程序通过 GOTO 指令执行，并且与初始化程序隔开。

（7）需要机器人停止时选择立即停止；需要输送带停止时通过停止信号关联中断程序，在中断程序中控制输送带的停止。

11.2.2 输送带轨迹程序的编辑

输送带轨迹程序编辑的操作步骤见表 11.5。

表 11.5 输送带轨迹程序编辑的操作步骤

序号	图片示例	操作步骤
1	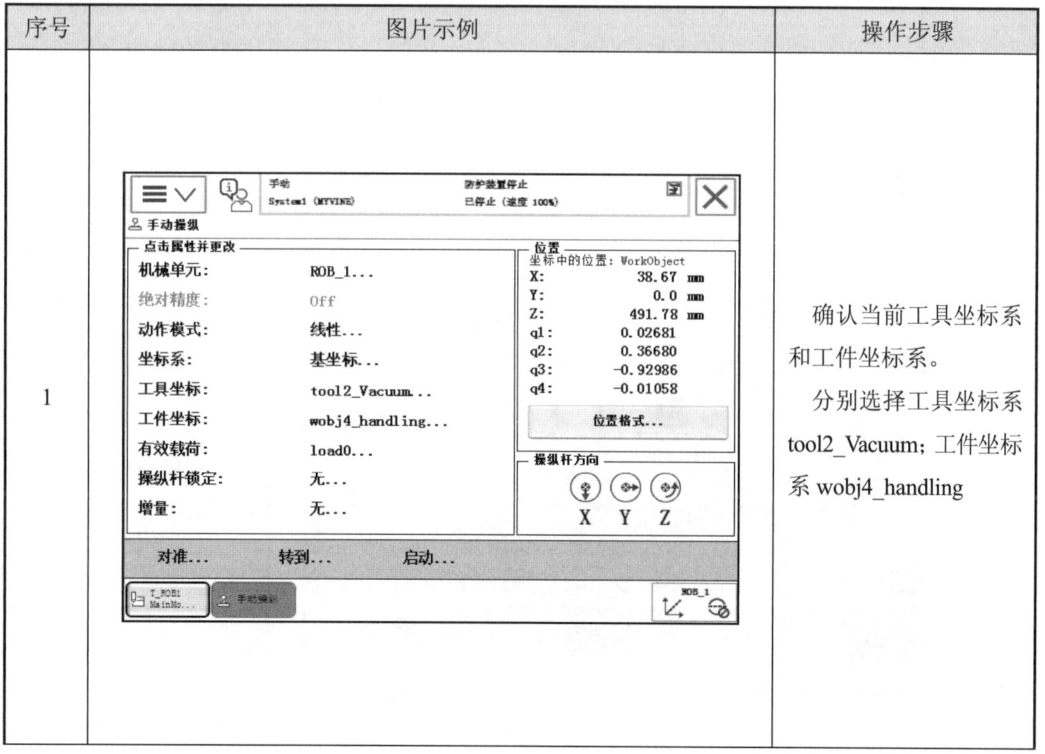	确认当前工具坐标系和工件坐标系。 分别选择工具坐标系 tool2_Vacuum；工件坐标系 wobj4_handling

续表 11.5

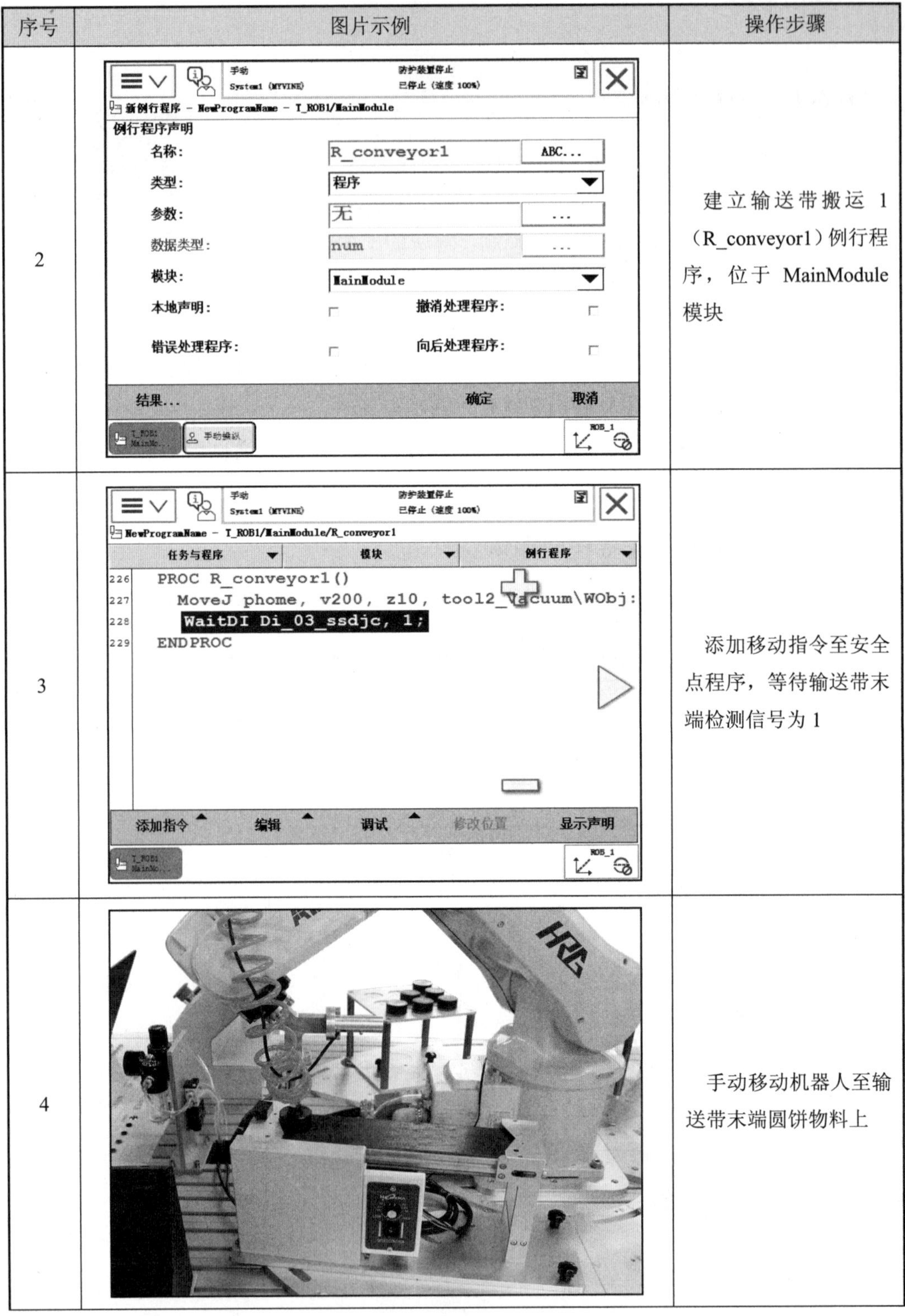

序号	图片示例	操作步骤
2		建立输送带搬运 1（R_conveyor1）例行程序，位于 MainModule 模块
3		添加移动指令至安全点程序，等待输送带末端检测信号为 1
4		手动移动机器人至输送带末端圆饼物料上

续表 11.5

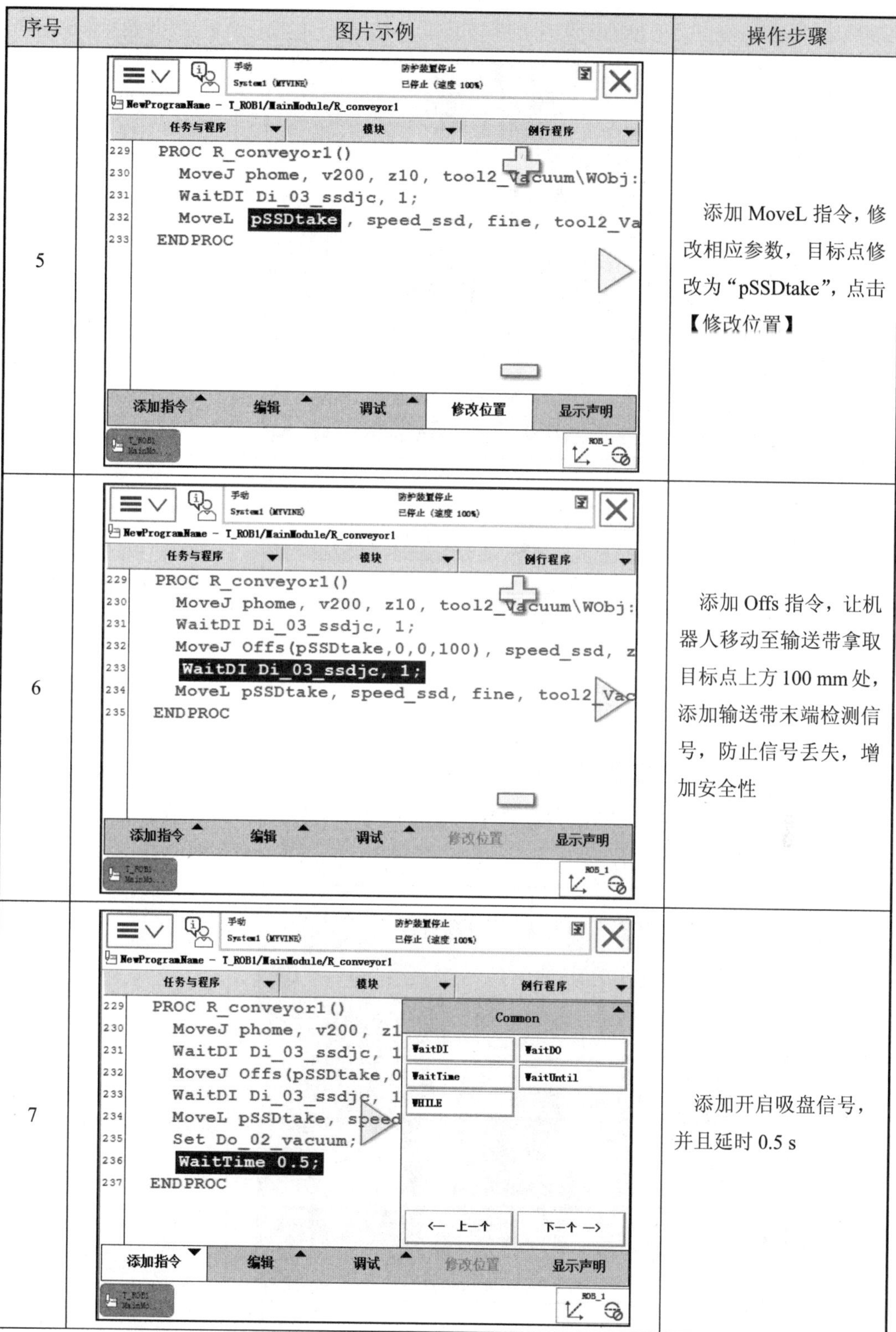

序号	图片示例	操作步骤
5		添加 MoveL 指令，修改相应参数，目标点修改为“pSSDtake”，点击【修改位置】
6		添加 Offs 指令，让机器人移动至输送带拿取目标点上方 100 mm 处，添加输送带末端检测信号，防止信号丢失，增加安全性
7		添加开启吸盘信号，并且延时 0.5 s

续表 11.5

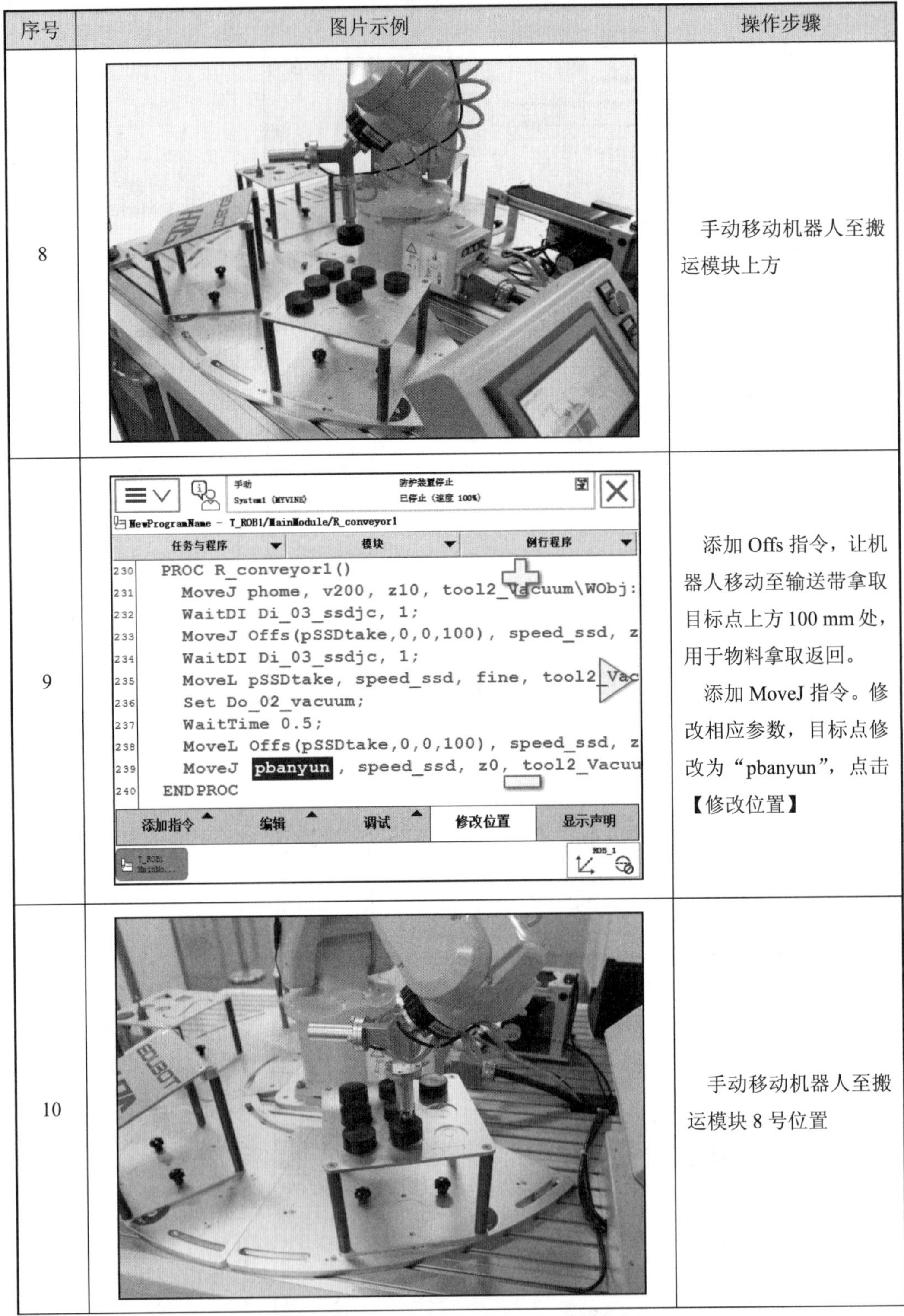

序号	图片示例	操作步骤
8		手动移动机器人至搬运模块上方
9		添加 Offs 指令，让机器人移动至输送带拿取目标点上方 100 mm 处，用于物料拿取返回。 添加 MoveJ 指令。修改相应参数，目标点修改为“pbanyun”，点击【修改位置】
10		手动移动机器人至搬运模块 8 号位置

续表 11.5

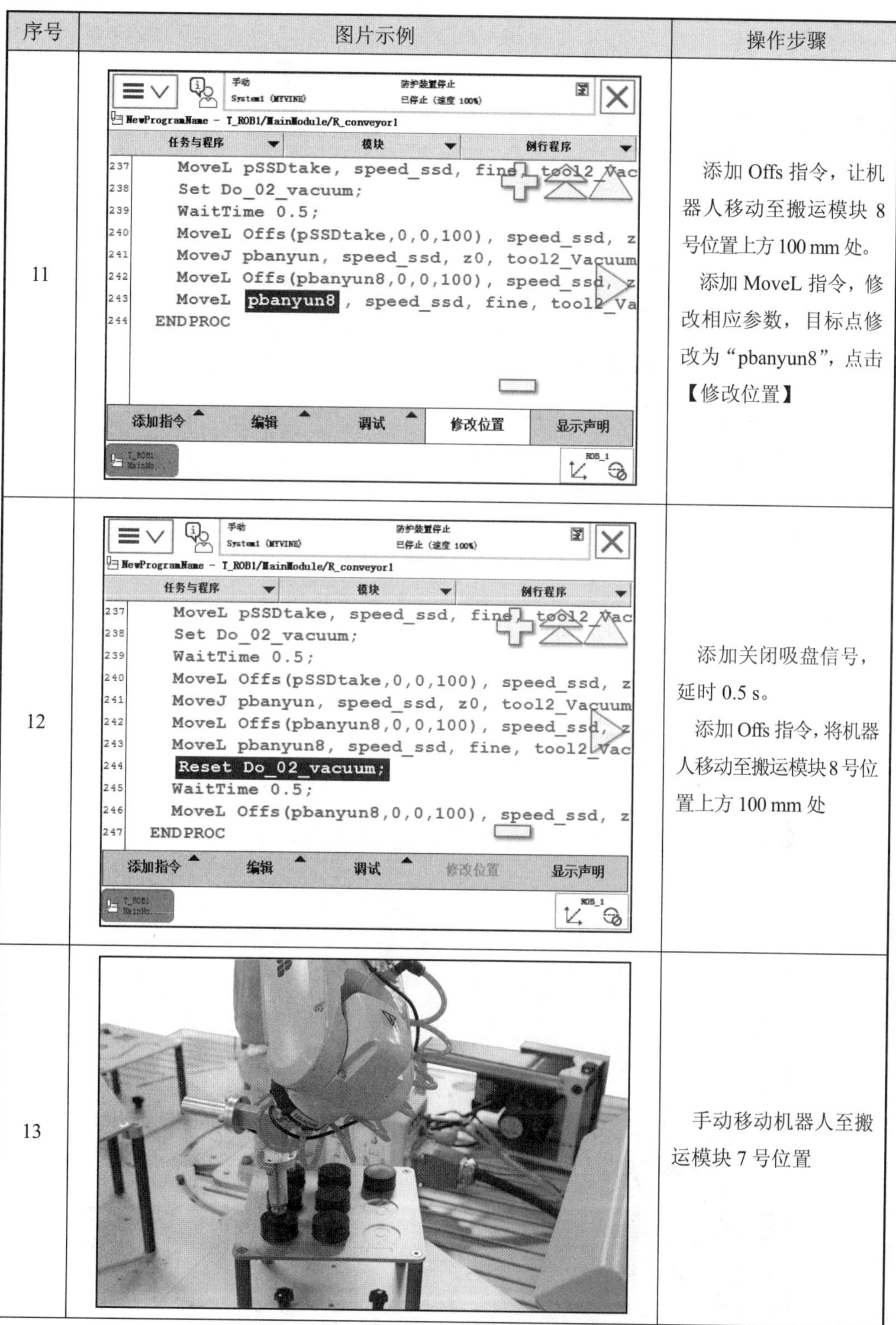

序号	图片示例	操作步骤
11		添加 Offs 指令，让机器人移动至搬运模块 8 号位置上方 100 mm 处。 添加 MoveL 指令，修改相应参数，目标点修改为“pbanyun8”，点击【修改位置】
12		添加关闭吸盘信号，延时 0.5 s。 添加 Offs 指令，将机器人移动至搬运模块 8 号位置上方 100 mm 处
13		手动移动机器人至搬运模块 7 号位置

续表 11.5

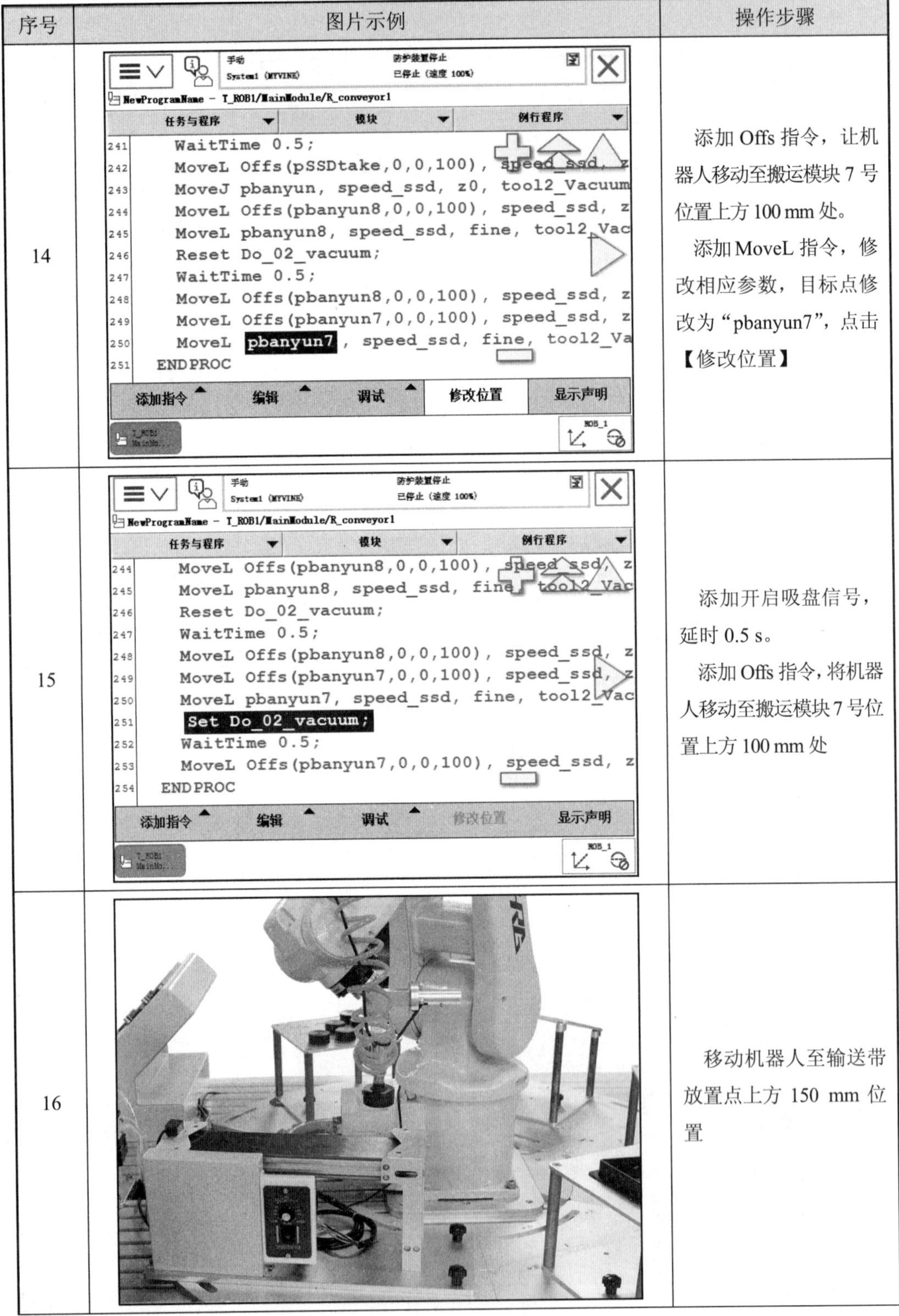

序号	图片示例	操作步骤
14		添加 Offs 指令，让机器人移动至搬运模块 7 号位置上方 100 mm 处。 添加 MoveL 指令，修改相应参数，目标点修改为“pbanyun7”，点击【修改位置】
15		添加开启吸盘信号，延时 0.5 s。 添加 Offs 指令，将机器人移动至搬运模块 7 号位置上方 100 mm 处
16		移动机器人至输送带放置点上方 150 mm 位置

续表 11.5

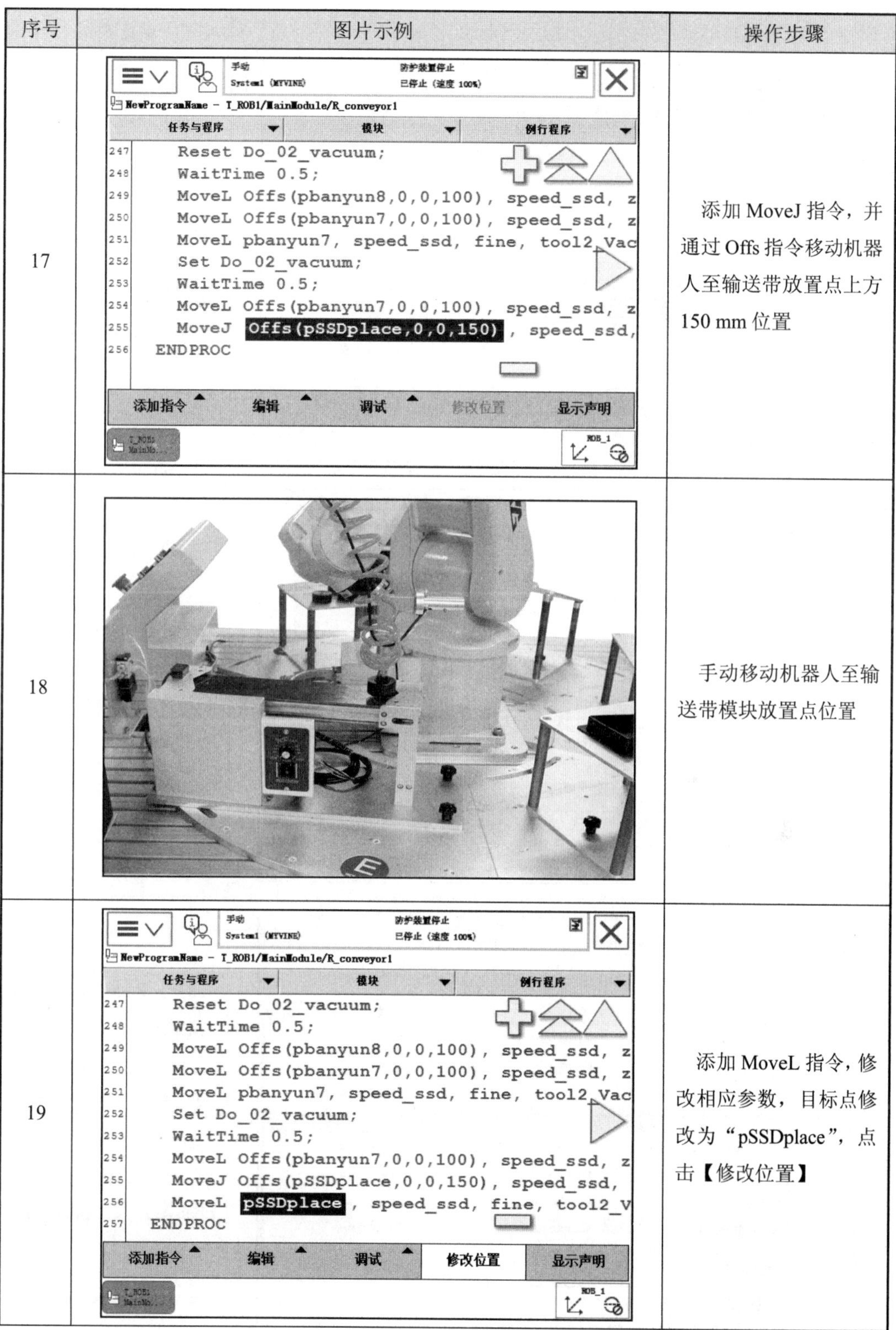

序号	图片示例	操作步骤
17		添加 MoveJ 指令，并通过 Offs 指令移动机器人至输送带放置点上方 150 mm 位置
18		手动移动机器人至输送带模块放置点位置
19		添加 MoveL 指令，修改相应参数，目标点修改为“pSSDplace”，点击【修改位置】

续表 11.5

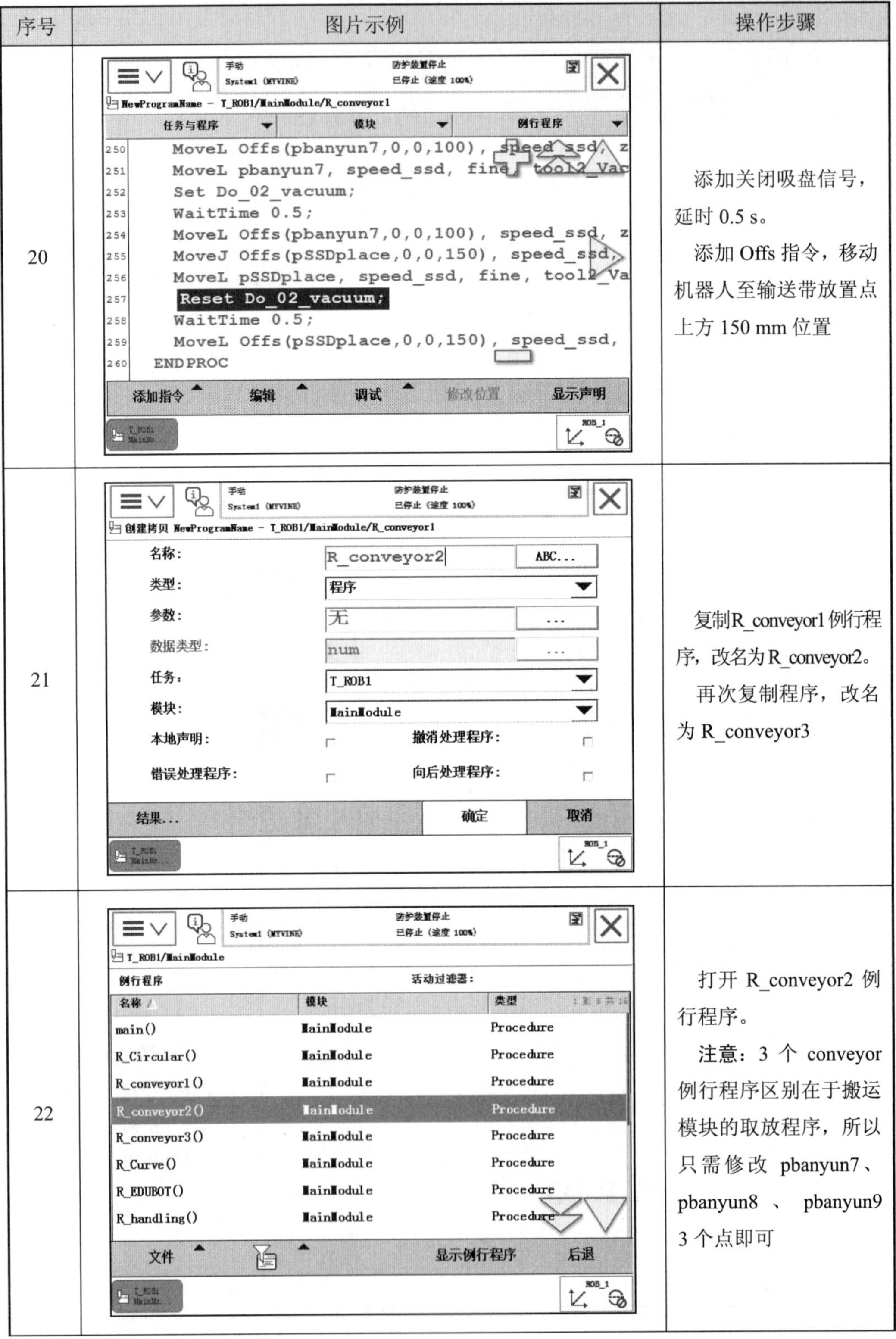

序号	图片示例	操作步骤
20		添加关闭吸盘信号，延时 0.5 s。 添加 Offs 指令，移动机器人至输送带放置点上方 150 mm 位置
21		复制R_conveyor1 例行程序，改名为 R_conveyor2。 再次复制程序，改名为 R_conveyor3
22		打开 R_conveyor2 例行程序。 **注意**：3 个 conveyor 例行程序区别在于搬运模块的取放程序，所以只需修改 pbanyun7、pbanyun8 、 pbanyun9 3 个点即可

续表 11.5

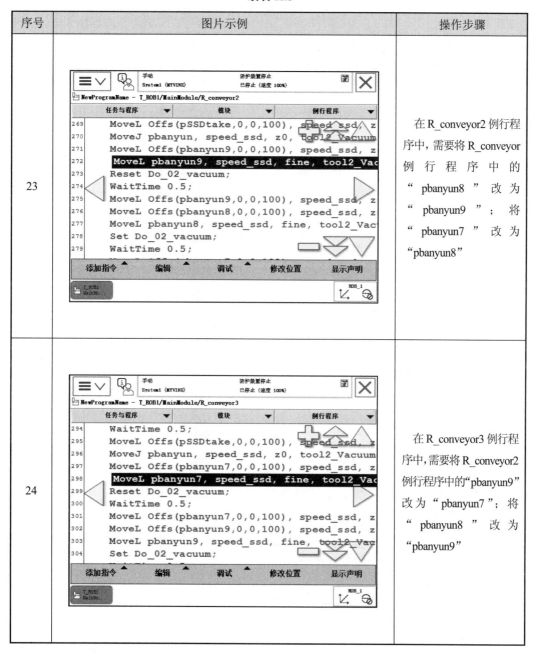

序号	图片示例	操作步骤
23	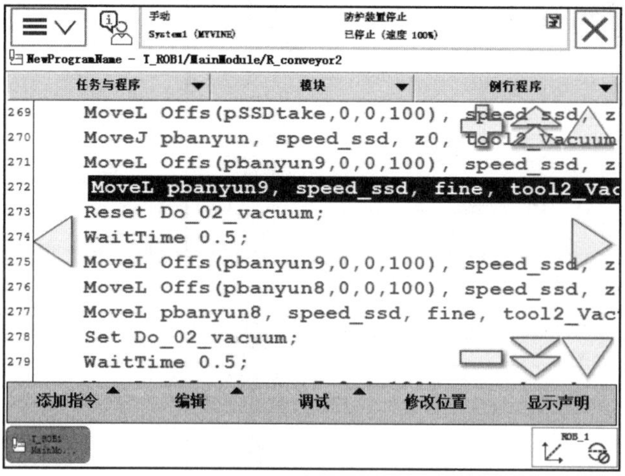 手动 System1 (MYVINE) 防护装置停止 已停止（速度 100%） NewProgramName - T_ROB1/MainModule/R_conveyor2 任务与程序 模块 例行程序 MoveL Offs(pSSDtake,0,0,100), speed_ssd, z MoveJ pbanyun, speed_ssd, z0, tool2_Vacuum MoveL Offs(pbanyun9,0,0,100), speed_ssd, z MoveL pbanyun9, speed_ssd, fine, tool2_Vac Reset Do_02_vacuum; WaitTime 0.5; MoveL Offs(pbanyun9,0,0,100), speed_ssd, z MoveL Offs(pbanyun8,0,0,100), speed_ssd, z MoveL pbanyun8, speed_ssd, fine, tool2_Vac Set Do_02_vacuum; WaitTime 0.5; 添加指令 编辑 调试 修改位置 显示声明	在 R_conveyor2 例行程序中，需要将 R_conveyor 例行程序中的“pbanyun8”改为“pbanyun9”；将“pbanyun7”改为“pbanyun8”
24	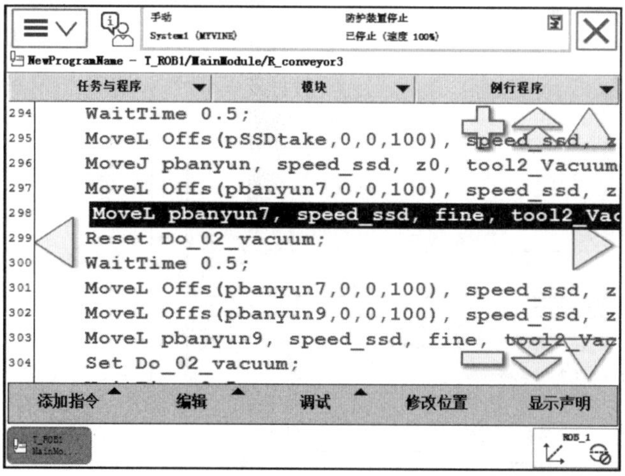 手动 System1 (MYVINE) 防护装置停止 已停止（速度 100%） NewProgramName - T_ROB1/MainModule/R_conveyor3 任务与程序 模块 例行程序 WaitTime 0.5; MoveL Offs(pSSDtake,0,0,100), speed_ssd, z MoveJ pbanyun, speed_ssd, z0, tool2_Vacuum MoveL Offs(pbanyun7,0,0,100), speed_ssd, z MoveL pbanyun7, speed_ssd, fine, tool2_Vac Reset Do_02_vacuum; WaitTime 0.5; MoveL Offs(pbanyun7,0,0,100), speed_ssd, z MoveL Offs(pbanyun9,0,0,100), speed_ssd, z MoveL pbanyun9, speed_ssd, fine, tool2_Vac Set Do_02_vacuum; 添加指令 编辑 调试 修改位置 显示声明	在 R_conveyor3 例行程序中，需要将 R_conveyor2 例行程序中的“pbanyun9”改为“pbanyun7”；将“pbanyun8”改为“pbanyun9”

11.2.3 综合调试

※ 输送带项目综合调试

1. main 主程序调试

main 主程序调试的操作步骤见表 11.6。

表 11.6　main 主程序调试的操作步骤

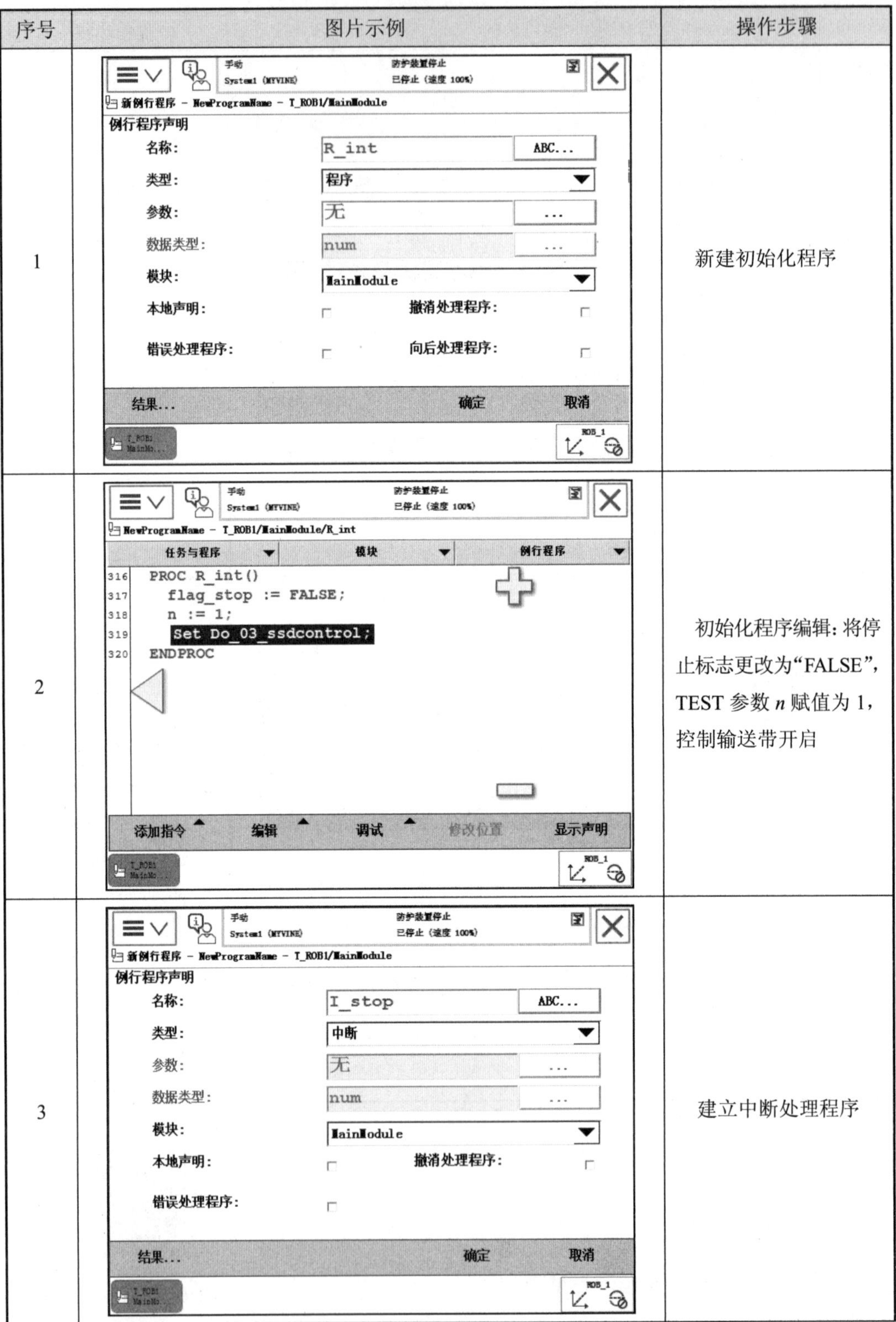

序号	图片示例	操作步骤
1		新建初始化程序
2		初始化程序编辑：将停止标志更改为“FALSE”，TEST 参数 *n* 赋值为 1，控制输送带开启
3		建立中断处理程序

续表 11.6

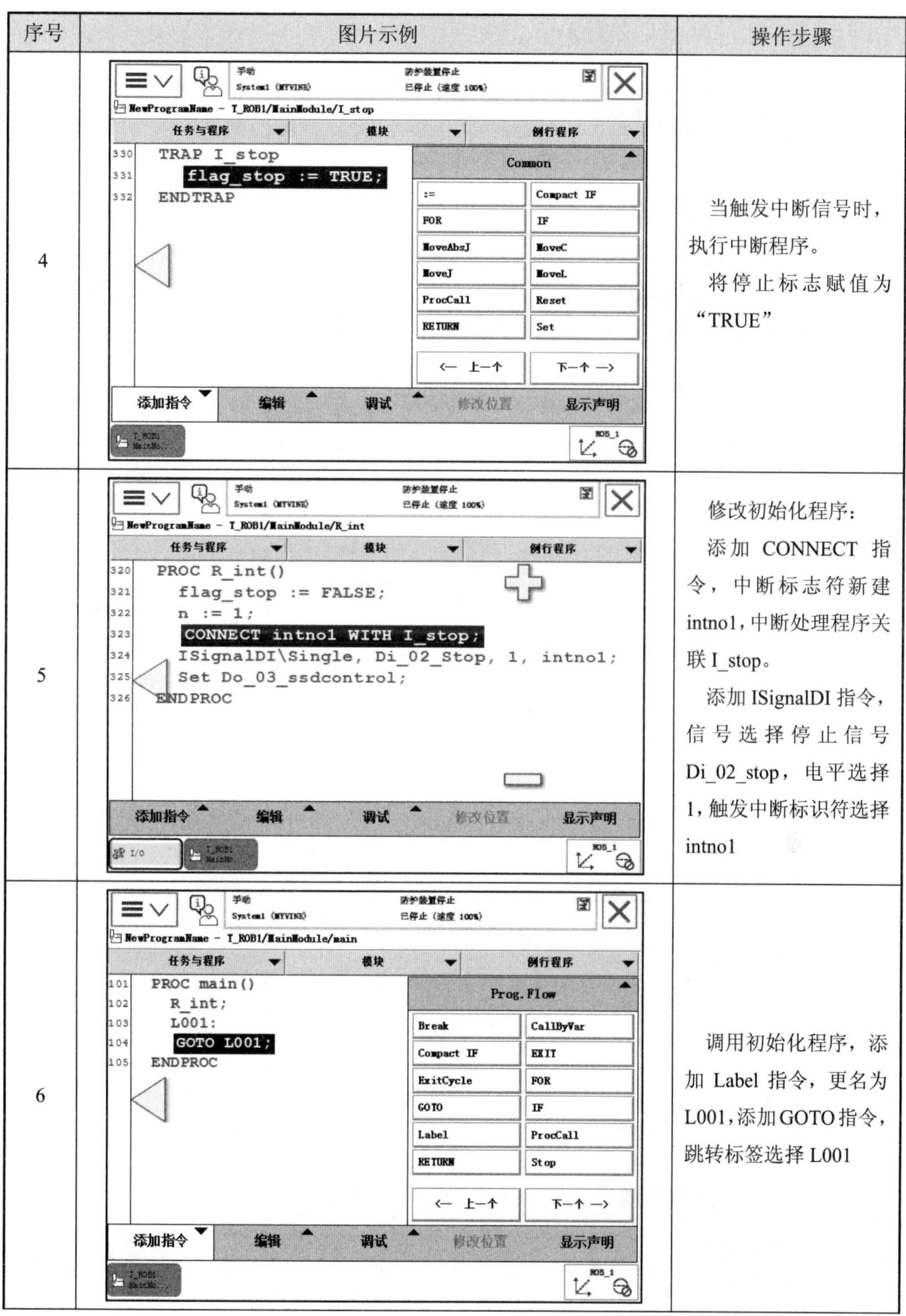

序号	图片示例	操作步骤
4		当触发中断信号时，执行中断程序。 将停止标志赋值为“TRUE”
5		修改初始化程序： 添加 CONNECT 指令，中断标志符新建 intno1，中断处理程序关联 I_stop。 添加 ISignalDI 指令，信号选择停止信号 Di_02_stop，电平选择 1，触发中断标识符选择 intno1
6		调用初始化程序，添加 Label 指令，更名为 L001，添加 GOTO 指令，跳转标签选择 L001

续表 11.6

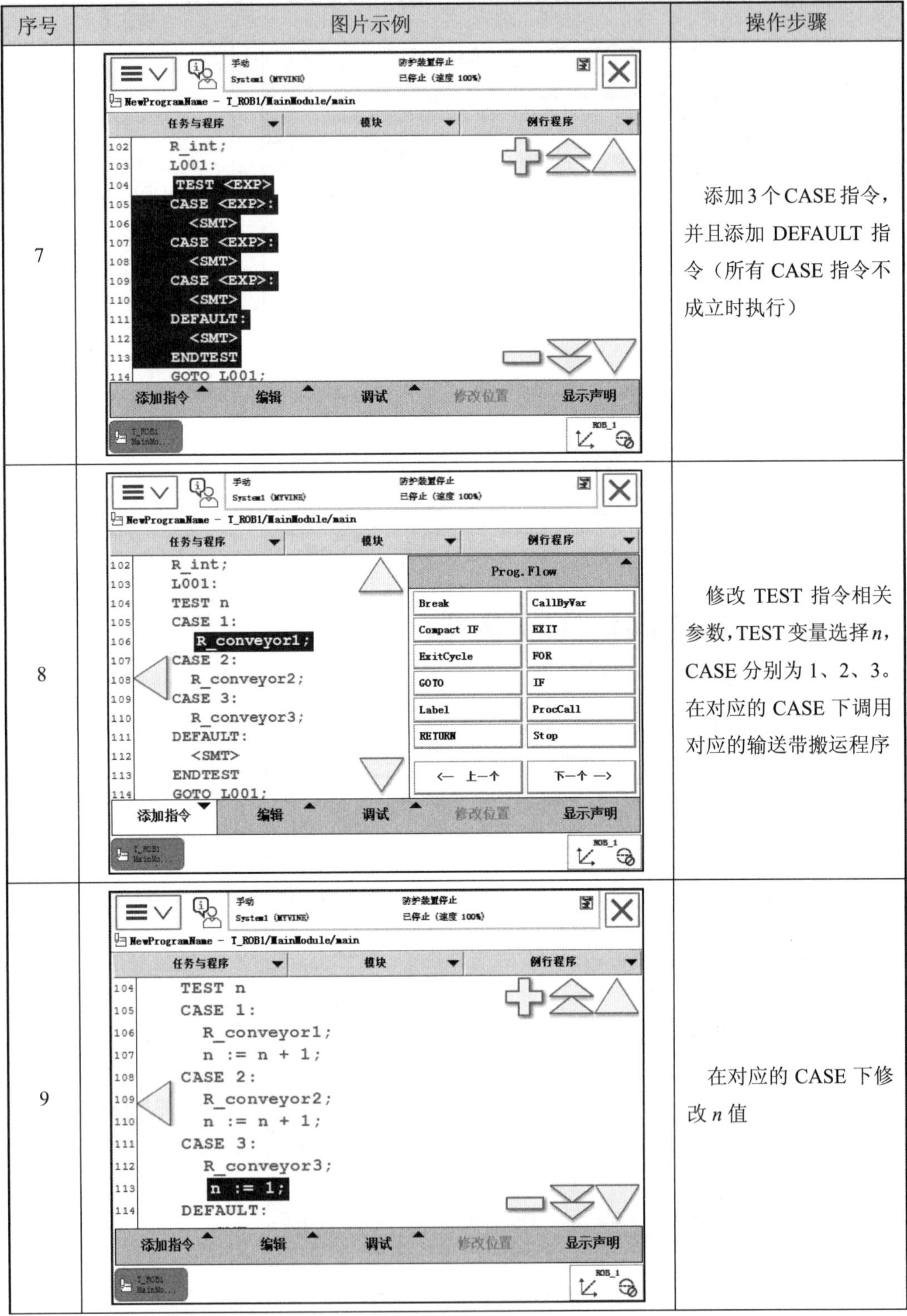

序号	图片示例	操作步骤
7		添加 3 个 CASE 指令，并且添加 DEFAULT 指令（所有 CASE 指令不成立时执行）
8		修改 TEST 指令相关参数，TEST 变量选择 *n*，CASE 分别为 1、2、3。在对应的 CASE 下调用对应的输送带搬运程序
9		在对应的 CASE 下修改 *n* 值

续表 11.6

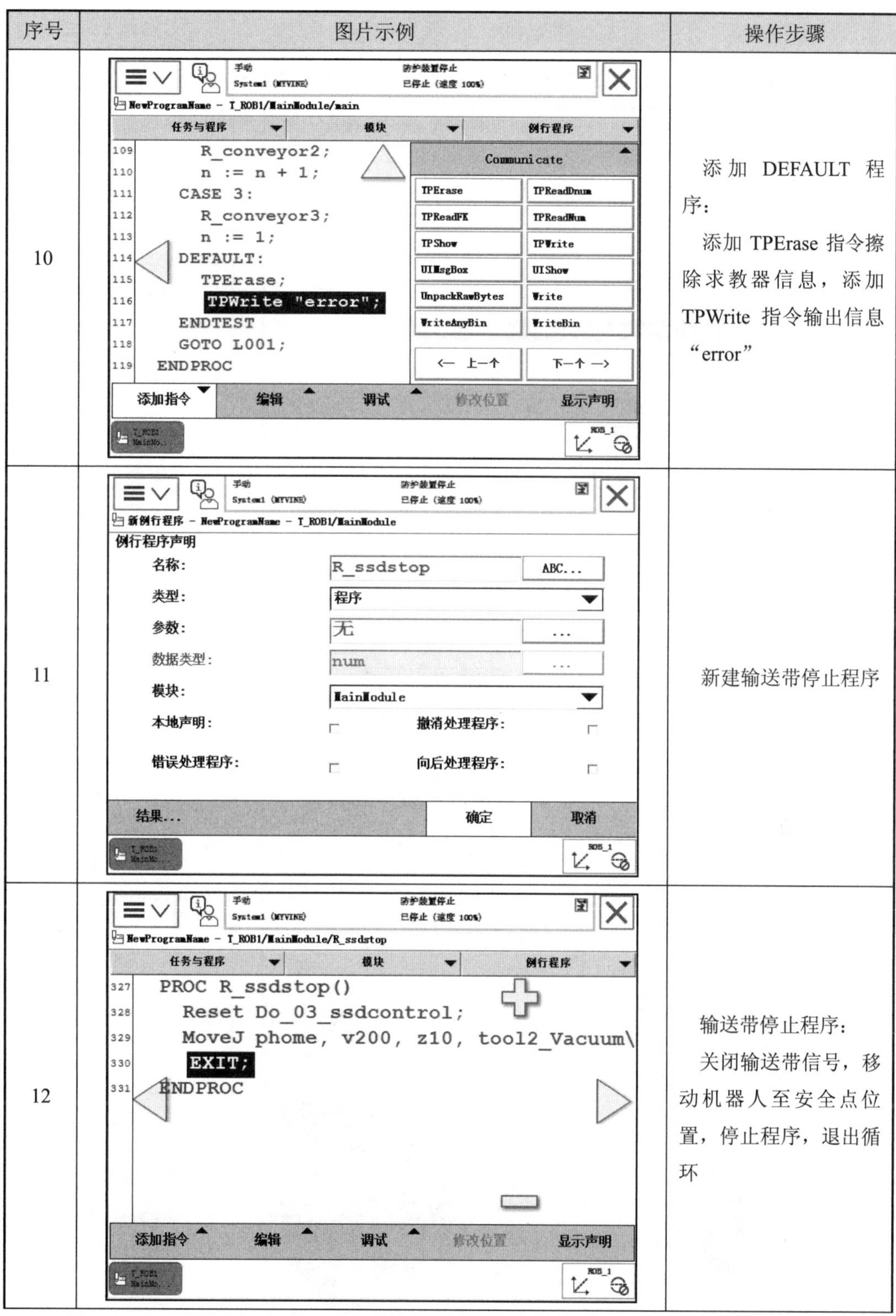

序号	图片示例	操作步骤
10		添加 DEFAULT 程序： 添加 TPErase 指令擦除示教器信息，添加 TPWrite 指令输出信息"error"
11		新建输送带停止程序
12		输送带停止程序： 关闭输送带信号，移动机器人至安全点位置，停止程序，退出循环

续表 11.6

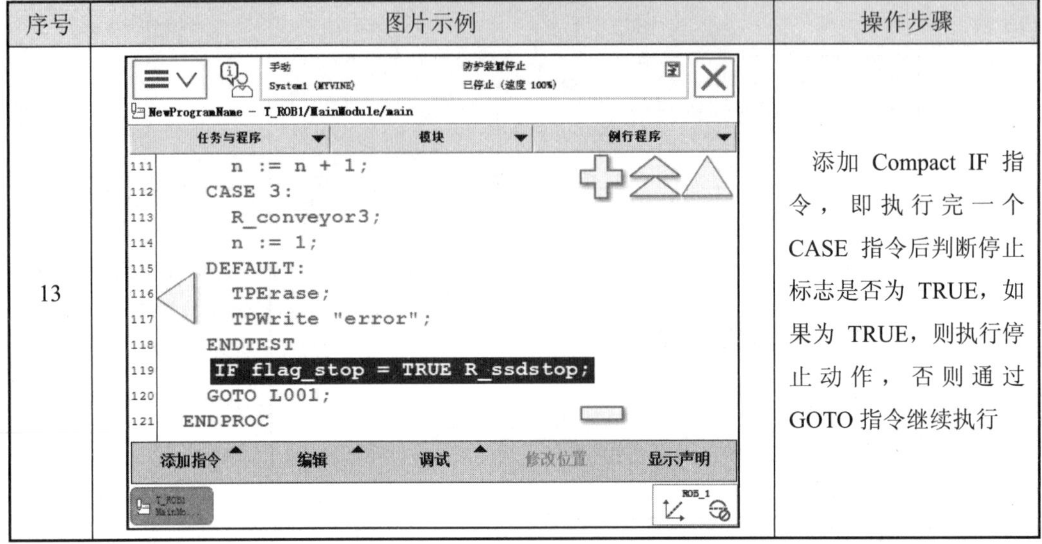

序号	图片示例	操作步骤
13		添加 Compact IF 指令，即执行完一个 CASE 指令后判断停止标志是否为 TRUE，如果为 TRUE，则执行停止动作，否则通过 GOTO 指令继续执行

2. 手动调试

手动调试的操作步骤见表 11.7。

表 11.7 手动调试的操作步骤

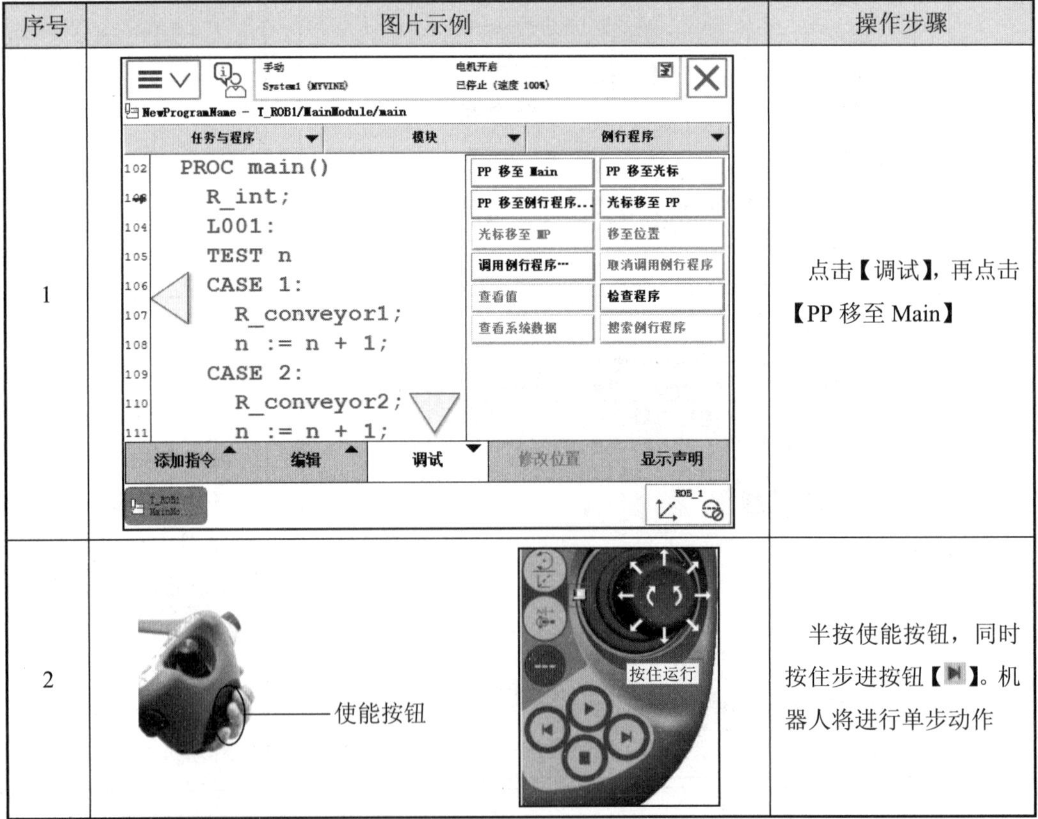

序号	图片示例	操作步骤
1		点击【调试】，再点击【PP 移至 Main】
2		半按使能按钮，同时按住步进按钮【▶】。机器人将进行单步动作

3. 自动运行

自动运行的操作步骤见表 11.8。

表 11.8 自动运行的操作步骤

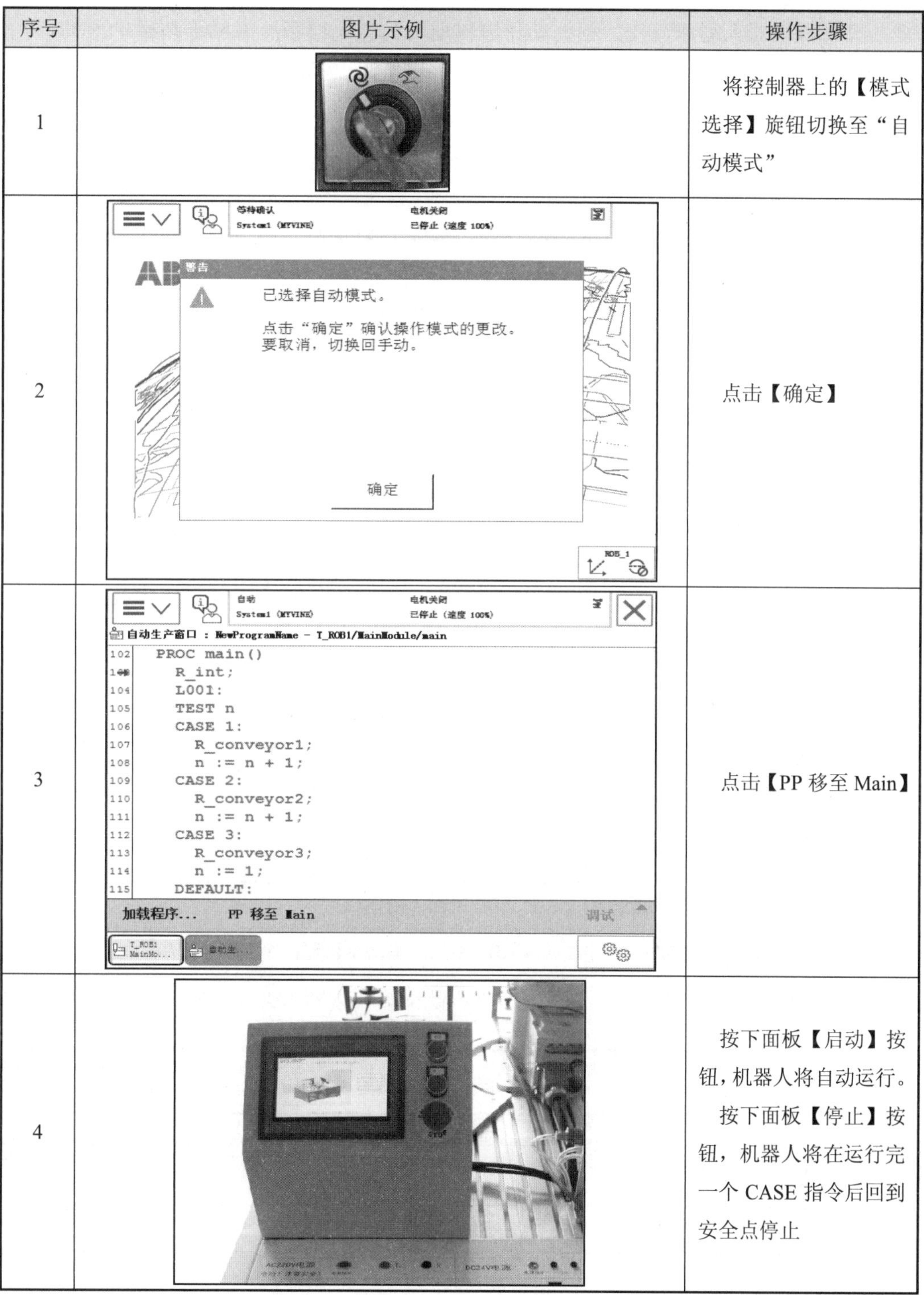

序号	图片示例	操作步骤
1		将控制器上的【模式选择】旋钮切换至“自动模式”
2		点击【确定】
3		点击【PP 移至 Main】
4		按下面板【启动】按钮，机器人将自动运行。 按下面板【停止】按钮，机器人将在运行完一个 CASE 指令后回到安全点停止

项目实施

项目要求：本项目主要讲解了用输送带模块和搬运模块模拟工业现场物流自动流水线作业，需掌握机器人动作流程，根据动作流程编辑机器人程序；需熟练掌握 TEST 指令，学会使用中断指令，学会编辑主程序逻辑。请结合表 11.9 所示物流自动流水线项目报告书完成项目要求。

表 11.9　物流自动流水线项目报告书

<table>
<tr><td>题目名称</td><td colspan="2"></td></tr>
<tr><td>学习主题</td><td colspan="2">物流自动流水线项目</td></tr>
<tr><td>重点/难点</td><td colspan="2">工业机器人程序指令的使用</td></tr>
<tr><td rowspan="2">训练目标</td><td>主要知识能力指标</td><td>（1）熟练掌握物流自动流水线项目需要用到的模块 I/O 配置。
（2）熟练掌握物流自动流水线项目需要用的指令。
（3）熟练掌握物流自动流水线项目程序的编辑与调试</td></tr>
<tr><td>相关能力指标</td><td>（1）能够正确制订学习计划，养成独立学习的习惯。
（2）能够阅读工业机器人相关技术手册与说明书。
（3）培养良好的职业素养及团队协作精神</td></tr>
<tr><td>参考资料/学习资源</td><td colspan="2">图书馆内相关书籍、工业机器人相关网站等</td></tr>
<tr><td>学生准备</td><td colspan="2">熟悉工业机器人系统，准备教材、笔、笔记本、练习纸等</td></tr>
<tr><td>教师准备</td><td colspan="2">熟悉教学标准、机器人实训设备说明，演示实验，讲授内容，设计教学过程、记分册</td></tr>
<tr><td rowspan="9">学习步骤</td><td>明确任务</td><td>教师提出任务</td></tr>
<tr><td rowspan="6">分析过程（学生借助参考资料、教材和教师的引导，自己制订学习计划，并拟定检查、评价标准）</td><td>掌握 ABB 机器人的 I/O 配置</td></tr>
<tr><td>掌握 ABB 机器人的指令</td></tr>
<tr><td>掌握 ABB 机器人输送带轨迹程序编辑流程</td></tr>
<tr><td>掌握 ABB 机器人物流自动流水线项目的程序编辑</td></tr>
<tr><td>掌握 ABB 机器人物流自动流水线项目的程序调试</td></tr>
<tr><td>根据任务要求和实际操作结果完成总结报告</td></tr>
<tr><td>检查</td><td>在整个过程中，学生依据拟定的评价标准检查自己是否符合要求地完成了任务</td></tr>
<tr><td>评价</td><td>由学习小组、教师评价学生的工作情况并给出建议</td></tr>
</table>

项目评价

请完成表 11.10 所示项目评价表。

表 11.10　项目评价表

<table>
<tr><td>姓名</td><td></td><td>学号</td><td></td><td>日期</td><td colspan="2"></td></tr>
<tr><td>小组成员</td><td colspan="3"></td><td>教师签字</td><td colspan="2"></td></tr>
<tr><td>类别</td><td>项目</td><td colspan="2">考核内容</td><td>得分</td><td>总分</td><td>评分标准</td></tr>
<tr><td rowspan="2">理论</td><td rowspan="2">知识准备（100 分）</td><td colspan="2">正确描述工业机器人物流自动流水线项目所需的 I/O 配置和指令（30 分）</td><td></td><td rowspan="2"></td><td rowspan="2">根据完成情况打分</td></tr>
<tr><td colspan="2">正确完成工业机器人物流自动流水线项目的程序编辑与调试（70 分）</td><td></td></tr>
<tr><td>评分说明</td><td colspan="6"></td></tr>
<tr><td>备注</td><td colspan="6">（1）项目评价表原则上不能出现涂改现象，若出现则必须在涂改之处签字确认。
（2）每次考核结束后，教师及时记录考核成绩</td></tr>
</table>

课程思政要点

科学精神是工程师的核心素养之一，教师在专业课讲授过程中应当注重对学生科学精神的塑造，培养学生的探索精神、实证精神、批判精神和合作精神，使他们具备科学的世界观和方法论，为未来的科技创新和工程实践奠定坚实的基础。在当今时代，机器人技术已成为科技进步的重要驱动力，而机器人专业课则是培养学生掌握这一关键技术、塑造其科学精神的重要途径。机器人专业课不仅要教授学生技术知识，更要着重培养学生的科学态度与科学精神。

机器人专业课的首要任务是使学生深入理解科学原理，包括物理学、数学、工程学等基础理论，以及它们在机器人设计和运行中的应用。通过对科学原理的深入探究，学生能够建立起坚实的科学基础。

机器人技术的核心是逻辑编程与控制。在机器人专业课中，学生需要通过编程来“指挥”机器人的行动，这一过程训练了学生的逻辑思维能力：学生需要学会如何运用逻辑规则解决问题，如何构建清晰、有效的控制流程，这些都是逻辑思维训练的重要组成部分。

机器人技术是一个充满创新的领域。在专业课讲授过程中，学生被鼓励提出新的设计理念、创造新的机器人模型，甚至开发新的控制算法。这种创新能力的培养不仅体现在技术层面，更体现在学生敢于挑战传统、勇于探索未知的精神上。

机器人专业课非常注重实践。学生需要将理论知识应用于实际操作中，亲手搭建机器人、调试程序、解决问题。这种实践过程不仅能锻炼学生的动手能力，也能让他们更深刻地理解科学原理在实际操作中的应用。

总之，机器人专业课在培养学生科学精神方面具有重要作用。通过深入理解科学原理、训练逻辑思维、培养创新能力、锻炼实践能力、激发探索精神、培养批判性思维、增强团队协作意识以及促进跨学科知识融合，学生不仅能够掌握先进的技术知识，更能被塑造为具有科学精神和创新能力的未来引导者。

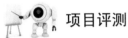

项目评测

1. 在编辑复杂程序时，如何规划程序？
2. 如何使用 TEST 指令？
3. 如何使用 IF 指令？
4. 程序中断的含义是什么？
5. 如何通过中断控制程序？
6. 初始化程序的编辑需要考虑哪些内容？
7. 如何将初始化程序隔开？

项目 12　综合能力训练项目

项目描述

在工业实际生产中，机器人动作往往都由一系列的程序实现，这就需要学生具备综合能力。本章将工业机器人技能考核实训台所有的模块动作汇总，模拟工业生产程序，以期达到训练综合能力的目的。

※ 综合项目准备

项目分析

（1）动作流程：判断输送带末端是否有物料，如果有，则将末端物料搬运至搬运模块8号位置，并且将搬运模块7号位置物料搬运至输送带；如果没有，则依次进行基础模块、模拟激光雕刻轨迹模块、模拟激光焊接轨迹模块、搬运模块动作。

（2）基础模块使用激光控制轨迹，不做TCP功能标定动作。

（3）模拟激光雕刻轨迹模块使用激光控制轨迹，进行HRG和EDUBOT轨迹雕刻。

（4）模拟激光焊接轨迹模块使用激光控制轨迹，模拟工件焊接动作。

（5）搬运模块默认初始位置1号、2号、3号、4号、5号工位有物料，动作和搬运模块相同。

（6）输送带模块：由机器人动作的开始控制输送带启动，判断光电开关处物料状态，有物料则将末端物料搬运至搬运模块8号位置，并且将搬运模块7号位置物料搬运至输送带，如此循环，动作和异步输送带模块相同。

模块安装

模块安装的操作步骤见表12.1。

表 12.1　模块安装的操作步骤

序号	图片示例	操作步骤
1		确认基础模块，通过梅花螺丝将基础模块固定在实训台 C 区 7 号和 8 号安装孔位置上
2		确认模拟激光雕刻轨迹模块，通过梅花螺丝将模拟激光雕刻轨迹模块固定在实训台 D 区 7 号和 8 号安装孔位置上
3	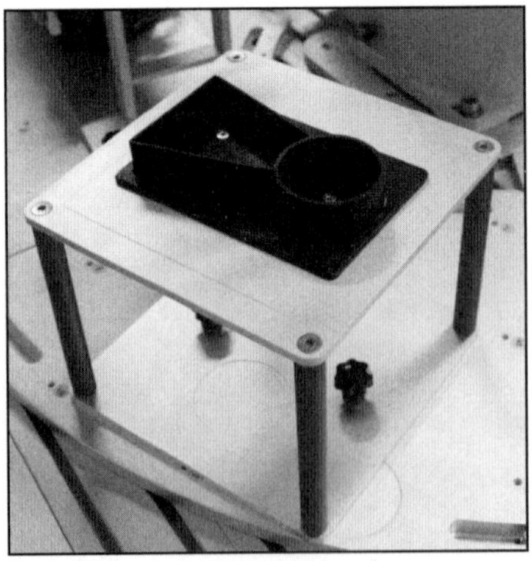	确认模拟激光焊接轨迹模块，通过梅花螺丝将模拟激光焊接轨迹模块固定在实训台 B 区 7 号和 8 号安装孔位置上

续表 12.1

序号	图片示例	操作步骤
4		确认搬运模块，通过梅花螺丝将搬运模块固定在实训台A区7号和8号安装孔位置上
5	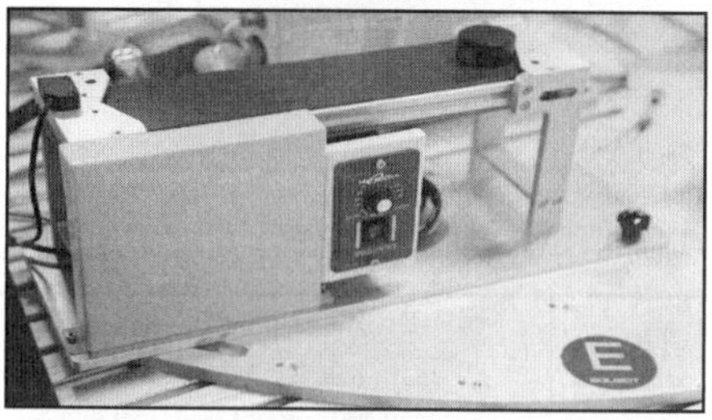	确认输送带模块，通过梅花螺丝将输送带模块固定在实训台E区8号和9号安装孔位置上
6	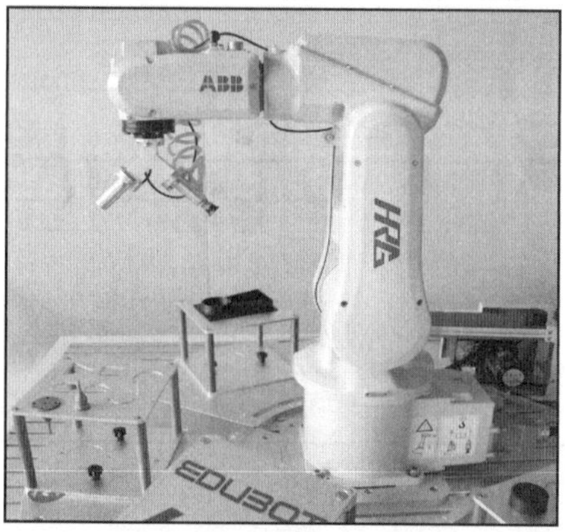	确认模块所用工具
7	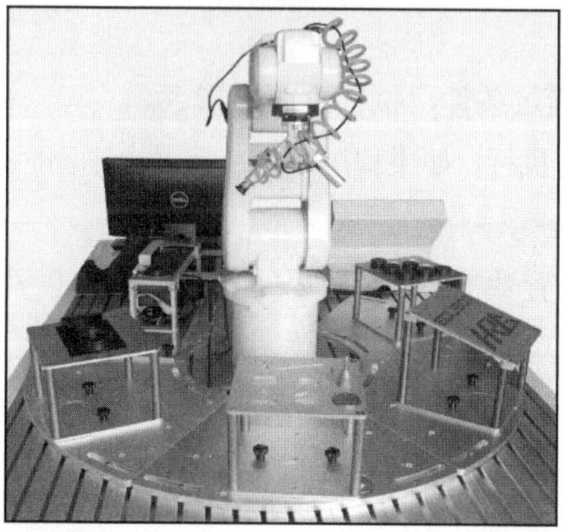	将各个模块固定在实训台相应的位置上

任务 12.1　I/O 配置与指令介绍

任务描述

本任务主要介绍工业机器人综合能力训练项目中常见的 I/O 配置和指令。

知识准备

12.1.1　I/O 配置

综合能力训练项目需要的 I/O 配置见表 12.2。

表 12.2　综合能力训练项目需要的 I/O 配置

序号	名称	信号类型	映射地址	功能
1	Di_01_start	输入信号	0	控制机器人启动
2	Di_02_stop	输入信号	1	控制机器人停止
3	Di_03_ssdjc	输入信号	2	输送带末端物料检测
4	Do_01_Laser	输出信号	0	控制激光器的开启和关闭
5	Do_02_vacuum	输出信号	1	控制吸盘的开启和关闭
6	Do_03_ssdcontrol	输出信号	2	控制输送带的启动和停止
7	Do_04_alarm	输出信号	3	机器人警报输出信号，关联系统急停信号

12.1.2　指令介绍

（1）IF 指令：条件指令，根据是否满足条件，执行不同的指令。

（2）RETURN 指令：用于完成程序的执行。如果程序是一个函数，则同时返回函数值。

（3）Incr 指令：用于使数值变量加 1。

（4）CRobT 指令：读取当前机器人位置数据。该函数返回 robtarget 值以及位置（x，y，z）、方位（q_1，…，q_4）、机械臂轴配置和外轴位置，其操作步骤见表 12.3。

表 12.3 读取当前机器人位置数据的操作步骤

序号	图片示例	操作步骤
1	手动 System1 (MYVINE) 防护装置停止 已停止（速度 100%） 插入表达式 活动: robtarget 结果: robtarget 活动过滤器: 提示: any type pCurrent := <EXP> ; 数据 功能 CalcRobT() CRobT() MirPos() Offs() ORobT() RelTool() 编辑 更改数据类型… 确定 取消	通过:=指令添加位置数据。pCurrent 为目标点变量。在【功能】里添加 CRobT( )函数
2	手动 System1 (MYVINE) 防护装置停止 已停止（速度 100%） NewProgramName - T_ROB1/MainModule/R_checkhome 任务与程序 模块 例行程序 PROC R_checkhome() pCurrent:=CRobT(); ENDPROC 添加指令 编辑 调试 修改位置 显示声明	将当前位置赋值给 pCurrent

任务 12.2 程序编辑与调试

任务描述

本任务主要介绍工业机器人综合能力训练项目的程序编辑与调试。

知识准备

12.2.1　程序编辑规划

※ 综合项目程序编辑

（1）机器人首次启动时，判断机器人当前点位置。

（2）机器人首次启动初始化程序，对相关信号及变量进行复位，对最大速度及加速情况进行控制。

（3）主程序通过 WHILE TRUE DO 指令隔开初始化程序。

（4）主程序通过 IF 指令判断输送带末端物料状态，进行相应动作。IF 条件满足则执行输送带模块 TEST 指令，否则进行其他 4 个模块动作。程序主逻辑通过 TEST 指令控制。

（5）机器人停止程序规划：机器人做完模块的各个动作后，最终回到安全点停止，再次启动时只需进行相关物料位置复位即可。

（6）主程序通过 WHILE TRUE DO 指令死循环控制，所以停止信号采用中断控制，同时在处理停止程序时需要对机器人相关信号、停止位置进行控制。

（7）紧急情况下会触发急停，需要对急停程序进行配置。

12.2.2　急停程序配置与编辑

1. 急停程序配置

急停程序配置的操作步骤见表 12.4。

表 12.4　急停程序配置的操作步骤

序号	图片示例	操作步骤
1	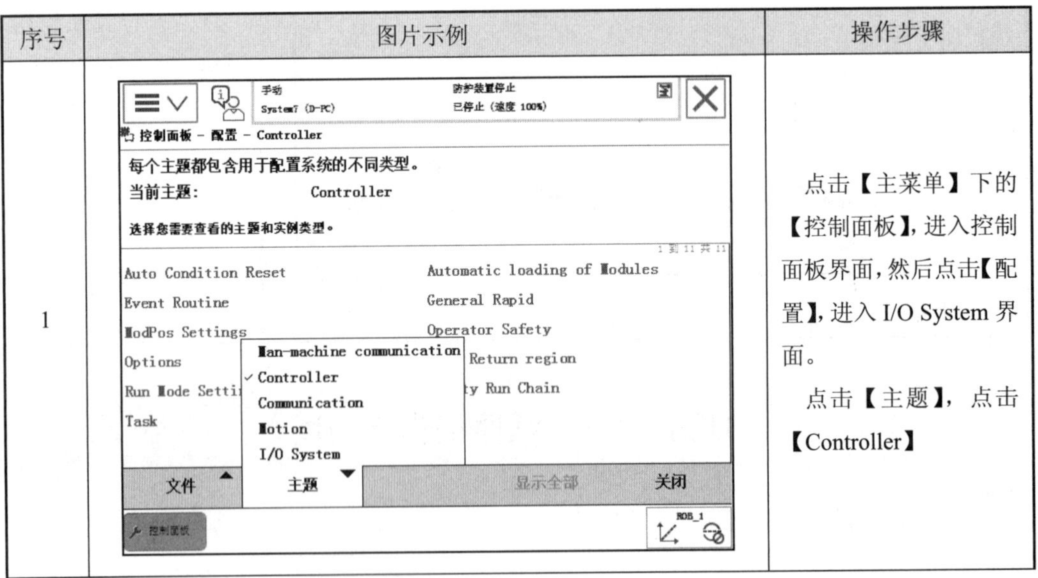	点击【主菜单】下的【控制面板】，进入控制面板界面，然后点击【配置】，进入 I/O System 界面。 点击【主题】，点击【Controller】

续表 12.4

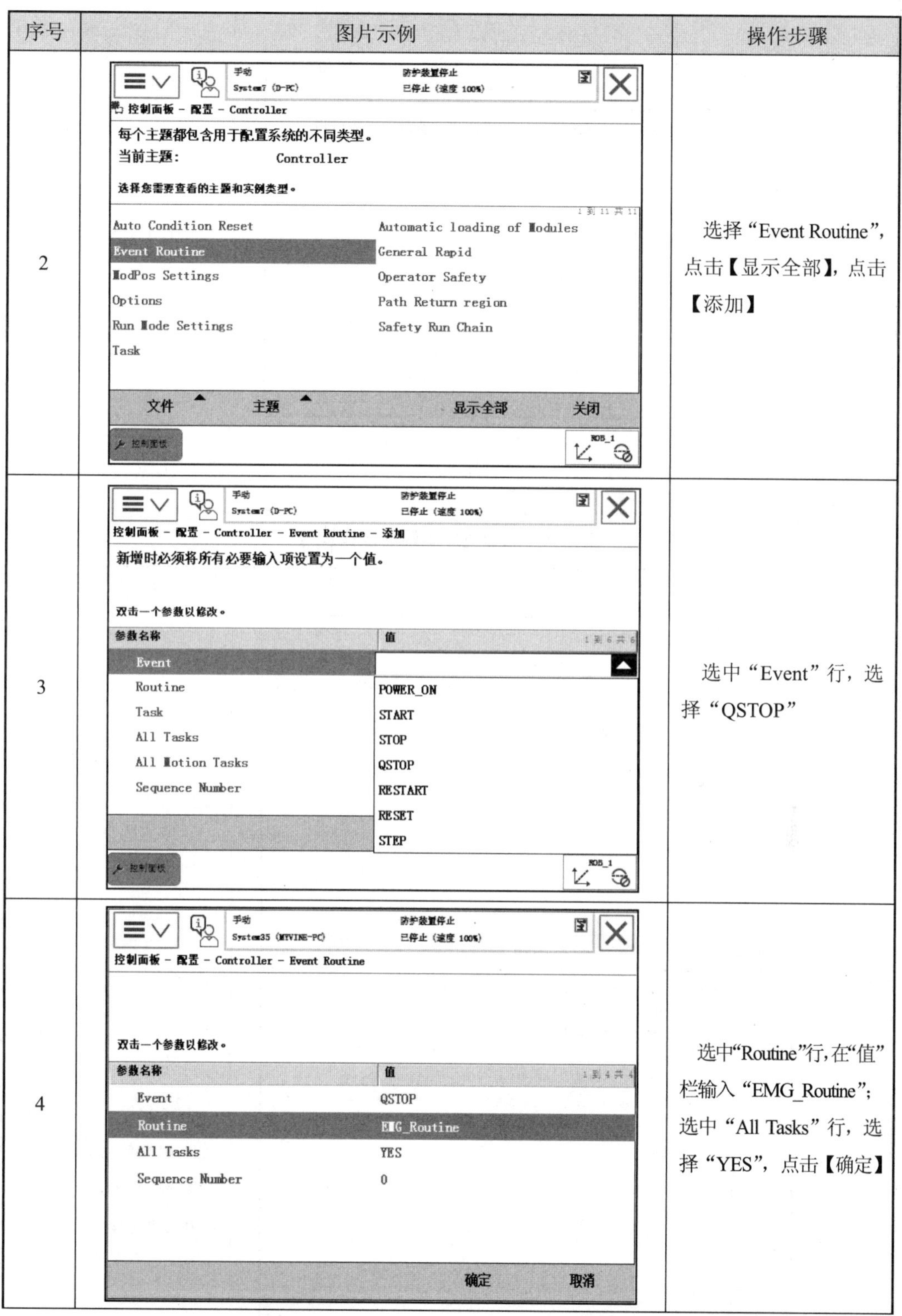

序号	图片示例	操作步骤
2	手动 System7 (D-PC) 防护装置停止 已停止（速度 100%） 控制面板 - 配置 - Controller 每个主题都包含用于配置系统的不同类型。 当前主题: Controller 选择您需要查看的主题和实例类型。 1 到 11 共 11 Auto Condition Reset / Automatic loading of Modules Event Routine / General Rapid ModPos Settings / Operator Safety Options / Path Return region Run Mode Settings / Safety Run Chain Task 文件 主题 显示全部 关闭 控制面板 ROB_1	选择“Event Routine”，点击【显示全部】，点击【添加】
3	手动 System7 (D-PC) 防护装置停止 已停止（速度 100%） 控制面板 - 配置 - Controller - Event Routine - 添加 新增时必须将所有必要输入项设置为一个值。 双击一个参数以修改。 参数名称 值 1 到 6 共 6 Event Routine Task All Tasks All Motion Tasks Sequence Number POWER_ON START STOP QSTOP RESTART RESET STEP 控制面板 ROB_1	选中“Event”行，选择“QSTOP”
4	手动 System35 (MTVINE-PC) 防护装置停止 已停止（速度 100%） 控制面板 - 配置 - Controller - Event Routine 双击一个参数以修改。 参数名称 值 1 到 4 共 4 Event QSTOP Routine EMG_Routine All Tasks YES Sequence Number 0 确定 取消	选中“Routine”行，在“值”栏输入“EMG_Routine”；选中“All Tasks”行，选择“YES”，点击【确定】

续表 12.4

序号	图片示例	操作步骤
5	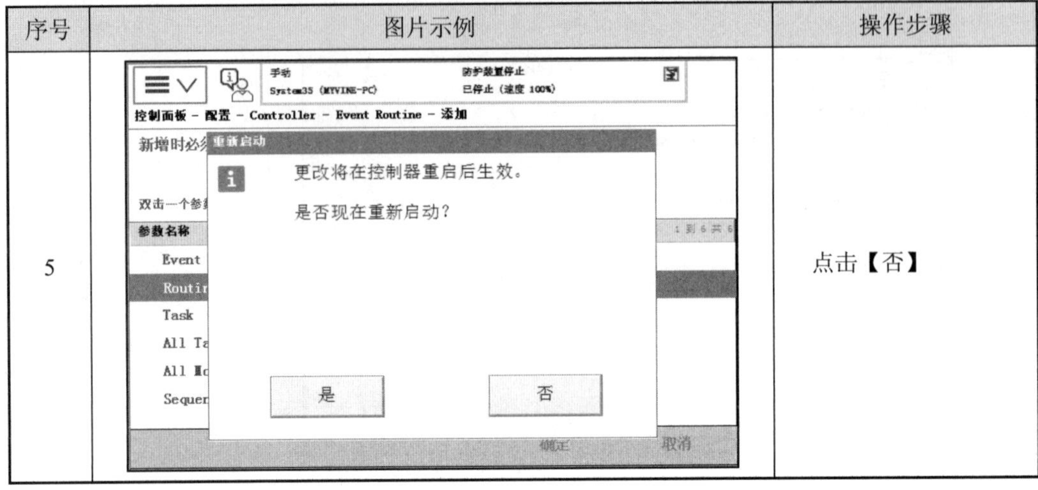	点击【否】

2. 急停程序编辑

急停程序编辑的操作步骤见表 12.5。

表 12.5　急停程序编辑的操作步骤

序号	图片示例	操作步骤
1	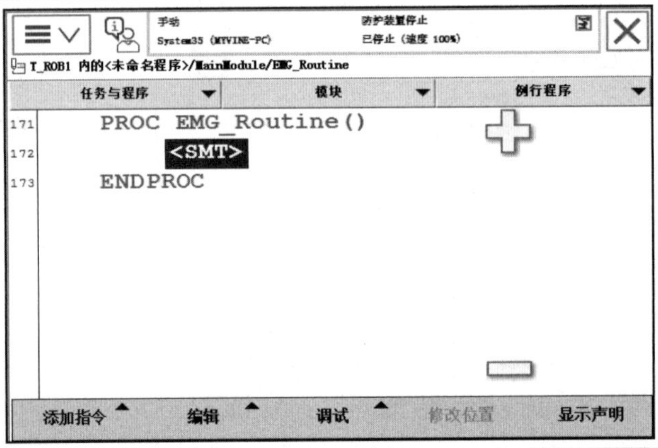	建立 EMG_Routine( ) 例行程序。 点击【例行程序】
2	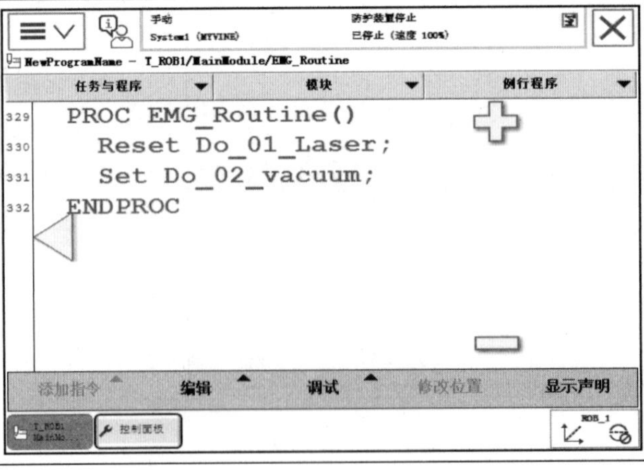	在紧急停止下，需要关闭激光信号，防止继续雕刻；打开吸盘信号，防止工件掉落

续表 12.5

序号	图片示例	操作步骤
3	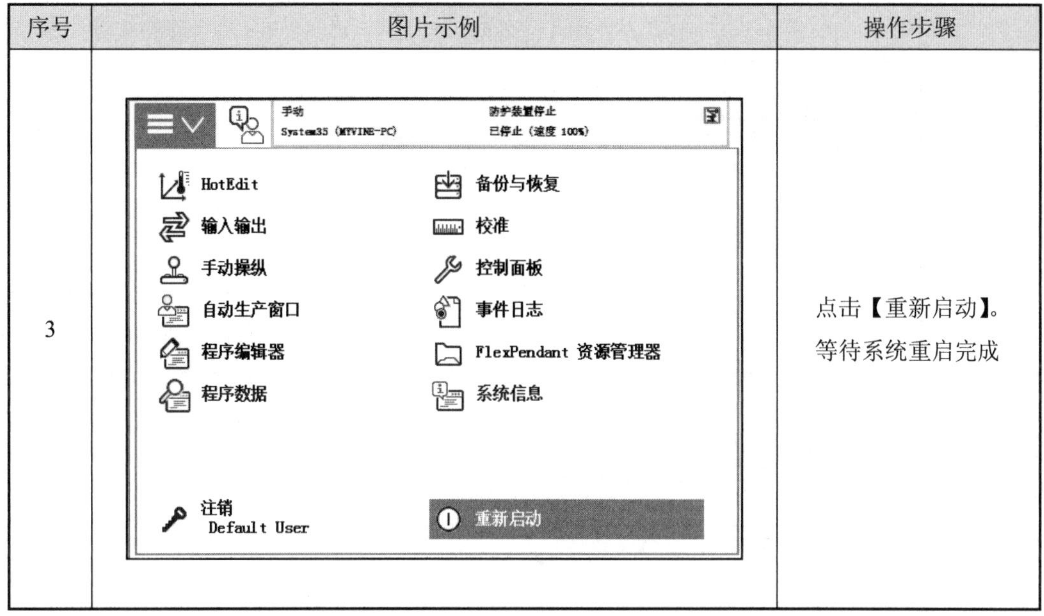	点击【重新启动】。等待系统重启完成

12. 2. 3　模块子程序编辑

模块子程序编辑的操作步骤见表 12.6。

表 12.6　模块子程序编辑的操作步骤

序号	图片示例	操作步骤
1	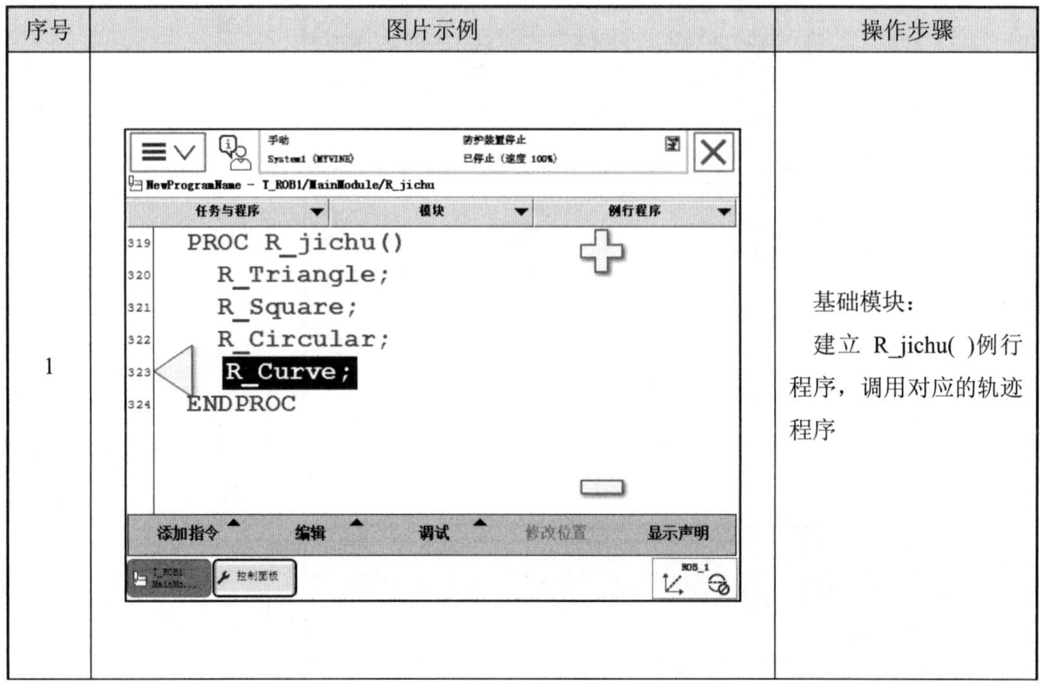	基础模块：建立 R_jichu( )例行程序，调用对应的轨迹程序

续表 12.6

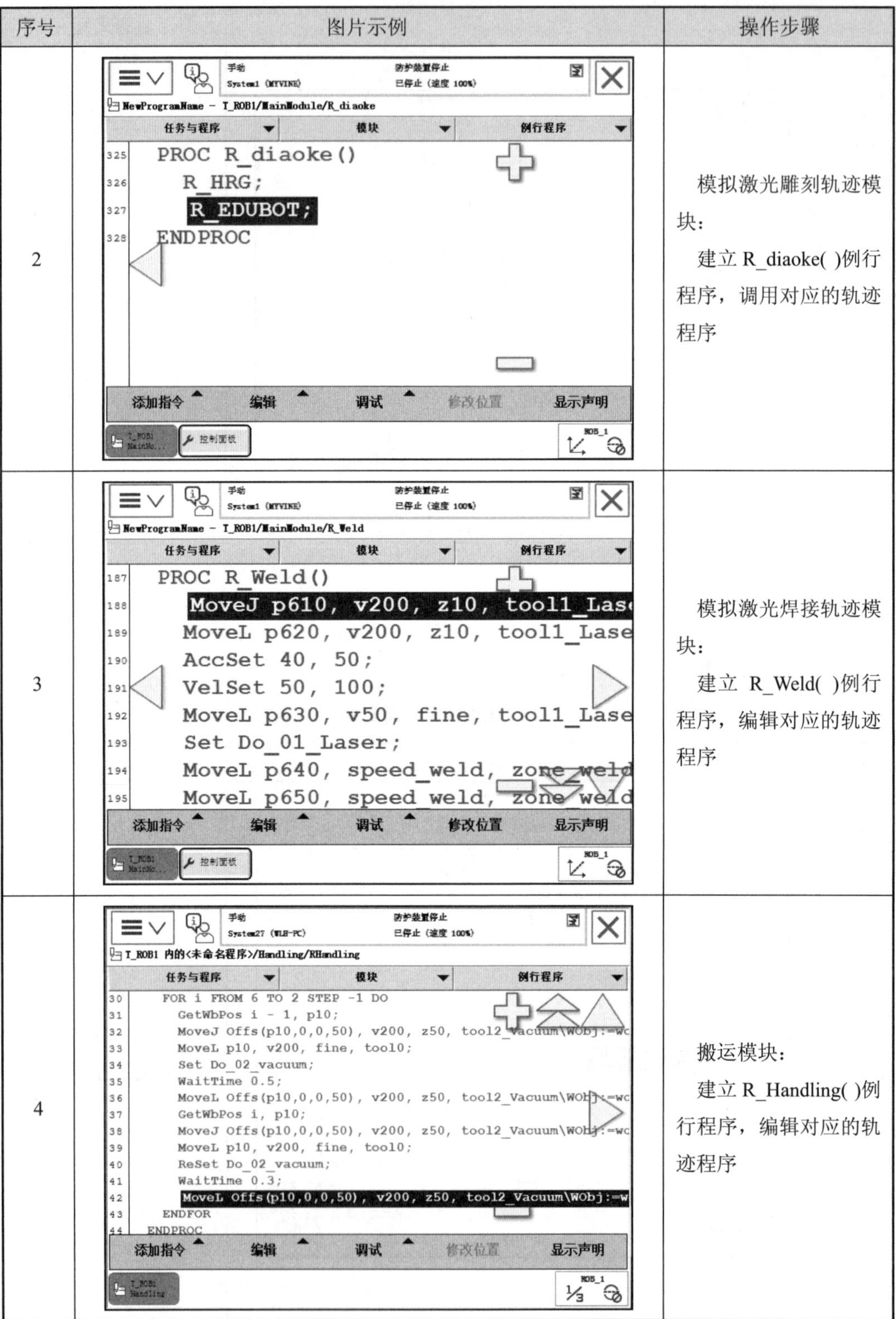

序号	图片示例	操作步骤
2		模拟激光雕刻轨迹模块： 建立 R_diaoke( )例行程序，调用对应的轨迹程序
3		模拟激光焊接轨迹模块： 建立 R_Weld( )例行程序，编辑对应的轨迹程序
4		搬运模块： 建立 R_Handling( )例行程序，编辑对应的轨迹程序

续表 12.6

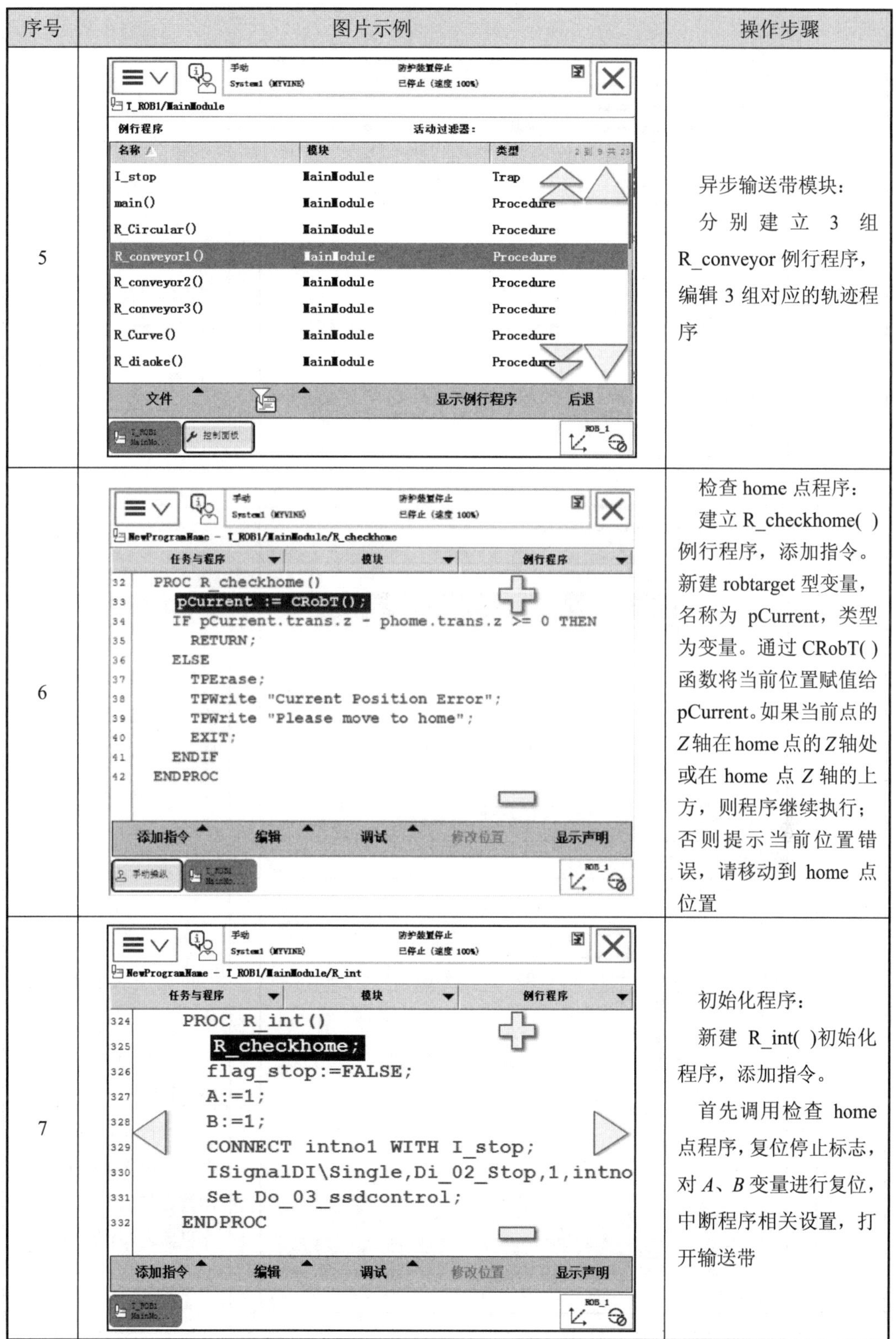

序号	图片示例	操作步骤
5		异步输送带模块： 分别建立 3 组 R_conveyor 例行程序，编辑 3 组对应的轨迹程序
6		检查 home 点程序： 建立 R_checkhome( ) 例行程序，添加指令。新建 robtarget 型变量，名称为 pCurrent，类型为变量。通过 CRobT( ) 函数将当前位置赋值给 pCurrent。如果当前点的 Z 轴在 home 点的 Z 轴处或在 home 点 Z 轴的上方，则程序继续执行；否则提示当前位置错误，请移动到 home 点位置
7		初始化程序： 新建 R_int( )初始化程序，添加指令。 首先调用检查 home 点程序，复位停止标志，对 A、B 变量进行复位，中断程序相关设置，打开输送带

续表 12.6

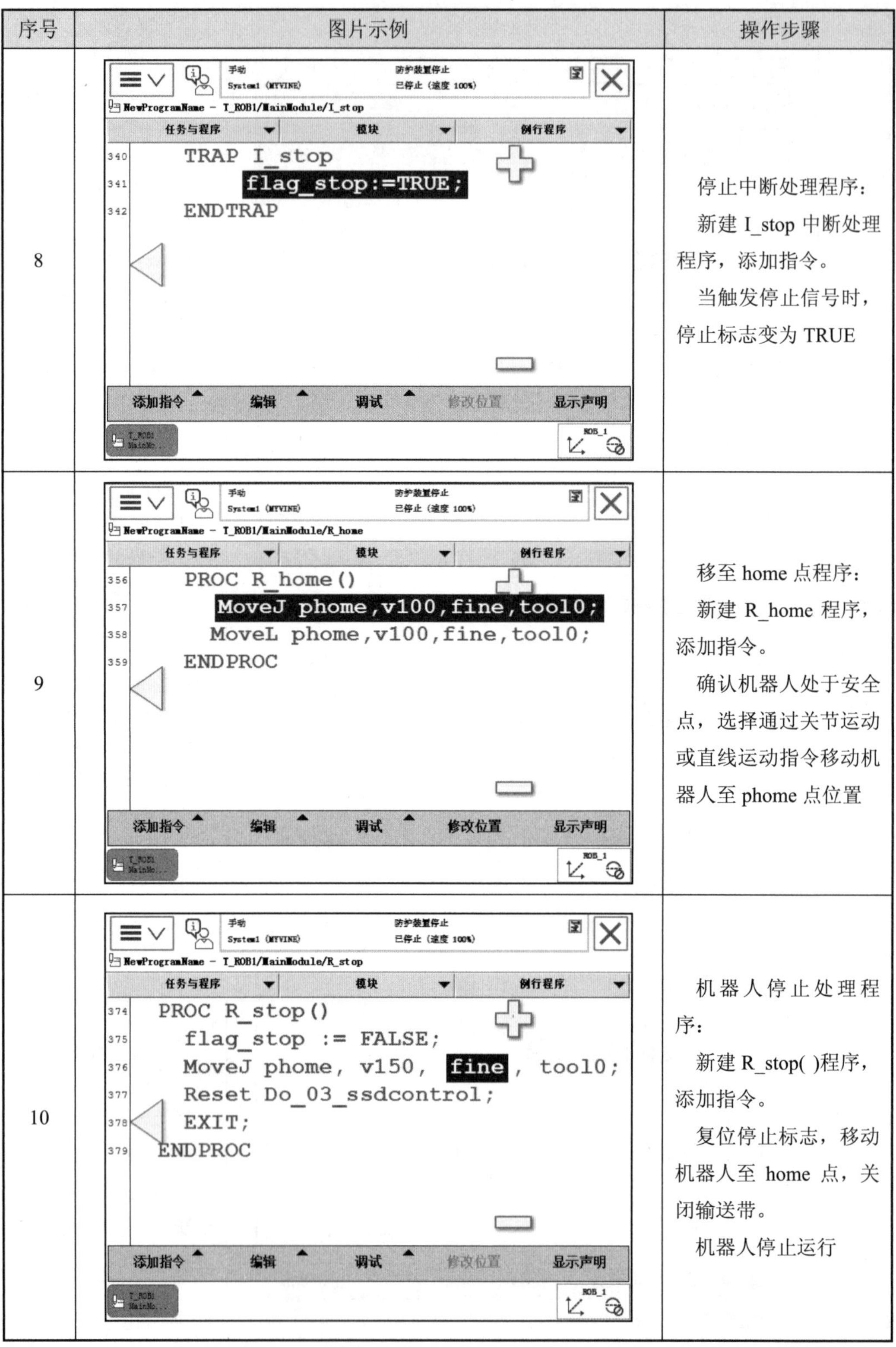

序号	图片示例	操作步骤
8	NewProgramName - T_ROB1/MainModule/I_stop TRAP I_stop flag_stop:=TRUE; ENDTRAP	停止中断处理程序： 新建 I_stop 中断处理程序，添加指令。 当触发停止信号时，停止标志变为 TRUE
9	NewProgramName - T_ROB1/MainModule/R_home PROC R_home() MoveJ phome,v100,fine,tool0; MoveL phome,v100,fine,tool0; ENDPROC	移至 home 点程序： 新建 R_home 程序，添加指令。 确认机器人处于安全点，选择通过关节运动或直线运动指令移动机器人至 phome 点位置
10	NewProgramName - T_ROB1/MainModule/R_stop PROC R_stop() flag_stop := FALSE; MoveJ phome, v150, fine , tool0; Reset Do_03_ssdcontrol; EXIT; ENDPROC	机器人停止处理程序： 新建 R_stop( )程序，添加指令。 复位停止标志，移动机器人至 home 点，关闭输送带。 机器人停止运行

12. 2. 4　综合调试

※ 综合能力调试

1. main 主程序调试

main 主程序调试的操作步骤见表 12.7。

表 12.7　main 主程序调试的操作步骤

序号	图片示例	操作步骤
1	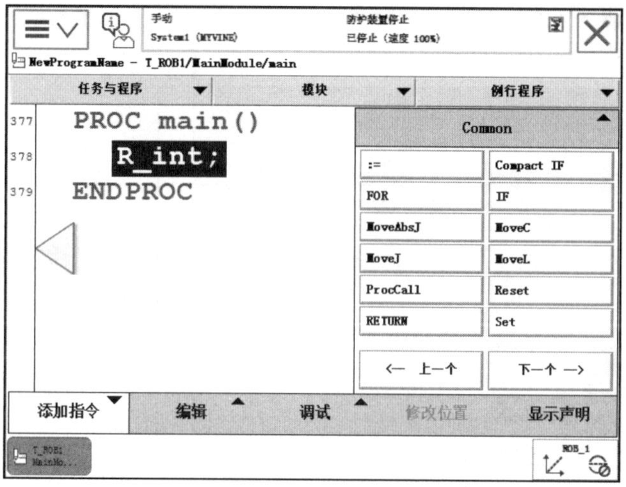	打开 main 主程序。 点击【ProcCall】，调用初始化程序
2	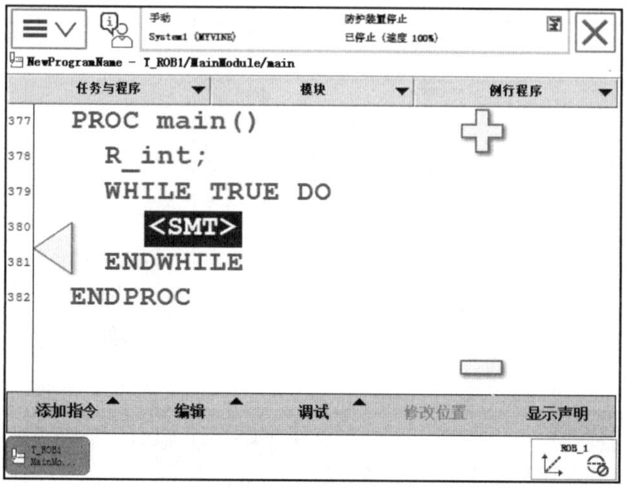	添加 WHILE TRUE DO 指令

续表 12.7

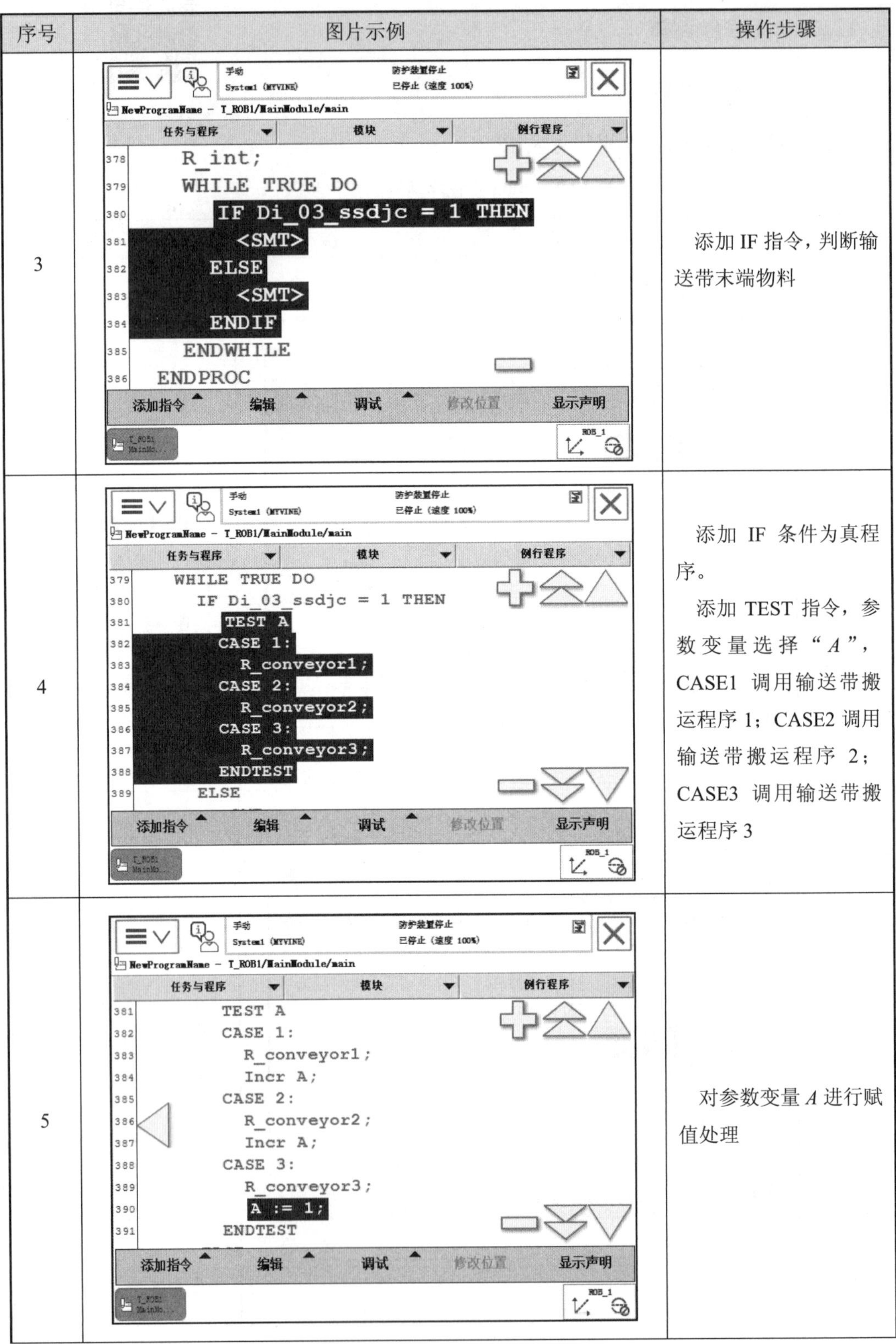

序号	图片示例	操作步骤
3		添加 IF 指令，判断输送带末端物料
4		添加 IF 条件为真程序。 添加 TEST 指令，参数变量选择“*A*”，CASE1 调用输送带搬运程序 1；CASE2 调用输送带搬运程序 2；CASE3 调用输送带搬运程序 3
5		对参数变量 *A* 进行赋值处理

续表 12.7

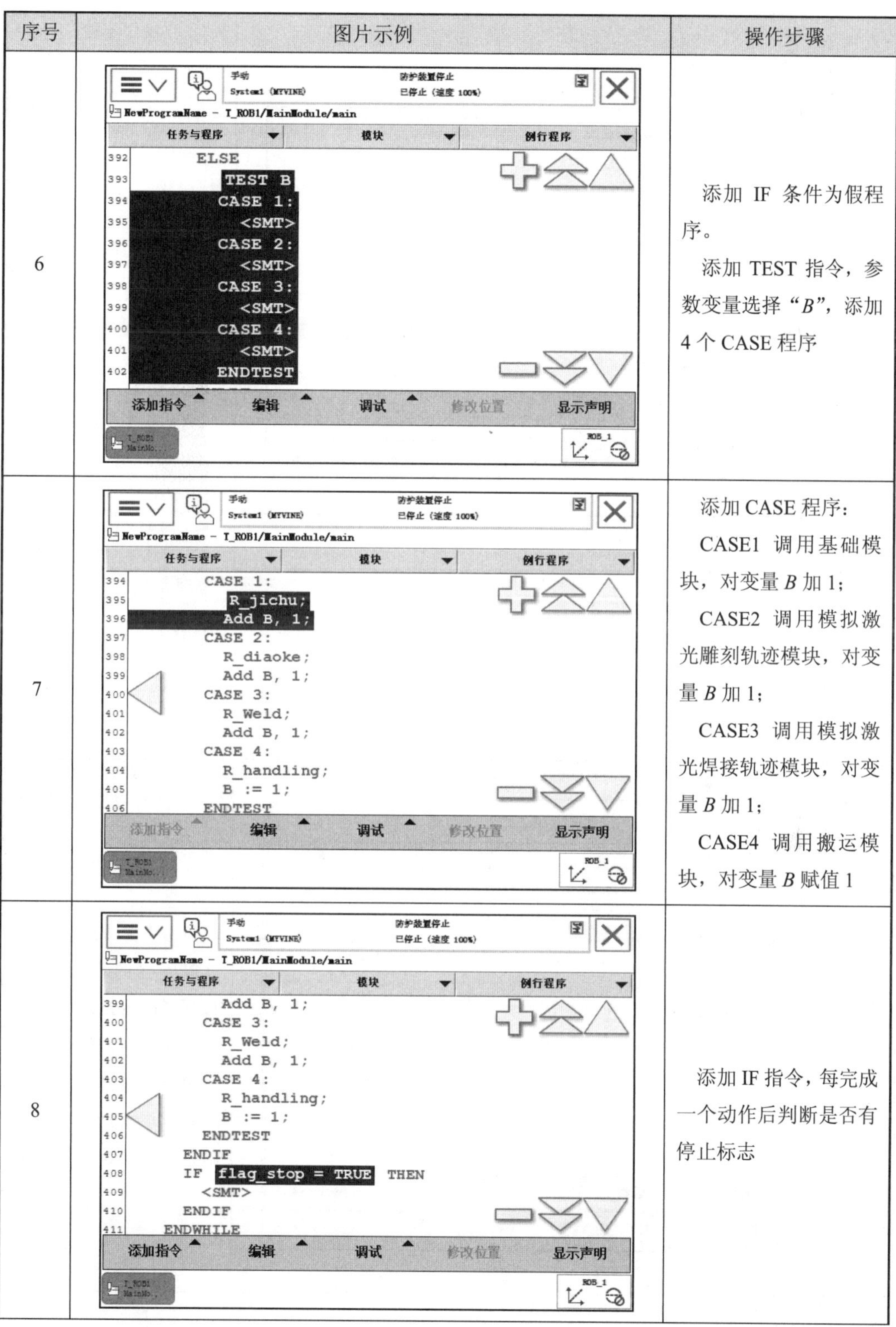

序号	图片示例	操作步骤
6	NewProgramName - T_ROB1/MainModule/main ELSE TEST B CASE 1: <SMT> CASE 2: <SMT> CASE 3: <SMT> CASE 4: <SMT> ENDTEST	添加 IF 条件为假程序。 添加 TEST 指令，参数变量选择“B”，添加 4 个 CASE 程序
7	NewProgramName - T_ROB1/MainModule/main CASE 1: R_jichu; Add B, 1; CASE 2: R_diaoke; Add B, 1; CASE 3: R_Weld; Add B, 1; CASE 4: R_handling; B := 1; ENDTEST	添加 CASE 程序： CASE1 调用基础模块，对变量 B 加 1； CASE2 调用模拟激光雕刻轨迹模块，对变量 B 加 1； CASE3 调用模拟激光焊接轨迹模块，对变量 B 加 1； CASE4 调用搬运模块，对变量 B 赋值 1

8	NewProgramName - T_ROB1/MainModule/main
	Add B, 1;
	CASE 3:
	R_Weld;
	Add B, 1;
	CASE 4:
	R_handling;
	B := 1;
	ENDTEST
	ENDIF
	IF flag_stop = TRUE THEN
	<SMT>
	ENDIF
	ENDWHILE
		添加 IF 指令，每完成一个动作后判断是否有停止标志

续表 12.7

序号	图片示例	操作步骤
9	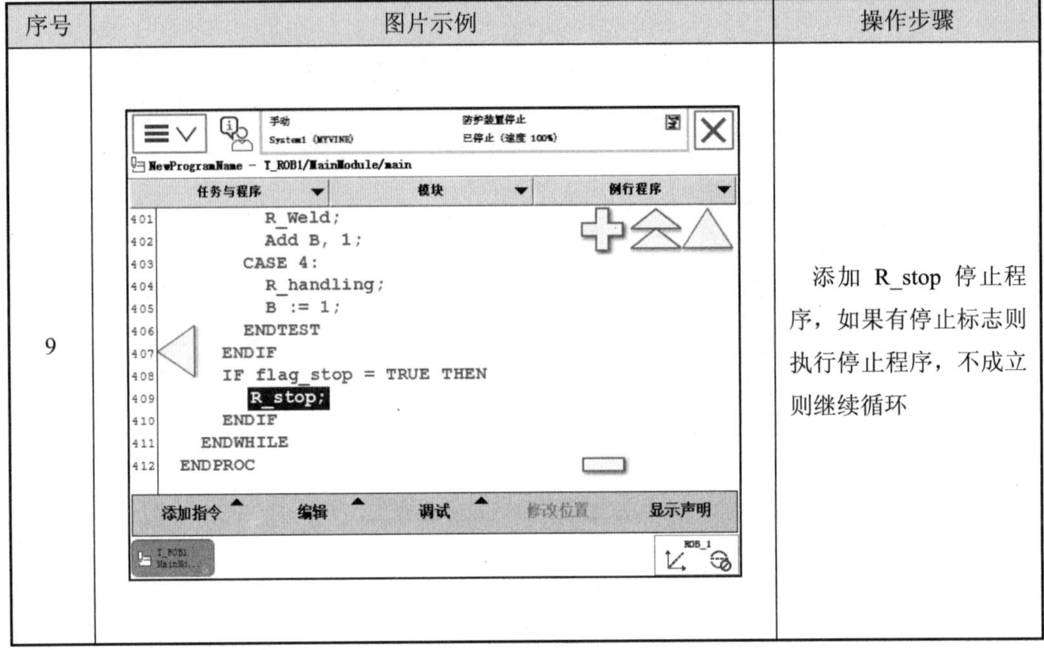	添加 R_stop 停止程序，如果有停止标志则执行停止程序，不成立则继续循环

2. 手动调试

手动调试的操作步骤见表 12.8。

表 12.8　手动调试的操作步骤

序号	图片示例	操作步骤
1	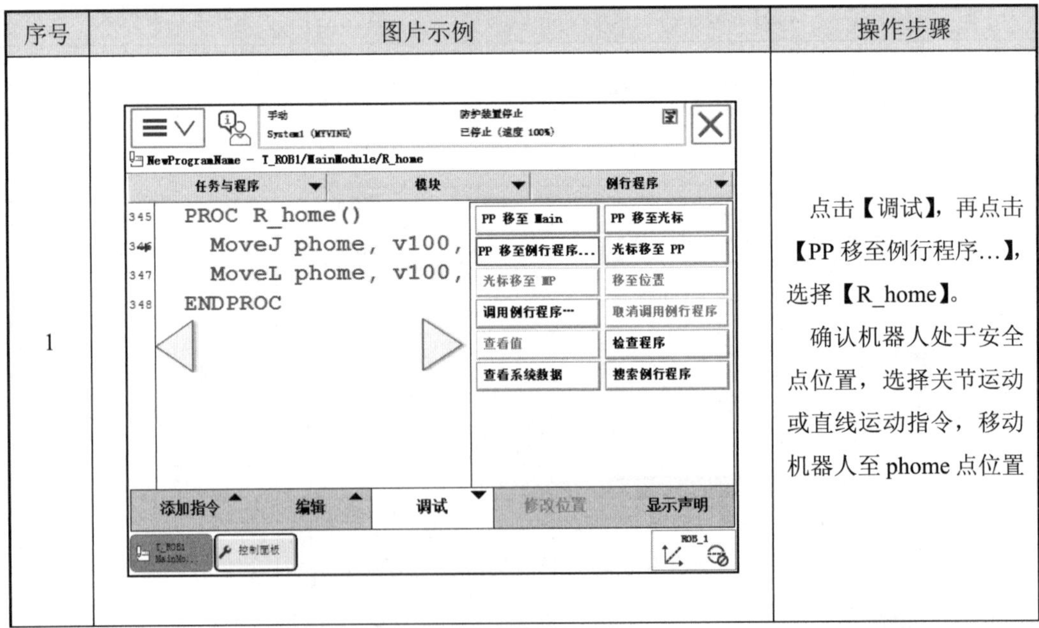	点击【调试】，再点击【PP 移至例行程序…】，选择【R_home】。 确认机器人处于安全点位置，选择关节运动或直线运动指令，移动机器人至 phome 点位置

续表 12.8

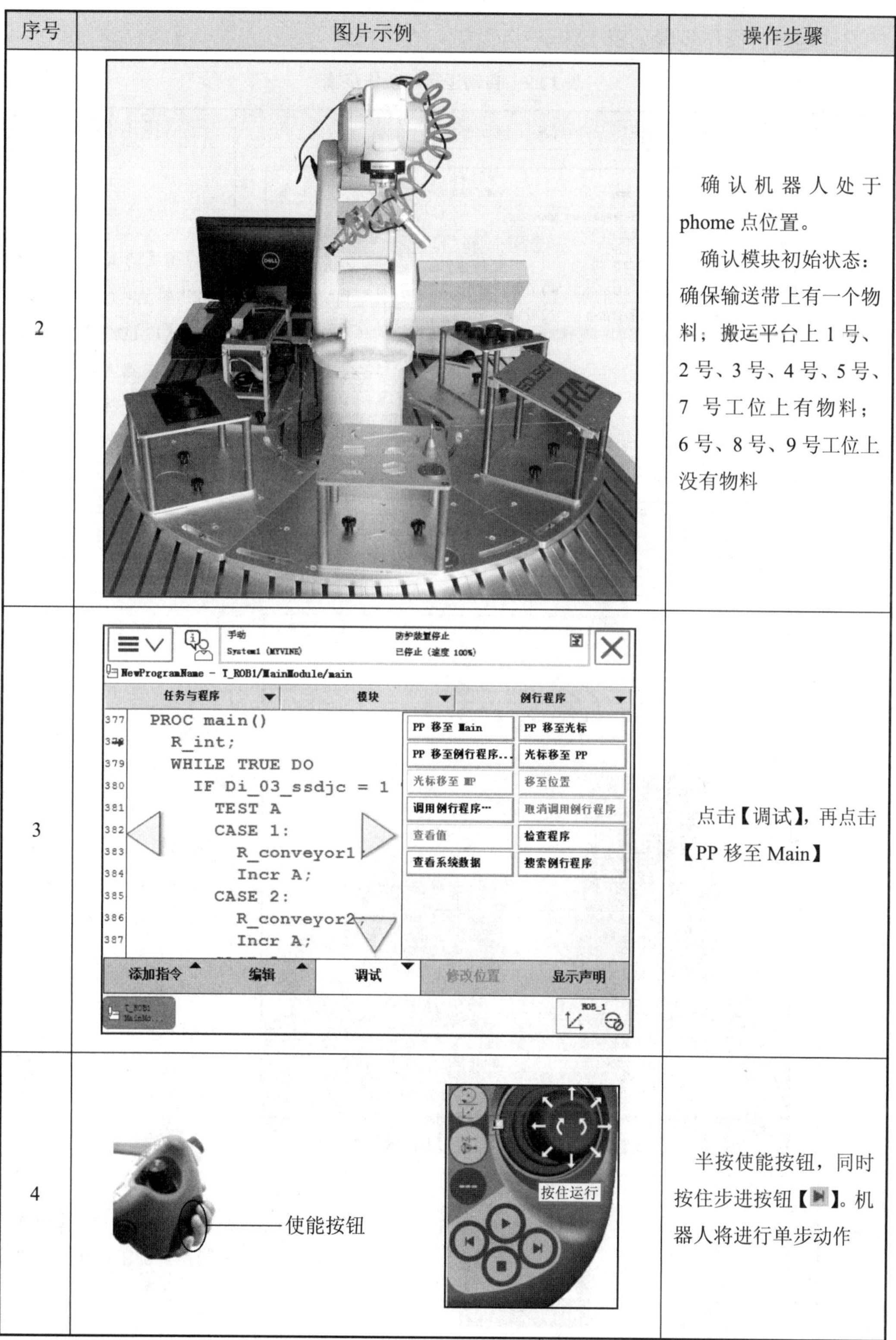

序号	图片示例	操作步骤
2		确认机器人处于phome点位置。 确认模块初始状态：确保输送带上有一个物料；搬运平台上1号、2号、3号、4号、5号、7号工位上有物料；6号、8号、9号工位上没有物料
3		点击【调试】，再点击【PP 移至 Main】
4		半按使能按钮，同时按住步进按钮【▶】。机器人将进行单步动作

3. 自动运行

自动运行的操作步骤见表 12.9。

表 12.9　自动运行的操作步骤

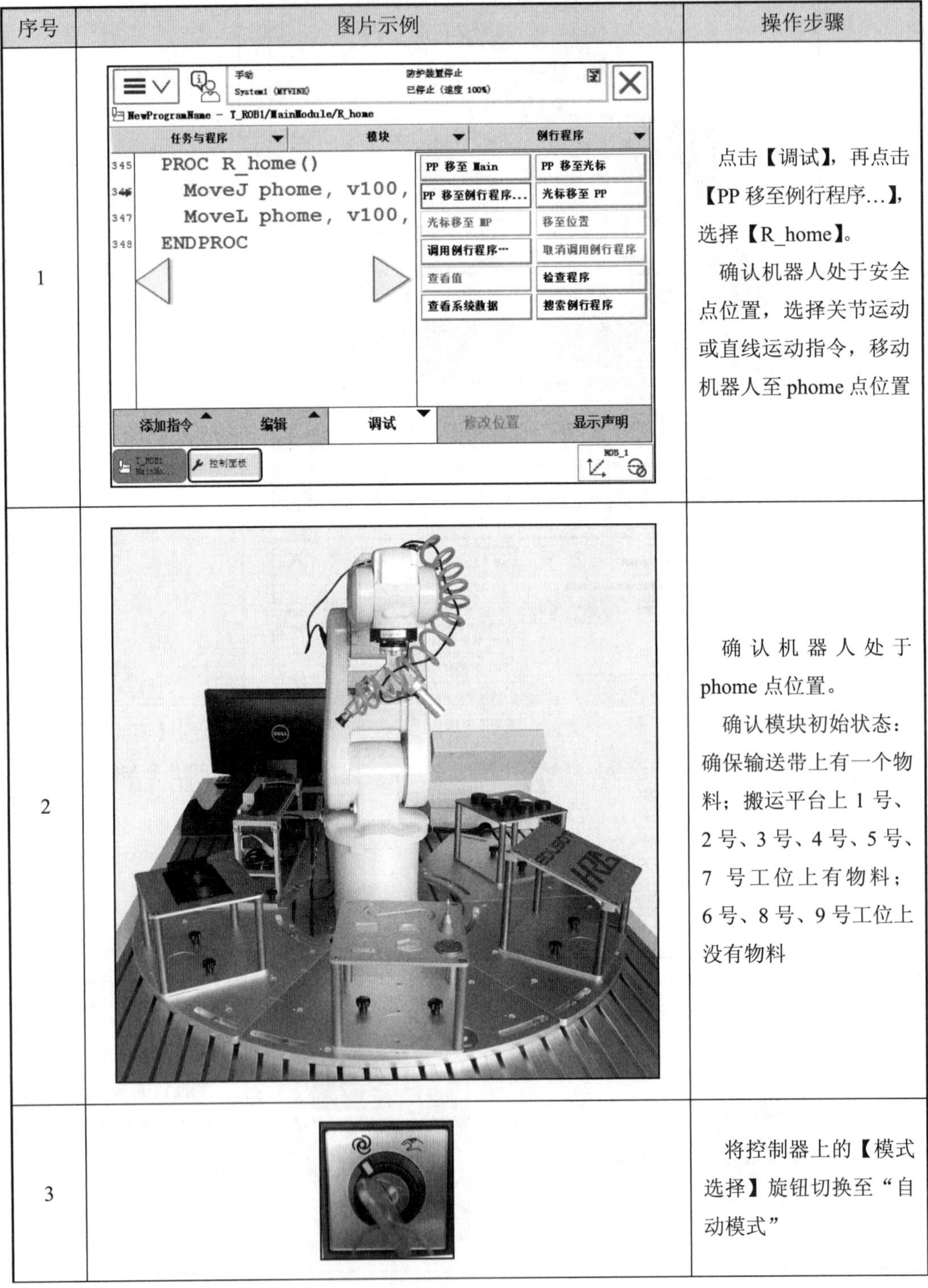

序号	图片示例	操作步骤
1		点击【调试】，再点击【PP 移至例行程序…】，选择【R_home】。 确认机器人处于安全点位置，选择关节运动或直线运动指令，移动机器人至 phome 点位置
2		确认机器人处于 phome 点位置。 确认模块初始状态：确保输送带上有一个物料；搬运平台上 1 号、2 号、3 号、4 号、5 号、7 号工位上有物料；6 号、8 号、9 号工位上没有物料
3		将控制器上的【模式选择】旋钮切换至“自动模式”

续表 12.9

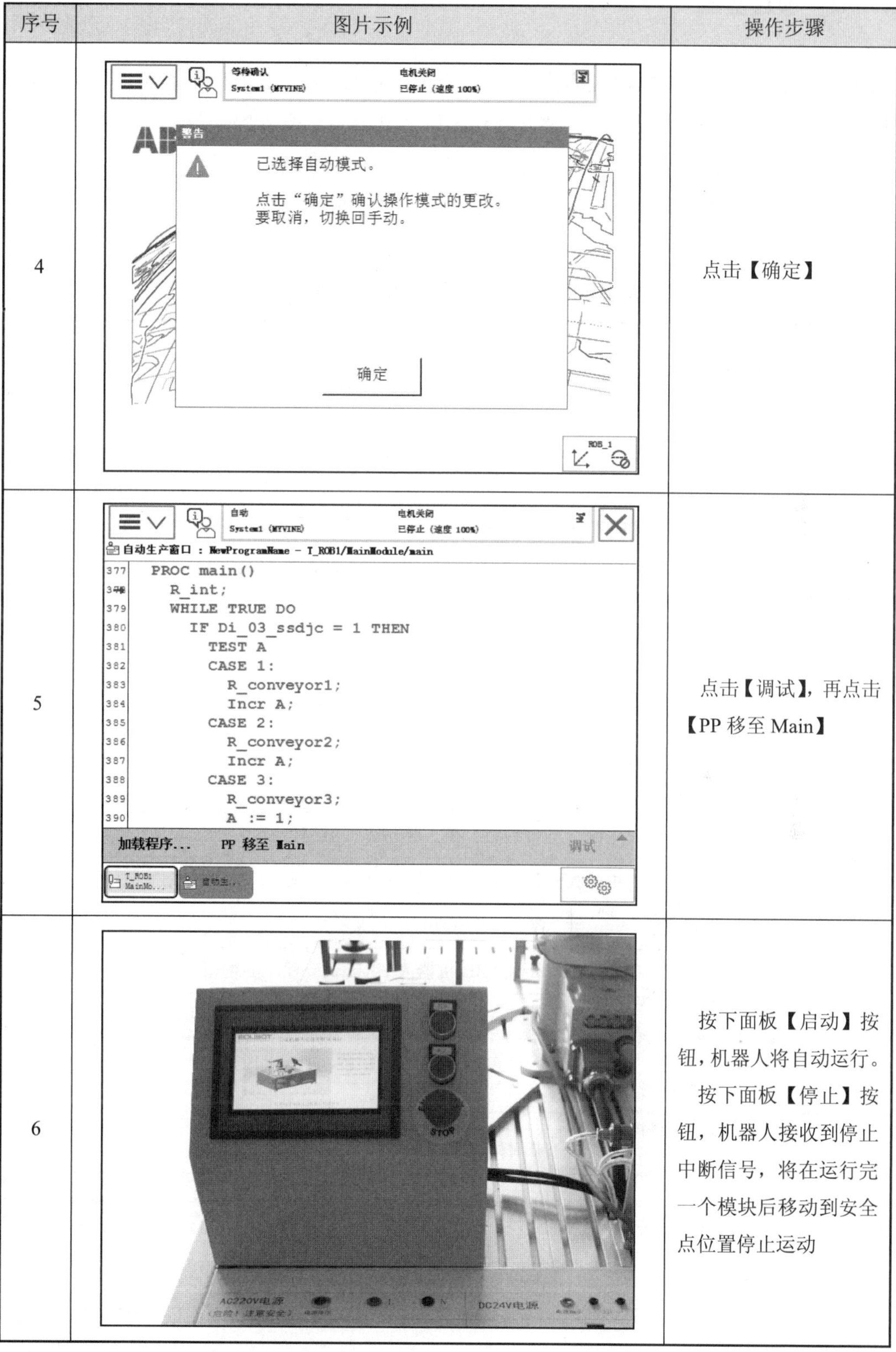

序号	图片示例	操作步骤
4		点击【确定】
5		点击【调试】，再点击【PP 移至 Main】
6		按下面板【启动】按钮，机器人将自动运行。 按下面板【停止】按钮，机器人接收到停止中断信号，将在运行完一个模块后移动到安全点位置停止运动

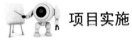

项目实施

项目要求：本项目主要训练编辑机器人程序的综合能力。本项目将前面几个项目介绍的模块连接起来，让机器人完成一整套动作，以达到编辑综合程序的目的；在编辑机器人完整动作程序时需要进行整体考虑，包括机器人安全、程序循环性及程序易读性，以方便后续的设备维护和故障排除。请结合表 12.10 所示工业机器人综合能力训练报告书完成项目要求。

表 12.10　工业机器人综合能力训练报告书

<table>
<tr><td>题目名称</td><td colspan="2"></td></tr>
<tr><td>学习主题</td><td colspan="2">综合能力训练项目</td></tr>
<tr><td>重点/难点</td><td colspan="2">工业机器人程序指令的使用</td></tr>
<tr><td rowspan="2">训练目标</td><td>主要知识能力指标</td><td>（1）掌握工业机器人激光控制轨迹的程序编辑与调试。
（2）掌握工业机器人搬运模块的程序编辑与调试。
（3）掌握输送带模块的程序编辑与调试</td></tr>
<tr><td>相关能力指标</td><td>（1）能够正确制订学习计划，养成独立学习的习惯。
（2）能够阅读工业机器人相关技术手册与说明书。
（3）培养良好的职业素养及团队协作精神</td></tr>
<tr><td>参考资料/学习资源</td><td colspan="2">图书馆内相关书籍、工业机器人相关网站等</td></tr>
<tr><td>学生准备</td><td colspan="2">熟悉工业机器人系统，准备教材、笔、笔记本、练习纸等</td></tr>
<tr><td>教师准备</td><td colspan="2">熟悉教学标准、机器人实训设备说明，演示实验，讲授内容，设计教学过程、记分册</td></tr>
<tr><td rowspan="8">学习步骤</td><td>明确任务</td><td>教师提出任务</td></tr>
<tr><td rowspan="5">分析过程（学生借助参考资料、教材和教师的引导，自己制订学习计划，并拟定检查、评价标准）</td><td>掌握 ABB 机器人 HRG 轨迹程序的编辑</td></tr>
<tr><td>掌握 ABB 机器人 EDUBOT 轨迹程序的编辑</td></tr>
<tr><td>掌握 ABB 机器人搬运模块程序的编辑</td></tr>
<tr><td>掌握 ABB 机器人输送带模块程序的编辑</td></tr>
<tr><td>根据任务要求和实际操作结果完成总结报告</td></tr>
<tr><td>检查</td><td>在整个过程中，学生依据拟定的评价标准检查自己是否符合要求地完成了任务</td></tr>
<tr><td>评价</td><td>由学习小组、教师评价学生的工作情况并给出建议</td></tr>
</table>

项目评价

请完成表 12.11 所示项目评价表。

表 12.11 项目评价表

<table>
<tr><td>姓名</td><td></td><td>学号</td><td></td><td>日期</td><td colspan="2"></td></tr>
<tr><td>小组成员</td><td colspan="3"></td><td>教师签字</td><td colspan="2"></td></tr>
<tr><td>类别</td><td>项目</td><td colspan="2">考核内容</td><td>得分</td><td>总分</td><td>评分标准</td></tr>
<tr><td rowspan="2">理论</td><td rowspan="2">知识准备
（100 分）</td><td colspan="2">正确描述工业机器人综合能力训练的动作流程（30 分）</td><td></td><td rowspan="2"></td><td rowspan="2">根据完成情况打分</td></tr>
<tr><td colspan="2">正确完成工业机器人综合能力训练各分项功能程序的编辑与调试（70 分）</td><td></td></tr>
<tr><td>评分说明</td><td colspan="6"></td></tr>
<tr><td>备注</td><td colspan="6">（1）项目评价表原则上不能出现涂改现象，若出现则必须在涂改之处签字确认。
（2）每次考核结束后，教师及时记录考核成绩</td></tr>
</table>

课程思政要点

本项目旨在培养学生的创新思维和实践能力。在当今快速发展的社会中，培养学生的创新思维和实践能力显得尤为重要。培养学生的创新思维，首先要为学生创造一个充满创意和想象力的空间。这包括提供丰富多样的学习资源和工具，允许学生在课堂上自由表达和交流想法，以及鼓励他们参与创新实践活动等。实践是提升学生创新能力的关键，教师应为学生提供实践机会，让他们将所学知识应用于实际问题中。通过实践，学生可以更好地理解和掌握知识，同时也可以在实践中发现新问题并寻求创新的解决方案。

创新成果的展示与评价是对学生创新思维激发效果的重要检验。教师应为学生提供展示平台，如学术报告、技术展览等，让他们可以展示自己的创新成果。同时，教师还应建立科学的评价体系，对学生的创新成果进行全面评价，为他们的进一步发展提供有针对性的指导。

总之，在工业机器人专业课授课过程中，激发学生创新思维激发需要教师从多个方面入手，包括创新理念的培养、跨学科知识的融合、实践创新能力的提升、问题解决能力的培养、引导学生团队协作与沟通、创新思维引导方法、创新项目的实践以及创新成果的展示与评价等，为机器人领域的发展培养出更多优秀的人才。

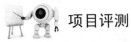

项目评测

1. 简述本实训项目主程序动作流程。
2. 简述实训台各模块程序编辑思路。
3. 简述 CRobT( )函数功能及使用方法。
4. 如何编辑安全点判断程序？
5. 如何使用机器人 I/O 实现输送带启动和停止控制？

项目 13　RobotStudio 仿真软件

项目描述

本项目主要讲解 ABB 机器人离线仿真软件 RobotStudio 的具体使用，通过仿真软件可以放心地操作机器人，不用担心机器人碰撞问题，同时加深对机器人编程的理解。

任务 13.1　仿真软件简介

任务描述

本任务主要介绍 RobotStudio 仿真软件的下载和安装。

知识准备

RobotStudio 仿真软件能够还原和现实一样的工作场景。使用 RobotStudio 仿真软件能够提高生产率，降低购买与实施机器人解决方案的总成本。

软件下载界面如图 13.1 所示。

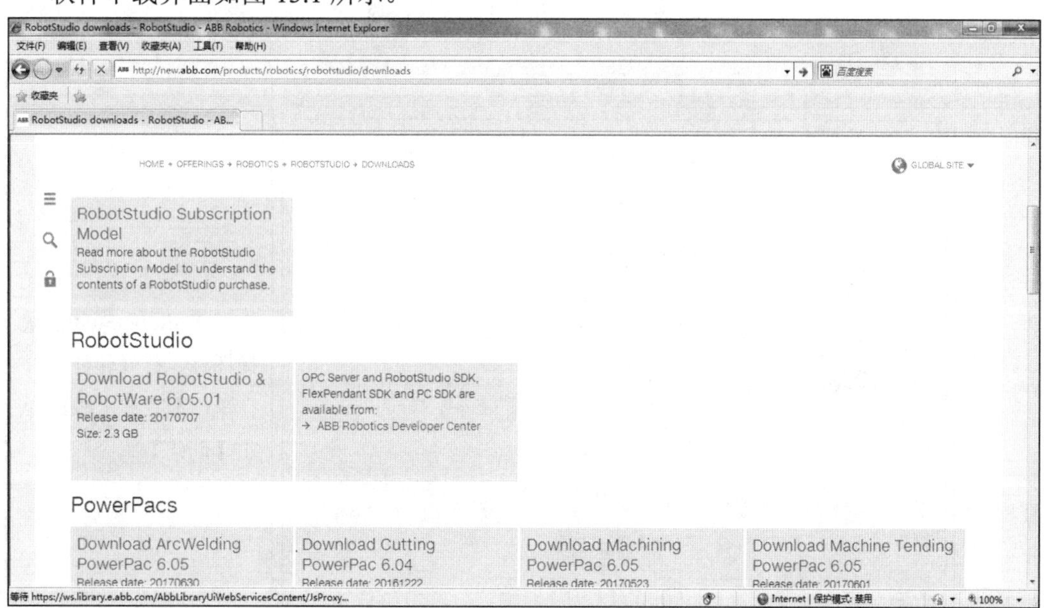

图 13.1　软件下载界面

RobotStudio 仿真软件安装方法：将下载的软件压缩包解压后，打开文件夹，双击 setup.exe（图 13.2），按照提示安装软件。

安装完成后，计算机桌面出现对应的快捷图标，包括 1 个 32 位操作系统图标和 1 个 64 位操作系统图标，如图 13.3 所示。

图 13.2　安装软件

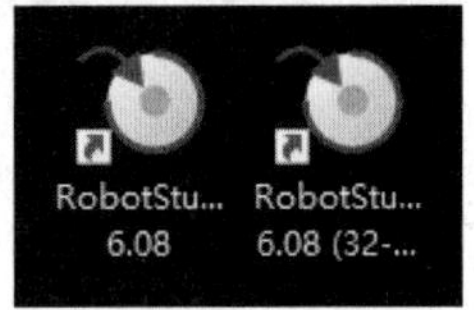

图 13.3　快捷图标

任务 13.2　工作站建立

任务描述

本任务主要介绍工作站建立、机器人导入以及添加机器人模型并建立机器人系统的相关操作。

知识准备

※ 工作站建立

13.2.1　工作站新建

工作站新建的操作步骤见表 13.1。

表 13.1　工作站新建的操作步骤

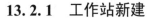

序号	图片示例	操作步骤
1	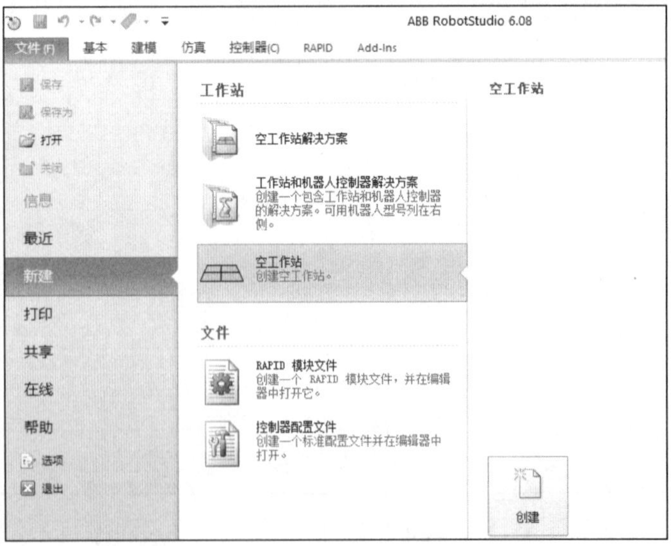	双击 RobotStudio 快捷图标，打开软件。 单击【空工作站】，单击【创建】

续表 13.1

序号	图片示例	操作步骤
2	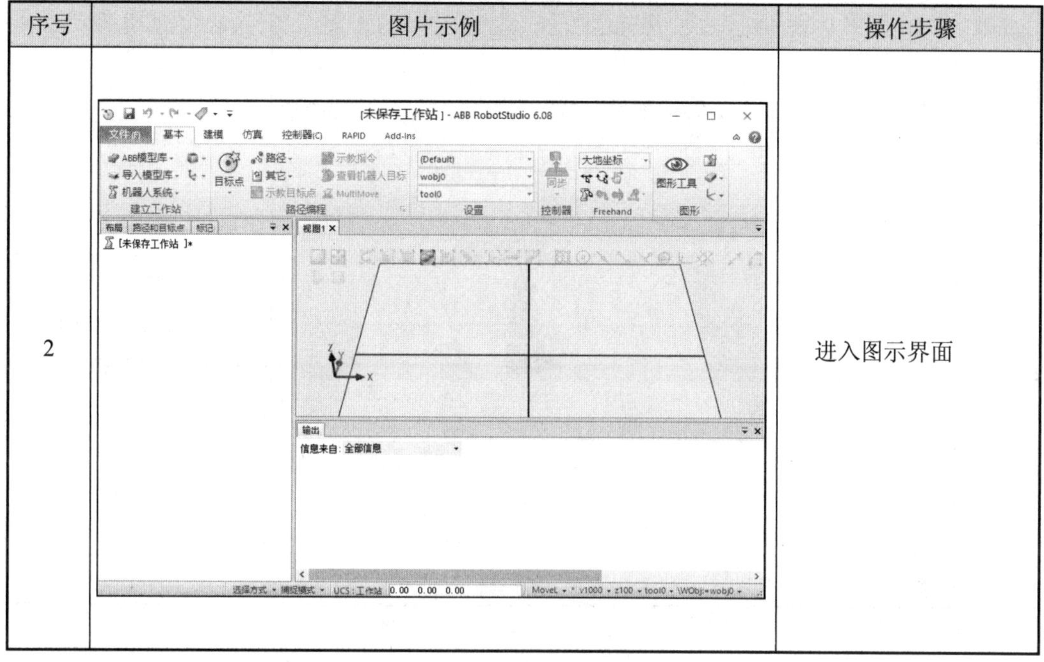	进入图示界面

13.2.2　机器人导入

机器人导入的操作步骤见表 13.2。

表 13.2　机器人导入的操作步骤

序号	图片示例	操作步骤
1	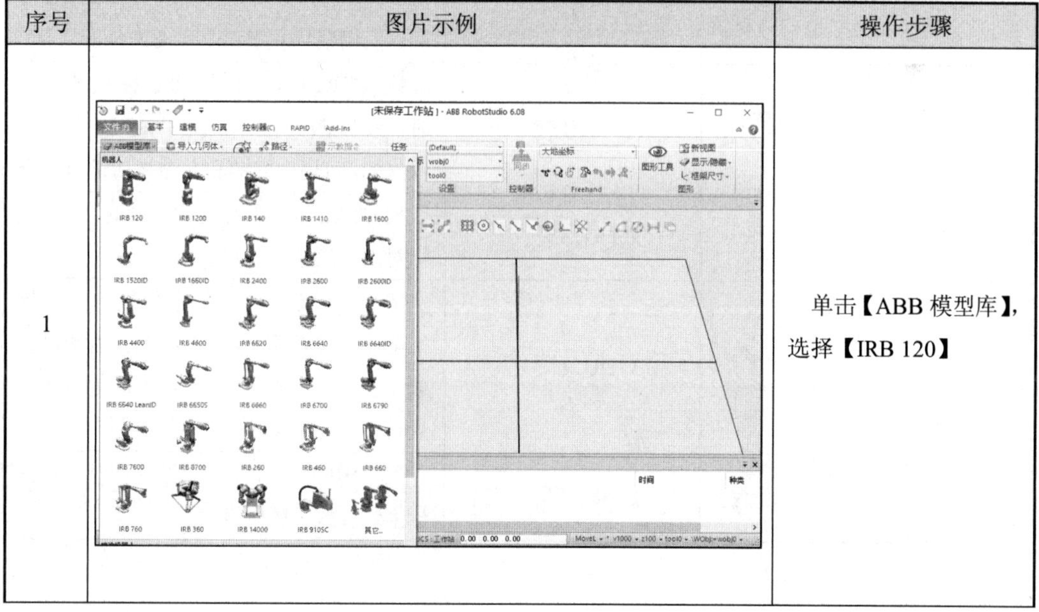	单击【ABB 模型库】，选择【IRB 120】

续表 13.2

序号	图片示例	操作步骤
2	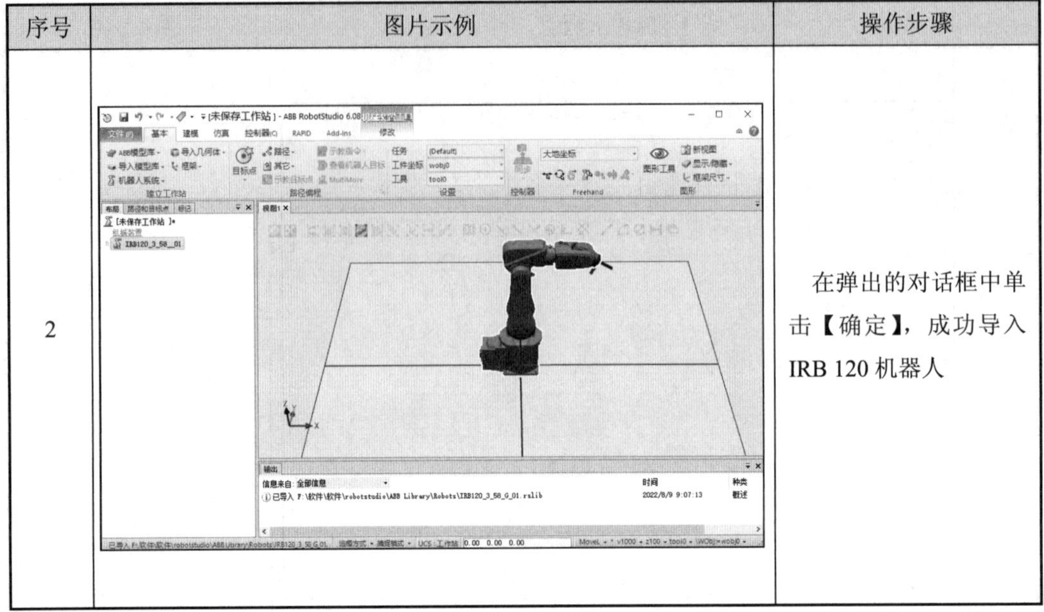	在弹出的对话框中单击【确定】，成功导入 IRB 120 机器人

成功导入机器人后，调整机器人各个视角以及平移等操作见表 13.3。

表 13.3　调整机器人各个视角以及平移等操作

名称	图标	使用键盘/鼠标组合	描述
选择项目			只需用鼠标左键单击要选择的项目即可。若要选择多个项目，则在按 CTRL 键的同时用鼠标左键单击所要选择的项目
旋转工作站		CTRL+SHIFT+	按 CTRL+SHIFT 键和鼠标左键的同时，拖动鼠标对工作站进行旋转。若用三键鼠标，可用中间键和右键替代键盘组合
平移工作站		CTRL +	按 CTRL 键和鼠标左键的同时，拖动鼠标对工作站进行平移
缩放工作站		CTRL +	按 CTRL 键和鼠标右键的同时，将鼠标拖至左侧可以缩小，将鼠标拖至右侧可以放大。若用三键鼠标，可用中间键替代键盘组合
使用窗口缩放		SHIFT +	按 SHIFT 键和鼠标右键的同时，将鼠标拖过要放大的区域

当需要将外部模型导入工作站时，可以通过单击【导入几何体】，再单击【浏览几何体】来实现，也可以通过菜单栏中【建模】功能绘制需要的几何体模型。

13.2.3 添加机器人模型并建立机器人系统

使用虚拟示教器之前，需要在工作站布局中添加机器人模型并建立机器人系统，其操作步骤见表 13.4。

表 13.4 添加机器人模型并建立机器人系统的操作步骤

序号	图片示例	操作步骤
1	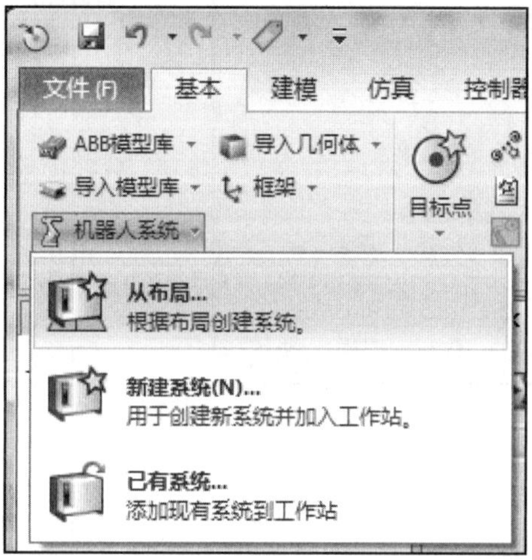 文件(F) 基本 建模 仿真 控制器 ABB模型库 导入几何体 导入模型库 框架 机器人系统 目标点 从布局... 根据布局创建系统。 新建系统(N)... 用于创建新系统并加入工作站。 已有系统... 添加现有系统到工作站	单击【机器人系统】，再单击【从布局...】
2	 从布局创建系统 系统名字和位置 选择系统的位置和RobotWare 版本 System 名称 System3 位置 C:\Users\lenovo\Documents\RobotStudio\Systems 浏览... RobotWare 位置... 6.04.01.00 Product Distribution C:\Users\lenovo\AppData\Local\ABB Industrial IT\R... 6.08.00.00 Product Distribution C:\Users\lenovo\AppData\Local\ABB Industrial IT\R... 帮助 取消(C) 后退 下一个 > 完成(F)	在弹出的对话框中输入系统名称并选择软件版本。单击【下一个】

续表 13.4

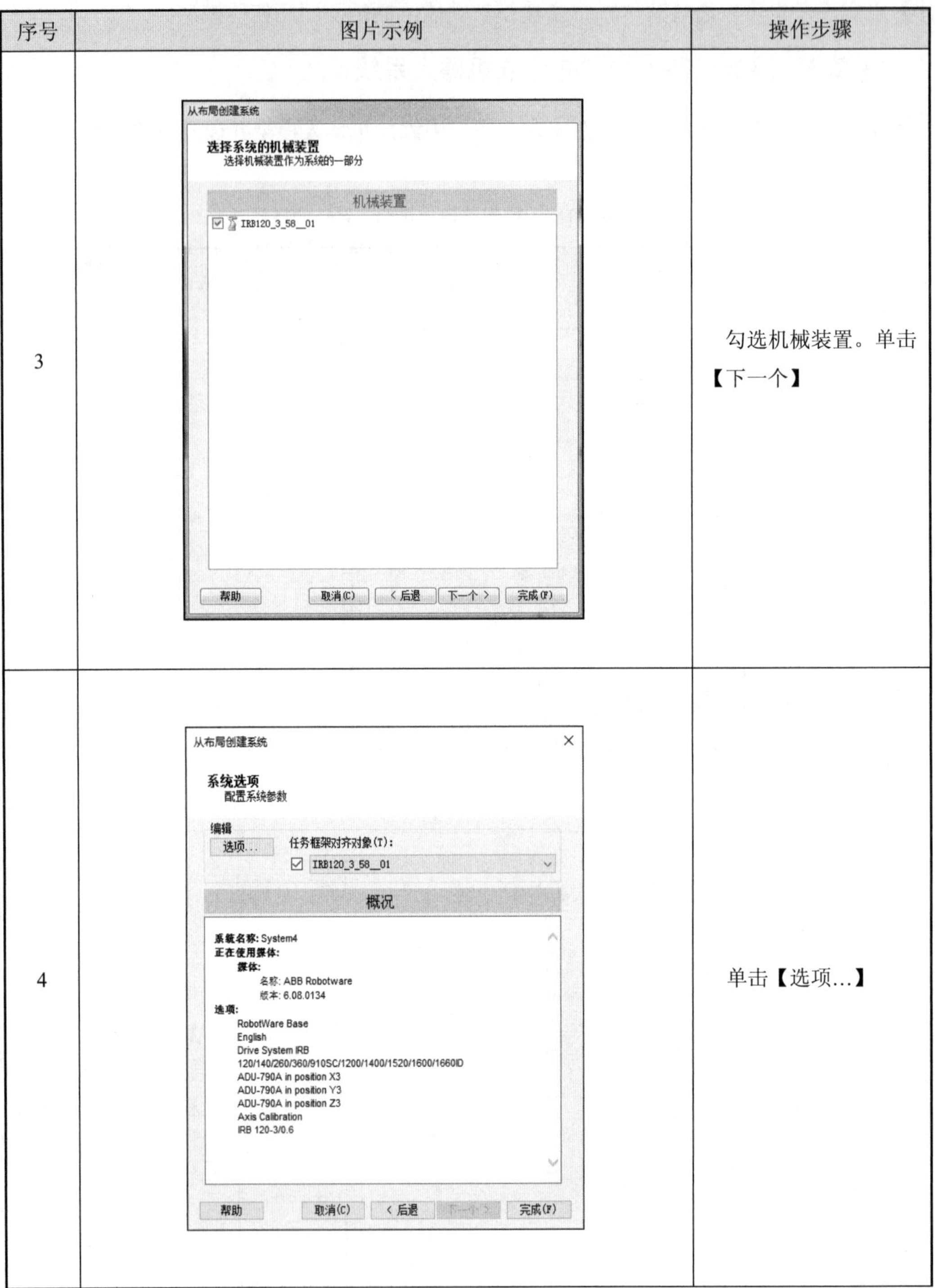

序号	图片示例	操作步骤
3		勾选机械装置。单击【下一个】
4		单击【选项...】

续表 13.4

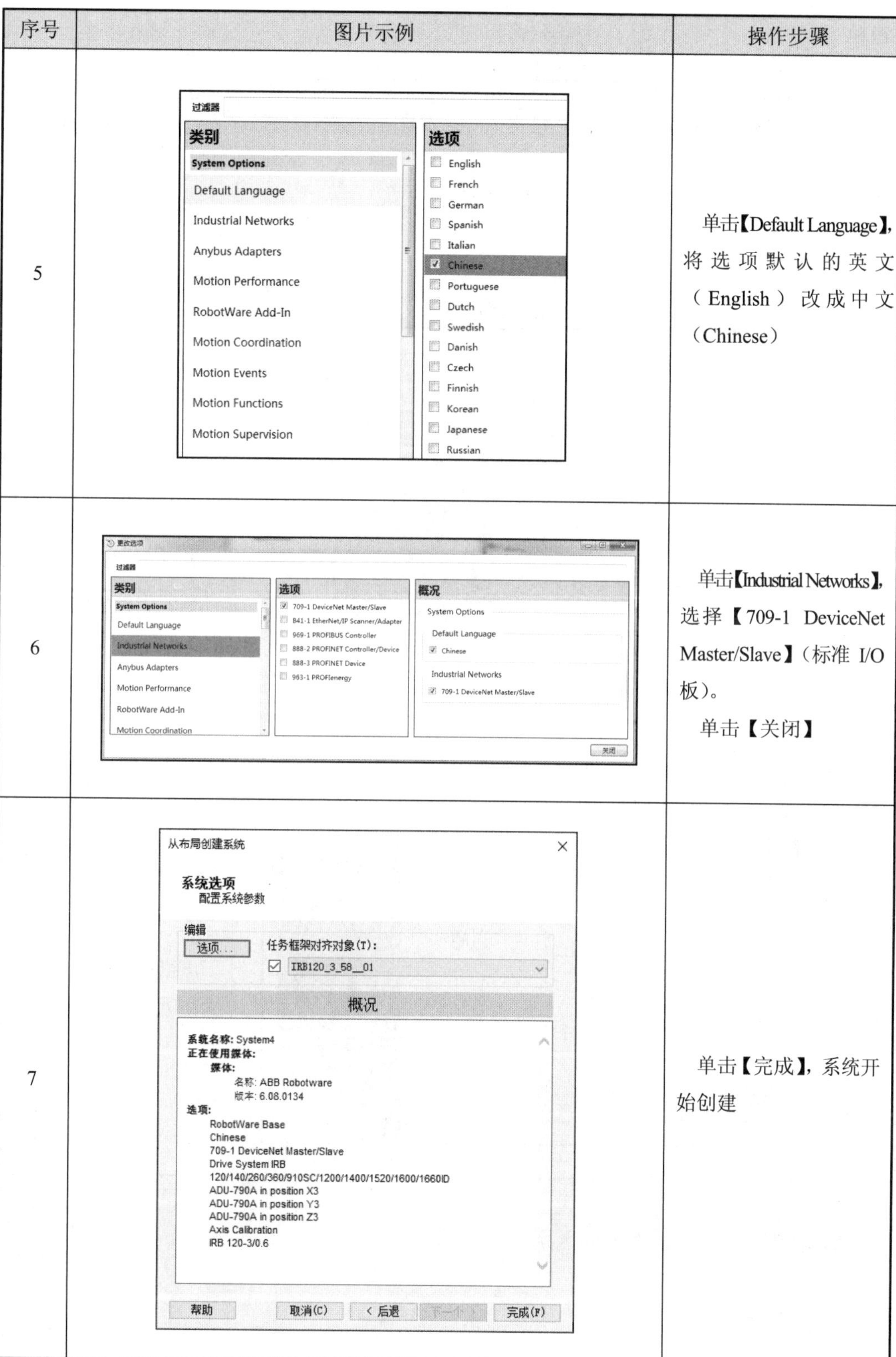

序号	图片示例	操作步骤
5		单击【Default Language】，将选项默认的英文（English）改成中文（Chinese）
6		单击【Industrial Networks】，选择【709-1 DeviceNet Master/Slave】（标准 I/O 板）。 单击【关闭】
7		单击【完成】，系统开始创建

续表 13.4

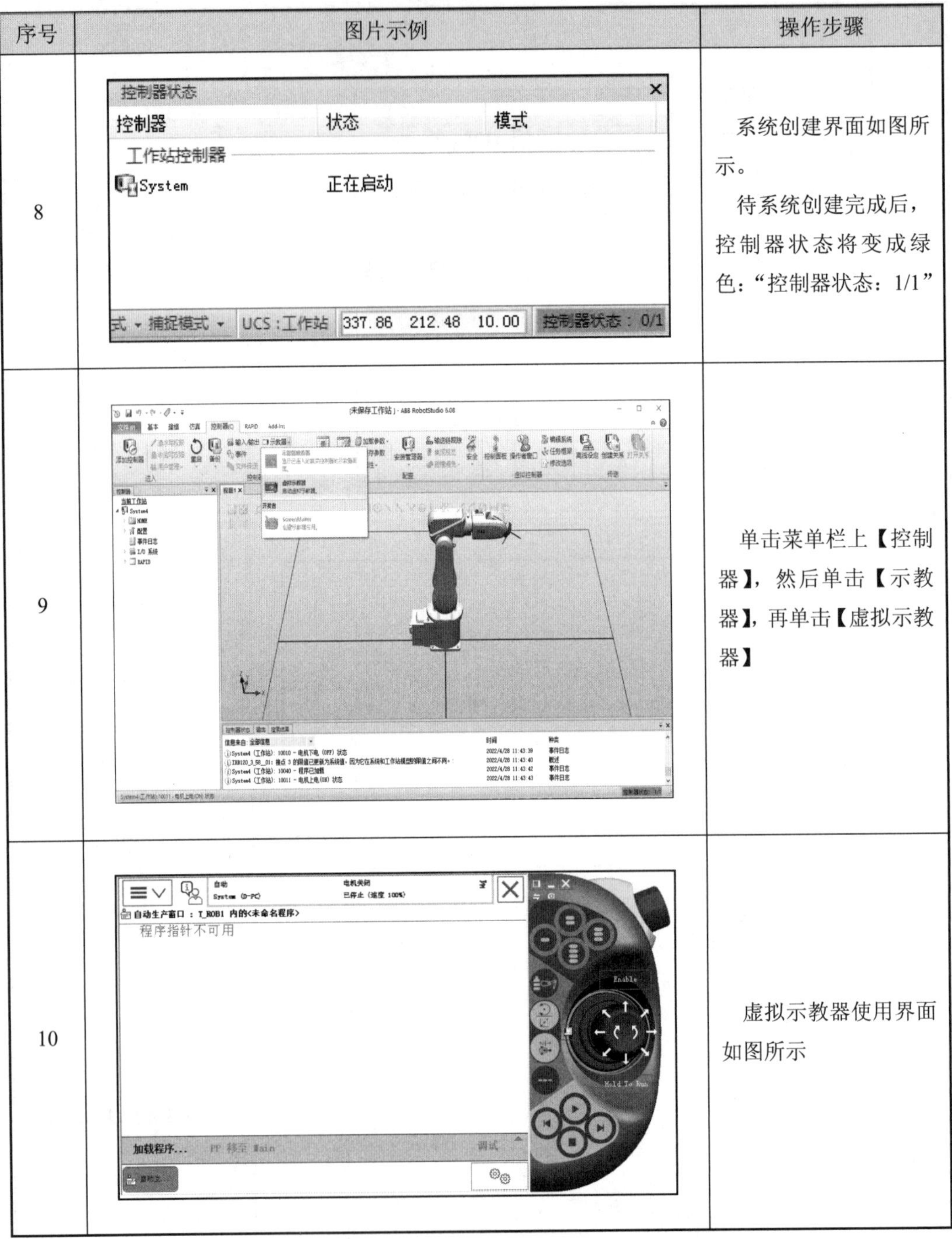

序号	图片示例	操作步骤
8	控制器状态 控制器　状态　模式 工作站控制器 System　正在启动 式 ▾ 捕捉模式 ▾　UCS：工作站　337.86　212.48　10.00　控制器状态：0/1	系统创建界面如图所示。 待系统创建完成后，控制器状态将变成绿色：“控制器状态：1/1”
9		单击菜单栏上【控制器】，然后单击【示教器】，再单击【虚拟示教器】
10	自动生产窗口：T_ROB1 内的<未命名程序> 程序指针不可用 加载程序…	虚拟示教器使用界面如图所示

虚拟示教器与真实示教器的区别见表 13.5。

表 13.5　虚拟示教器与真实示教器的区别

项目	区别	
	虚拟示教器	真实示教器
控制面板位置	控制面板在虚拟示教器操纵杆边上，通过单击它来改变机器人运动模式以及给电机上电	真实示教器中无控制面板，控制面板在控制器上
操纵杆	通过按住箭头方向来控制机器人移动	需手动摇动操纵杆来控制机器人移动
使能按钮	手动模式下给电机上电：使能按钮是【Enable】，单击【Enable】即可给电机上电	操作时需按住使能按钮不放
上电/复位	自动模式下与真实示教器的方法相同，单击【上电/复位】键	需在控制器上按【上电/复位】键

任务 13. 3　编程实例

任务描述

以 HRG-HD1XKB 型工业机器人技能考核实训台模型为例，介绍示教器编程和自动路径编程。

知识准备

编程 3D 模型以 HRG-HD1XKB 型工业机器人技能考核实训台模型为例，如图 13.4 所示。打包文件可前往工业机器人教育网下载，如图 13.5 所示。

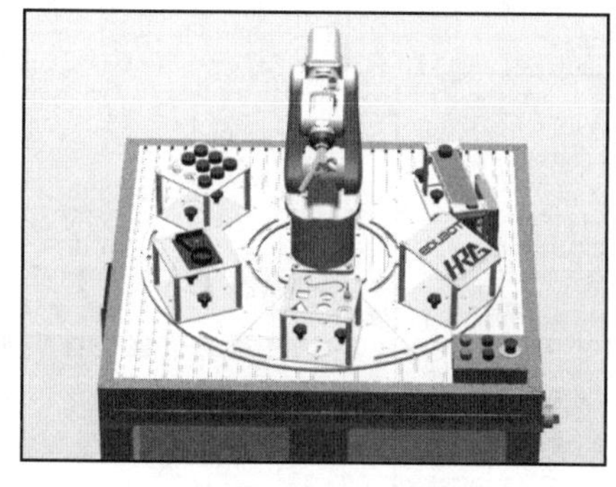

图 13.4　编程 3D 模型

图 13.5　打包文件

13. 3. 1　示教器编程实例

示教器编程实例见表 13.6。

※ 示教器编程实例

表 13.6　示教器编程实例

序号	图片示例	操作步骤
1	 HRG-HD1XKB	双击打包文件
2	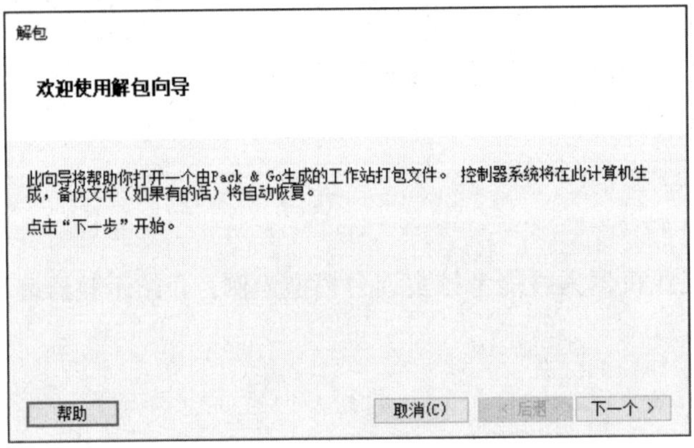 解包 欢迎使用解包向导 此向导将帮助你打开一个由Pack & Go生成的工作站打包文件。 控制器系统将在此计算机生成，备份文件（如果有的话）将自动恢复。 点击“下一步”开始。 帮助　取消(C)　< 后退　下一个 >	点击【下一个】
3	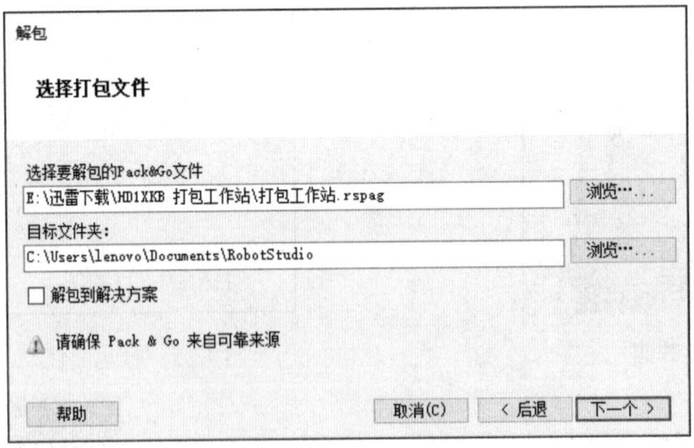 解包 选择打包文件 选择要解包的Pack&Go文件 E:\迅雷下载\HD1XKB 打包工作站\打包工作站.rspag　浏览… 目标文件夹： C:\Users\lenovo\Documents\RobotStudio　浏览… ☐ 解包到解决方案 请确保 Pack & Go 来自可靠来源 帮助　取消(C)　< 后退　下一个 >	点击【下一个】 **注意**：目标文件夹不识别中文名

续表 13.6

序号	图片示例	操作步骤
4	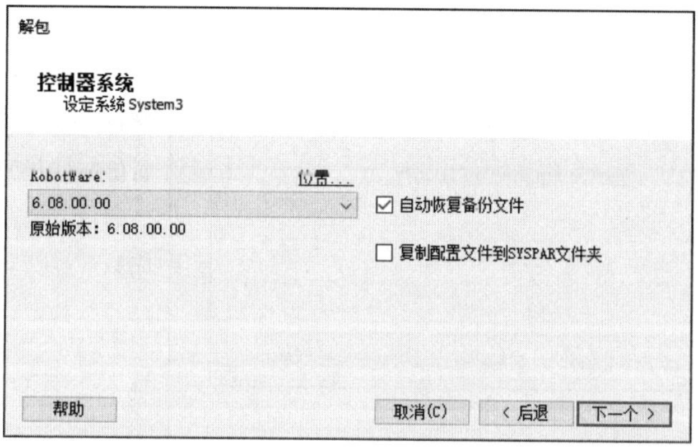 解包 **控制器系统** 设定系统 System3 RobotWare:　位置... 6.08.00.00 原始版本：6.08.00.00 ☑ 自动恢复备份文件 ☐ 复制配置文件到SYSPAR文件夹 帮助　取消(C)　< 后退　下一个 >	点击【下一个】
5	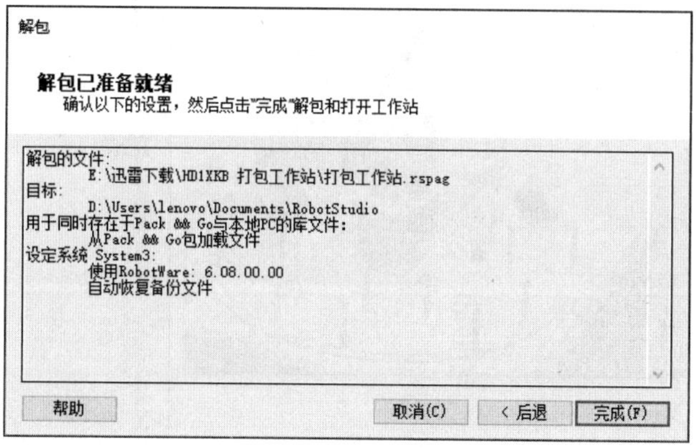 解包 **解包已准备就绪** 确认以下的设置，然后点击"完成"解包和打开工作站 解包的文件： E:\迅雷下载\HD1XKB 打包工作站\打包工作站.rspag 目标： D:\Users\lenovo\Documents\RobotStudio 用于同时存在于Pack && Go与本地PC的库文件： 从Pack && Go包加载文件 设定系统 System3: 使用RobotWare：6.08.00.00 自动恢复备份文件 帮助　取消(C)　< 后退　完成(F)	点击【完成】

续表 13.6

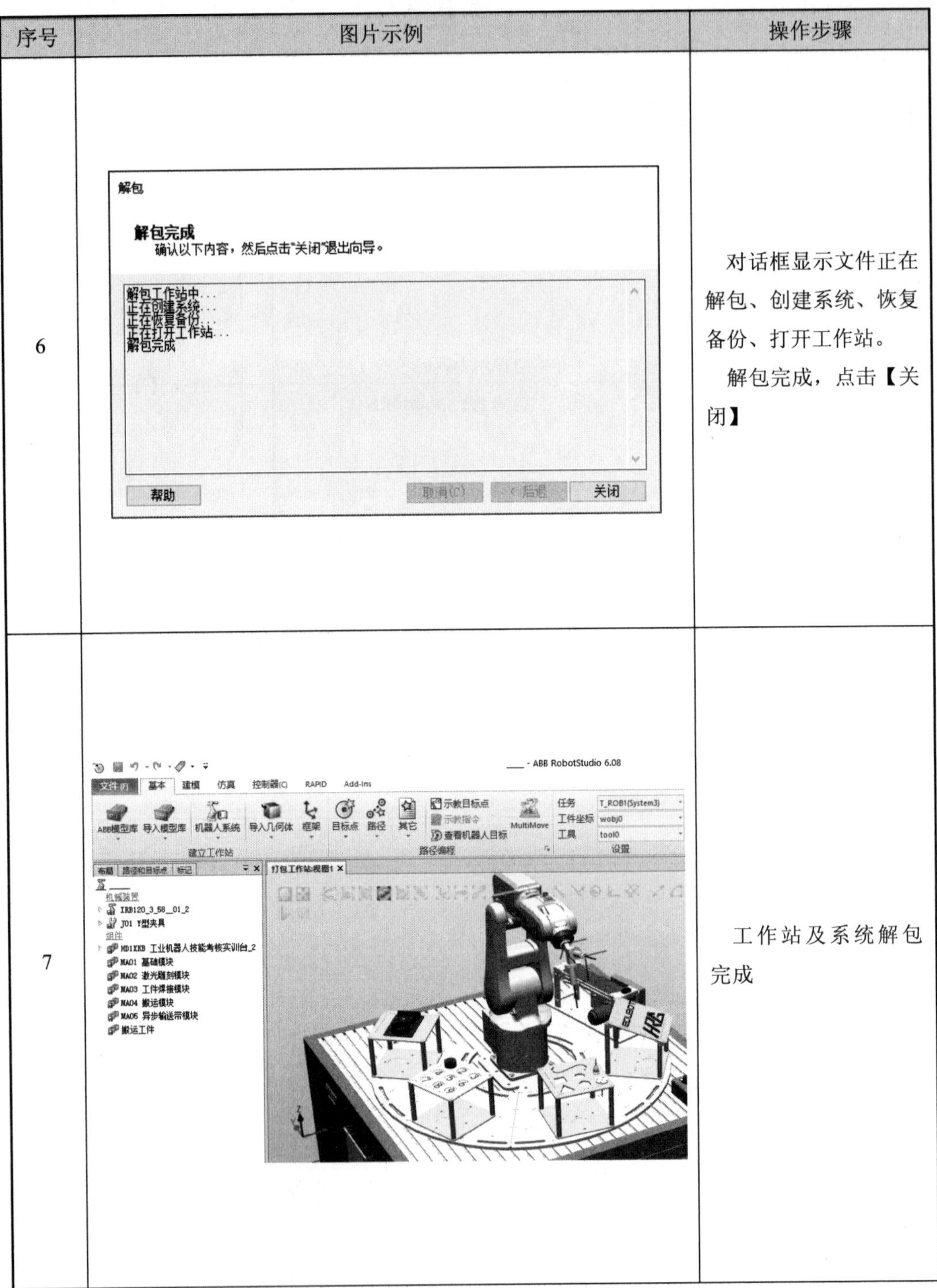

序号	图片示例	操作步骤
6	解包 解包完成 确认以下内容，然后点击"关闭"退出向导。 解包工作站中... 正在创建系统... 正在恢复备份... 正在打开工作站... 解包完成 帮助 取消(C) ＜后退 关闭	对话框显示文件正在解包、创建系统、恢复备份、打开工作站。 解包完成，点击【关闭】
7		工作站及系统解包完成

续表 13.6

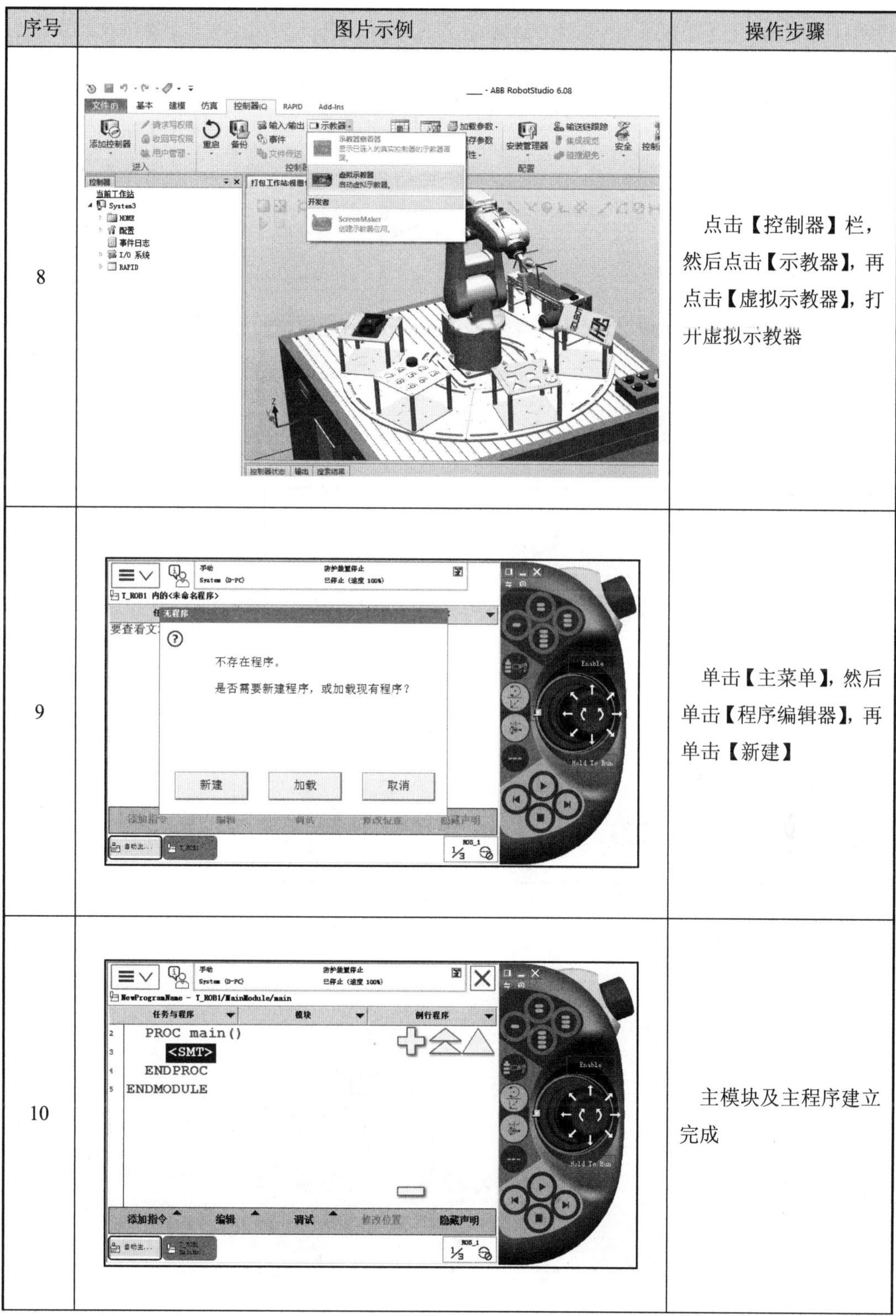

序号	图片示例	操作步骤
8		点击【控制器】栏，然后点击【示教器】，再点击【虚拟示教器】，打开虚拟示教器
9		单击【主菜单】，然后单击【程序编辑器】，再单击【新建】
10		主模块及主程序建立完成

续表 13.6

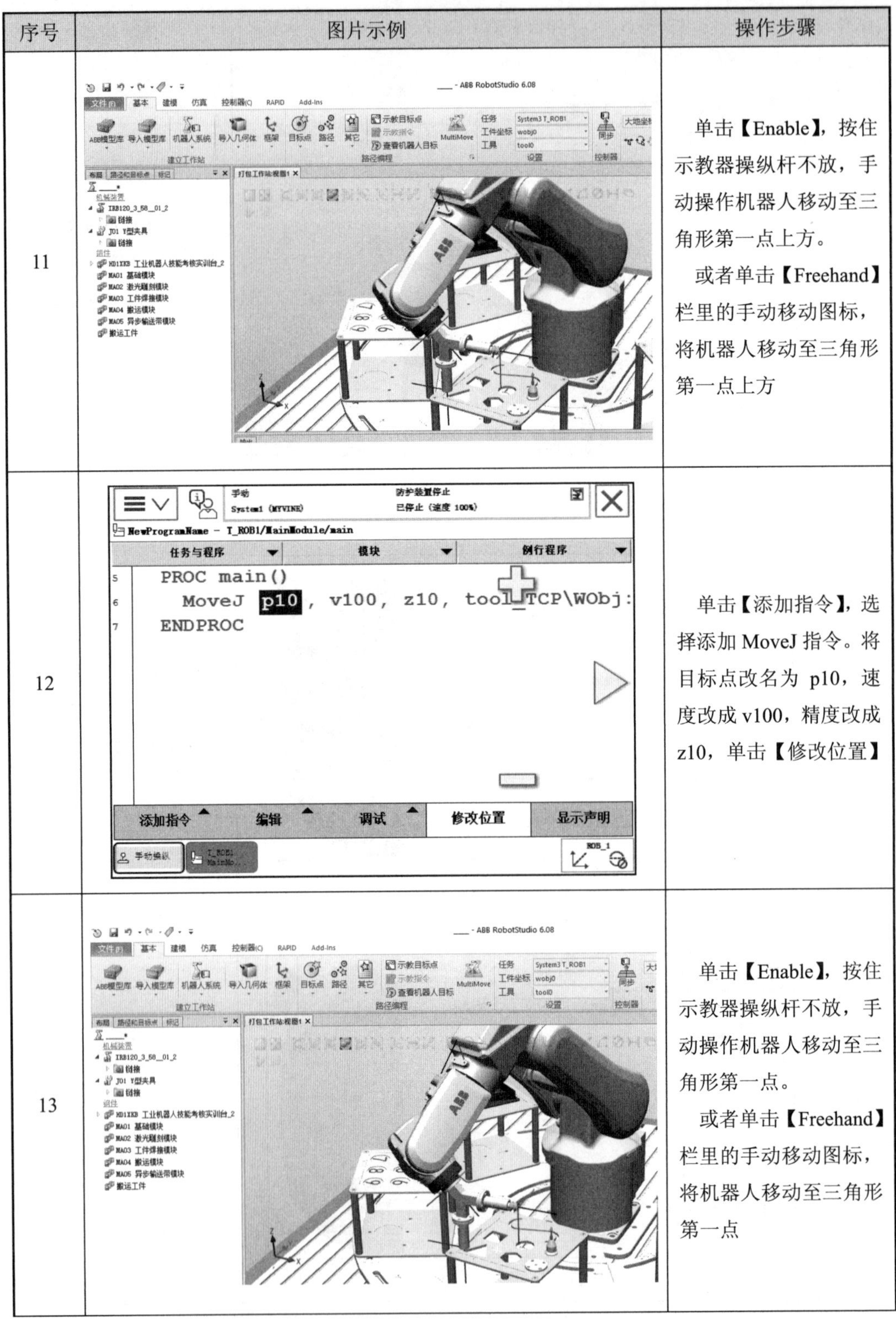

序号	图片示例	操作步骤
11		单击【Enable】，按住示教器操纵杆不放，手动操作机器人移动至三角形第一点上方。 或者单击【Freehand】栏里的手动移动图标，将机器人移动至三角形第一点上方
12		单击【添加指令】，选择添加 MoveJ 指令。将目标点改名为 p10，速度改成 v100，精度改成 z10，单击【修改位置】
13		单击【Enable】，按住示教器操纵杆不放，手动操作机器人移动至三角形第一点。 或者单击【Freehand】栏里的手动移动图标，将机器人移动至三角形第一点

续表 13.6

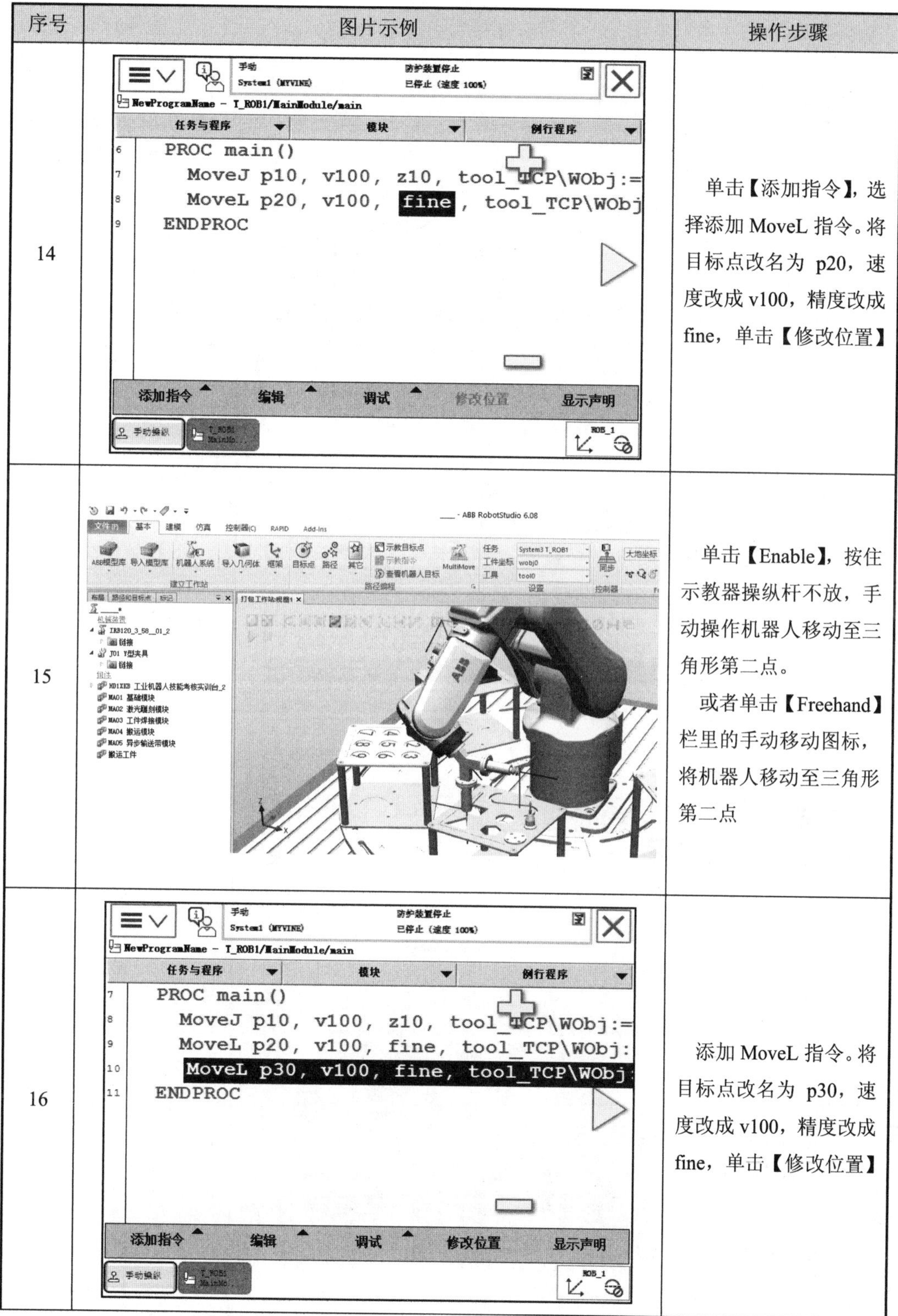

序号	图片示例	操作步骤
14		单击【添加指令】，选择添加 MoveL 指令。将目标点改名为 p20，速度改成 v100，精度改成 fine，单击【修改位置】
15		单击【Enable】，按住示教器操纵杆不放，手动操作机器人移动至三角形第二点。 或者单击【Freehand】栏里的手动移动图标，将机器人移动至三角形第二点
16		添加 MoveL 指令。将目标点改名为 p30，速度改成 v100，精度改成 fine，单击【修改位置】

续表 13.6

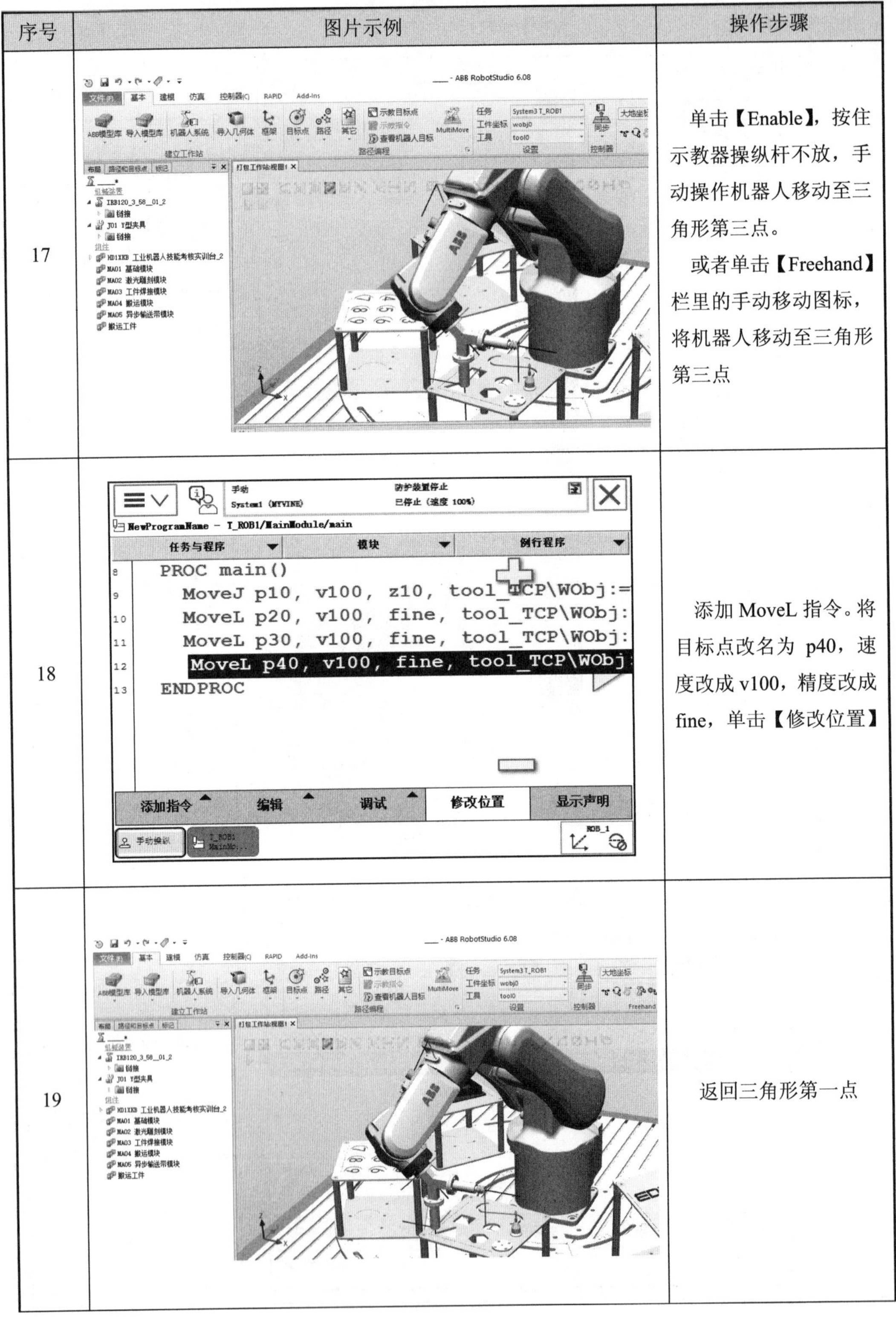

序号	图片示例	操作步骤
17		单击【Enable】，按住示教器操纵杆不放，手动操作机器人移动至三角形第三点。 或者单击【Freehand】栏里的手动移动图标，将机器人移动至三角形第三点
18		添加 MoveL 指令。将目标点改名为 p40，速度改成 v100，精度改成 fine，单击【修改位置】
19		返回三角形第一点

续表 13.6

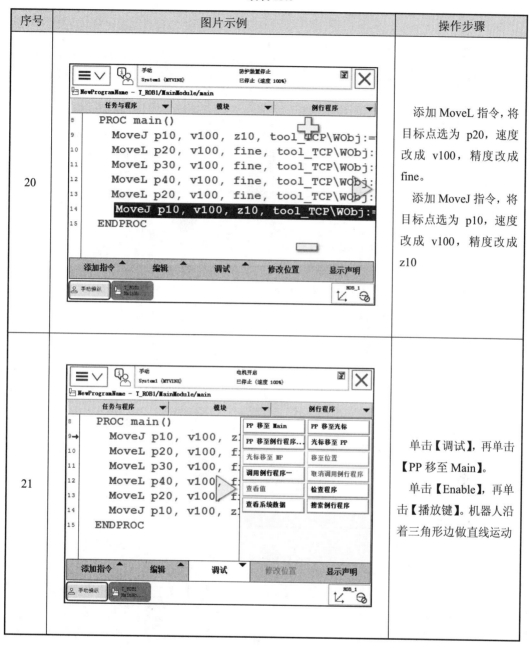

序号	图片示例	操作步骤
20	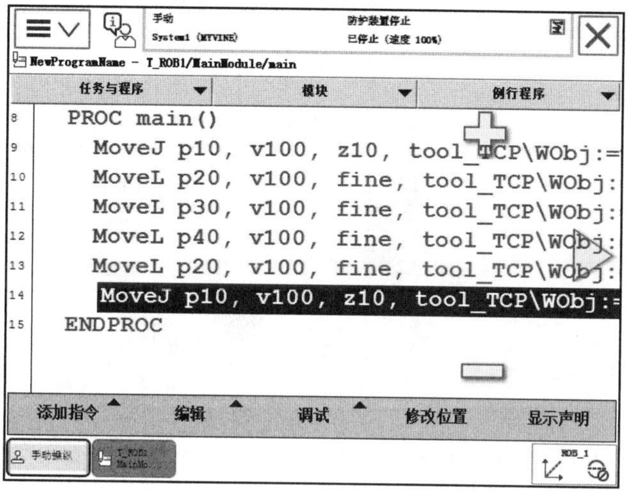 手动 System1 (MTVINE) 防护装置停止 已停止 (速度 100%) NewProgramName - T_ROB1/MainModule/main 任务与程序 模块 例行程序 PROC main() MoveJ p10, v100, z10, tool_TCP\WObj:= MoveL p20, v100, fine, tool_TCP\WObj: MoveL p30, v100, fine, tool_TCP\WObj: MoveL p40, v100, fine, tool_TCP\WObj: MoveL p20, v100, fine, tool_TCP\WObj: MoveJ p10, v100, z10, tool_TCP\WObj:= ENDPROC 添加指令 编辑 调试 修改位置 显示声明 手动操纵 T_ROB1 MainMo... ROB_1	添加 MoveL 指令，将目标点选为 p20，速度改成 v100，精度改成 fine。 添加 MoveJ 指令，将目标点选为 p10，速度改成 v100，精度改成 z10

21	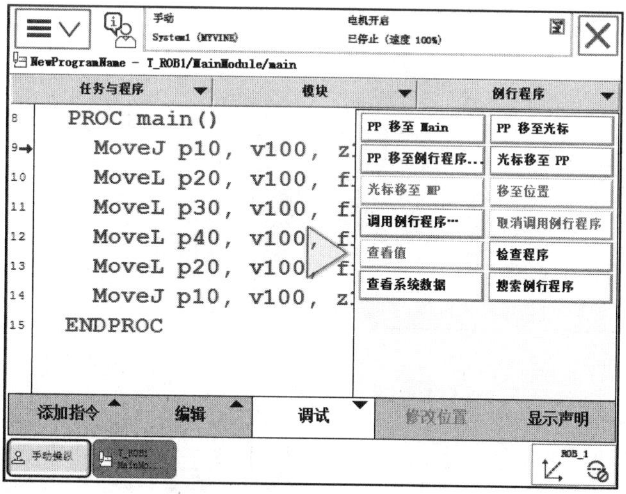 手动
	System1 (MTVINE)
	电机开启
	已停止 (速度 100%)
	NewProgramName - T_ROB1/MainModule/main
	任务与程序 模块 例行程序
	PROC main()
	MoveJ p10, v100, z
	MoveL p20, v100, f
	MoveL p30, v100, f
	MoveL p40, v100, f
	MoveL p20, v100, f
	MoveJ p10, v100, z
	ENDPROC
	PP 移至 Main　PP 移至光标
	PP 移至例行程序…　光标移至 PP
	光标移至 MP　移至位置
	调用例行程序…　取消调用例行程序
	查看值　检查程序
	查看系统数据　搜索例行程序
	添加指令 编辑 调试 修改位置 显示声明
	手动操纵 T_ROB1 MainMo...
	ROB_1
		单击【调试】，再单击【PP 移至 Main】。
		单击【Enable】，再单击【播放键】。机器人沿着三角形边做直线运动

13.3.2 自动路径编程实例

在虚拟仿真软件里除了可以使用虚拟示教器编程外，还可以采用自动路径编程。自动路径编程实例见表 13.7。

❋ 自动路径编程实例

表 13.7　自动路径编程实例

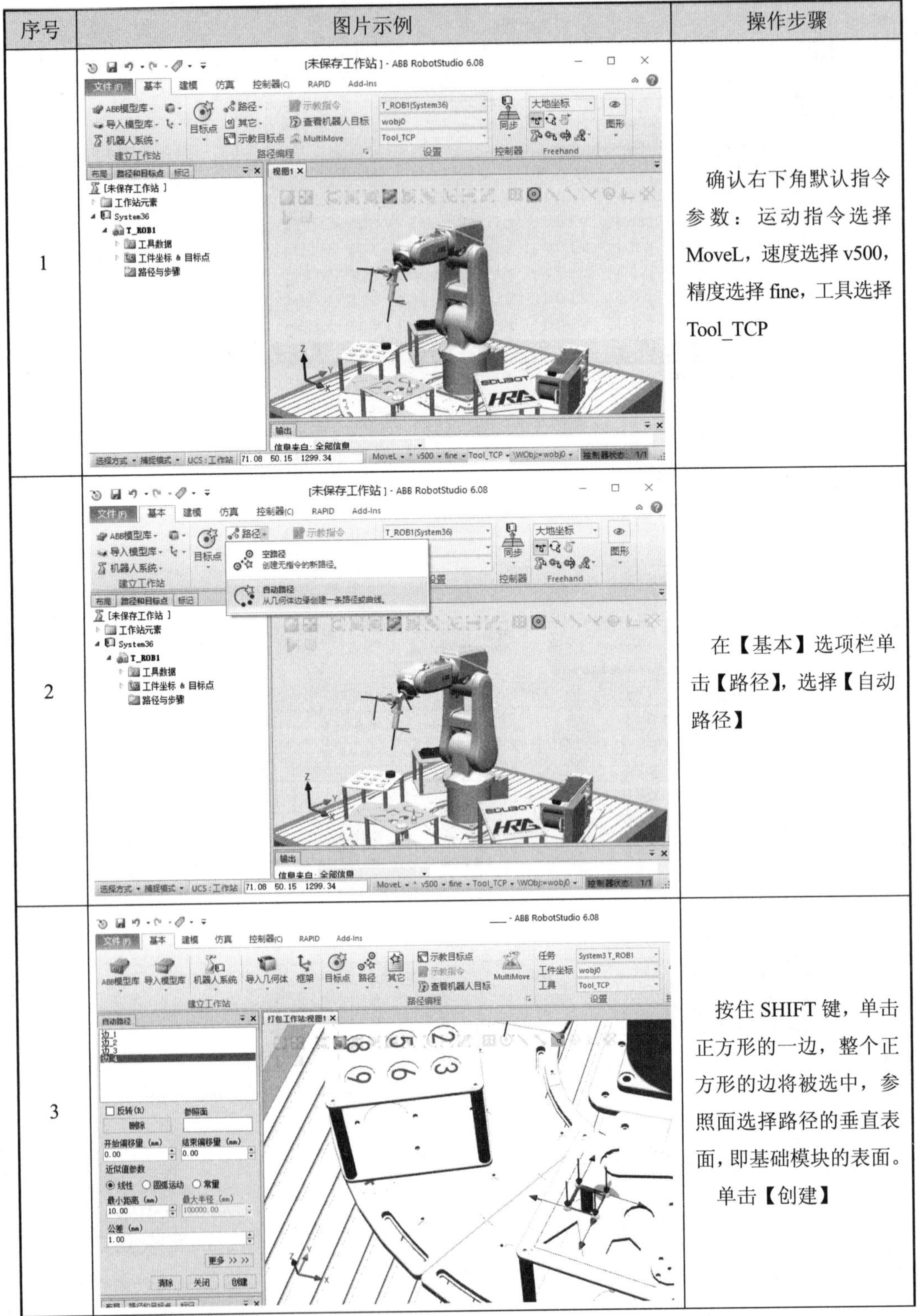

序号	图片示例	操作步骤
1		确认右下角默认指令参数：运动指令选择 MoveL，速度选择 v500，精度选择 fine，工具选择 Tool_TCP
2		在【基本】选项栏单击【路径】，选择【自动路径】
3		按住 SHIFT 键，单击正方形的一边，整个正方形的边将被选中，参照面选择路径的垂直表面，即基础模块的表面。 单击【创建】

续表 13.7

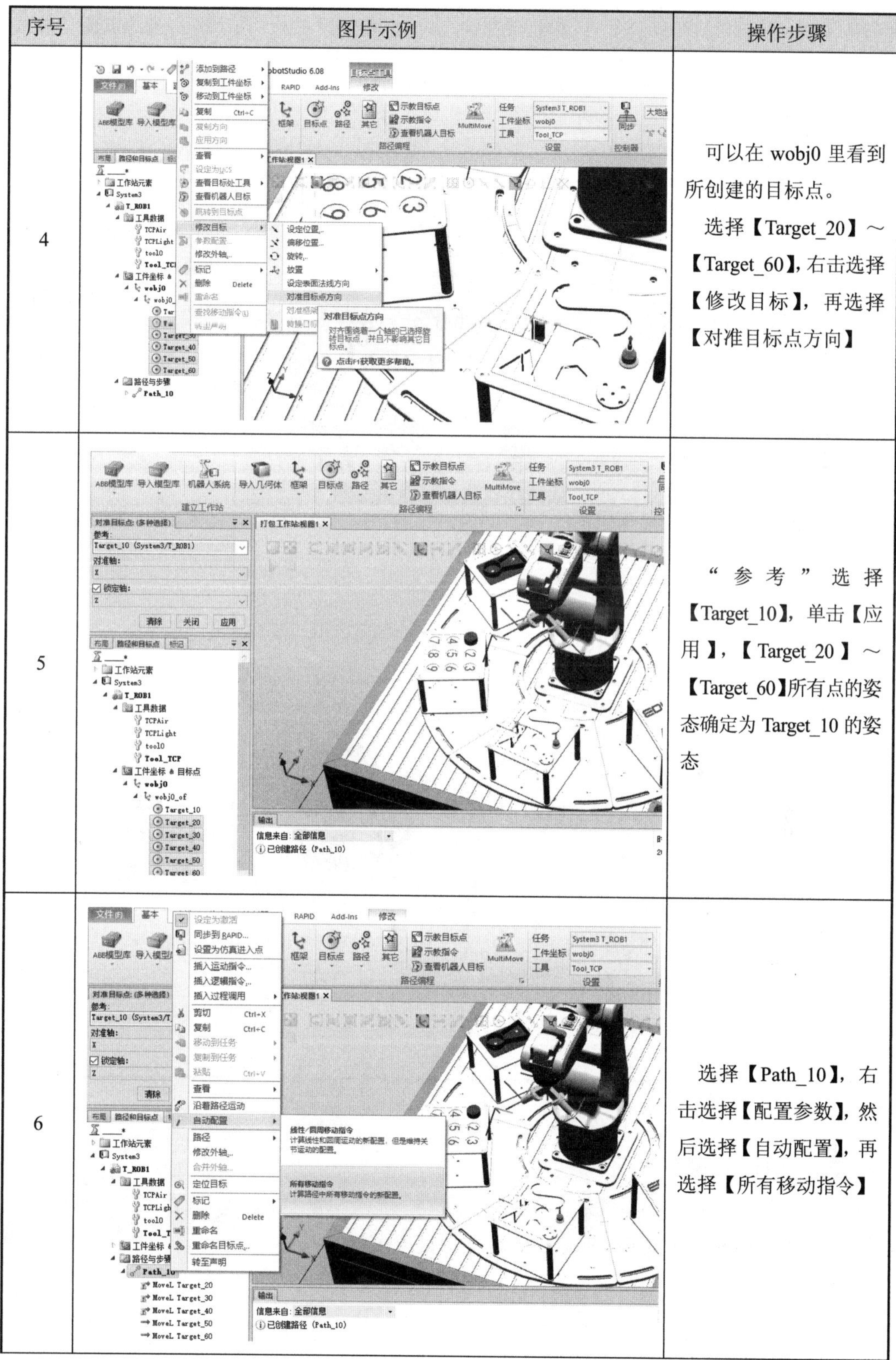

序号	图片示例	操作步骤
4		可以在 wobj0 里看到所创建的目标点。 选择【Target_20】～【Target_60】，右击选择【修改目标】，再选择【对准目标点方向】
5		“参考”选择【Target_10】，单击【应用】，【Target_20】～【Target_60】所有点的姿态确定为 Target_10 的姿态
6		选择【Path_10】，右击选择【配置参数】，然后选择【自动配置】，再选择【所有移动指令】

续表 13.7

序号	图片示例	操作步骤
7	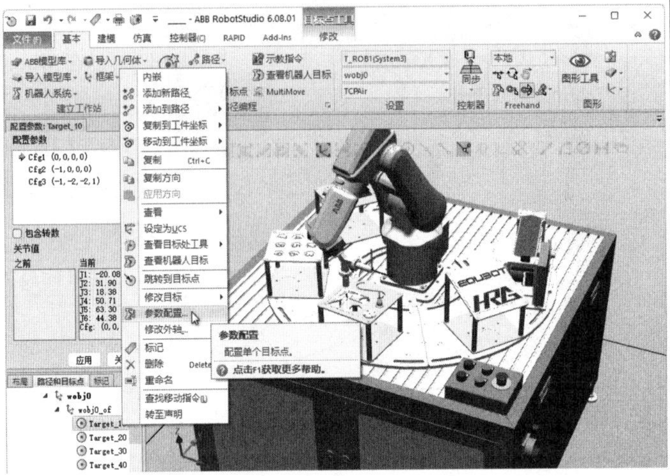	选择【Target_10】，默认选择第一行可以使用的配置。点击【应用】。 机器人运动的路径轴配置参数完成
8	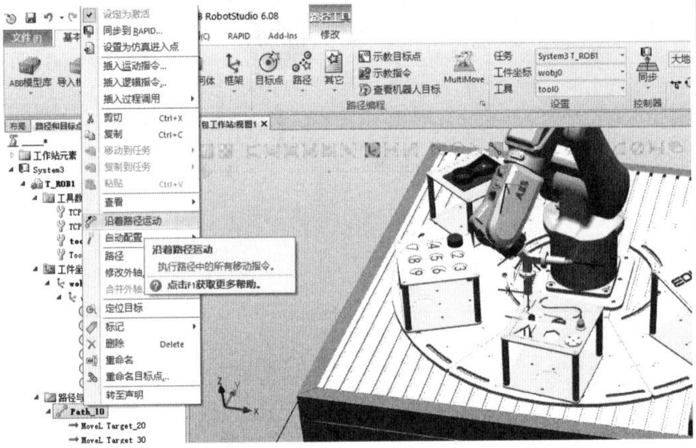	选择【Path_10】，右击选择【沿着路径运动】，机器人将沿着正方形边缘运动

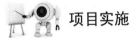

项目实施

请完成表 13.8 所示 RobotStudio 仿真软件报告书。

表 13.8 RobotStudio 仿真软件报告书

<table>
<tr><td>题目名称</td><td colspan="2"></td></tr>
<tr><td>学习主题</td><td colspan="2">RobotStudio 仿真软件</td></tr>
<tr><td>重点/难点</td><td colspan="2">工作站建立、示教器编程、自动路径编程</td></tr>
<tr><td rowspan="2">训练目标</td><td>主要知识能力指标</td><td>（1）熟练掌握 RobotStudio 仿真软件的下载和安装方法。
（2）熟练掌握建立机器人系统的方法。
（3）熟练掌握示教器编程和自动路径编程方法</td></tr>
<tr><td>相关能力指标</td><td>（1）能够正确制订学习计划，养成独立学习的习惯。
（2）能够阅读工业机器人相关技术手册与说明书。
（3）培养良好的职业素养及团队协作精神</td></tr>
<tr><td>参考资料/学习资源</td><td colspan="2">图书馆内相关书籍、工业机器人相关网站等</td></tr>
<tr><td>学生准备</td><td colspan="2">熟悉工业机器人系统，准备教材、笔、笔记本、练习纸等</td></tr>
<tr><td>教师准备</td><td colspan="2">熟悉教学标准、机器人实训设备说明，演示实验，讲授内容，设计教学过程、记分册</td></tr>
<tr><td rowspan="9">学习步骤</td><td>明确任务</td><td>教师提出任务</td></tr>
<tr><td rowspan="5">分析过程（学生借助参考资料、教材和教师的引导，自己制订学习计划，并拟定检查、评价标准）</td><td>掌握 RobotStudio 仿真软件下载和安装方法</td></tr>
<tr><td>掌握工作站建立的操作步骤</td></tr>
<tr><td>掌握机器人导入方法并建立机器人系统</td></tr>
<tr><td>掌握示教器编程和自动路径编程的方法</td></tr>
<tr><td>根据任务要求和实际操作结果完成总结报告</td></tr>
<tr><td>检查</td><td>在整个过程中，学生依据拟定的评价标准检查自己是否符合要求地完成了任务</td></tr>
<tr><td>评价</td><td>由学习小组、教师评价学生的工作情况并给出建议</td></tr>
</table>

项目评价

请完成表 13.9 所示项目评价表。

表 13.9　项目评价表

姓名		学号		日期	
小组成员			教师签字		
类别	项目	考核内容	得分	总分	评分标准
理论	知识准备（100 分）	正确完成 RobotStudio 仿真软件的下载和安装（10 分）			根据完成情况打分
		正确完成工作站建立、机器人导入和添加机器人模型并建立机器人系统（40 分）			
		正确完成示教器编程和自动路径编程项目（50 分）			
评分说明					
备注	（1）项目评价表原则上不能出现涂改现象，若出现则必须在涂改之处签字确认； （2）每次考核结束后，教师及时记录考核成绩				

课程思政要点

本项目旨在培养学生的工匠精神。工匠精神的核心是精湛的专业技能。学生应该通过系统学习和实践，掌握机器人技术的基础知识，不断提升自己的技能水平，包括机械设计、编程、电子工程、人工智能等多方面的知识和技能。只有具备了扎实的专业基础，才能在未来的工作中展现出卓越的能力。

工匠精神强调对工作保持精益求精的态度。学生应该树立追求卓越、不断完善的态度，对自己的工作做到高标准、严要求。在机器人技术的研发和应用中，一个小小的改进可能就能带来巨大的效益，因此学生需要不断反思、优化，追求完美。

细致入微的观察是工匠精神的重要体现。在机器人技术研发过程中，学生需要仔细观察和分析机器人的运行状态、性能表现等，发现问题并及时解决，这种对细节的敏锐感知和把握是提升机器人技术性能的关键。

创新是工匠精神的重要组成部分。学生应该具备创新思维和创新能力，不断探索新的技术、新的方法，推动机器人技术的不断进步。在创新过程中，学生需要敢于挑战传统、勇于尝试，不断突破自我。

工匠精神要求学生对工作质量有高度的责任感。在机器人技术的研发和应用中，学生应该树立严谨的质量意识，确保每一个环节、每一个细节都符合质量标准。这种对质量的严格把控，是保证机器人技术性能稳定、可靠的关键。

工匠精神鼓励学生保持持续学习和进步的态度。在机器人领域，技术的更新换代十分迅速，学生需要不断学习新知识、新技能，才能跟上时代的步伐。通过不断学习，学生可以不断提升自己的专业素养和综合能力，为未来的职业发展奠定坚实基础。

综上所述，培养学生工匠精神需要从多个方面入手，包括精湛的专业技能、精益求精的态度、细致入微的观察、持续创新的能力、高度的质量意识、持续学习和进步的态度，以及团队合作与敬业乐业的精神等。通过全面培养学生的工匠精神，可培养出具有高素质、高技能、高素养的机器人专业人才，为社会发展做出更大的贡献。

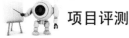

项目评测

1. 如何创建机器人工作站？
2. 如何导入机器人模型？
3. 怎样建立机器人系统？
4. 怎样添加机器人控制？
5. 怎样控制工作站的工作空间动作？
6. 如何通过示教器手动操作机器人？

参考文献

[1] 张明文. 工业机器人基础与应用[M]. 北京：机械工业出版社，2018.

[2] 张明文. 工业机器人入门实用教程：ABB 机器人[M]. 2 版. 哈尔滨：哈尔滨工业大学出版社，2018.

[3] 叶晖，管小清. 工业机器人实操与应用技巧[M]. 北京：机械工业出版社，2010.

[4] 叶晖. 工业机器人典型应用案例精析[M]. 北京：机械工业出版社，2013.

[5] 胡伟，陈彬，吕世霞，等. 工业机器人行业应用实训教程[M]. 北京：机械工业出版社，2015.

[6] 张培艳. 工业机器人操作与应用实践教程[M]. 上海：上海交通大学出版社，2009.

[7] 兰虎. 工业机器人技术及应用[M]. 北京：机械工业出版社，2014.

[8] 张明文. 工业机器人技术基础及应用[M]. 哈尔滨：哈尔滨工业大学出版社，2017.

[9] 张明文. 工业机器人知识要点解析：ABB 机器人[M]. 哈尔滨：哈尔滨工业大学出版社，2017.

[10] 张明文. 工业机器人离线编程[M]. 武汉：华中科技大学出版社，2017.

教学课件下载步骤

步骤一

登录“工业机器人教育网”

www.irobot-edu.com，菜单栏单击【职校】

步骤二

单击菜单栏【在线学堂】下方找到您需要的课程

步骤三

课程内视频下方单击【课件下载】

咨询与反馈

尊敬的读者：

感谢您选用我们的教材！

本书有丰富的配套教学资源，在使用过程中，如有任何疑问或建议，可通过邮件（edubot@hitrobotgroup.com）或扫描右侧二维码，在线提交咨询信息。

全国服务热线：400-6688-955

（教学资源建议反馈表）

先进制造业人才培养丛书

工业机器人

教材名称	出版社
工业机器人技术人才培养方案	哈尔滨工业大学出版社
工业机器人基础与应用	机械工业出版社
工业机器人技术基础及应用	哈尔滨工业大学出版社
工业机器人专业英语	华中科技大学出版社
工业机器人入门实用教程（ABB机器人）	哈尔滨工业大学出版社
工业机器人入门实用教程（FANUC机器人）	哈尔滨工业大学出版社
工业机器人入门实用教程（汇川机器人）	哈尔滨工业大学出版社
工业机器人入门实用教程（ESTUN机器人）	华中科技大学出版社
工业机器人入门实用教程（SCARA机器人）	哈尔滨工业大学出版社
工业机器人入门实用教程（珞石机器人）	化学工业出版社
工业机器人入门实用教程（YASKAWA机器人）	哈尔滨工业大学出版社
工业机器人入门实用教程（KUKA机器人）	人民邮电出版社
工业机器人入门实用教程（EFORT机器人）	华中科技大学出版社
工业机器人入门实用教程（COMAU机器人）	哈尔滨工业大学出版社
工业机器人入门实用教程（配天机器人）	哈尔滨工业大学出版社
工业机器人知识要点解析（ABB机器人）	哈尔滨工业大学出版社
工业机器人知识要点解析（FANUC机器人）	机械工业出版社
工业机器人编程及操作（ABB机器人）	哈尔滨工业大学出版社
工业机器人编程操作（ABB机器人）	人民邮电出版社
工业机器人编程操作（FANUC机器人）	人民邮电出版社
工业机器人编程基础（KUKA机器人）	哈尔滨工业大学出版社
工业机器人离线编程	华中科技大学出版社
工业机器人离线编程与仿真（FANUC机器人）	人民邮电出版社
工业机器人原理及应用（DELTA并联机器人）	哈尔滨工业大学出版社
工业机器人视觉技术及应用	人民邮电出版社
智能机器人高级编程及应用（ABB机器人）	机械工业出版社
工业机器人运动控制技术	机械工业出版社
工业机器人系统技术应用	哈尔滨工业大学出版社
机器人系统集成技术应用	哈尔滨工业大学出版社
工业机器人与视觉技术应用初级教程	哈尔滨工业大学出版社

智能制造

教材名称	出版社
智能制造与机器人应用技术	机械工业出版社
智能控制技术专业英语	机械工业出版社
智能制造技术及应用教程	哈尔滨工业大学出版社
智能运动控制技术应用初级教程（翠欧）	哈尔滨工业大学出版社
智能协作机器人入门实用教程（优傲机器人）	机械工业出版社
智能协作机器人技术应用初级教程（遨博）	哈尔滨工业大学出版社
智能移动机器人技术应用初级教程（博众）	哈尔滨工业大学出版社
智能制造与机电一体化技术应用初级教程	哈尔滨工业大学出版社
PLC编程技术应用初级教程（西门子）	哈尔滨工业大学出版社

教材名称	出版社
智能视觉技术应用初级教程（信捷）	哈尔滨工业大学出版社
智能制造与PLC技术应用初级教程	哈尔滨工业大学出版社
智能协作机器人技术应用初级教程（法奥）	哈尔滨工业大学出版社
智能力控机器人技术应用初级教程（思灵）	哈尔滨工业大学出版社
智能协作机器人技术应用初级教程（FRANKA）	哈尔滨工业大学出版社

工业互联网

教材名称	出版社
工业互联网人才培养方案	哈尔滨工业大学出版社
工业互联网与机器人技术应用初级教程	哈尔滨工业大学出版社
工业互联网智能网关技术应用初级教程（西门子）	哈尔滨工业大学出版社
工业互联网数字孪生技术应用初级教程	哈尔滨工业大学出版社
工业互联网智能网关技术应用初级教程	哈尔滨工业大学出版社

人工智能

教材名称	出版社
人工智能人才培养方案	哈尔滨工业大学出版社
人工智能技术应用初级教程	哈尔滨工业大学出版社
人工智能与机器人技术应用初级教程（e.Do教育机器人）	哈尔滨工业大学出版社